现代数学基础丛书·典藏版 50

复合算子理论

徐宪民 著

科学出版社
北 京

内 容 简 介

本书介绍解析函数论和算子理论结合的产物——复合算子理论. 全书共分五章. 第一章介绍 Hilbert 空间上算子的一般理论, 第二章涉及单位圆盘上的解析函数论, 第三和四章研究经典和加权 Hardy 空间上的复合算子, 第五章讨论复合算子的谱.

读者对象为大学数学系高年级学生、研究生、教师及有关的科学工作者.

图书在版编目(CIP)数据

复合算子理论/徐宪民著. -北京: 科学出版社, 1999.8
(现代数学基础丛书·典藏版; 50)
ISBN 978-7-03-007423-2

Ⅰ. 复… Ⅱ. 徐… Ⅲ. 复子 Ⅳ. O177

中国版本图书馆 CIP 数据核字 (1999) 第 07249 号

责任编辑: 吕 虹 / 责任校对: 钟 洋
责任印制: 徐晓晨 / 封面设计: 王 浩

科学出版社 出版
北京东黄城根北街 16 号
邮政编码: 100717
http://www.sciencep.com
北京厚诚则铭印刷科技有限公司印刷
科学出版社发行 各地新华书店经销
*
1998 年 8 月第 一 版 开本: B5(720×1000)
2015 年 7 月 印 刷 印张: 23 1/4
字数: 296 000
定价: 158.00 元
(如有印装质量问题, 我社负责调换)

前　　言

复合算子的研究是解析函数论和算子理论结合的产物.复合算子的研究是利用经典解析函数论中的结论探讨线性算子理论中的一些最基本的问题,同时也利用算子理论作为工具研究函数论中的经典问题;复合算子的研究给解析函数论中古老课题的研究以新的方法,给泛函分析增添了一类十分有趣的具体算子.复合运算是函数间的一种基本运算,一个固定的函数与某个函数空间上的函数复合作为该空间上的一线性算子进行研究则是不久的事情,这可追溯到本世纪 60 年代 E. Nordgren 的工作.近 30 年来,关于复合算子的研究引起了许多数学家的注意,大量非常深刻的结果不断涌现,常常出现多篇文章从各种角度研究复合算子的同一个问题的情况.而且,许多有趣又十分基本的问题还未得到解决,新的研究课题则不断提出.复合算子涉及许多领域且在各种问题中自然地出现.它们出现在乘法算子和更一般算子的交换子的研究中,在动力系统理论中也起着重要作用;De Branges 关于 Bieberbach 猜想的证明就是依赖于解析函数空间上的复合算子;遍历变换有时看作为导致复合算子.随着关于复合算子的专著的出现(J. H. Shapiro;R. K. Singh 和 J. S. Manhas(1993);C. C. Cowen 和 B. D. MacCluer(1995)),该领域的研究正日趋深入.

复合算子的研究之所以引起众多数学工作者的兴趣,除其有着极其广泛的应用外,它的另一个诱人的特点是所需的预备知识不是很多.在本书中,我们介绍复合算子的基本理论及构成此理论的基本结果.本书适合于研究生或学过复分析、实分析和泛函分析课程的数学系高年级学生,也可供函数论和算子理论工作者参考.虽然,书中的大多数关于复合算子的材料都是近些年的结果,由于复合算子的研究还处在发展中,我们不打算将本书写成为所有成果的汇集.这是一本关于在经典空间中研究解析函数的复合运算而产生的具体算子理论的书,特别是研究复合算子 C_φ 的性质与其符号映射 φ 的性质之间的关系:主要是以函数 φ 的几何和解析特征描述复合算子 C_φ 的范数、有界性、紧性、谱、Schatten 类等算子特征.从正常算子的谱定理引发的乘法算子理论已取得较快的发展,并派生出 Toeplitz 算子、Hankel 算子、次正常算子等算子类.我们相信复合算子的深入研究必将推动算子理论的发展,因为它植根于广泛的应用之中.遍历理论与 L_p 空间上的复合算子密切相关,而空间 L_p 不是解析的,由于在非解析空间 L_p 中,复合算子的研究方法似乎与解析空间上的有很大的差异,我们在本书中不准备讨论非解析空间上的复合算子.近年来,复动力系统,特别是复平面上的有理函数的迭代理论等引起了广泛的兴趣.在本书中,我们一般不接触这些方面;它们强调的是迭代产生混沌的集合,我们的复合算子的研究则强调的是那些迭代是正则的区域.

全书共分五章.第一章介绍 Hilbert 空间上算子的一般理论.简单地引进一些基本概念和性质,对泛函分析基础教程中不详细介绍的紧算子的典则分解、Fredholm 算子和 Schatten 类算子的基本性质作了较详细的讨论,以此作为本书展开的有关算子理论方面的基础知识的补充.第二章涉及单位圆盘上的解析函数论.介绍单位圆盘上的解析自映射的迭代性质、不动点及角导数等概念;Schroder 函数方程的进一步讨论为本书的复合算子的谱(特别是特征值)的研究作了函数论方面的必要准备;Nevanlinna 计数函数被 Shapiro 用来刻画 Bergman 空间上的复合算子的本性谱和紧性,我们对来自值分布理论的 Nevanlinna 计数函数及其有关性质作了较系统的讨论.第三章侧重于研究经典的 Hardy 空间上的复合算子.从 Littlewood 从属原理可知 H^2 上复合算子是有界的.H^2 空间上的复合算子 C_φ 与函数 φ 的不动点、角导数和 φ 的计数函数有着密切的联系.在本章中,我们给出 Schatten 类复合算子的计数函数特征和 Carleson 测度特征,并给出了不在 Schatten p-类的复合算子的例子.第四章将第三章的结果推广到加权 Hardy 空

间 $H^2(\beta)$上，而 Hardy 空间、Dirichlet 空间和 Bergman 空间都是加以特殊权函数的加权 Hardy 空间. 在第五章中，主要讨论复合算子的谱. 对于紧复合算子，其谱集已完全描述清楚；对于一般的复合算子，其谱比较复杂，我们按 φ 的 Denjoy-Wolff 不动点的分布情形，分别进行讨论. 虽然，我们仅选取复合算子理论中最有兴趣且最成熟的部分作为本书的内容，为方便读者进一步研究参阅，在书的最后给出了复合算子理论研究的主要参考文献.

本书的写作，曾得到复旦大学数学系严绍宗教授、陈晓漫教授的鼓励与支持，他们对本书的初稿提出了许多有价值的意见. 日本工业大学的 Shuichi Ohno 博士、爱智教育大学的浦田明夫(Toshio Urata)教授及 Shinshu 大学的高木启行(Hiroyuki Takagi)博士也曾给我许多帮助，在此谨表谢意. 在本书的出版过程中，得到浙江省重点学科基金、浙江师范大学重点学科基金和出版基金的资助，这里深表感谢.

由于水平有限，特别是由于本书只是介绍复合算子理论最基本的知识和成果，所收集的文献也不够齐全，缺陷及不足之处在所难免，敬请读者批评指正.

著　者

1998 年 1 月于金华

浙 江 师 范 大 学

目　录

第一章　Hilbert 空间上算子的一般理论

Hilbert 空间上的算子理论有着极其丰富的内容.复合算子作为一种特殊类型的算子,涉及一般算子理论的方方面面,但当前这方面的研究工作绝大多数是涉及算子的分类和谱分析等领域.本章介绍的算子理论基本知识仅为满足本书内容展开的需要.由于国内已有许多优秀的泛函分析与算子理论的教材和专著,我们假设读者对泛函分析与算子理论已有初步了解,故对一些最基本的内容只述不证.而对一些不常见的算子类(例如 Schatten 类算子),则加以详细的阐述.

§1.1　Banach 空间上的有界线性算子

Banach 空间以及 Banach 空间上的算子理论是泛函分析中最基础的内容,本节介绍它们的基本概念和基本理论,并熟悉一些基本的例子.

1.1.1　Banach 空间及其共轭空间

设 X 为复线性空间,如果在 X 上定义了非负函数 $\|\cdot\|$,满足下列公理:

(1)对任意 $x,y\in X$, $\|x+y\|\leqslant\|x\|+\|y\|$;

(2)对任意 $x\in X$,任意复数 a,有 $\|ax\|=|a|\,\|x\|$;

(3) $\|x\|=0$ 当且仅当 $x=0$;

(4)如果 $\{x_n\}$ 为 X 中的 Cauchy 序列(即当 $n,m\to\infty$ 时, $\|x_n-x_m\|\to0$),则存在 $x\in X$ 使得 $\lim\limits_{n\to\infty}\|x_n-x\|=0$,

则称 X 为 Banach 空间.

函数 $\|\cdot\|$ 称为 X 上的范数.显然, $d(x,y)=\|x-y\|$ 导出

X 上的距离. X 上由距离 d 导出的拓扑称为范数拓扑. 条件(4)说明 X 在此范数拓扑意义下是完备的. 称满足条件(1),(2)和(3)的线性空间为线性赋范空间. 于是,Banach 空间即为完备的线性赋范空间.

设 F 为 X 上的复线性函数,如果存在正常数 C,使得对一切 $x\in X$,

$$|F(x)|\leqslant C\|x|,$$

则称 F 为 X 上的有界线性泛函. 容易验证:如果 $F:X\to C$ 是线性泛函,则 F 有界当且仅当 F 按 X 上的范数拓扑连续.

记 Banach 空间 X 上的有界线性泛函全体为 X^*,则 X^* 按通常函数的加法和数乘成为线性空间. 对 $F\in X^*$,记

$$\begin{aligned}\|F\| &= \sup\{|F(x)|:\|x\|<1\}\\ &= \sup\{|F(x)|:\|x\|=1\},\end{aligned}$$

称 $\|F\|$ 为线性泛函的范数,且易知 F 有界当且仅当 $\|F\|<\infty$. 可知 $\|F\|$ 为线性空间 X^* 上的范数,而且$(X^*,\|\cdot\|)$为 Banach 空间. 我们称此空间为 X 的共轭空间.

例 1.1.1 设 μ 为集合 Ω 上的 σ-有限测度. 对于 $1\leqslant p<\infty$ 及 Ω 上的复值可测函数 f,记

$$\|f\| = \left[\int_\Omega|f(x)|^p\mathrm{d}\mu(x)\right]^{\frac{1}{p}},$$

$$L^p(\Omega,\mathrm{d}\mu) = \{f:\|f|_p<\infty, f\text{ 在 }\Omega\text{ 上可测}\},$$

$$\|f\|_\infty = \operatorname{esssup}\{|f(x)|:x\in\Omega\},$$

$$L^\infty(\Omega,\mathrm{d}\mu) = \{f:\|f|_\infty<\infty, f\text{ 在 }\Omega\text{ 上可测}\}.$$

众所周知,当 $1\leqslant p<\infty$ 时,$L^\infty(\Omega,\mathrm{d}\mu)$在上述范数下成为 Banach 空间. 而且,如果 $1\leqslant p<\infty$,$\frac{1}{p}+\frac{1}{q}=1$,那么$(L^p(\Omega,\mathrm{d}\mu))^*=L^q(\Omega,\mathrm{d}\mu)$. 这里的相等是在等距同构意义下而言的. 即:对每个 $g\in L^q(\Omega,\mathrm{d}\mu)$按

$$F_g(f)=\int_\Omega f(x)\,\overline{g(x)}\mathrm{d}\mu(x),\quad f\in L^p(\Omega,\mathrm{d}\mu)$$

导出一个 $L^p(\Omega,\mathrm{d}\mu)$上的有界线性泛函,反之,$L^p(\Omega,\mathrm{d}\mu)$上的任一

有界线性泛函 F，都存在唯一的 $g\in L^p(\Omega,\mathrm{d}\mu)$，使得 $F=F_g$，而且 $\|F\|=\|g\|_q$.

例 1.1.2 设 Ω 为紧 Hausdorff 拓扑空间，$C(\Omega)$表示 Ω 上一切连续复值函数组成的集合，对 $f\in C(\Omega)$，记

$$\|f\| = \sup\{|f(x)|:x\in\Omega\},$$

则 $C(\Omega)$按该范数成为 Banach 空间.

记 Ω 上的一切有限正则复 Borel 测度组成的集合为 $M(\Omega)$，则对每个 $\mu\in M(\Omega)$，

$$F_\mu(f)=\int_\Omega f(x)\mathrm{d}\mu(x),\quad f\in C(\Omega)$$

定义了 $C(\Omega)$上的一个有界线性泛函. 反之，$C(\Omega)$上的任一有界线性泛函 F，都存在唯一的 $\mu\in M(\Omega)$，使得 $F=F_\mu$，而且 $\|F\|=|\mu|(\Omega)=\|\mu\|$. $M(\Omega)$按范数 $\|\mu\|$ 成为 Banach 空间，而且在等距同构意义下，$(C(\Omega))^*=M(\Omega)$.

如果 Ω 是局部紧 Hausdorff 空间，那么 Ω 上的连续函数未必在 Ω 上有界. 若以 $C_0(\Omega)$表示 Ω 上全体可用 Ω 上的有紧支集的连续函数一致逼近的连续函数，$C_0(\Omega)$按上确界范数成为 Banach 空间，而且 $C_0(\Omega)$的共轭空间也为 $M(\Omega)$.

上述空间的对偶性质通常称为 Riesz(或 Riesz-Markov)表示定理. 关于 Hilbert 空间上的有界线性泛函的另一个 Riesz 表示定理将在下一节讨论.

1.1.2 Banach 空间上的有界线性算子及其共轭算子

设 X 和 Y 为 Banach 空间，$T:X\to Y$ 为线性算子. 如果存在正常数 C，使得对一切 $x\in X$ 有

$$\|Tx\|\leqslant C\|x\|,$$

则称 T 为 X 到 Y 中的有界线性算子. 若记

$$\begin{aligned}\|T\| &= \sup\{\|Tx\|:\|x\|\leqslant 1\}\\ &= \sup\{\|Tx\|:\|x\|=1\},\end{aligned}$$

则称 $\|T\|$ 为算子 T 的范数. 根据 T 的线性性，容易证明：T 有界

当且仅当 T 按 X 和 Y 的范数拓扑是连续的；T 有界当且仅当 $\|T\|<\infty$.

在 Banach 空间理论中，通常认为开映射定理，闭图像定理，Hahn-Banach 延拓定理和一致有界原理（或 Banach-Steinhaus 定理）是最基本的定理，我们列举如下：

开映射定理：设 T 为 Banach 空间 X 到 Banach 空间 Y 的有界线性算子，而且 $TX=Y$，则 T 为开映射.（由此立即可得逆算子定理：若 T 为 Banach 空间 X 到另一个 Banach 空间 Y 上的有界线性算子，则其逆算子存在且有界）.

闭图像定理：设 $T:X\to Y$ 为 Banach 空间 X 到 Banach 空间 Y 中的线性算子，且 T 的图象 $\{(x,Tx):x\in X\}$ 为 $X\times Y$ 中的闭集，那么 T 是有界的.

Hahn-Banach 延拓定理：如果 F 为 X 的闭子空间上的有界线性泛函，F 可保范地延拓成为 X 上的有界线性泛函.（由此定理可知：任意 Banach 空间上都存在大量的有界线性泛函）.

一致有界原理（或共鸣定理）：设 $\{F_\alpha\}_{\alpha\in\Lambda}$ 为 Banach 空间 X 到 Banach 空间 Y 中的一族线性算子，而且对每个 $x\in X$，$\sup\{\|F_\alpha x\|:\alpha\in\Lambda\}<\infty$，那么 $\sup\{\|F_\alpha\|:\alpha\in\Lambda\}<\infty$.

设 X 和 Y 为 Banach 空间，$T:X\to Y$ 为有界线性算子，由 T 按如下方式可得另一算子 T^*：

$$T^*(F)x=F(Tx),\quad x\in X, F\in Y^*,$$

T^* 是 Y^* 到 X^* 中的线性算子. 易验证 T^* 也是有界的，且 $\|T^*\|=\|T\|$. 我们称 T^* 为 T 的共轭算子.

一般情形下，要求出一个有界线性算子的共轭算子并非易事. 我们仅举一例示范.

例 1.1.3 设 $(\Omega,\mathrm{d}\mu)$ 为 σ-有限测度空间，$1\leqslant p<\infty$，又设 $G(x,y)$ 是 $\Omega\times\Omega$ 上定义的复值可测函数，T 为由下式定义的算子：

$$Tf(x)=\int_\Omega G(x,y)f(y)\mathrm{d}\mu(y).$$

如果 T 为 $L^p(\Omega,\mathrm{d}\mu)$ 到 $L^p(\Omega,\mathrm{d}\mu)$ 的有界线性算子，那么 T^*：$L^q(\Omega,\mathrm{d}\mu)\to L^q(\Omega,\mathrm{d}\mu)\left(\frac{1}{q}+\frac{1}{p}=1\right)$ 由下式给出：

$$T^*f(x)=\int_\Omega\overline{G(y,x)}f(y)\mathrm{d}\mu(y).$$

如果 $\{F_n\}_{n=0}^\infty\subset X^*$ 为 X 上的一列有界线性泛函，且按泛函范数收敛于 F，则必须是"点点收敛"的，即对任意 $x\in X$，

$$\lim_{n\to\infty}F_n(x)=F(x).$$

下面的例子说明，反之不然.

例 1.1.4 对 $k\in Z^+$，$f\in l^2(Z^+)$，令 $L_k(f)=f(k)$ 那么 $L_k\in(l^2(Z^+))^*$，而且对任意 $k\in Z^+$，$\|L_k\|=1$. 显然，对任意 $f\in l^2(Z^+)$，

$$\lim_{k\to\infty}L_k(f)=0.$$

于是 $\{L_k\}_{k=0}^\infty$ 点点收敛于 0，但是对每个 $k\in l^2(Z^+)$ $\|L_k\|=1$，即 $\{L_k\}_{k=0}^\infty$ 不按范数收敛于 0.

由此可知，X^* 中的点点收敛拓扑，一般情形要弱于 X^* 中的范数拓扑. 即对一个序列而言，逐点收敛要比依范数收敛容易. 因为，逐点收敛概念是最为自然的收敛概念，不难想像这种收敛在 Banach 空间的研究中有较大的作用. 事实也正是如此. 为此，先回顾弱拓扑的一些有关概念：

设 X 为 Banach 空间，$\{\chi_\alpha:\alpha\in\Lambda\}\subset X$ 为 X 中的一个网，如果对任意 $F\in X^*$，复数网 $\{F(\chi_\alpha)\}$ 收敛，则称 $\{\chi_\alpha\}$ 在 X 中弱收敛. 显然，依范数收敛必是弱收敛.

如果 Banach 空间 Y 为另一 Banach 空间 X 的共轭空间，即 $Y=X^*$，则在 Y 上可定义另一个有用的拓扑：设 $\{F_\alpha\}\subset X^*$ 为一个网. 如果对每个 $x\in X$，复数网 $\{F_\alpha(x)\}$ 收敛，则称 $\{F_\alpha\}$ 在 X^* 中弱*收敛（或 W^*-收敛）.

由于 $X\subset X^{**}$，故可知弱收敛必是弱*收敛. 由弱*收敛确定的拓扑称为弱*拓扑（或 W^* 拓扑）.

关于弱*拓扑的 Alaoglu 定理在泛函分析中有着十分重要的

地位.

Alaoglu 定理:Banach 空间 X^* 中的闭单位球在 W^* 拓扑下是紧的.

商空间的概念在泛函分析中十分重要. 设 X 为 Banach 空间, X_0 为 X 的闭子空间. 于是可按下述规则确定一个等价关系:$x\sim y$ 当且仅当 $x-y\in X_0$,设 X/X_0 表示由此等价关系确定的陪集空间,那么 X/X_0 也是复向量空间. 而且,若在 X/X_0 中定义范数:

$$\| x + X_0 \| = \inf\{ \| y \| : x - y \in X_0\},$$

则可成为 Banach 空间,并称之为由 X_0 导出的商空间.

如果 X 和 Y 均为 Banach 空间,$T:X\to Y$ 为有界线性算子,则 $\mathrm{Ker}T\subset X$ 为 X 的闭子空间. 如果 T 为满射(即 $\mathrm{Ran}T=Y$),则由开映射定理知 Y 与 $X/(\mathrm{Ker}T)$ 等价.(这里说的等价是指存在一个 $X/(\mathrm{Ker}T)$ 到 Y 上一对一的有界线性算子.)

§1.2 Hilbert 空间上的有界线性算子

1.2.1 Hilbert 空间的基本性质

设 H 为复向量空间,$\langle x,y\rangle$ 为 $H\times H$ 上的函数,如果满足下列条件:

(1)$\langle x,y\rangle$ 关于 x 线性,关于 y 共轭线性;

(2)对任意 $x\in H$,$\langle x,x\rangle\geqslant 0$,且 $\langle x,x\rangle=0$ 当且仅当 $x=0$;

(3)对任意 $x,y\in H$,$\overline{\langle x,y\rangle}=\langle y,x\rangle$,

则称 $\langle x,y\rangle$ 为 H 上的内积,按此内积,H 成为内积空间. 由内积可诱导 H 上的范数. 记

$$\| x \| = \langle x,x\rangle^{\frac{1}{2}}, \quad x\subset H,$$

则 H 按此范数成为赋范空间. 如果内积空间 H 按内积导出的范数是完备的,则称 H 为 Hilbert 空间. 本书中,我们仅处理可分 Hilbert 空间.

Hilbert 空间最基本的性质是存在规范正交基. 对于 $x,y\in H$,

如果$\langle x,y\rangle=0$，则称 x 与 y 垂直，记为 $x\perp y$，如果 $\|x\|=1$，则称 x 为 H 中的单位向量. 设$\{e_n\}$为 H 中的一序列，如果具有如下性质：

(1)$\{e_n\}$互相垂直；

(2)对任意 n，$\|e_n\|=1$；

(3)对每个 $x\in H$，级数 $\sum_{n=1}^{\infty}\langle x,e_n\rangle e_n$ 依 H 中的范数拓扑收敛于 x.

则称$\{e_n\}$为 H 的一组规范正交基.

易证：如果$\{e_n\}$为 H 的一组规范正交基，那么对一切 $x\in H$，

$$\|x\|^2=\sum_{n=1}^{\infty}|\langle x,e_n\rangle|^2.$$

Hilbert 空间的另一基本性质是 Cauchy-Schwarz 不等式：

$$|\langle x,y\rangle|\leqslant\|x\|\|y\|,\quad(x,y\in H),$$

且$|\langle x,y\rangle|=\|x\|\|y\|$当且仅当两者之一是另一个的常数倍.

Hilbert 空间 H 上的有界线性泛函，有着简单的表示. 如果 $y\in H$，令

$$F_y(x)=\langle x,y\rangle,\quad(x\in H)$$

由 Cauchy-Schwarz 不等式知，F_y 是 H 上的有界线性泛函. 反之，如果 F 为 H 上的有界线性泛函，则存在唯一的 $y\in H$，使得 $F=F_y$，而且 $\|F\|=\|y\|$. 这结果也称之为 Riesz 表示定理. 如果 H 为 Hilbert 空间，Riesz 表示定理可简述为 $H^*=H$.

1.2.2 Hilbert 空间上算子的基本性质

由 Riesz 表示定理知，Hilbert 空间 H 上的有界线性算子 T 的共轭算子仍是 H 上的有界算子. 事实上，T 和 T^* 由下式相关联：

$$\langle Tx,y\rangle=\langle x,T^*y\rangle,\quad x,y\in H.$$

此式有时作为 T 的共轭算子 T^* 的定义. 由此可知 T^* 的共轭算子为 T.

对于 Hilbert 空间 H 上的两个有界线性算子 T 和 S，可定义

其乘法、加法和数乘分别为

$$(TS)(x)=T(Sx),$$
$$(T+S)(x)=Tx+Sx,$$
$$(aT)x=a(Tx),\quad x\in H,a\in \mathbb{C}.$$

如果记 $L(H)$ 为 H 上一切有界线性算子组成的集合，则在上述运算下，$L(H)$ 成为一个复代数. 如果以算子范数作为范数，$L(H)$ 按上述代数运算成为 Banach 代数.

如果 $T^*=T$，我们称 T 为 H 上的自共轭算子. 由于这时对一切 $x\in H$，

$$\langle Tx,x\rangle=\langle x,T^*x\rangle=\langle x,Tx\rangle=\overline{\langle Tx,x\rangle},$$

故当 T 为自共轭算子时，对任意 $x\in H$，$\langle Tx,x\rangle$ 为实数，反之亦然. 而且当 T 为自共轭算子时，

$$\|T\|=\sup\{|\langle Tx,x\rangle|:\|x\|=1\}.$$

特别地，如果对任意 $x\in H$，内积 $\langle Tx,x\rangle\geqslant 0$，则称 T 为正算子. 显然正算子必是自共轭算子. 正如正实数有任意正数次幂一样，一个正算子，可有任意正数次幂. 对正整数 n 及正算子 T，存在唯一的正算子(表示为 $T^{\frac{1}{n}}$)使得 $(T^{\frac{1}{n}})^n=T$. 如果 T 为 H 上的有界算子，则对一切 $x\in H$，$\langle T^*Tx,x\rangle=\langle Tx,Tx\rangle\geqslant 0$. 于是 T^*T 为正算子. 对于正算子 T^*T，记

$$|T|=(T^*T)^{\frac{1}{2}}.$$

$|T|$ 在算子理论中起着重要作用，借助它，算子有极分解：对 H 上的任意有界线性算子 T，存在 H 上的唯一的有界算子 V(称为部分等距算子)使得 $T=V|T|$，且对一切 $x\in(\mathrm{Ker}T)^{\perp}=\overline{\mathrm{Ran}(T)}$，$\|Vx\|=\|x\|$，对一切 $x\in\mathrm{Ker}T$，$Vx=0$. 容易知道在算子极分解 $T=V|T|$ 中的部分等距算子 V 还满足 $|T|=V^*T$.

假定 $\{e_n\}$ 和 $\{(\sigma_n\}$ 是 H 的两组正交基，我们可按如下方式定义 H 上的算子 T：

$$T\Big(\sum_{n=1}^{\infty}a_ne_n\Big)=\sum_{n=1}^{\infty}a_n\sigma_n.$$

容易验证 T 为 H 上的一对一且到上的线性算子. 若记

$$x = \sum_{n=1}^{\infty} a_n e_n,$$

则

$$Tx = \sum_{n=1}^{\infty} a_n \sigma_n.$$

于是有

$$\| Tx \| = \sum_{n=1}^{\infty} |a_n|^2 = \| x \|,$$

即 T 为等距算子. 我们称 H 到 H 上的等距算子为酉算子. 酉算子是满足条件 $U^*U - UU^* = I$ 的有界线性算子 U. 容易证明:H 上的有界线性算子 U 是酉算子当且仅当 U 将 H 中的正交基映成另一组正交基. 对于 H 上的两个有界算子 T 和 S,如果存在酉算子 U 使得 $T = U^* SU$,则称 T 和 S 酉等价. 算子的许多性质在酉变换下保持不变. 例如:算子的自共轭性,正性及有界性等在酉等价下都是不变的性质.

设 T 为 H 上的有界线性算子,如果满足 $T^*T = TT^*$,则称 T 为正常算子. 显然,自共轭算子和酉算子都是正常算子. 但并非所有线性算子都是正常算子,下面的例子说明这一点:

例 1.2.1 设$\{e_n\}$为 H 的正交基,S 为如下定义的算子:

$$Se_1 = 0, Se_n = e_{n-1} (n \geqslant 2).$$

容易验证 $SS^* = I$,而 S^*S 有一维核子空间. 于是 S 不是正常算子.

假设 T 为 H 上的有界线性算子,如果 T 是一一到上的,则称 T 是可逆的. 这时存在唯一的逆算子,记为 T^{-1},使得 $T^{-1}T = TT^{-1} = I$. 根据开映射定理,T^{-1}也是有界的. 利用算子的可逆性,我们可引进谱的概念:设 T 为 H 上的有界线性算子,记

$$\sigma(T) = \{\lambda \in D : \lambda I - T \text{ 不可逆}\},$$

我们称上述复数集 $\sigma(T)$为 T 的谱. $\sigma(T)$是 D 中的有界闭集(从而是紧集). 而且 $\sigma(T)$包括在以 O 为中心,$\| T \|$ 为半径的闭圆盘内. 算子的谱包含算子 T 的许多信息. 在大多数情形下,要求出 $\sigma(T)$是相当困难的,只是对一些特殊类的算子,对其谱有一些较

好的了解. 对于正常算子，关于谱有如下深刻的定理：设 T 为 H 上的正常算子，f 为 $\sigma(T)$上的连续函数，那么存在 H 上唯一的算子 $f(T)$满足下列条件：

(1)$f(T)$线性地依赖于 f；

(2)如果 $f(z)=z^n$，那么 $f(T)=T^n$；

(3)$\sigma(f(T))=f(\sigma(T))$.

上述定理有时称之为谱映射定理. 由此定理可得许多推论：如果 T 是正常算子，则

(1)T 为自共轭算子当且仅当 $\sigma(T)$为实数集；

(2)T 为正算子当且仅当 $\sigma(T)$为非负实数集；

(3)T 为酉算子当且仅当 $\sigma(T)$仅由么模复数组成；

(4)T 为投影($T\neq 0$ 或 I)算子当且仅当 $\sigma(T)=\{0,1\}$.

§1.3 紧算子与 Fredholm 算子

紧算子是无限维 Banach 空间中的一类重要算子，其性质与有限维空间中的矩阵很类似，其重要性在于一方面它在积分方程和许多数学物理问题的研究中起着核心作用，有广泛的应用. 另一方面，对于它的谱分析及其结构已讨论得十分透彻. Fredholm 算子是一类与紧算子有着密切联系的算子，Fredholm 算子及相关的指标理论有着广泛的应用，这类算子有着相当好的性质.

1.3.1 Hilbert 空间上的紧算子

设 H 是可分 Hilbert 空间，H 中的闭单位球记为 B，T 为 H 上的线性算子. 如果 Ran T 的维数为有限的，则称 T 为有限秩算子，其全体以 $K_0(H)$表示；如果 $T(B)$为 H 中的紧子集，则称 T 为紧算子，H 上的紧算子全体记为 $K(H)$. 由于度量空间中的紧集为有界闭集，易知有限秩算子必为紧算子；有限秩算子和紧算子必是有界算子.

命题 1.3.1 Hilbert 空间 H 上的线性算子 T 为紧算子当且

仅当$T(B)$有紧闭包.

证明 如果T为紧算子,由定义即知$T(B)$为紧集,从而知$T(B)$的闭包为紧集.如果$T(B)$在H中有紧闭包,则$T(B)$在H中有界,从而T为有界算子.如果$\{\chi_\alpha\}_{\alpha\in\Lambda}$为$H$中的一个网,且在$H$中弱收敛于$x$.又设$y\in H$,那么

$$\lim_{\alpha\in\Lambda}\langle T_{\chi_\alpha},y\rangle=\lim_{\alpha\in\Lambda}\langle\chi_\alpha,T^*y\rangle=\langle x,T^*y\rangle=\langle Tx,y\rangle,$$

于是T在H上弱连续.根据Riesz表示定理和Alaoglu定理,B在H中是弱紧集,从而$T(B)$为H中的弱紧集,于是$T(B)$在H中弱闭,因而是范数闭的.又知$T(B)$有紧闭包,故知$T(B)$为紧集(依范数拓扑),故T为紧算子.证毕.

定理1.3.1 设T为H上的线性算子,T为紧算子的充要条件是:对任意有界序列$\{x_n\}\subset H$,存在子列$\{x_{n_k}\}$,使得$\{Tx_{n_k}\}$依范数拓扑收敛.

证明 如果T为紧算子,由$\{x_n\}$的有界性可知$\{Tx_n\}$为在某个(依范数)紧集中,于是有依范数收敛子列.

另一方面,因为H为可分的,H中的一个集为紧集当且仅当该集中的任意序列必有收敛子序列.若T不是紧算子,则$T(B)$不是紧集,故存在$\{x_n\}\subset B$,使得$\{Tx_n\}$无收敛子序列,这与条件矛盾,从而T为紧算子.证毕.

定理1.3.2 H上的线性算子T为紧算子的充要条件是:对H中任意弱收敛于0的序列$\{x_n\}$必有$\|Tx_n\|\to 0(n\to\infty)$.

证明 如果T为H上的紧算子,$\{x_n\}$为H中弱收敛于0的序列,欲证$\|Tx_n\|\to 0$.

若不然,通过取子列,我们可设存在$\varepsilon_0>0$,使得对一切n,$\|Tx_n\|\geqslant\varepsilon_0$.由一致有界原理可知:弱收敛序列必是有界序列.由于T是紧算子,由定理1.3.1,存在子序列$\{x_{n_k}\}$和$y\in H$,使得$\|Tx_{n_k}-y\|\to 0$.于是$\{Tx_{n_k}\}$弱收敛于y.但由命题1.3.1的证明可知,T在H上弱连续.于是当$\{x_{n_k}\}$弱收敛于0时,$\{Tx_{n_k}\}$也弱收敛于0.由弱收敛极限的唯一性知,$y=0$.因此,$Tx_{n_k}\to 0$,这与

$\|Tx_n\| \geqslant \varepsilon_0 > 0$ 矛盾.

反之,如果 T 不是紧算子,由定理 1.3.1,存在$\{x_n\} \subset B$,使得$\{Tx_n\}$无收敛子序列. 由 Alaoglu 定理,在弱拓扑下,B 是紧的,于是$\{x_n\}$存在弱收敛子序列$\{x_{n_k}\}$. 若记 $y_k = x_{n_k}$,则我们得到弱收敛的序列$\{y_k\}$,使得$\{Ty_k\}$无(范数)收敛子序列,这与条件矛盾.

定理 1.3.3 如果 T 为 H 上的紧算子,那么,对 H 上的任意有界算子 S,算子 TS 和 ST 都为紧算子;如果 S 也为紧算子,那么 $T+S$ 为紧算子.

证明 任取 H 中弱收敛于 0 的序列$\{x_n\}$,由于 T 为紧算子,故$\|Tx_n\| \to 0$. 由 S 的有界性可知$\|STx_n\| \to 0 (n \to \infty)$. 由定理 1.3.2 知 ST 为紧算子. 由 S 的有界性知 S 连续,再由命题 1.3.1 的证明知 S 是弱连续的,故$\{Sx_n\}$弱收敛于 0,再由 T 的紧性,$\{TSx_n\}$按范数收敛于 0. 于是,TS 为紧算子. 同理,由定理 1.3.2 知 $S+T$ 为紧算子. 证毕.

注意到如果 T 为紧算子,则对任意复数 a,$aT = (aI)T$ 也是紧算子. 于是,由上述定理可知:如果以 $K(H)$表示 H 上的全体紧算子,则 $K(H)$为复代数 $L(H)$的双边理想.

定理 1.3.4 设 T 为 H 上的有界线性算子,则 T 为紧算子的充要条件为 T^* 为紧算子.

证明 由于$(T^*)^* = T$,故只要证明必要性. 如果 T 为紧算子,任取 H 中弱收敛于 0 的序列$\{x_n\}$,由一致有界原理知$\{x_n\}$有界,故存在 $C>0$,使得对一切 n,$\|x_n\| \leqslant C$. 由命题 1.3.1 的证明知 T^* 是弱连续的,故$\{T^*x_n\}$弱收敛于 0. 由 Cauchy-Schwarz 不等式知,对一切 n,

$$\|T^*x_n\|^2 = \langle TT^*x_n, x_n\rangle \leqslant C\|TT^*x_n\|.$$

由于$\{T^*x_n\}$弱收敛于 0,而 T 为紧算子,故由定理 1.3.2 知$\|TT^*x_n\| \to 0$,从而$\|T^*x_n\| \to 0$,再由定理 1.3.2 知 T^* 为紧算子.

定理 1.3.5 设 T 为 H 上的有界线性算子,则 T 为紧算子当且仅当 T^*T 为紧算子当且仅当$|T| = (TT^*)^{1/2}$为紧算子.

证明 如果 T 为紧算子，由定理 1.3.3 知 T^*T 为紧算子，如果 $|T|=(TT^*)^{1/2}$ 为紧算子，由极分解可知 T 为紧算子. 故只要证明：如果 T^*T 为紧算子，$|T|$ 必为紧算子.

设 $S=|T|$，那么 $S^2=T^*T$. 任取 H 中的一弱收敛于 0 的序列 $\{x_n\}$，由于 S^2 为紧算子，故 $\|S^2x_n\|\to 0$. 由一致有界原理可知 $\{x_n\}$ 有界，即有 $C>0$，使得对一切 n，$\|x_n\|\leqslant C$，由 Cauchy-Schwarz 不等式

$$\|Sx_n\|^2=\langle S^2x_n,x_n\rangle\leqslant\|x_n\|\|S^2x_n\|\leqslant C\|S^2x_n\|.$$

于是 $\|Sx_n\|\to 0(n\to\infty)$. 再由定理 1.3.2 知 $S=|T|$ 为紧算子. 证毕.

定理 1.3.6 设 $\{T_n\}$ 为 H 上的一列紧算子，且有 H 上的算子 T 使得 $\|T_n-T\|\to 0$，则 T 为 H 上的紧算子.

证明 设 $\{x_n\}$ 为 H 中弱收敛于 0 的序列，那么对任意 k，由 T_k 的紧性可知

$$\lim_{n\to\infty}\|T_kx_n\|=0.$$

由一致有界原理可知 $\{x_n\}$ 有界. 不妨设 $\|x_n\|\leqslant 1\ (n=1,2,\cdots)$. 任取 $\varepsilon>0$，由条件存在 K，使得 $\|T_K-T\|<\varepsilon$，对此 K 及上述 $\varepsilon>0$，存在 N，使得当 $n\geqslant N$ 时，$\|T_Kx_n\|<\varepsilon$，于是，当 $n\geqslant N$ 时，

$$\begin{aligned}\|Tx_n\|&\leqslant\|Tx_n-T_Kx_n\|+\|T_Kx_n\|\\&\leqslant\|T-T_K\|\|x_n\|+\|T_Kx_n\|\\&<2\varepsilon,\end{aligned}$$

即 $\lim\limits_{n\to\infty}\|Tx_n\|=0$，由定理 1.3.2 知 T 为 H 上的紧算子. 证毕.

注意到 $L(H)$ 为 Hilbert 空间 H 上的有界线性算子全体，赋以算子范数

$$\|T\|=\sup\{\|Tx\|:\|x\|\leqslant 1\},\quad T\in L(H)$$

可成为 Banach 空间. 对 $L(H)$ 中的子集 E，如果对任意 $T\in E$，有 $T^*\in E$，则称 E 为自共轭的.

对于上述定义的算子范数，显然有如下简单性质：

(1)对一切 $T\in L(H)$，$\|T\|=\|T^*\|$；

(2)对一切 $T,S\in L(H)$，$\|TS\|\leqslant\|T\|\|S\|$；

(3)若 I 为 H 上的恒等算子，则 $\|I\|=1$.

如果 A 为复代数，并赋有一个完备的范数，而且对任意 $x,y\in A$，有 $\|xy\|\leqslant\|x\|\|y\|$，那么称 A 为 Banach 代数. 如果 A 含有单位元 e，则要求 $\|e\|=1$.

如果 A 为 Banach 代数，并且具有对合运算：$x\to x^*$ 满足下列条件：

(1)对一切 $x\in A$，$x^{**}=x$；

(2)对一切 $x,y\in A$，及 $a,b\in\mathbb{C}$，

$$(ax+by)^*=\bar{a}x^*+\bar{b}y^*;$$

(3)对一切 $x,y\in A$，$(xy)^*=y^*x^*$；

(4)对一切 $x\in A$，$\|x^*x\|=\|x\|^2$，

则称 A 为 C^* 代数.

下面举例说明：如果 X 为紧 Hausdorff 空间，$C(X)$ 为 X 上的一切连续复值函数，且赋以上确界范数. 若对任意 $f\in C(X)$，规定

$$f^*(x)=\overline{f(x)},$$

则 $C(X)$ 为 C^* 代数.

对于 Banach 代数 $L(H)$，如果规定 T 的对合即为 T 的共轭 T^*，则 $L(H)$ 也成为 C^* 代数. 对于 $L(H)$ 的子代数 $A\subset L(H)$，A 为 C^* 代数当且仅当 A 为自共轭的.

设 $K(H)$ 为 H 上的一切紧算子组成的集合，由前面的一系列定理可知，$K(H)$ 是 $L(H)$ 的自共轭的闭双边理想. 于是 $K(H)$ 是 $L(H)$ 的一个 C^* 子代数. 我们可以证明：如果 H 为可分的，则 $K(H)$ 为 $L(H)$ 唯一的真闭双边理想.

下面考察紧算子的更进一步的性质：

命题 1.3.2 设 $\{e_n\}$ 和 $\{\sigma_n\}$ 为 H 中的规范正交基，$\{\lambda_n\}$ 为一列趋于 0 的复数序列. 又设 T 为如下定义的 H 上的线性算子：

$$Tx=\sum_{n=1}^{\infty}\lambda_n\langle x,e_n\rangle\sigma_n,\quad x\in H,$$

则 T 为紧算子.

证明 设$\{x_k\}$为H中弱收敛于0的序列，那么对任意n，当$k\to\infty$时，$\langle x_k,e_n\rangle\to 0$，由一致有界原理，存在常数$C>0$，使得对一切$k$有$\|x_k\|\leqslant C$. 对于任意给定的$\varepsilon>0$，由条件，存在$N$，使得当$n\geqslant N$时$|\lambda_n|<\varepsilon$. 由帕塞瓦尔(Parseval)公式有

$$\begin{aligned}\|Tx_k\| &= \sum_{n=1}^{N}|\lambda_n|^2|\langle x_k,e_n\rangle|^2+\sum_{n=N+1}^{\infty}|\lambda_n|^2|\langle x_k,e_n\rangle|^2\\ &\leqslant \sum_{n=1}^{N}|\lambda_n|^2|\langle x_k,e_n\rangle|^2+\varepsilon^2\sum_{n=N+1}^{\infty}|\langle x_k,e_n\rangle|^2\\ &< \sum_{n=1}^{N}|\lambda_n|^2|\langle x_k,e_n\rangle|^2+\varepsilon^2C^2.\end{aligned}$$

由于上式第一项当$k\to\infty$时趋于0，故可知

$$\lim_{k\to\infty}\|Tx_k\|^2=0.$$

从而，由定理1.3.2知T为紧算子. 证毕.

下面的定理说明，上述命题的逆命题也是成立的.

定理1.3.7 如果T为H上的自共轭紧算子，那么存在趋于0的实数列$\{\lambda_n\}$及H中的一组规范正交基$\{e_n\}$，使得对一切$x\in H$，

$$Tx=\sum_{n=1}^{\infty}\lambda_n\langle x,e_n\rangle e_n.$$

证明 不妨设$T\neq 0$. 由于T是自共轭算子，

$$\|T\|=\sup\{|\langle Tx,x\rangle|:\|x\|=1\}.$$

于是，存在H中的一列单位向量$\{x_n\}$，使得

$$\lim_{n\to\infty}\langle Tx_n,x_n\rangle=\|T\|$$

(如有必要，可用$-T$代替T)，因为对一切n，

$$\langle Tx_n,x_n\rangle\leqslant\|Tx_n\|\leqslant\|T\|,$$

因而有$\lim\limits_{n\to\infty}\|Tx_n\|=\|T\|$. 由于

$$\begin{aligned}\|Tx_n-\|T\|x_n\|^2 &=\langle Tx_n-\|T\|x_n,Tx_n-\|T\|x_n\rangle\\ &=\langle Tx_n,Tx_n\rangle-\langle Tx_n,\|T\|x_n\rangle-\\ &\quad\ \langle\|T\|x_n,Tx_n\rangle+\|T\|^2\\ &=\|Tx_n\|^2-2\|T\|\langle Tx_n,x_n\rangle+\|T\|^2,\end{aligned}$$

于是

$$\begin{aligned}&\lim_{n\to\infty}\|Tx_n-\|T\|x_n\|^2\\&=\lim_{n\to\infty}\|Tx_n\|^2-2\|T\|\lim_{n\to\infty}\langle Tx_n,x_n\rangle+\|T\|^2\\&=\|T\|^2-2\|T\|^2+\|T\|^2=0.\end{aligned}$$

由于 T 是紧算子且 $\{x_n\}$ 有界，根据定理 1.3.1，存在子序列 $\{x_{n_k}\}$ 及 $y\in H$，使得 $\|Tx_{n_k}-y\|\to 0$. 又因为 $\|Tx_n-\|T\|x_n\|\to 0$，故 x_{n_k} 按范数收敛于 $x=\frac{y}{\|T\|}$（显然 $\|x\|=1$），因而 $Tx=\|T\|x$. 即 $\|T\|(\neq 0)$ 为 T 的一个特征值.

设 E_λ 表示相应于特征值 λ 的特征向量空间. 如果 T 为自共轭的，λ,μ 为 T 的两个不同的特征值，则 λ,μ 均为实数. 任取 $x_\lambda\in E_\lambda$，$x_\mu\in E_\mu$，则

$$\lambda\langle x_\lambda,x_\mu\rangle=\langle Tx_\lambda,x_\mu\rangle=\langle x_\lambda,Tx_\mu\rangle=\mu\langle x_\lambda,x_\mu\rangle,$$

因 $\lambda\neq\mu$，故有 $\langle x_\lambda,x_\mu\rangle=0$，即对应于不同的特征值的特征向量是互相垂直的. 由此可知，对任意正数 δ，仅有有限个 T 的特征值 λ 使得 $|\lambda|\geqslant\delta$. 事实上，如果 $\{\lambda_n\}$ 为 T 的一列互不相同的特征值，对每个 n，相应于 λ_n 的单位特征向量为 x_n，那么 $\{x_n\}$ 为规范正交基，因而在 H 中弱收敛于零. 由于 T 为紧算子，故 $|\lambda_n|=\|\lambda_n x_n\|=\|Tx_n\|\to 0$. 因此，$T$ 有有限个互不相同的特征值，或者 T 的特征值形成一个趋于 0 的序列.

因为 T 是紧算子，对应于非零特征值的特征向量空间是有限维的. 否则的话，设 $\{e_n\}$ 为对应于 $\lambda\neq 0$ 的特征空间的规范正交基，那么 $\{e_n\}$ 在 H 中弱收敛于零. 于是由 T 的紧性即知 $|\lambda|=\|Te_n\|\to 0$，这与 $\lambda\neq 0$ 矛盾.

设 $\{\mu_1,\mu_2,\cdots\}$ 是 T 的不同的非零特征值组成的（有穷或无穷）序列. 不妨设

$$|\mu_1|\geqslant|\mu_2|\geqslant\cdots,$$

又设 m_n 相应于 μ_n 的特征空间的维数. 由于 T 是自共轭的，故所有的 μ_n 为实数. 设

$$\lambda_1 = \lambda_2 = \cdots = \lambda_{m_1} = \mu_1,$$

$$\lambda_{m_1+1} = \lambda_{m_1+2} = \cdots = \lambda_{m_1+m_2} = \mu_2,$$

$$\cdots$$

而$\{e_1,e_2,\cdots,e_{m_1}\}$为相应于$\mu_1$的特征空间的规范正交基，$\{e_{m_1+1}, e_{m_2+2},\cdots,e_{m_1+m_2}\}$为相应于$\mu_2$的特征空间的规范正交基；….由于相应于不同的特征值的特征向量是互相垂直的，故$\{e_n\}$为H中的规范正交集，且对任意n，$Te_n=\lambda_n e_n$.

设T_0为H上如下定义的紧算子：

$$T_0 x = \sum_{n=1}^{\infty} \lambda_n \langle x, e_n \rangle e_n, \quad x \in H.$$

又设$M=\overline{\mathrm{span}\{e_n\}}$.显然$T_0M\subset M$且对一切$x\in M^{\perp}$，$T_0x=0$.另一方面，$TM\subset M$且如果$\langle x,e_n\rangle=0$，那么$\langle Tx,e_n\rangle=\lambda_n\langle x,e_n\rangle=0$，于是$TM^{\perp}\subset M^{\perp}$.记$S=T-T_0$，则$S$没有非零特征值.事实上，如果$\lambda$为$S$的非零特征值，$x$为相应的非零特征向量，那么

$$T\Big(x - \sum_{n=1}^{\infty} \langle x, e_n \rangle e_n\Big) = Tx - \sum_{n=1}^{\infty} \langle x, e_n \rangle Te_n$$

$$= Tx - \sum_{n=1}^{\infty} \lambda_n \langle x, e_n \rangle e_n = Tx - T_0 x = \lambda x,$$

这是由于$\Big(x - \sum_{n=1}^{\infty} \langle x, e_n \rangle e_n\Big) \perp M$，且$TM^{\perp}\subset M^{\perp}$，可知$x\in M^{\perp}$，所以$T_0x=0$，故$Tx=\lambda x$.因而存在某$n$，使得$\lambda=\lambda_n$，而且$x\in M$（因$x$为$\lambda_n$的特征向量），因此$x=0$.矛盾.

因为$T-T_0$为没有非零特征值的紧自共轭算子，由证明的第一段可知$T-T_0=0$，所以$T=T_0$.证毕.

注 1 由于$T_0M^{\perp}=\{0\}$，$T=T_0$，于是有

$$H = \mathrm{Ker}T \oplus M.$$

如果设M_n表示μ_n的特征空间，$M_0=\mathrm{Ker}T$为相应于特征值0的特征空间，那么有

$$H = M_0 \oplus M_1 \oplus M_2 \oplus \cdots,$$

这是有限维情形，对角化自共轭矩阵的有关结果在无限维情形的

推广.

注 2 如果 T 为紧算子,但不是自共轭的,则考虑其极分解:$T=V|T|$,其中 $|T|=(T^*T)^{1/2}$ 为正算子(从而是自共轭的)且为紧的. 由上述定理,存在 H 的一组规范正交集 $\{e_n\}$ 使得

$$|T|x=\sum_{n=1}^{\infty}\lambda_n\langle x,e_n\rangle e_n,\quad x\in H,$$

其中 $\{\lambda_n\}$ 是非负不增且趋于零的数列. 设 $\sigma_n=Ve_n$,那么 $\{\sigma_n\}$ 仍为规范正交集,且有

$$Tx=V|T|x=\sum_{n=1}^{\infty}\lambda_n\langle x,e_n\rangle Ve_n$$

$$=\sum_{n=1}^{\infty}\lambda_n\langle x,e_n\rangle\sigma_n.$$

上述表达式称为紧算子 T 的典则分解(canonical decomposition),其中非增序列 $\{\lambda_n\}$ 称为 T 的奇异值序列,λ_n 称为 T 的第 n 个奇异值.

在 Hilbert 空间 H 上的有界线性算子中,最简单的要数有限秩算子. 所谓有限秩算子即指其值域为有限维的算子. 记 H 上的有限秩算子全体为 $K_0(H)$. 显然,$K_0(H)\subset K(H)$. 下面的定理说明 $K_0(H)$ 在 $K(H)$ 中稠密.

定理 1.3.8 *H 上的线性算子 T 为紧算子的充要条件是存在一列有限秩算子 T_n,使得 $\|T_n-T\|\to 0$.*

证明 由于有限秩算子是紧算子,由定理 1.3.5 即知充分性成立. 下面证明必要性:设 T 为紧算子,那么 T 有典则分解

$$Tx=\sum_{n=1}^{\infty}\lambda_n\langle x,e_n\rangle\sigma_n,\quad x\in H,$$

其中 $\{\lambda_n\}$ 为 T 的奇异值序列,$\lambda_n\to 0$,$\{e_n\}$ 和 $\{\sigma_n\}$ 为 H 中的规范正交集.

对于 $k\geqslant 1$,记

$$T_kx=\sum_{n=1}^{k}\lambda_n\langle x,e_n\rangle\sigma_n,\quad x\in H,$$

那么 T_k 为有限秩算子,而且 $\|T_k-T\|\to 0(k\to\infty)$. 事实上,对 H

的任意单位向量 x，

$$\begin{aligned}\|(T_k-T)x\|^2 &= \Big\|\sum_{n=k+1}^{\infty}\lambda_n\langle x,e_n\rangle\sigma_n\Big\|^2\\ &= \sum_{n=k+1}^{\infty}|\lambda_n|^2|\langle x,e_n\rangle|^2\\ &\leqslant \Big(\sum_{n=k+1}^{\infty}|\langle x,e_n\rangle|^2\Big)\sup_{n>k}|\lambda_n|^2\\ &\leqslant \sup\{|\lambda_n|^2:n>k\},\end{aligned}$$

从而，$\|T_k-T\|\leqslant\sup\{|\lambda_n|^2:n>k\}$. 于是，$\lim\limits_{k\to\infty}\|T_k-T\|=0$. 证毕.

1.3.2 Fredholm 算子

如果 K 为 Hilbert 空间 H 上的紧算子，则算子 $A=I-K$ 的值域是闭的，而且 $\mathrm{Ker}A$ 和 $\mathrm{Ker}A^*$ 都是有限维的. 具有这些性质的算子构成一类十分有趣且非常重要的算子，这就是我们要介绍的 Fredholm 类算子.

设 H 是 Hilbert 空间，那么商代数 $L(H)/K(H)$ 是一个 Banach 代数，称之为 Calkin 代数. $L(H)$ 到 $L(H)/K(H)$ 上的自然同构用 π 表示. Calkin 代数实际上还是一个 C^* 代数.

Calkin 代数在许多方面有着应用，我们的兴趣是在它与 Fredholm 算子的联系. 设 H 为 Hilbert 空间，T 为 H 上的有界算子，如果 $\pi(T)$ 为 $L(H)/K(H)$ 中的可逆元，则称 T 为 Fredholm 算子. H 上的 Fredholm 算子全体记为 $F(H)$.

为进一步刻画 Fredholm 算子的特征，需要下面的关于子空间的线性张的引理. 如果 M 和 N 是 Hilbert 空间的闭子空间，那么 $M+N$ 的线性张一般来说不一定是闭的，除非其中一个是有限维的.

引理 1.3.1 如果 H 是 Hilbert 空间，M 是 H 的闭子空间，N 为 H 的有限维子空间，那么 $M+N$ 的线性张是 H 的闭子空间.

证明 我们不妨设 $M\cap N=\{0\}$（若有必要，可用 N 中的 $M\cap$

N 的正交补代替 N). 为证

$$M + N = \{f + g: f \in M, g \in N\}$$

是闭的,假设 $\{f\}_{n=1}^{\infty} \subset M$, $\{g\}_{n=1}^{\infty} \subset N$, 且 $\{f_n + g_n\}_{n=1}^{\infty}$ 为 H 中的 Cauchy 序列. 首先证明序列 $\{g_n\}_{n=1}^{\infty}$ 是有界的. 若不然,则存在子序列 $\{g_{n_k}\}_{n=1}^{\infty}$ 及 N 中的单位向量 h, 使得

$$\lim_{k\to\infty} \| g_{n_k} \| = \infty, \quad \lim_{k\to\infty} \frac{g_{n_k}}{\| g_{n_k} \|} = h$$

(这是因为 N 中的单位球是紧集). 但是,由于序列 $\{(f_{n_k} + g_{n_k})/\| g_{n_k} \|\}_{k=1}^{\infty}$ 收敛于零,故有

$$\lim_{k\to\infty} \frac{f_{n_k}}{\| g_{n_k} \|} = - h,$$

这说明 h 既在 M 中又在 N 中,因而得矛盾.

因为序列 $\{g_n\}_{n=1}^{\infty}$ 是有界的,故可取子序列 $\{g_{n_k}\}_{n=1}^{\infty}$, 使得 $\lim\limits_{k\to\infty} g_{n_k} = g \in N$. 于是,由 $\{(f_{n_k} + g_{n_k})\}_{k=1}^{\infty}$ 为 Cauchy 序列可知, $\{f_{n_k}\}_{n=1}^{\infty}$ 也为 Cauchy 序列. 故 $\lim\limits_{k\to\infty} f_{n_k} = f \in M$, 从而 $\lim\limits_{n\to\infty}(f_n + g_n) = f + g \in M + N$, 即 $M + N$ 为闭子空间.

下面的定理描述了 Fredholm 算子的特征. 有许多教科书以此作为 Fredholm 算子的定义.

定理 1.3.9(Atkinson 定理) 如果 H 为 Hilbert 空间, $T \in L(H)$, 那么 T 为 Fredholm 算子当且仅当 $\mathrm{Ran}T$ 是闭集, $\dim \ker T$ 和 $\dim \ker T^*$ 均为有限.

证明 若 T 为 Fredholm 算子,则存在 $A \in L(H)$, $K \in K(H)$, 使得 $AT = I + K$. 若 $f \in \mathrm{Ker}(I + K)$, 则由 $(I + K)(f) = 0$ 知 $Kf = -f$, 因而 $f \in \mathrm{Ran}K$. 于是

$$\mathrm{Ker}T \subset \mathrm{Ker}AT = \ker(I + K) \subset \mathrm{Ran}K.$$

由于紧算子的值域不含无限维闭子空间,故 $\mathrm{dem}\ \ker T < \infty$. 由对称性可知 $\dim \ker T^* < \infty$. 由定理 1.3.8, 存在有限秩算子 F, 使得 $\| F - K \| < 1/2$. 因此,对 $f \in \mathrm{Ker}F$, 有

$$\| A \| \| Tf \| \geqslant \| ATf \| = \| f + Kf \| = \| f + Ff + Kf - Ff \|$$

$$\geqslant \|f\| - \|Kf - Ff\| \geqslant \frac{1}{2}\|f\|,$$

由此知 T 在 $\mathrm{Ker}F$ 上是下有界的，这说明 $T(\mathrm{Ker}F)$是 H 的闭子空间. 因为$(\mathrm{Ker}F)^{\perp}$是有限维的. 由引理 1.3.1 知 $\mathrm{Ran}T = T(\mathrm{Ker}F) + T[(\mathrm{Ker}F)^{\perp}]$为 H 的闭子空间.

反之，假定 $\mathrm{Ran}T$ 为闭的，$\dim \mathrm{Ker}T < \infty$且 $\dim \mathrm{Ker}T^* < \infty$. 令

$$T_0 = T|_{(\mathrm{Ker}T)^{\perp}},$$

则 T_0 为$(\mathrm{Ker}T)^{\perp}$到 $\mathrm{Ran}T$ 上的一一映射，因而是可逆的. 再按下述方式定义 H 上的算子 S：

$$Sf = T_0^{-1}f, \quad \text{当 } f \in \mathrm{Ran}T,$$

$$Sf = 0, \quad \text{当 } f \in (\mathrm{Ran}T)^{\perp},$$

那么 S 是有界的，而且

$$ST = I - P_1, TS = I - P_2$$

其中 P_1 是到 $\mathrm{Ker}T$ 上的投影，P_2 是到$(\mathrm{Ran}T)^{\perp} = \mathrm{Ker}T^*$ 上的投影. 由 $\mathrm{Ker}T$ 和 $\mathrm{Ker}T^*$ 的维数均有限，故 P_1 和 P_2 为有限秩算子，从而可知 $\pi(S)$是 $\pi(T)$在 $L(H)/K(H)$中的逆，即 T 为 Fredholm 算子. 证毕.

Atkinson 定理中的条件常作为 Fredholm 算子的定义出现. 由于 Fredholm 算子具有如此明了的特征，它有着广泛的应用. 早在 20 年代初就发现几类重要的算子是由 Fredholm 算子构成的. 而且，如果 T 是 Fredholm 算子，那么对于给定的向量 g，方程 $Tf=g$ 的可解性等价于 g 是否垂直于有限维子空间 $\mathrm{Ker}T^*$. 而且由 T 为 Fredholm 算子可知，对于给定的 g，方程 $Tf=g$ 的解空间是有限维的.

§1.4 Schatten 类算子

Schatten 类算子是特殊的紧算子，对此类算子的研究使得我们对紧算子有更深刻的了解. 如果 T 为可分 Hilbert 空间 H 上的

紧算子,由定理 1.3.7 后的注 2 知 T 有典则分解,即存在 H 中的正交集$\{e_n\}$和$\{\sigma_n\}$,使得

$$Tx = \sum_{n=1}^{\infty} \lambda_n \langle x, e_n \rangle \sigma_n, \quad x \in H,$$

其中 λ_n 是 T 的第 n 个奇异值. 如果$\{\lambda_n\} \in l^p (0<p<\infty)$,则称 T 为 Schatten p-类算子,H 上的 Schatten p-类算子全体记为 $S_p(H)$,或简记为 S_p. 当 $1 \leqslant p < \infty$时,S_p 按范数

$$\| T \|_p = \left[\sum_{n=1}^{\infty} |\lambda_n|^p \right]^{\frac{1}{p}}$$

成为 Banach 空间. 当 $p=1$ 时,S_1 称为 H 上的迹类算子,而 S_2 称为 Hilbert-Schmidt 类算子.

1.4.1 Schatten p- 类算子的基本性质

定理 1.4.1 如果 T 为 H 上的紧算子,其奇异值为$\{\lambda_n\}$,那么对 H 的任意正交基$\{e_n\}$,有

$$\sum_{n=1}^{\infty} |\lambda_n|^2 = \sum_{n=1}^{\infty} \| Te_n \|^2 = \sum_{n,m=1}^{\infty} |\langle Te_n, e_m \rangle|^2.$$

证明 只要证明第一个等式. 设

$$Tx = \sum_{K} \lambda_K \langle x, e_k \rangle \sigma_k \quad (x \in H)$$

为 T 的典则分解,那么对 H 的任意一组规范正交基$\{x_n\}$,由帕塞瓦尔(Parseval)等式得

$$\| Tx_n \|^2 = \sum_{K} |\lambda_k|^2 |\langle x, e_k \rangle|^2.$$

由 Fubini 定理即知

$$\begin{aligned}
\sum_{n=1}^{\infty} \| Tx_n \|^2 &= \sum_{n=1}^{\infty} \sum_{k} |\lambda_k|^2 |\langle x_n, e_k \rangle|^2 \\
&= \sum_{k} |\lambda_k|^2 \sum_{n=1}^{\infty} |\langle x_n, e_k \rangle|^2 \\
&= \sum_{k} |\lambda_k|^2 \| e_k \|^2
\end{aligned}$$

$$= \sum_{k} |\lambda_k|^2.$$

证毕.

对于正的紧算子 T,其奇异数之和即为该算子的迹.

定理 1.4.2 如果 T 为 H 上的正紧算子,其正则分解为

$$Tx = \sum_{K} \lambda_n \langle x, e_n \rangle e_n \quad (x \in H),$$

那么对 H 的任意规范正交基 $\{\sigma_k\}$,有

$$\sum_{n=1}^{\infty} \lambda_n = \sum_{k=1}^{\infty} \langle T\sigma_k, \sigma_k \rangle.$$

证明 如果 $\{\sigma_k\}$ 为 H 的规范正交基,那么

$$\begin{aligned}\langle T\sigma_k, \sigma_k \rangle &= \left\langle \sum_{n=1}^{\infty} \lambda_n \langle \sigma_k, e_n \rangle e_n, \sigma_k \right\rangle \\ &= \sum_{n=1}^{\infty} \lambda_n \langle \sigma_k, e_n \rangle \langle e_n, \sigma_k \rangle \\ &= \sum_{n=1}^{\infty} \lambda_n |\langle \sigma_k, e_n \rangle|^2.\end{aligned}$$

利用 Fubini 定理可知

$$\sum_{k=1}^{\infty} \langle T\sigma_k, \sigma_k \rangle = \sum_{n=1}^{\infty} \lambda_n \sum_{k=1}^{\infty} |\langle \sigma_k, e_n \rangle|^2 = \sum_{n=1}^{\infty} \lambda_n \| e_n \|^2 = \sum_{n=1}^{\infty} \lambda_n.$$

证毕.

定理 1.4.3 如果 $T \in S_1$,那么对 H 中的任意规范正交基 $\{e_k\}$,级数 $\sum_{k=1}^{\infty} \langle Te_k, e_k \rangle$ 绝对收敛,且其和与 $\{e_k\}$ 的选取无关.

证明 如果 T 为正紧算子,由定理 1.4.2 知

$$\sum_{k=1}^{\infty} \langle Te_k, e_k \rangle = \sum_{n=1}^{\infty} \lambda_n = \| T \|_1 < \infty$$

对 H 的任意规范正交基 $\{e_k\}$ 成立. 其中 $\{\lambda_n\}$ 为 T 的奇异值,它与 $\{e_k\}$ 的选取无关.

一般地,如果 $T \in S_1$,令

$$P = \frac{T + T^*}{2}, \quad N = \frac{T - T^*}{2i},$$

则 P 和 N 为自共轭算子，而且 $T=P+iN$，易知 $P\in S_1, N\in S_1$，由于 P 为自共轭的，故由定理 1.3.7 知

$$Px=\sum_{n=1}^{\infty}\lambda_n\langle x,e_n\rangle e_n,$$

其中 λ_n 为实数，而且 $\sum_{n=1}^{\infty}\lambda_n$ 绝对收敛. 记

$$\alpha_n=\begin{cases}\lambda_n, & \lambda_n\geqslant 0,\\ 0, & \lambda_n<0,\end{cases}$$

$$\beta_n=\begin{cases}-\lambda_n, & \lambda_n<0,\\ 0, & \lambda_n\geqslant 0,\end{cases}$$

则 $\{\alpha_n\},\{\beta_n\}$ 均为非负实数列，而且趋于零. 记

$$P_0x=\sum_{n=1}^{\infty}\alpha_n\langle x,e_n\rangle e_n,$$

$$P_1x=\sum_{n=1}^{\infty}\beta_n\langle x,e_n\rangle e_n,$$

则知 P_0,P_1 均为正算子且 $P_0,P_1\in S_1, Px=P_0x-P_1x$. 对 N 可作同样的论证. 从而 T 有如下的分解：

$$T=(T_1-T_2)+i(T_3-T_4),$$

其中 $T_i(i=1,2,3,4)$ 均为 S_1 中的正算子. 由定理 1.4.2 知，$\sum_{k=1}^{\infty}\langle T_ie_k,e_k\rangle(i=1,2,3,4)$ 收敛，而且其和与 $\{e_n\}$ 的选取无关. 由此可知 $\sum_{k=1}^{\infty}\langle Te_k,e_k\rangle$ 绝对收敛，且其和与规范正交基 $\{e_n\}$ 的选取无关. 证毕.

对于 S_1 中的算子，由于对任意规范正交基 $\{e_n\}$，$\sum_{n=1}^{\infty}\langle Te_n,e_n\rangle$ 是一个由 T 唯一确定的常数，我们称此数为算子 T 的迹. 记为

$$\mathrm{tr}(T)=\sum_{n=1}^{\infty}\langle Te_n,e_n\rangle,$$

故对于正的迹类算子 T，

$$\mathrm{tr}(T)=\sum_{n=1}^{\infty}\lambda_n,$$

其中$\{\lambda_n\}$为T的奇异值.

引理 1.4.1 设T为H上的正紧算子，$p>0$，那么$T\in S_p$当且仅当$T^p\in S_1$，且$\|T\|_p^p=\|T^p\|_1$.

证明 由于T为正的紧算子，故有典则分解：

$$Tx=\sum_{n=1}^{\infty}\lambda_n\langle x,e_n\rangle e_n,\quad x\in H,$$

其中$\{0\}\cup\{\lambda_n\}$恰为T的谱集. 由谱映射定理，$\{\lambda_n^p\}=\sigma(T^p)\backslash\{0\}$. 因为$\{\lambda_n^p\}$为$T^p$的奇异值序列，由此可知

$$\|T^p\|_1=\sum_{n=1}^{\infty}\lambda_n^p=\|T\|_p^p.$$

证毕.

由此引理容易证得下述定理：

定理 1.4.4 如果T为H上的紧算子，$p\geqslant1$，那么$T\in S_p$当且仅当$|T|^p=(T^*T)^{\frac{p}{2}}\in S_1$，当且仅当$T^*T\in S_{\frac{p}{2}}$. 而且

$$\|T\|_p^p=\big\||T|\big\|_p^p=\big\||T|^p\big\|_1=\big\|T^*T\big\|_{\frac{p}{2}}^{\frac{p}{2}}.$$

证明 设$T\in S_p(p\geqslant1)$. 又设T的典则分解为

$$Tx=\sum_{n=1}^{\infty}\lambda_n\langle x,e_n\rangle\sigma_n,\quad x\in H.$$

由定义，$|T|$的奇异数与T的奇异数序列相同，故

$$\|T\|_p^p=\sum_{n=1}^{\infty}\lambda_n^p=\||T|\|_p^p.$$

又因$\{\lambda_n^p\}$为$|T|^p$的奇异值序列，从而又可知

$$\||T|^p\|_1=\sum_{n=1}^{\infty}\lambda_n^p.$$

又由谱映射定理及$T^*T=|T|^2$知$\{\lambda_n^2\}$为T^*T的奇异值序列，而

$$\sum_{n=1}^{\infty}\lambda_n^p=\sum_{n=1}^{\infty}(\lambda_n^2)^{\frac{p}{2}}=\big\|T^*T\big\|_{\frac{p}{2}}^{\frac{p}{2}}.$$

证毕.

定理 1.4.5 设T为H上的紧算子，$p\geqslant1$，那么$T\in S_p$当且仅当对一切规范正交集$\{e_n\}$，$\sum\limits_{n=1}^{\infty}|\langle Te_n,e_n\rangle|^p<\infty$，且

$$\|T\|_p = \sup\left\{\left[\sum_{n=1}^{\infty}|\langle Te_n,e_n\rangle|^p\right]^{\frac{1}{p}}:\{e_n\}\text{ 为 }H\text{ 的规范正交集}\right\}.$$

证明 （Ⅰ）如果 T 为 H 上的紧自共轭算子，由定理 1.3.7 知，存在 H 的规范正交基$\{\sigma_n\}$，使得

$$Tx = \sum_{n=1}^{\infty}\lambda_n\langle x,\sigma_n\rangle\sigma_n,\quad x\in H,$$

其中$\{\lambda_n\}$为 T 的特征值序列，而且 $\sum_{n=1}^{\infty}|\lambda_n|^p = \|T\|_p^p$. 因为 $\lambda_n=\langle T\sigma_n,\sigma_n\rangle$，于是如果对一切规范正交集$\{e_n\}$，$\sum_{n=1}^{\infty}|\langle Te_n,e_n\rangle|^p<\infty$，则可知 $\sum_{n=1}^{\infty}|\lambda_n|^p<\infty$，即 $T\in S_p$.

另一方面，如果$\{e_n\}$为 H 的一规范正交集，那么，对任意 $m\geqslant 1$，

$$\begin{aligned}|\langle Te_m,e_m\rangle| &= \left|\sum_{n=1}^{\infty}\lambda_n|\langle e_m,\sigma_n\rangle|^2\right| \\ &\leqslant \sum_{n=1}^{\infty}|\lambda_n||\langle e_m,\sigma_n\rangle|^2 \\ &\leqslant \left(\sum_{n=1}^{\infty}|\lambda_n|^p|\langle e_m,\sigma_n\rangle|^2\right)^{\frac{1}{p}}\left(\sum_{n=1}^{\infty}|\langle e_m,\sigma_n\rangle|^2\right)^{\frac{1}{q}} \\ &= \left(\sum_{n=1}^{\infty}|\lambda_n|^p|\langle e_n\sigma_n\rangle|^2\right)^{\frac{1}{p}}.\end{aligned}$$

于是，由 Fubini 定理可得

$$\begin{aligned}\sum_m|\langle Te_m,e_m\rangle|^p &\leqslant \sum_m\sum_{n=1}^{\infty}|\lambda_n|^p|\langle e_m,\sigma_n\rangle|^2 \\ &= \sum_{n=1}^{\infty}|\lambda_n|^p\sum_m|\langle e_m,\sigma_n\rangle|^2 \leqslant \sum_{n=1}^{\infty}|\lambda_n|^p.\end{aligned}$$

如果 $T\in S_p$，则对任意规范正交基$\{e_n\}$，

$$\sum_n|\langle Te_n,e_n\rangle|^p\leqslant\sum_n|\lambda_n|^p<\infty.$$

显然，对 H 中的任意规范正交集$\{e_n\}$，

$$\left[\sum_n |\langle Te_n, e_n\rangle|^p\right]^{\frac{1}{p}} \leqslant \|T\|_p.$$

另一方面，当 T 为自共轭紧算子时，

$$Tx = \sum_n \lambda_n \langle x, \sigma_n\rangle \sigma_n,$$

其中 λ_n 为 T 的特征值，σ_n 为相应于 λ_n 的单位特征向量，即 $T\sigma_n = \lambda\sigma_n$，于是对此规范正交集 $\{\sigma_n\}$，

$$\left[\sum_n |\langle T\sigma_n, \sigma_n\rangle|^p\right]^{\frac{1}{p}} = \left[\sum_n |\lambda_n \langle \sigma_n, \sigma_n\rangle|^p\right]^{\frac{1}{p}}$$

$$= \left(\sum_n |\lambda_n|^p\right)^{\frac{1}{p}} = \|T\|_p,$$

故有

$$\|T\|_p = \sup\left\{\left[\sum |\langle Te_n, e_n\rangle|^p\right]^{\frac{1}{p}} : \{e_n\} \text{ 为规范正交集}\right\}$$

（Ⅱ）一般地，记 $T = \dfrac{T+T^*}{2} + i\,\dfrac{T-T^*}{2i}$，则 $A = \dfrac{T+T^*}{2}$ 和 $B = \dfrac{T-T^*}{2i}$ 均为自共轭的紧算子. 由谱映射定理可知

$$\alpha_n = \frac{\lambda_n + \overline{\lambda_n}}{2}, \quad \beta_n = \frac{\lambda_n - \overline{\lambda_n}}{2i}$$

分别为 A 和 B 的特征值，若记

$$\begin{aligned} Tx &= \sum_n \lambda_n \langle x, e_n\rangle \sigma_n \\ &= \sum_n \alpha_n \langle x, e_n\rangle \sigma_n + i\sum_n \beta_n \langle x, e_n\rangle \sigma_n \\ &= Ax + Bx, \end{aligned}$$

其中

$$Ax = \sum_n \alpha_n \langle x, e_n\rangle \sigma_n, \quad Bx = \sum_n \beta_n \langle x, e_n\rangle \sigma_n,$$

由闵可夫斯基不等式

$$\begin{aligned} \|T\|_p &= \left[\sum_n |\lambda_n|^p\right]^{\frac{1}{p}} = \left[\sum_n |\alpha_n + i\beta_n|^p\right]^{\frac{1}{p}} \\ &\leqslant \left(\sum_n |\alpha_n|^p\right)^{\frac{1}{p}} + \left(\sum_n |\beta_n|^p\right)^{\frac{1}{p}} \end{aligned}$$

$$\leqslant \|A\|_p + \|B\|_p,$$

显然，$\|A\|_p, \|B\|_p \leqslant \|T\|_p$. 于是 $T\in S_p$ 当且仅当 $A,B\in S_p$. 由于对任意正交集$\{e_n\}$

$$\left(\sum_n |\langle Ae_n,e_n\rangle|^p\right)^{\frac{1}{p}},\quad \left(\sum_n |\langle Be_n,e_n\rangle|^p\right)^{\frac{1}{p}}$$

$$\leqslant \left(\sum_n |\langle Ae_n,e_n\rangle + i\langle Be_n,e_n\rangle|^p\right)^{\frac{1}{p}} = \left(\sum_n |\langle Te_n,e_n\rangle|^p\right)^{\frac{1}{p}}$$

$$\leqslant \left(\sum_n |\langle Ae_n,e_n\rangle|^p\right)^{\frac{1}{p}} + \left(\sum_n |\langle Be_n,e_n\rangle|^p\right)^{\frac{1}{p}},$$

由此可知：$T\in S_p$ 当且仅当对任意正交集$\{e_n\}$，$\sum_n |\langle Te_n,e_n\rangle|^p < \infty$，证毕.

定理 1.4.6 设 T 为 H 上的紧算子，$p\geqslant 1$，那么，$T\in S_p$ 的充要条件是对任意规范正交集$\{e_n\}$和$\{\sigma_n\}$，$\sum_n |\langle Te_n,\sigma_n\rangle|^p < +\infty$ 而且

$$\|T\|_p = \sup\left\{\left[\sum_n |\langle Te_n,\sigma_n\rangle|^p\right]^{\frac{1}{p}} : \{e_n\}\text{ 和 }\{\sigma_n\}\text{ 为规范正交集}\right\}.$$

证明 充分性由定理 1.4.5 即知. 下面证明必要性：如果 $T\in S_p$ 且 T 为正算子，则有 $|\langle Te_n,\sigma_n\rangle|^2 \leqslant \langle Te_n,e_n\rangle\langle T\sigma_n,\sigma_n\rangle$. 由定理 1.4.5和 Schwarz 不等式.

$$\begin{aligned}\sum_n |\langle Te_n,\sigma_n\rangle|^p &= \sum_n |\langle Te_n,\sigma_n\rangle|^{2\cdot\frac{p}{2}} \\ &\leqslant \sum_n |\langle Te_n,e_n\rangle|^{\frac{p}{2}} |\langle T\sigma_n,\sigma_n\rangle|^{\frac{p}{2}} \\ &\leqslant \left(\sum_n |\langle Te_n,e_n\rangle|^p\right)^{\frac{1}{2}} \left(\sum_n |\langle T\sigma_n,\sigma_n\rangle|^p\right)^{\frac{1}{2}} \\ &\leqslant \|T\|_p^p < +\infty,\end{aligned}$$

或$\left(\sum_n |\langle Te_n,\sigma_n\rangle|^p\right)^{\frac{1}{p}} \leqslant \|T\|_p$. 从而有

$$\|T\|_p \geqslant \sup\left\{\left[\sum_n |\langle Te_n,\sigma_n\rangle|^p\right]^{\frac{1}{p}} : \{e_n\},\{\sigma_n\}\text{ 为规范正交集}\right\}.$$

另一方面，由定理 1.4.5

$$\|T\|_p=\sup\left\{\left[\sum_n|\langle Te_n,e_n\rangle|^p\right]^{\frac{1}{p}}:\{e_n\}\text{ 为规范正交集}\right\}$$

$$\leqslant\sup\left\{\left[\sum_n|\langle Te_n,\sigma_n\rangle|^p\right]^{\frac{1}{p}}:\{e_n\},\{\sigma_n\}\text{ 为规范正交集}\right\}.$$

如果 T 为 H 上的一般紧算子，由定理 1.4.3 的证明，T 有如下分解：

$$T=(T_1-T_2)+i(T_3-T_4),$$

其中 $T_i(i=1,2,3,4)$ 均为 H 上的正紧算子. 利用前面已证的结论和简单的估算可知定理成立. 证毕.

定理 1.4.7 设 T 为 H 上的紧算子，$p\geqslant 2$，则 $T\in S_p$ 的充要条件是对 H 中的任意规范正交集 $\{e_n\}$，$\sum\limits_n\|Te_n\|^p<\infty$. 而且

$$\|T\|_p=\sup\left\{\left[\sum\|Te_n\|^p\right]^{\frac{1}{p}}:\{e_n\}\text{ 为规范正交集}\right\}.$$

证明 不失一般性，设 T 为自共轭的紧算子，这时存在规范正交集 $\{\sigma_n\}$ 使得

$$Tx=\sum_{n=1}^{\infty}\lambda_n\langle x,\sigma_n\rangle\sigma_n,\quad x\in H,$$

其中 $\{\lambda_n\}$ 为 T 的特征值序列，且 $\|T\|_p=\left(\sum\limits_n|\lambda_n|^p\right)^{\frac{1}{p}}$. 由于 $T\sigma_n=\lambda_n\sigma_n$，故 $\|T\sigma_n\|=|\lambda_n|$，从而 $\sum\limits_n\|T\sigma_n\|^p=\sum\limits_n|\lambda_n|^p$. 因此，如果对任意规范正交集 $\{e_n\}$，$\sum\limits_n\|Te_n\|^p<\infty$，即有 $\sum\limits_n|\lambda|^p<\infty$. 即 $T\in S_p$，充分性得证.

下面证明必要性：设 $\{e_n\}$ 为 H 中的规范正交集，那么对任意 $m\geqslant 1$，

$$Te_m=\sum_n\lambda_n\langle e_m,\sigma_n\rangle\sigma_n,$$

因而

$$\|Te_m\|^2=\sum_n\lambda_n^2|\langle e_m,\sigma_n\rangle|^2.$$

因为 $p\geqslant 2$，$p_1=\frac{p}{2}\geqslant 1$. 设 q_1 为 p_1 的共轭指数$\left(\text{即}\frac{1}{q_1}+\frac{1}{p_1}=1\right)$，由

Hölder 不等式有

$$\|Te_m\|^2=\sum_n\lambda_n^2|\langle e_m,\sigma_n\rangle|^{\frac{2}{p_1}}|\langle e_m,\sigma_n\rangle|^{\frac{2}{q_1}}$$

$$\leqslant\Big[\sum_n|\lambda_n|^p|\langle e_m,\sigma_n\rangle|^2\Big]^{\frac{1}{p_1}}\Big[\sum_n|\langle e_m,\sigma_n\rangle|^2\Big]^{\frac{1}{q_1}}.$$

由于 $\sum_n|\langle e_m,\sigma_n\rangle|^2\leqslant 1$，故

$$\|Te_m\|^p=\|Te_m\|^{2p_1}\leqslant\sum_n|\lambda_n|^p|\langle e_m,\sigma_n\rangle|^2,$$

从而有

$$\sum_m\|Te_m\|^p\leqslant\sum_m\sum_n|\lambda_n|^p|\langle e_m,\sigma_n\rangle|^2$$

$$=\sum_n|\lambda_n|^p\sum_m|\langle e_m,\sigma_n\rangle|^2\leqslant\sum_n|\lambda_n|^p,$$

所以当 $T\in S_p$ 时，对任意规范正交集 $\{e_m\}\subset H$，

$$\sum_m\|Te_m\|^p<+\infty.$$

因为当 $T\in S_p$ 时，上面已证对任意规范正交集 $\{e_n\}$，

$$\Big\{\sum_n\|Te_n\|^p\Big\}^{\frac{1}{p}}\leqslant\Big\{\sum_n|\lambda_n|^p\Big\}^{\frac{1}{p}}=\|T\|_p.$$

另一方面，由于 $T\sigma_n=\lambda_n\sigma_n$，故有 $\sum_n\|T\sigma_n\|^p=\sum_n|\lambda_n|^p$，于是

$$\|T\|_p=\sup\Big\{\Big[\sum_n\|Te_n\|^p\Big]^{\frac{1}{p}}:\{e_n\}\text{ 规范为正交集}\Big\}.$$

证毕.

1.4.2 空间 S_p 及其对偶空间

本节主要是从整体上研究空间 S_p，此空间是个 Banach 空间，有着很好的代数结构和空间性质.

对于 $T\in S_p(p\geqslant 1)$，令

$$\|T\|_p=\big[\mathrm{tr}(T^*T)^{\frac{p}{2}}\big]^{\frac{1}{p}}=\Big[\sum_n\lambda_n^p\Big]^{\frac{1}{p}},$$

其中 $\{\lambda_n\}$ 为 T 的奇异值序列. 下面的定理说明 Schatten p-类算子

S_p 的重要地位.

定理 1.4.8 设 S_p 为 Hilbert 空间 H 上的 Schatten 类算子($p\geqslant 1$),则 $\|\cdot\|_p$ 为 S_p 上的范数,S_p 在此范数下为 Banach 空间.

证明 设 $T,S\in S_p$,则有典则分解

$$Tx=\sum_{n=1}^{\infty}\lambda_n\langle x,e_n\rangle\sigma_n,$$

$$Sx=\sum_{n=1}^{\infty}\lambda'_n\langle x,e'_n\rangle\sigma'_n,$$

$$(T+S)x=\sum_{n=1}^{\infty}\lambda''_n\langle x,e''_n\rangle\sigma''_n$$

(这是因为两个紧算子之和仍为紧算子),

$$\lambda''_n=\langle (T+S)e''_n,e''_n\rangle=\langle Te''_n,e''_n\rangle+\langle Se''_n,e''_n\rangle,$$

$$\|T+S\|_p=\Big(\sum_n|\lambda''_n|^p\Big)^{\frac{1}{p}}=\Big[\sum_n|\langle Te''_n,e''_n\rangle+\langle Se''_n,e''_n\rangle|^p\Big]^{\frac{1}{p}}$$

$$\leqslant\Big(\sum_n|\langle Te''_n,e''_n\rangle|^p\Big)^{\frac{1}{p}}+\Big(\sum_n|\langle Se''_n,e''_n\rangle|^p\Big)^{\frac{1}{p}}.$$

由定理 1.4.5 即知

$$\|T+S\|_p\leqslant\|T\|_p+\|S\|_p.$$

利用定理 1.4.5,同理可证 $\|\lambda T\|_p=|\lambda|\,\|T\|_p$. 于是,$S_p$ 为线性空间,而 $\|\cdot\|_p$ 为 S_p 上的范数,从而 $(S_p,\|\cdot\|_p)$ 为赋范线性空间.

设 $\{T_n\}$ 为 $(S_p,\|\cdot\|_p)$ 中的 Cauchy 列. 由于对 H 中的紧算子 A,由定理 1.4.7 知,对一切 H 中的单位向量 x,$\|Ax\|\leqslant\|A\|_p(p\geqslant 1)$,从而可知 $\|A\|\leqslant\|A\|_p$. 于是可知依 $\|\cdot\|_p$ 为范数的 Cauchy 序列必为依通常算子范数的 Cauchy 列,从而由定理1.3.6知,存在紧算子 T,使得 $\|T_n-T\|\to 0$. 下面证明 $T\in S_p$,而且 $\|T_n-T\|_p\to 0$.

设 $\varepsilon>0$,$\{e_n\}$ 为 H 的一组基,又设 N 为正数,使得当 $n,m\geqslant N$ 时,$\|T_n-T_m\|_p<\varepsilon$. 如果 $n\geqslant N$ 是任意固定的整数,$\{e_k\}$ 为 H 中的任一规范正交基,则

$$\sum_k |\langle (T_n - T_m)e_k, e_k\rangle|^p \leqslant \| T_n - T_m \|_p^p < \varepsilon^p.$$

令 $m\to\infty$，即有

$$\sum_k |\langle (T_n - T)e_k, e_k\rangle|^p \leqslant \varepsilon^p.$$

由于$\{e_n\}$为 H 中任一规范正交基. 由定理 1.4.5 知：$\forall\ \varepsilon>0$，存在 N，当 $n\geqslant N$ 时 $\| T_n - T \|_p \leqslant \varepsilon$，即 $\| T_n - T \|_p \to 0(n\to\infty)$，又因

$$\| T \|_p \leqslant \| T - T_N \|_p + \| T_N \|_p \leqslant \| T_N \|_p + \varepsilon < +\infty,$$

故 $T\in S_p$. 证毕.

作为定理 1.4.5 的推论，我们有

推论 1.4.1 设 $T\in S_p(p\geqslant 1)$，则对 $T^*\in S_p$，且 $\| T^* \|_p = \| T \|_p$.

证明 当 $T\in S_p$ 时，则 T 为紧算子，从而 T^* 也为紧算子，由定理 1.4.5 知

$$\begin{aligned}
\| T \|_p &= \sup\left\{\left[\sum_n |\langle Te_n, e_n\rangle|^p\right]^{\frac{1}{p}} : \{e_n\}\text{ 为 } H \text{ 的规范正交集}\right\} \\
&= \sup\left\{\left[\sum_n |\langle e_n, T^* e_n\rangle|^p\right]^{\frac{1}{p}} : \{e_n\}\text{ 为 } H \text{ 的规范正交集}\right\} \\
&= \sup\left\{\left[\sum_n |\langle T^* e_n, e_n\rangle|^p\right]^{\frac{1}{p}} : \{e_n\}\text{ 为 } H \text{ 的规范正交集}\right\} \\
&= \| T^* \|_p.
\end{aligned}$$

证毕.

为讨论 Banach 空间 $S_p(p\geqslant 1)$的对偶性，先对 $T\in S_p$ 的奇异值作进一步的了解：

定理 1.4.9 设 T 为 H 上的紧算子，$\{\lambda_n\}$为 T 的奇异值，那么对 $n\geqslant 0$，有

(1) $\lambda_{n+1} = \inf\{\| T - F \| : F\in F_n\}$，其中 F_n 表示 H 上一切秩小于等于 n 的有限秩算子组成的集合；

(2) $\lambda_{n+1} = \min\limits_{x_1, x_2, \cdots, x_n} \max\{\| Tx \| : \| x \| = 1, \langle x, x_i\rangle = 0, 1\leqslant i\leqslant n\}$.

证明 (2)是关于紧算子特征值的 Rayleigh 方程的直接推论

(见习题 1.9),我们略去其详细证明. (1)是(2)的推论. 事实上,如果 F 为秩小于或等于 n 的线性算子,$R=\mathrm{Ran}F^*$,于是 $\mathrm{Ker}F=K=R^{\perp}$,由(2)知

$$\lambda_{n+1}\leqslant \max\{\|Tx\|:\|x\|=1,x\in K\},$$

但是,对 $x\in K$,$\|Tx\|=\|(T-F)x\|\leqslant\|T-F\|\|x\|$,于是,对一切秩小于或等于 n 的算子 F 都有 $\lambda_{n+1}\leqslant\|T-F\|$. 因此,$\lambda_{n+1}\leqslant\inf\{\|T-F\|:F\in F_n\}$. 另一方面,如果

$$Tx=\sum_k\lambda_k\langle x,e_k\rangle\sigma_k$$

是 T 的典则分解,T_n 是如下定义的算子:

$$T_nx=\sum_{k=1}^{n}\lambda_k\langle x,e_k\rangle\sigma_k,\quad x\in H,$$

则 $\|T-T_n\|=\lambda_{n+1}$. 由此可知 $\inf\{\|T-F\|:F\in F_n\}\leqslant\lambda_{n+1}$,故有 $\lambda_{n+1}=\inf\{\|T-F\|:F\in F_n\}$. 证毕.

从上述关于奇异值的极小-极大特征,可得如下推论,其详细证明可参阅[Dus58].

推论 1.4.2 设 T_1,T_2 为 H 上的紧算子,$\{\lambda_n(T)\}$是 T 的奇异值序列,那么对任意 $n,m\geqslant 0$,有

(1)$\lambda_{n+m+1}(T_1+T_2)\leqslant\lambda_{n+1}(T_1)+\lambda_{m+1}(T_2)$;

(2)$\lambda_{n+m+1}(T_1T_2)\leqslant\lambda_{n+1}(T_1)\lambda_{m+1}(T_2)$.

在刻画 S_p 空间的对偶空间时,下面两个引理起着重要作用.

引理 1.4.1 设 $1\leqslant p<\infty$,$\frac{1}{p}+\frac{1}{q}=1$,如果 $T\in S_p$,$S\in S_q$,那么

(1)$TS,ST\in S_1$;

(2)$\mathrm{tr}(ST)=\mathrm{tr}(TS)$;

(3)$|\mathrm{tr}(ST)|\leqslant\|T\|_p\|S\|_q$.

证明 (1)由推论 1.4.2 的(2)可知:取 $n=m$,

$$\sum_{m=0}^{\infty}|\lambda_{2m+1}(TS)|\leqslant\sum_{m=0}^{\infty}|\lambda_{m+1}(T)\lambda_{m+1}(S)|$$

$$\leqslant \Big(\sum_{m=0}^{\infty}|\lambda_{m+1}(T)|^{p}\Big)^{\frac{1}{p}}\Big(\sum_{m=0}^{\infty}|\lambda_{m+1}(S)|^{q}\Big)^{\frac{1}{q}}$$

$$\leqslant \|T\|_{p}\|S\|_{q}.$$

若 $n=m+1$，由 Hölder 不等式有

$$\sum_{n=1}^{\infty}|\lambda_{2n}(TS)|\leqslant \sum_{n=1}^{\infty}|\lambda_{n+1}(T)\lambda_{n}(S)|$$

$$\leqslant \Big(\sum_{n=1}^{\infty}|\lambda_{n+1}(T)|^{p}\Big)^{\frac{1}{p}}\Big(\sum_{n=1}^{\infty}|\lambda_{n}(S)|^{q}\Big)^{\frac{1}{q}}$$

$$\leqslant \|T\|_{p}\|S\|_{q}.$$

从而可知 $TS\in S_1$. 同理可知 $ST\in S_1$.

(2)首先注意到 H 上的每个线性有界算子是至多 4 个酉算子的线性组合(见本章习题 4)，于是，由 tr 的线性，只要证明(2)对任意酉算子 S 及有限秩算子 T 成立. 这时，如果 $\{e_n\}$ 为规范正交基，则 $\{Se_n\}$ 也为规范正交基，故有

$$\mathrm{tr}(TS)=\sum_{n=1}^{\infty}\langle TSe_n,e_n\rangle=\sum_{n=1}^{\infty}\langle STSe_n,Se_n\rangle=\mathrm{tr}(ST).$$

(3)由于 S_p 是可分的(见本章习题 8)，有限秩算子在 S_p 中稠密，故可设 T 和 S 为有限秩算子. 设

$$Tx=\sum_{n}\lambda_n\langle x,e_n\rangle\sigma_n$$

为 T 的典则分解，那么

$$TSx=\sum_{n}\lambda_n\langle Sx,e_n\rangle\sigma_n=\sum_{n}\lambda_n\langle x,S^*e_n\rangle\sigma_n,\quad x\in H.$$

设 T_n 为如下定义的一秩算子：

$$T_nx=\langle x,S^*e_n\rangle\sigma_n,\quad x\in H,$$

那么

$$TSx=\sum_{n}\lambda_nT_nx.$$

由于上述是有限项求和，且 tr 是线性的，故有

$$\mathrm{tr}(TS)=\sum_{n}\lambda_n\mathrm{tr}(T_n)=\sum_{n}\lambda_n\langle S\sigma_n,e_n\rangle.$$

由 Hölder 不等式及定理 1.4.6 有

$$|\mathrm{tr}(TS)| \leqslant \Big(\sum_n |\lambda_n|^p\Big)^{\frac{1}{p}} \Big(\sum |\langle S\sigma_n, e_n\rangle|^q\Big)^{\frac{1}{q}}$$
$$\leqslant \|T\|_p \|S\|_q.$$

证毕.

引理 1.4.2 设 $1 \leqslant p < \infty, \dfrac{1}{p} + \dfrac{1}{q} = 1$，如果 $T \in S_p$，则

$$\|T\|_p = \sup\{|\mathrm{tr}(ST)| : \|S\|_q = 1\}.$$

证明 由引理 1.4.1 中的(3)可知

$$\sup\{|\mathrm{tr}(ST)| : \|S\|_q = 1\} \leqslant \|T\|_p.$$

为证反向不等式，先考虑 $1 < p < \infty$ 的情形. 设

$$Tx = \sum_n \lambda_n \langle x, e_n\rangle \sigma_n \quad (x \in H)$$

为 T 的典则分解，S_N 是如下定义的算子：

$$S_N x = \Big[\sum_{n=1}^N \lambda_n^p\Big]^{-\frac{1}{q}} \sum_{n=1}^N \lambda_n^{\frac{p}{q}} \langle x, \sigma_n\rangle e_n, \ x \in H,$$

则 $\|S_N\|_q = 1$，而且

$$\begin{aligned} S_N T x &= \Big[\sum_{n=1}^N \lambda_n^p\Big]^{-\frac{1}{q}} \sum_{n=1}^N \lambda_n^{\frac{p}{q}} \langle Tx, \sigma_n\rangle e_n \\ &= \Big[\sum_{n=1}^N \lambda_n^p\Big]^{-\frac{1}{q}} \sum_{n=1}^N \lambda_n^{\frac{p}{q}} \lambda_n \langle x, e_n\rangle e_n \\ &= \Big[\sum_{n=1}^N \lambda_n^p\Big]^{-\frac{1}{q}} \sum_{n=1}^N \lambda_n^p \langle x, e_n\rangle e_n, \end{aligned}$$

由此可得 $\mathrm{tr}(S_N T) = \Big[\sum_{n=1}^N \lambda_n^p\Big]^{\frac{1}{p}}$，因此，对一切 $S \in S_q(\|S\|_q = 1)$，$|\mathrm{tr}(ST)| \leqslant \|T\|_p$. 于是，

$$\|T\|_p \leqslant \sup\{|\mathrm{tr}(ST)| : \|S\|_q = 1\}.$$

对于 $p = 1$，令

$$S_N x = \sum_{n=1}^N \langle x, \sigma_n\rangle e_n, \ x \in H,$$

则 $\|S_N\|_\infty = 1$，而且

$$S_N x = \sum_{n=1}^N \langle Tx, \sigma_n\rangle e_n = \sum_{n=1}^N \lambda_n \langle x, e_n\rangle e_n, \quad x \in H,$$

于是 $\operatorname{tr}(S_N T)=\sum_{n=1}^{N}\lambda_n$，因而 $\|T\|_p\leqslant\sup\{|\operatorname{tr}(ST)|:\|S\|_q=1\}$.

对于 $p=+\infty$，我们考虑如下定义的一秩算子 $T_{x,y}$：对 $x,y\in H$，记

$$T_{x,y}z=\langle z,y\rangle x,\quad z\in H,$$

如果 $\|x\|=\|y\|=1$，则

$$\|T_{x,y}z\|\leqslant\|z\|\|y\|\|x\|\leqslant\|z\|,$$

即 $\|T_{x,y}\|\leqslant 1$. 另一方面，当 $z=y$ 时，

$$\|T_{x,y}z\|=\|y\|^2\|x\|=1,$$

故 $\|T_{x,y}\|\geqslant 1$. 于是 $\|T_{x,y}\|=1$，而且 $|\langle T_{x,y}\rangle|=|\operatorname{tr}(T_{x,y},T)|$. 关于 H 中的一切单位向量 x,y 取上确界，即知：$\|T\|\leqslant\sup\{|\operatorname{tr}(ST)|:\|S\|_1=1\}$，证毕.

下面是本节的主要定理：

定理 1.4.10 如果 $1\leqslant p<\infty$，且 $\frac{1}{p}+\frac{1}{q}=1$，则在下列对偶

$$\langle T,S\rangle=\operatorname{tr}(TS)$$

下，有 $S_p^*=S_q$.

证明 根据引理 1.4.1 和 1.4.2，我们只要证明：对 S_p 上的任意有界线性泛函 ζ，存在 $S\in S_q$ 使得对一切 $T\in S_p$，$\zeta(T)=\operatorname{tr}(TS)$，而且 $\|S\|_q=\|\zeta\|$. 对 $x,y\in H$，记 $T_{x,y}$ 是按如下方式定义的一秩算子：

$$T_{x,y}z=\langle z,y\rangle x,\quad z\in H.$$

设 $L(x,y)=\zeta(T_{x,y})$，易知 $L(x,y)$ 关于 x 线性，关于 y 共轭线性，而且

$$|L(x,y)|\leqslant\|\zeta\|\|T_{x,y}\|_p=\|\zeta\|\|x\|\|y\|$$

于是存在 H 上的有界线性算子 S，使得

$$L(x,y)=\langle Sx,y\rangle,\quad x,y\in H.$$

因而

$$\zeta(T_{x,y})=\langle Sx,y\rangle=\operatorname{tr}(T_{x,y}S).$$

由 ζ 和 tr 的线性可知，对一切有限秩算子 T 有

$$\zeta(T)=\operatorname{tr}(TS).$$

由引理 1.4.2 及有限秩算子在 S_p 中稠密性可知：

$$\begin{aligned}\|S\|_q &= \sup\{|\mathrm{tr}(TS)|: \|T\|_p = 1, T \text{ 为有限秩算子}\} \\ &= \sup\{|\zeta(T)|: \|T\|_p = 1, T \text{ 为有限秩算子}\} \\ &= \|\zeta\|.\end{aligned}$$

证毕.

习题一

1. 如果 $\{e_n\}$ 和 $\{\sigma_n\}$ 为 H 的两组规范正交基，$A\in L(H)$，则

$$\sum_{n=1}^{\infty}\|Ae_n\|^2 = \sum_{n=1}^{\infty}\|A^*\sigma_n\|^2 = \sum_{m=1}^{\infty}\sum_{n=1}^{\infty}|\langle Ae_n,\sigma_m\rangle|^2.$$

2. 如果 $T\in L(H)$，$A\in S_p(p\geqslant 1)$，则

$$\|TA\|_p \leqslant \|T\|\|A\|_p, \ \|AT\|_p \leqslant \|A\|\|T\|_p.$$

3. 如果 $A\in B_1$，$T\in L(H)$，则

$$|\mathrm{tr}(T|A|)| \leqslant \|T\|\|A\|_1.$$

4. 证明：如果 $T\in S_p$，则存在 4 个正算子 $T_i\in S_p$，使得

$$T = (T_1 - T_2) + i(T_3 - T_4)$$

5. H 上的任意有界线性算子可写成 4 个酉算子的线性组合.

6. 设 T 是紧的正常算子. 如果 $\{\mu_n\}$ 是 T 的特征值序列(计及重数但不一定按降序排列)，那么

$$\|T\|_p = \left[\sum_n|\mu_n|^p\right]^{\frac{1}{p}}.$$

7. 设 T 如下定义：

$$Tx = \sum_n\lambda_n\langle x,e_n\rangle\sigma_n, \quad x\in H,$$

其中 $\{e_n\}$ 和 $\{\sigma_n\}$ 为规范正交集. 证明 T 是正常算子的充要条件是 $\sigma_n=e_n$，对一切 n 成立. 当 T 是正常时，有

$$\|T\|_p = \left[\sum_n|\lambda_n|^p\right]^{\frac{1}{p}}.$$

8. 设 $T\in S_p$，且

$$Tx = \sum_n\lambda_n\langle x,e_n\rangle\sigma_n$$

为 T 的典则分解. 而 T_n 为如下定义的算子：

$$T_n x = \sum_{k=1}^{n} \lambda_k \langle x, e_k \rangle \sigma_k,$$

那么当 $n \to \infty$ 时 $\| T - T_n \|_p \to 0 (1 \leqslant p < +\infty)$. 由此即得 S_p 是可分的 $(1 \leqslant p < +\infty)$.

9. 设 T 是正紧算子, $\{\lambda_n\}$ 为 T 的特征值序列(按减小次序排列且计及重数), 则对任意 $n \geqslant 1$,

$$\lambda_{n+1} = \min_{x_1, x_2, \cdots, x_n} \max\{\langle Tx, x \rangle : \| x \| = 1, x \perp x_i, 1 \leqslant i \leqslant n\},$$

特别地, $\lambda_1 = \max\{\| Tx \| : \| x \| = 1\} = \| T \|$ (此结论称为 Rayleigh 等式).

10. 证明对任意向量 $x, y \in H$ 及 H 中的任意有界线性算子, $\mathrm{tr}(T_{x,y} T) = \langle Tx, y \rangle$.

11. 证明 tr 是 S_1 上的连续线性泛函.

12. 证明在由 tr 给定的对偶下(见定理 1.4.10), H 上的紧算子组成的空间(以算子范数)的对偶空间是 S_1.

13. 如果 $A, B \in S_2$, 记 $\langle A, B \rangle = \mathrm{tr}(B * A)$, 则 $\langle \cdot, \cdot \rangle$ 为 S_2 中的内积; $\| \cdot \|_2$ 是由此内积定义的范数, 在此范数下, S_2 是完备的, 即 S_2 在此内积下为 Hilbert 空间.

14. 如果 T 是 Banach 空间上的有界线性算子, $\| I - T \| < 1$, 其中 I 是恒等算子, 那么 T 是可逆的.

15. 设 T 为 H 上的有界线性算子, 如果 T 有闭值域, T 和 T^* 的核均为有限维, 则称 T 为 Fredholm 算子. T 的本性谱为

$$\sigma_e(T) = \{\lambda \in D : \lambda I - T \text{ 不是 Fredholm 算子}\}.$$

证明: $\sigma_e(T)$ 恰为 T 在商代数 $L(H)/K(H)$ (Calkin 代数)中的谱. T 的本性范数为

$$\| T \|_e = \inf\{\| T - F \| : f \in K(H)\},$$

即 T 的本性范数即为 T 在 Calkin 代数 $L(H)/K(H)$ 中的范数.

注　记

本章 §1.1 和 §1.2 中的内容在几乎所有关于泛函分析的书中都有叙述, 我们在此略去了所列结果的详细证明. 关于紧算子和 Schatten 类算子在许多较深入的算子理论的书中才加以讨论. 我们的许多结果来自 Zhu Kehe 的书[Zh90b], 有兴趣的读者可参考[Dug72], [Gok69], [Rig71]及[Sim79]的书. §1.4 中的大部分结果选自 Ringrose 的书[Rig71].

第二章　单位圆盘上的解析自映射

复合算子的性质与单位圆盘的解析函数的分析性质、几何性质有着密切的关系.这种函数 $\varphi: D\to D$ 的迭代序列、不动点、角导数以及 Schroder 函数方程 $f\circ\varphi=\lambda f$ 的解析性质在研究复合算子的分类及谱分析中起着关键的作用.本章对这类解析函数作较深入的讨论.

§2.1　单位圆盘上解析自映射的迭代性质

设 $D=\{z\in \mathbf{C}: |z|<1\}$, $\varphi: D\to D$,令

$$\varphi_0(z)\equiv z, \varphi_{n+1}(z)=\varphi_n(\varphi(z)),\quad n=0,1,2,\cdots,$$

称 $\{\varphi_n\}$ 为 φ 的迭代序列.本节主要讨论这种迭代序列的收敛性质.

2.1.1　单位圆盘 D 的共形自同构

对于 $a\in D$,记

$$\varphi_a(z)=\frac{z-a}{1-\bar{a}z},$$

这是 D 到 D 上的共形变换(分式线性变换),φ 的下述初等性质是熟悉的.

定理 2.1.1　对每个 $a\in D$,φ_a 将 $\overline{D}$ 单叶地映到 $\overline{D}$ 上,将 D 映到 D 上,且在复合意义下的逆 $\varphi_a^{-1}=\varphi_{-a}$.反之,任意 D 到 D 上的共形映射 φ 都可表示为 $\varphi(z)=\lambda\varphi_a(z)$,其中 $|\lambda|=1, a\in D$.

证明　对 $a\in D$ 及任意 $z\in\overline{D}$,有

$$|\varphi_a(z)|^2=1-\frac{(1-|z|^2)(1-|a|^2)}{|1-\bar{a}z|^2},$$

由此即可知 φ_a 将 $\overline{D}$ 映到 $\overline{D}$ 中,D 映到 D 中,且 ∂D 映到 ∂D 中.

又因

$$\varphi_a \circ \varphi_{-a}(z) = \frac{\varphi_{-a}(z) - a}{1 - \overline{\varphi_{-a}(z)}z} = \frac{\dfrac{z+a}{1+\bar{a}z} - a}{1 - \dfrac{z+a}{1+\bar{a}z}\bar{a}}$$

$$\frac{z + a - a - |a|^2 z}{1 + \bar{a}z - \bar{a}z - |a|^2} = \frac{z - |a|^2 z}{1 - |a|^2} = z.$$

同理可知 $\varphi_{-a} \circ \varphi_a(z) \equiv z$，于是，$\varphi_a^{-1} = \varphi_{-a}$ 而且 φ_a 将 $\overline{D}$ 映到 $\overline{D}$ 上，将 D 映到 D 上.

反之，如果 $\varphi: D \to D$ 为共形变换，设 $a = \varphi^{-1}(0) \in D$. 考虑解析函数 $f = \varphi \circ \varphi_a^{-1}$，则 f 仍为 D 到 D 上的共形变换，而且 $f(0) = 0$. 对 f 和 f^{-1} 应用 Schwarz 引理得

$$|z| = |f^{-1}(f(z))| \leqslant |f(z)| \leqslant |z|, \quad z \in D,$$

即有 $|f(z)/z| = 1, z \in D$，由此可知 $f(z)/z = \lambda$ 或 $f(z) = \lambda z$，其中 $|\lambda| = 1$. 从而 $\varphi = f \circ \varphi_a = \lambda \varphi_a$. 证毕.

下面的定理是关于 D 到 D 中的解析自映射的 Schwarz 引理的推广(通常称之为 Schwarz-Pick 定理).

定理 2.1.2(Schwarz-Pick 定理)　如果 $f: D \to D$ 解析，则对任意 $z, w \in D$，有

$$\left| \frac{f(z) - f(w)}{1 - \overline{f(w)}f(z)} \right| \leqslant \left| \frac{z - w}{1 - \bar{w}z} \right|,$$

且等号成立当且仅当 $\dfrac{f(z)-f(w)}{1-\overline{f(w)}f(z)} = \dfrac{z-w}{1-\bar{w}z}$，当且仅当 $f(z)$ 为 D 上的共形自同构.

证明　对 $w \in D$，记

$$\Phi(z) = \varphi_{f(w)} \circ f \circ \varphi_w^{-1}(z), \quad z \in D,$$

则有 $\Phi(z) = \varphi_{f(w)}(f(w)) = 0$，且 $\Phi(D) \subset D$. 由 Schwarz 引理知 $|\Phi(z)| \leqslant |z|, z \in D$，或

$$|\varphi_{f(w)} \circ f \circ \varphi_w^{-1}(z)| \leqslant |z|, \quad z \in D,$$

于是有

$$\left| \frac{f(z) - f(w)}{1 - \overline{f(w)}f(z)} \right| \leqslant \left| \frac{z - w}{1 - \bar{w}z} \right|.$$

由 Schwarz 引理可得等号成立的有关结论. 证毕.

Schwarz-Pick 定理在伪双曲距离的观念下有着明显的几何意义. 为此,我们引入伪双曲距离的概念:对于 $p,q\in D$,令

$$d(p,q)=|\varphi_p(q)|=\left|\frac{q-p}{1-\bar{p}q}\right|,$$

称 $d(p,q)$ 为 p,q 间的伪双曲距离. 二元函数 $d(p,q)$ 满足空间距离公理,而且在 D 上导出通常的欧几里得拓扑. 关于伪双曲距离,显然有下述简单性质:

(a) 对 $p,q\in D$,有 $d(p,q)=d(q,p)$ 而且 $d(p,q)\leqslant 1$;

(b) $d(p,q)=0$ 当且仅当 $p=q$;

(c) d 为 $D\times D$ 上的实值连续函数;

(d) 对 D 的每个紧子集 K,

$$\lim_{|q|\to 1^-}\inf_{p\in K} d(p,q)=1.$$

性质(d)指出:D 中的一点到 D 中一紧子集的伪双曲距离,当该点趋于 D 的边界时趋于 1. 这由下式即可完全明白:

$$1-d(p,q)=\frac{(1-|p|^2)(1-|q|^2)}{|1-\bar{p}q|}.$$

这公式将在我们对伪双曲距离的进一步研究中起重要作用. 利用伪双曲距离,我们可将 Schwarz-Pick 引理改写成下面的命题:

推论 2.1.1 如果 $f:D\to D$ 解析,则对任意 $z,\omega\in D$,有

$$d(f(z),f(w))\leqslant d(z,w)$$

且等号成立当且仅当 φ 为 D 的共形自同构.

此推论说明,单位圆盘上的自映射减小 D 中任两点的伪双曲距离. 为给出更直观的几何说明,我们考虑伪双曲距离下的球. 对于 $p\in D,0<r<1$,记

$$\Delta(p,r)=\left\{z:\left|\frac{z-p}{1-\bar{p}z}\right|<r\right\}=\varphi_p(rD).$$

称 $\Delta(p,r)$ 为中心在 p,半径为 r 的伪双曲圆盘. 由于 $\Delta(p,r)$ 是圆盘 rD 在 D 的共形自同构 φ_p 下的像,由分式线性变换的保圆性可知 $\Delta(p,r)$ 也是一个 D 中的通常意义下的圆盘. 利用伪双曲圆盘,

Schwarz-Pick 引理可改写为

推论 2.1.2 如果 $f:D\to D$ 解析，则对任意 $p\in D, 0<r<1$，有

$$f(\Delta(p,r))\subset\Delta(f(p),r).$$

特别地，当 $p=0, f(0)=0$ 时，即为通常的 Schwarz 引理.

因为 $\Delta(p,r)\subset D$ 为欧几里得意义下的圆盘，若记其圆心为 C，半径为 R，则与伪双曲距离意义下的圆心和半径有如下关系：

定理 2.1.3 对 $p\in D, 0\leqslant r<1$，则 $\Delta(p,r)$ 是 D 中以 C 为中心，R 为半径的圆盘，其中

$$C=\frac{(1-r^2)p}{1-|p|^2r^2},\qquad R=\frac{(1-|p|^2)r}{1-|p|^2r^2}.$$

证明 由于 $|\varphi_p(z)|^2<r^2$ 等价于

$$(1-|p|^2r^2)|z|^2+2(r^2-1)\mathrm{Re}(\bar{p}z)\leqslant r^2-|p|^2,$$

而且这又等价于 $|z-c|^2\leqslant R^2$，而且可知

$$|C|+R=1-\frac{(1-|p|)(1-r)}{1+|a|r}<r,$$

从而可知 $\Delta(p,r)\subset D$. 证毕.

对于 D 到 D 上的共形变换 $\varphi=\lambda\varphi_a(|\lambda|=1, a\in D)$，下面定理中的等式有时是很有用的.

定理 2.1.4 设 $a\in D, \lambda\in\partial D, \varphi=\lambda\varphi_a, z_1, z_2\in\bar{D}$，则有

$$\frac{\varphi(z)-\varphi(z_1)}{\varphi(z)-\varphi(z_2)}=\frac{1-\bar{a}z_2}{1-\bar{a}z_1}\cdot\frac{z-z_1}{z-z_2},\qquad (z\in D\backslash\{z_2\}).$$

证明 由直接计算即得：

$$\begin{aligned}\frac{\varphi(z)-\varphi(z_1)}{\varphi(z)-\varphi(z_2)}&=\frac{\lambda\varphi_a(z)-\lambda\varphi_a(z_1)}{\lambda\varphi_a(z)-\lambda\varphi_a(z_2)}=\frac{\varphi_a(z)-\varphi_a(z_1)}{\varphi_a(z)-\varphi_a(z_2)}\\&=\frac{\dfrac{z-a}{1-\bar{a}z}-\dfrac{z_1-a}{1-\bar{a}z_1}}{\dfrac{z-a}{1-\bar{a}z}-\dfrac{z_2-a}{1-\bar{a}z_2}}=\frac{\dfrac{(z-z_1)(1-|a|^2)}{(1-\bar{a}z)(1-\bar{a}z_1)}}{\dfrac{(z-z_2)(1-|a|^2)}{(1-\bar{a}z)(1-\bar{a}z_2)}}\\&=\frac{(z-z_1)(1-\bar{a}z_2)}{(z-z_2)(1-\bar{a}z_1)}.\end{aligned}$$

证毕.

如果 z_1 和 z_2 为 φ 的两个不同的不动点(即 $\varphi(z_i)=z_i, i=1,2$),且记

$$u=\frac{1-\bar{a}z_2}{1-\bar{a}z_1},\quad S(w)=\frac{w-z_1}{w-z_2},\quad w\in D\backslash\{z_2\},$$

则由上述定理知

$$S(\varphi(z))=uS(z),\quad z\in D\backslash\{z_2\}$$

或

$$\varphi(z)=S^{-1}(uS(z)),\quad z\in D\backslash\{z_2\},$$

这就使得关于 φ 的迭代序列特别简单,这时有

$$\varphi_n(z)=S^{-1}(u^nS(z)),\quad z\in D\backslash\{z_2\}.$$

由此可见,$|u|<1$ 或 $|u|\geqslant 1$,对于 $\{\varphi_n\}$ 的收敛性起着重要的作用.

定理 2.1.5 对每个 $a\in D,\lambda\in\partial D,\bar{D}$ 到 $\bar{D}$ 上的映射 $\varphi=\lambda\varphi_a$ 或为恒等映射,或有一个不动点,或有两个不动点. 如果有两个不动点,则此两个不动点全在 ∂D 上.

证明 如果 $\varphi(z)\neq z$,由方程 $\varphi(z)=z$ 推得

$$\bar{a}z+(\lambda-1)z-\lambda a=0,\qquad (*)$$

如果 $a=0$,那么 $\lambda\neq 1$(否则 $\varphi(z)\equiv z$),于是,$z=0$;如果 $a\neq 0$,那么 $z=0$ 不是方程(*)的根. 由于 $\bar{\lambda}=\frac{1}{\lambda}$,故对任意 $z\neq 0$ 有

$$\bar{a}\left(\frac{1}{z}\right)^2+(\lambda-1)\left(\frac{1}{z}\right)-\lambda a=-\frac{\lambda}{z^2}\overline{(\bar{a}z^2+(\lambda-1)z-\lambda a)}.$$

于是,$z\neq 0$ 为(*)的根当且仅当 $\frac{1}{\bar{z}}$ 为(*)式的根. 从而知二次方程(*)有一个根,或有两个根 $z(\neq 0)$ 及 $\frac{1}{\bar{z}}$. 如果两个根都在 $\bar{D}$ 中,则两者都必须在 ∂D 上,这是因为若有一个在 D 内,则另一个必不在 $\bar{D}$ 中. 证毕.

定理 2.1.6 设 $a\in D,\lambda\in\partial D$,且 $\varphi(z)=\lambda\varphi_a(z)$. 如果 φ 在 $\bar{D}$ 内恰有两个不动点 z_1 和 z_2,那么

$$u=\frac{1-\bar{a}z_2}{1-\bar{a}z_1}\in\partial D.$$

证明 由于 z_1 和 z_2 为 φ 的不动点,由 $\varphi(z_k)=z_k(k=1,2)$ 可得

$$1-\bar{a}z_k=\lambda(z_k-a)/z_k=\lambda(1-a/z_k)=\lambda(1-a\,\overline{z_k}).$$

由定理 4.1.5 的证明可知 $z_k\overline{z_k}=1$,故有

$$\bar{u}=\frac{1-a\,\overline{z_2}}{1-a\,\overline{z_1}}=\frac{1-a\,\dfrac{1}{z_2}}{1-a\,\dfrac{1}{z_1}}=\frac{\dfrac{z_2-a}{z_2}}{\dfrac{z_1-a}{z_1}}$$

$$=\frac{\dfrac{1-\bar{a}z_2}{\lambda}}{\dfrac{1-\bar{a}z_1}{\lambda}}=\frac{1-\bar{a}z_2}{1-\bar{a}z_1}=u,$$

因此 u 为实数. 由条件,$a\neq 0$(否则 $\varphi(z)=\lambda z$,于是 φ 在 $\bar{D}$ 内仅有一个不动点或有无穷多个不动点). 又因 $z_1\neq z_2$,故 $u-1=\bar{a}(z_1-z_2)/(1-\bar{a}z_1)\neq 0$. 另一方面,$|\bar{a}(z_1+z_2)|\leqslant|a|(|z_1|+|z_2|)\leqslant 2|a|<2$,故

$$u+1=\frac{2-\bar{a}(z_1+z_2)}{1-\bar{a}z_1}\neq 0.$$

从而证得 $u\notin\partial D$. 证毕.

定理 2.1.7 如果 $a\in D,\lambda\in\partial D,\varphi=\lambda\varphi_a$,且在 ∂D 上有唯一的不动点 z_0,那么 $\lambda\neq-1$,且

$$\frac{z_0}{\varphi(z)-z_0}=\frac{\lambda-1}{\lambda+1}+\frac{z_0}{z-z_0},\quad z\in D.$$

证明 由定理 2.1.5 知,z_0 是 φ 在 $\bar{D}$ 中的唯一不动点,即 z_0 是二次方程

$$\bar{a}z^2+(\lambda-1)z-\lambda a=0$$

的唯一根. 由于 $a\neq 0$(否则,0 为不动点),故 z_0 是方程

$$z^2+\frac{\lambda-1}{\bar{a}}z-\frac{\lambda a}{\bar{a}}=0$$

的唯一根. 所以有

$$\frac{\lambda-1}{\bar{a}}=-2z_0,\quad 或\quad a=\frac{1-\bar{\lambda}}{2}z_0.$$

又因 $|a|<1=|z_0|$,故必有 $\lambda\neq-1$,而且由于

$$\varphi(z)=\lambda\varphi_a(z)=\lambda\frac{z-a}{1-\bar{a}z}=\lambda\frac{z-\frac{1-\bar{\lambda}}{2}z_0}{1-\frac{1-\lambda}{2}\overline{z_0}z}$$

$$=\lambda\frac{2z-(1-\bar{\lambda})z_0}{2-(1-\lambda)\overline{z_0}z},$$

所以

$$\varphi(z)-z_0=\frac{(1+\lambda)(z-z_0)}{2-(1-\lambda)\overline{z_0}z},$$

于是有

$$\frac{z_0}{\varphi(z)-z_0}=\frac{2z-(1-\lambda)z}{(1+\lambda)(z-z_0)}=\frac{\lambda-1}{\lambda+1}+\frac{z_0}{z-z_0}.$$

证毕.

2.1.2 单位圆盘 D 的共形自同构的迭代性质

如果 φ 为 D 到 D 上共形自同构，则存在 $\lambda\in\partial D$ 及 $a\in D$，使得 $\varphi(z)=\lambda\varphi_a(z)$. 迭代序列 $\{\varphi_n\}$ 的收敛性与 φ 的不动点紧密相关. 下述定理清楚地刻画了 $\{\varphi_n\}$ 的收敛性态.

定理 2.1.8 设 $\varphi: D\to D$ 为共形自同构，且 $\varphi(z)\not\equiv z$，则

(1)如果 φ 在 ∂D 上恰有两个不同的不动点，则 $\{\varphi_n\}$ 在 D 中局部一致地收敛于这两个不动点之一(即收敛于离 $1/\overline{\varphi^{-1}(0)}$ 较远的那个不动点)；

(2)如果 φ 在 ∂D 上恰有一个不动点，则 $\{\varphi_n\}$ 在 D 中局部一致地收敛于此不动点；

(3)如果 φ 在 D 内有唯一不动点 z_0，则或是 φ 为周期的(即存在 n，使得 $\varphi_n(z)\equiv z$)；或是 $\{\varphi_n\}$ 在由 D 上保持 z_0 不动的共形自同构组成的紧群 $\mathscr{G}$ 中稠密.

证明 (1)设 φ 的两个不动点为 z_1 和 z_2，$z_1,z_2\in\partial D$，且 $z_1\neq z_2$. 记 $\varphi(z)=\lambda\varphi_a(z)$，由定理 2.1.6 知 $|u|\neq1$，如果

$$\left|z_1-\frac{1}{\bar{a}}\right|=\left|z_1-\frac{1}{\overline{\varphi^{-1}(0)}}\right|>\left|z_2-\frac{1}{\overline{\varphi^{-1}(0)}}\right|=\left|z_2-\frac{1}{\bar{a}}\right|,$$

记 $u=\left|\frac{1-\bar{a}z_2}{1-\bar{a}z_1}\right|$，则 $|\lambda|<1$. 由定理 2.1.4 及其后的评说知，对于 φ_n，下式成立：

$$\frac{\varphi_n(z)-z_1}{\varphi_n(z)-z_2}=u^n\frac{z-z_1}{z-z_2},\quad z\in D,$$

于是

$$\begin{aligned}|\varphi_n(z)-z_1| &\leqslant |u|^n|\varphi_n(z)-z_2|\left|\frac{z-z_1}{z-z_2}\right| \\ &\leqslant \frac{4}{1-|z|}|u|^n.\end{aligned}$$

由此可知 $\{\varphi_n\}$ 在 D 中的任一紧子集上一致收敛于 z_1.

(2)设 z_0 为 φ 在 ∂D 上的唯一不动点，由定理 2.1.7 知

$$\frac{z_0}{\varphi_n(z)-z_0}=n\left(\frac{\lambda-1}{\lambda+1}\right)+\frac{z_0}{z-z_0},$$

故有

$$\frac{1}{|\varphi_n(z)-z_0|}\geqslant n\left|\frac{\lambda-1}{\lambda+1}\right|-\frac{1}{|z-z_0|},\quad z\in D.$$

由于 $\varphi(z)\neq z$，故 $\lambda\neq 1$. 设 $K\subset D$ 为紧子集，那么

$$m=\inf\{|z-z_0|:z\in K\}>0,$$

而且当 $n>\frac{2}{m_k}\left|\frac{\lambda+1}{\lambda-1}\right|$ 时，

$$\frac{1}{|\varphi_n(z)-z_0|}\geqslant n\left|\frac{\lambda-1}{\lambda+1}\right|-\frac{1}{m_k}>\frac{n}{2}\left|\frac{\lambda-1}{\lambda+1}\right|,$$

即

$$|\varphi_n(z)-z_0|\leqslant\frac{2}{n}\left|\frac{\lambda+1}{\lambda-1}\right|,\quad z\in K.$$

由此可知 $\{\varphi_n(z)\}$ 在 K 上一致收敛于 z_0.

(3)由于 φ 在 D 中有唯一不动点 z_0，设 $\psi(z)=\varphi_{z_0}(z)$，令

$$f=\psi\circ\varphi\circ\psi^{-1},$$

则 f 为 D 到 D 上的共形变换，而且 $f(0)=0$，于是 $f(z)=wz$，其中 $|w|=1$. 如果 $w\in\partial D$ 为 1 的 n 次方根，那么

$$\varphi_n(z)=\psi^{-1}\circ f_n\circ\psi(z)=\psi^{-1}\circ\psi(z)=z.$$

如果 w 不是 1 的方根，那么$\{w^n: n\in\mathbb{N}\}$在 ∂D 中稠密. 由于 $\mathscr{K}=\{e^{i\theta}I: 0\leqslant\theta\leqslant 2\pi\}$为紧群(其中 I 表示 D 上的恒等映射)，而映射 $e^{i\theta}I\mapsto\psi^{-1}\circ(e^{i\theta}I)\circ\psi$ 是连续映射，而且为 $\mathscr{K}$ 到 $\mathscr{G}$ 上的映射，于是 $\mathscr{K}$ 的稠子集$\{w^n: n\in\mathbb{N}\}$的像集$\{\varphi_n: n\in\mathbb{N}\}$为 $\mathscr{G}$ 中的稠子集.

2.1.3 非自同构的迭代性质

设 $\varphi: D\to D$ 解析，但不是共形自同构. 这时迭代序列$\{\varphi_n\}$仅有一个常数极限. 为证此结论，我们先证明一个在研究迭代序列中起关键作用的定理，此定理即为由 Julia 和 Wolff 给出的下述结论：

定理 2.1.9 设 $\varphi: D\to D$ 解析且无不动点，则存在 $\lambda\in\partial D$，使得对 D 中任意与 ∂D 相切于 λ 的闭圆盘 K，有 $\varphi_n(K)\subset K$，$n=0,1,2,\cdots$.

证明 取$\{r_k\}\subset(0,1)$使得 $r_k\nearrow 1$. 令 $\psi_k=r_k\varphi$，由于在 $\partial D(0,r_k)$ 上，

$$|I-(I-\psi_k)|<r_k=|I|,$$

其中 $I(z)\equiv z$，根据儒歇(Rouché)定理，函数 $I-\psi_k$ 与 I 在 $D(0,r_k)$ 中的零点个数相同(计及重数). 于是 $I-\psi_k$ 在 $D(0,r_k)$中至少有一个零点. 设 a_k 为 $I-\psi_k$ 在 $D(0,r_k)$中的零点，于是

$$\psi_k(a_k)=r_k\varphi(a_k)=a_k. \tag{1}$$

不失一般性(若有必要，取其子序列)可设

$$\lim_{k\to\infty}a_k=\lambda, \tag{2}$$

显然 $\lambda\in\overline{D}$. 如果 $\lambda\in D$，则在(1)中令 $k\to\infty$，可知 $\varphi(\lambda)=\lambda$. 因为 φ 在 D 内无不动点，故这是不可能的. 于是$|\lambda|=1$.

因为$(\psi_k)_n: D\to D$，由定理 2.1.2 知

$$\left|\frac{(\psi_k)_n(z)-(\psi_k)_n(a_k)}{1-\overline{(\psi_k)_n(a_k)}(\psi_k)_n(z)}\right|\leqslant\left|\frac{z-a_k}{1-\overline{a_k}z}\right|,\quad z\in D,$$

即

$$\left|\frac{(\psi_k)_n(z)-a_k}{1-\overline{a_k}(\psi_k)_n(z)}\right|\leqslant\left|\frac{z-a_k}{1-\overline{a_k}z}\right|,\quad z\in D. \tag{3}$$

如果记

$$r_k(z) = \left|\frac{z - a_k}{1 - \overline{a_k}z}\right| \in [0,1), \tag{4}$$

$$c_k(z) = \frac{(1 - r_k^2(z))a_k}{1 - |a_k|^2 r_k^2(z)}, \tag{5}$$

$$R_k(z) = \frac{(1 - |a_k|^2) r_k(z)}{1 - |a_k|^2 r_k^2(z)}, \tag{6}$$

那么由定理 2.1.3,集合

$$S_k(z) = \left\{ w \in D \left| \left|\frac{w - a_k}{1 - \overline{a_k}w}\right| \leqslant r_k(z) \right. \right\}$$

是 D 中半径为 $R_k(z)$,中心在 $C_k(z)$的闭圆盘. 由式(3)知:z, $(\psi_k)_n(z) \in S_k(z)$,即对任意整数 k,n,有

$$|(\psi_k)_n(z) - C_k(z)| \leqslant R_k(z), \quad z \in D. \tag{7}$$

显然,z 实际上位于这个圆盘的边界上. 由直接计算可知

$$1 - |a_k|^2 r_k^2(z) = \frac{(1 - |a_k|^2)(1 + |a_k|^2 - 2\mathrm{Re}(\overline{a_k}z))}{|1 - \overline{a_k}z|^2}, \tag{8}$$

因此

$$\frac{(1 - |a_k|^2) r_k(z)}{1 - |a_k|^2 r_k^2(z)} = \frac{|1 - \overline{a_k}z| r_k(z)}{1 + |a_k|^2 - 2\mathrm{Re}(\overline{a_k}z)}, \tag{9}$$

又因为

$$1 - r_k^2(z) = \frac{(1 - |a_k|^2)(1 - |z|)^2}{|1 - \overline{a_k}z|^2},$$

因此,由式(8)得

$$\frac{(1 - r_k^2(z))a_k}{1 - |a_k|^2 r_k^2(z)} = \frac{(1 - |z|^2)a_k}{1 + |a_k|^2 - 2\mathrm{Re}(\overline{a_k}z)}, \tag{10}$$

由式(4)和(2)可知,当 $k \to \infty$时,

$$r_k(z) = \left|\frac{z - a_k}{1 - \overline{a_k}z}\right| \to \left|\frac{z - \lambda}{1 - \bar{\lambda}z}\right| = \left|\frac{z - \lambda}{\bar{\lambda}(\lambda - z)}\right| = 1,$$

所以,在式(9)中令 $k \to \infty$可得

$$\lim_{k \to \infty} R_k(z) = \frac{|1 - \bar{\lambda}z|^2}{2 - 2\mathrm{Re}(\bar{\lambda}z)} = \frac{|1 - \bar{\lambda}z|^2}{1 - |z|^2 + |1 - \bar{\lambda}z|^2} \stackrel{\Delta}{=} R(z), \tag{11}$$

再在式(10)中令 $k\to\infty$ 可得

$$\lim_{k\to\infty}C_k(z)=\frac{|1-\bar{\lambda}z|^2}{2-2\mathrm{Re}(\bar{\lambda}z)}=\frac{|1-\bar{\lambda}z|^2}{1-|z|^2+|1-\bar{\lambda}z|^2}\triangleq C(z), \tag{12}$$

因为对每个固定的 $z\in D$ 及固定的正整数 n,

$$\lim_{k\to\infty}(\psi_k)_n(z)=\lim_{k\to\infty}r_k\varphi(r_k\varphi(\cdots(r_k\varphi(z))\cdots))=\varphi_n(z),$$

故在式(7)中令 $k\to\infty$ 即可得

$$|\varphi_n(z)-C(z)|\leqslant R(z)\quad(z\in D) \tag{13}$$

对 $n=0,1,2,\cdots$ 成立. 注意到

$$|C(z)|=\frac{1-|z|^2}{1-|z|^2+|1-\bar{\lambda}z|^2}<1,$$

$$R(z)>0,\ |C(z)|+R(z)=1,$$

因而,以 $C(z)$ 为中心,$R(z)$ 为半径的闭圆盘位于 $\overline{D}$ 中,而且在点

$$C(z)+R(z)\frac{C(z)}{|C(z)|}=C(z)+R(z)\lambda=\lambda$$

处与 ∂D 相切. 根据(13)式,每点 $\varphi_n(z)$ 在此闭圆盘之中. 即:对每个 $z\in D$,记 D_z 表示 D 中使得 $z\in\partial D_z$,且 ∂D_z 与 ∂D 内切于 λ 的闭圆盘,则有 $\varphi_n(z)\in D_z(n=0,1,2,\cdots)$. 由于任意包含 z,且与 ∂D 内切于 λ 的闭圆盘都包含 D_z,故由此即可知定理成立. 证毕.

利用此定理,我们可进一步研究 D 中非自同构的解析自映射 φ 的迭代序列的收敛性. 先给出下列两个简单结论.

定理 2.1.10 设 $\varphi:D\to D$ 解析. 若存在自然数子列 $n_1<n_2<\cdots$,使得在 D 中

$$\lim_{j\to\infty}\varphi_{n_j}(z)=z\quad(z\in D),$$

则 φ 为 D 到 D 上的共形自同构.

证明 由于 $\{\varphi_n\}$ 为正规族,由 Montel 定理[见 Con73],存在 $j_1<j_2<\cdots$,使得 $\{\varphi_{n_{j_k}-1}\}$ 收敛于解析函数 $g:D\to D$,于是

$$\varphi_{n_{j_k}}=\varphi_{n_{j_k}-1}\circ\varphi\to g\circ\varphi,$$

因此 $I=g\circ\varphi$.

由于 φ 不是常数函数,由开映射定理知 $\varphi(D)$ 为开集. 而且

$$(\varphi \circ g) \circ \varphi = \varphi \circ (g \circ \varphi) = \varphi,$$

因此在开集 $\varphi(D)$上，$\varphi \circ g = I$. 由唯一性定理知，在 D 中 $\varphi \circ g = I$. 由此可知 φ 为 D 到 D 上的共形自同构. 证毕.

推论 2.1.3 设 $\varphi: D \to D$ 解析，但不是 D 的共形自同构，那么 $\{\varphi_n\}$的任意子序列的极限函数为常值函数.

证明 若不然，则存在 $n_1 < n_2 < \cdots$，使得 $\varphi_{n_j} \to g$，而 g 不是常值函数. 由 Weierstrass 定理知 $g: D \to D$ 解析，故 $g(D) \subset \overline{D}$ 为开集. 事实上 $g(D) \subset D$. 令 $m_j = n_{j+1} - n_j$（不妨设 $m_j \to +\infty$），由 Montel 定理，可取出一个收敛子列$\{\varphi_{m_{jk}}\}$. 设 $\varphi_{m_{jk}} \to h$，显然，$h: D \to D$ 是解析函数. 对每个 $z \in D$，收敛数列$\{\varphi_{n_j}(z)\}$及其极限值 $g(z)$ 构成 D 中的一个紧子集. 于是$\{\varphi_{m_{jk}}\}$在此紧子集上一致收敛于 h，故易知

$$\lim_{k \to \infty} \varphi_{m_{jk}}(\varphi_{n_{jk}}(z)) = h(g(z)).$$

另一方面，

$$\varphi_{m_{jk}}(\varphi_{n_{jk}}(z)) = \varphi_{m_{jk}+n_{jk}}(z) = \varphi_{n_{jk}+1}(z) \to g(z),$$

于是在非空开集 $g(D)$上，$h = I$，由唯一性定理可知，在 D 上，$h = I$. 再由定理 2.1.10 即知 φ 为 D 的共形自同构. 证毕.

利用上述结论，我们立即可得本小节的主要结果.

定理 2.1.11 设 $\varphi: D \to D$ 解析，且有一个不动点 z_0，如果 φ 不是 D 的共形自同构，那么$\{\varphi_n\}$收敛于 z_0. 特别地，φ 的不动点是唯一的.

证明 如果 g 和 h 为$\{\varphi_n\}$的两个子序列的极限函数，那么 $h(z_0) = z_0 = g(z_0)$，由推论 2.1.3，知 g 和 h 均为常值函数，于是 $g(z) = z_0 = h(z)$ $(z \in D)$. 由于$\{\varphi_n\}$的任意收敛子列都收敛于常值，故可知$\{\varphi_n\}$收敛于 z_0. 由此可知，z_0 显然是 φ 在 D 内唯一的不动点. 证毕.

定理 2.1.12 设 $\varphi: D \to D$ 解析且无不动点，那么$\{\varphi_n\}$收敛于一单位复数.

证明 如果 φ 为 D 的共形自同构，则由定理 2.1.8 的(1)和

(2)即知结论成立. 如果 φ 不是 D 的共形自同构,设 g 为 $\{\varphi_n\}$ 的某子序列的极限,由推论 2.1.3 知 g 为常值函数. 记 $g(z)=\alpha, z\in D$.

如果 $\alpha\in D$ 且 $\varphi_{n_j}\to g$,那么,一方面,由 φ 在 α 处的连续性知 $\varphi(\varphi_{n_j}(z))\to\varphi(g(z))=\varphi(\alpha)$,另一方面,在 D 中任一点处 $\{\varphi_{n_j}\}$ 收敛于 g,故

$$\varphi(\varphi_{n_j}(z)) = \varphi_{n_j}(\varphi(z)) \to g(\varphi(z)) = \alpha.$$

于是有 $\varphi(\alpha)=\alpha$,这与定理条件矛盾. 因而 $\alpha\notin D$,但显然有 $\alpha\in\overline{D}$,故 $|\alpha|=1$,但是由定理2.1.9可知,α 即为定理 2.1.9 中的 λ,于是,α 是 $\{\varphi_n\}$ 仅有可能的子序列极限,因此 $\{\varphi_n\}$ 收敛于单位复数 α. 证毕.

推论 2.1.4 如果 $\varphi: D\to D$ 解析且在 D 中有两个不动点,则 $\varphi=I$.

证明 如果 φ 为共形自同构,则由定理 2.1.5 知,在 D 内至多只有一个不动点,除非 $\varphi=I$,如果 φ 不是共形自同构,由定理 2.1.11知,φ 在 D 内至多有一个不动点. 由此即知推论成立.

定理 2.1.13 如果 $\varphi: D\to D$ 解析,且保持 D 中的某个非空子集 K 不变(即 $\varphi(K)\subset K\subset D$),则 φ 在 D 内有不动点.

证明 由于 $\varphi(K)\subset K\subset D$,故对一切正整数 n,$\varphi_n(K)\subset K\subset D$. 特别地

$$\overline{\lim_{n\to\infty}}|\varphi_n(z)| \leqslant \sup\{|z|: z\in K\} < 1.$$

由定理 2.1.12 知,φ 在 D 内必有不动点. 证毕.

§2.2 单位圆盘上解析自映射的角导数

设 $\varphi: D\to D$ 解析,当 φ 为 D 的共形自同构时,定理 2.1.8 指出 φ 在 $\overline{D}$ 上至多有两个不动点,而且这些不动点对 φ 的迭代序列的收敛性起着关键作用. 当 φ 不是 D 的共形自同构时,如果 φ 在 D 内有不动点,定理 2.1.11 说明 $\{\varphi_n\}$ 有着与 φ 为共形自同构时同样的收敛性;当 φ 在 D 内无不动点时,定理 2.1.12 指出 $\{\varphi_n\}$ 收敛于

∂D 中的一点 λ. 与 φ 为共形自同构时作比较，我们自然会问：λ 是否起着“不动点”的作用？由于 φ 在 ∂D 上未必有定义，我们采用取边值的办法来推广 φ 的不动点的概念.

设 $\varphi: D \to D$ 解析，对 $z^* \in \overline{D}$，如果

$$\lim_{r \to 1^-} \varphi(r z^*) = z^*,$$

则称 z^* 为 φ 的不动点. 显然，当 $z^* \in D$ 时，即有 $\varphi(z^*) = z^*$，与通常的不动点概念一致. 这类边界不动点将在 φ 的角导数及复合算子的性质的研究中有着重要意义. 本节的主要定理，Julia-Carathéodory 定理和 Denjoy-Wolff 定理都与此密切相关.

2.2.1　角导数的基本性质

为引进角导数的概念，先介绍如下常用术语.

(a) 设 $w \in \partial D$，Δ 表示 D 中的两条相交在 w，而且关于到 w 的半径对称的直线之间的点组成的角域，我们称 Δ 为 D 中顶点在 w 的角域.

(b) 如果 f 为 D 上定义的函数，$w \in \partial D$，当 z 沿着任意顶点在 w 的角域趋于 w 时 $f(z) \to L$，则称 L 为 $f(z)$ 在 w 的非切向（或角）极限，记为

$$\angle \lim_{z \to w} f(z) = L.$$

设 $\varphi: D \to D$ 为解析函数，$w \in \partial D$，如果存在 $\eta \in \partial D$，使得

$$\angle \lim_{z \to w} \frac{\eta - \varphi(z)}{w - z}$$

存在且有限，则称此极限为 φ 在 w 的角导数，并记为 $\varphi'(w)$.

注　从角导数的定义立即可知，如果 φ 在 w 存在角导数，则 φ 在 w 必有角极限 η，而且 η 为 ∂D 中的一个点. 因此，不管 φ 在边界如何光滑，此定义要求：φ 在任意没有角极限 $\eta \in \partial D$ 的点 w 处不能有角导数. 例如 $\varphi(z) = z/2$，由我们的定义可知它在 ∂D 的任一点处都不存在角导数.

角导数的定义反映了 φ 在其角导数存在的边界点处有某种“共形性”，也使我们想到其导函数 $\varphi'(z)$ 在 w 处存在角极限的可

能性.本小节的主要定理(Julia-Carathéodory 定理)说明这些问题都互相制约,互相牵连,有着密切的关系.为证明主要定理,先证明有着漂亮的几何意义的 Julia 定理.在§2.1节中,我们已引进伪双曲距离和伪双曲圆盘的概念.由于对 $p,q\in\partial D$,

$$1-d(p,q)^2=\frac{(1-|p|^2)(1-|q|^2)}{|1-\bar{p}q|^2},$$

故以 p 为中心,r 为半径的伪双曲圆盘可表示为

$$\Delta(p,r)=\left\{z:|1-\bar{z}p|^2<\frac{1-|p|^2}{1-r^2}(1-|z|^2)\right\}.$$

从上式我们可发现,如果 p 趋于 $w\in\partial D,r\to1$,且使得

$$\lim_{\substack{r\to1\\|p|\to1}}\frac{1-|p|}{1-r}=\lambda\in(0,\infty),$$

则有 $|1-\bar{z}p|^2\to|1-\bar{z}w|=|1-z\bar{w}|$.于是,$\Delta(p,r)$ 趋向于集合 $H(w,r)$,其中 $H(w,r)$ 如下定义:

$$H(w,\lambda)\triangleq\{z:|1-z\bar{w}|^2<\lambda(1-|z|^2)\}.$$

容易发现 $H(w,\lambda)$ 是中心在 $\frac{w}{1+\lambda}$,半径为 $\frac{\lambda}{1+\lambda}$ 的欧几里得圆盘,而且在 w 与 ∂D 相切.对固定的 $w\in\partial D$,当 $\lambda\to+\infty$ 时,$H(w,\lambda)$ 逐渐扩大而趋于整个圆盘 D,我们称 $H(w,\lambda)$ 为在 w 处的极限圆盘(horodisc).

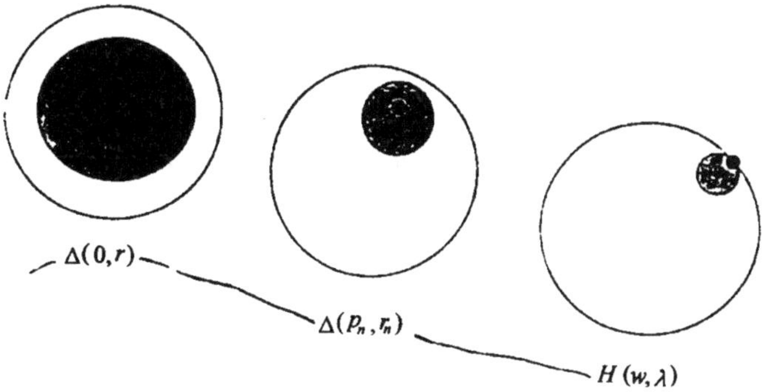

图 2.2.1 $\Delta(p,r)$ 到极限圆盘 $H(w,\lambda)$ 的演变

图 2.2.1 说明当 p 和 r 按前面提到的关系，$p\to\partial D$，$r\to 1$，且 $\frac{1-|p|}{1-r}\to\lambda$ 时，$\Delta(p,r)\to H(w,\lambda)$ 的变化过程. 由此粗略的分析，我们可有下面的圆盘收敛引理.

引理 2.2.1 设 $w\in\partial D$，$\{p_n\}\subset D$，且 $p_n\to w$. 又设 $0<r_n<1$ 使得

$$\lim_n \frac{1-|p_n|}{1-r_n}=\lambda\in(0,\infty),$$

则有

$$H(w,\lambda)\subset\lim_n\inf\Delta(p_n,r_n)\subset\lim_n\sup\Delta(p,r_n)\subset\overline{H(w,\lambda)},$$

其中 $\lim\limits_n\inf A_n$，$\lim\limits_n\sup A_n$ 分别表示集列的下限集和上限集.

此引理的严格证明留给读者.

利用此引理可得著名的 Julia 定理，此定理本质上是 Schwarz 引理在边界点情形的推广.

定理 2.2.1(Julia 引理) 设 φ 为 D 到 D 中的非常数解析函数，$\eta,w\in\partial D$. 又设 $\{p_n\}\subset D$，$p_n\to w$ 且使 $\varphi(p_n)\to\eta$ 及

$$\lim_{n\to\infty}\frac{1-|\varphi(p_n)|}{1-|p_n|}=\delta<\infty,$$

那么

(a) $\delta>0$；

(b) 对任意 $\lambda>0$，$\varphi(H(w,\lambda))\subset H(\eta,\lambda\delta)$；

(c) $\angle\lim\limits_{z\to w}\varphi(z)=\eta$.

证明 (a) 首先证明 $\delta>0$. 如果 $\varphi(0)=0$，则由 Schwarz 引理即知 $\delta\geqslant 1$. 由推论 2.1.1，利用伪双曲距离，这时有

$$d(\varphi(p),\varphi(0))\leqslant d(p,0)=|p|\quad(P\in D),$$

根据伪双曲距离的定义，可将上式改写成

$$\frac{|1-\overline{\varphi(p)}\varphi(0)|^2}{1-|\varphi(0)|^2}\leqslant\frac{1-|\varphi(p)|^2}{1-|p|^2}.$$

另一方面，由三角不等式可知

$$\frac{1-|\varphi(0)|}{1+|\varphi(0)|}\leqslant\frac{|1-\overline{\varphi(p)}\varphi(0)|^2}{1-|\varphi(0)|^2}.$$

综合上面不等式,并令 $p=p_n$,即有

$$\frac{1-|\varphi(0)|}{1+|\varphi(0)|}\leqslant\frac{1-|\varphi(p_n)|^2}{1-|p_n|^2}\to\delta,$$

因此,$\delta>0$.

(b)对任意给定的 $\lambda\in(0,\infty)$,不妨设 $1-|p_n|<\lambda$(因为 $|p_n|\to1^-$),那么所有的

$$r_n=1-\frac{1-|p_n|}{\lambda}\in(0,1),$$

而且 $r_n\to1$,$\frac{1-|p_n|}{1-r_n}=\lambda(n=1,2,\cdots)$. 于是圆盘序列$\{\Delta(p_n,r_n)\}$满足引理 2.2.1 的要求.

由定理的条件知

$$\lim_n\frac{1-|\varphi(p_n)|}{1-r_n}=\lim_n\frac{1-|\varphi(p_n)|}{1-|p_n|}\cdot\frac{1-|p_n|}{1-r_n}=\lambda\delta,$$

于是圆盘序列$\{\Delta(\varphi(p_n),r_n)\}$也满足引理 2.2.1 的条件,只是以 η 代替 w,以 $\lambda\delta$ 代替 λ. 由引理 2.2.1 及推论 2.1.2,可有

$$\begin{aligned}\varphi(H(w,\lambda))&\subset\limsup_n\varphi(\Delta(p_n,r_n))\\&\subset\limsup_n(\Delta(\varphi(p_n),r_n))\subset\overline{H(\eta,\lambda\delta)}.\end{aligned}$$

由于 φ 不是常值函数,故 φ 为开映射,因而上述包含关系中的取闭包符号可取消,即有

$$\varphi(H(w,\lambda))\subset H(\eta,\lambda\delta).$$

(c)设 S 为 D 中顶点在 w 的角域,欲证:当 z 沿 S 趋于 w 时,$\varphi(z)\to\eta$. 任取 $\varepsilon>0$,可取 λ 充分小,使得 $H(\eta,\lambda\delta)$含于中心在 η,半径为 ε 的圆盘之中. 又易知可取 $\rho>0$,使得中心在 w,半径为 ρ 的圆盘与 S 的交集含于 $H(w,\lambda)$之中. 由(b)可知:当 $z\in S$ 且 $|z-w|<\rho$ 时有

$$|\varphi(z)-\eta|<\varepsilon$$

这就证得(c)成立. 证毕.

由 Julia 定理立即可得如下关于角极限的结论.

推论 2.2.1 如果$\{p_n\}\subset D$,$w\in\partial D$,$p_n\to\infty$,而且$\{(1-$

$|\varphi(p_n)|)/(1-|p_n|)\}$有界，那么$\{\varphi(p_n)\}$收敛于某点$\eta\in\partial D$，而且$\varphi$有$w$处有角极限$\eta$.

证明 由条件知$|\varphi(p_n)|\to 1$. 于是$\{\varphi(p_n)\}$的每一个子序列有收敛于∂D上某点η的子序列. 由 Julia 定理可知点η即为φ的角极限，从而η也是$\{\varphi(p_n)\}$的极限. 证毕.

定理 2.2.2(Julia-Carathéodory 定理) 假设$\varphi: D\to D$解析，$w\in\partial D$，则下列三个条件等价：

(JC1) $\liminf\limits_{z\to w}\dfrac{1-|\varphi(z)|}{1-|z|}=\delta<\infty$；

(JC2) $\angle\lim\limits_{z\to w}\dfrac{\eta-\varphi(z)}{w-z}$存在 (其中$\eta\in\partial D$)；

(JC3) $\angle\lim\limits_{z\to w}\varphi'(z)$存在且$\angle\lim\limits_{z\to w}\varphi(z)=\eta\in\partial D$，而且在(JC1)中的$\delta>0$，(JC2)和(JC3)中的边界点$\eta$相同；(JC2)中差商的极限与(JC3)中的导数的角极限相同且都等于$\overline{w}\eta\delta$.

证明 (JC1)$\Rightarrow$(JC2).

由(JC1)，可选$\{z_n\}$，使得$z_n\to w$且

$$\frac{1-|\varphi(z_n)|}{1-|z_n|}\to\delta.$$

由推论 2.2.1，存在$\eta\in\partial D$，使得$\angle\lim\limits_{z\to w}\varphi(z)=\eta$，再由 Julia 定理知，对任意$\lambda>0$，

$$\varphi(H(w,\lambda))\subset H(\eta,\delta\lambda). \tag{1}$$

经过适当的旋转变换，我们可设$w=\eta=+1$. 令

$$z=\tau(w)=\frac{w-1}{w+1}\quad(w\in\pi),$$

其中π表示右半平面，则$z=\tau(w)$是π到D上的共形变换，而且将0映成-1，将∞映成$+1$. 记$\Phi=\tau^{-1}\circ\varphi\circ\tau$，则$\Phi$为$\pi$到$\pi$中的解析映射. 由于在$z=\tau(w)$下，有关系

$$1-z=\frac{2}{1+w} \tag{2}$$

和

$$1-|z|^2=\frac{4\mathrm{Re}w}{|w+1|^2}, \tag{3}$$

由此及 $H(1,\lambda)\subset D$ 的定义可知，极限圆盘 $H(1,\lambda)$ 在 $z=\tau(w)$ 映射下，对应于半平面

$$\pi(\lambda)=\left\{\mathrm{Re}w>\frac{1}{\lambda}\right\},$$

故由(1)式可知 $\Phi(\pi(\lambda))\subset\pi(\lambda\delta)$，解析地表示即为

$$\mathrm{Re}\Phi(w)\geqslant\frac{1}{\delta}\mathrm{Re}w\quad(w\in\pi).\tag{4}$$

由(2)式，(JC2)中的差商可写成

$$\frac{1-\varphi(z)}{1-z}=\frac{w+1}{\Phi(w)+1}.\tag{5}$$

但是由于$\angle\lim\limits_{z\to1}\varphi(z)=1$，故当 w 沿着 π 中的任意关于实轴对称，开口角小于 π 的角域中趋于∞时，$\Phi(w)\to\infty$，即$\angle\lim\limits_{w\to\infty}\Phi(w)=\infty$. 式(5)说明，要证(JC2)只要证明：如果 Φ 是 π 到 π 中的解析函数，且满足条件 $\Phi(w)\geqslant\frac{1}{\delta}\mathrm{Re}w(w\in\pi)$，则必有

$$\angle\lim_{w\to\infty}\frac{\Phi(w)}{w}=\frac{1}{\delta}.\tag{6}$$

为此，我们将上述命题作进一步的化简：设

$$C=\inf_{w\in\pi}\frac{\mathrm{Re}\Phi(w)}{\mathrm{Re}w}$$

于是对任意 $w\in\pi$，$\mathrm{Re}\Phi(w)\geqslant C\mathrm{Re}w$，而且 C 是具有此性质的最大的数. 根据(4)式，我们有 $C\geqslant1/\delta$. 我们将把问题归结到 π 上定义的如下函数 $\gamma(w)$上来：

$$\gamma(w)=\Phi(w)-Cw.$$

由 C 的性质可知 γ 在 π 上有非负实部，而且

$$\inf_{w\in\pi}\frac{\mathrm{Re}\gamma(w)}{\mathrm{Re}w}=0.\tag{7}$$

我们要证明

$$\angle\lim_{w\to\infty}\frac{\gamma(w)}{w}=0.\tag{8}$$

因为 $\Phi(w)=cw+\gamma(w)$，由上式可知

$$\angle\lim_{w\to\infty}\frac{\Phi(w)}{w}=C,\tag{9}$$

故只要证明 $C=\frac{1}{\delta}$，即可知式(6)成立.

但是，由(5)式知

$$\frac{1-\varphi(z)}{1-z}=\frac{w}{\Phi(w)}\frac{1+\frac{1}{w}}{1+\frac{1}{\Phi(w)}}\sim\frac{w}{\Phi(w)},$$

故可知(JC2)中的极限应为 $\frac{1}{C}$，根据(JC1)，此极限至少为 δ，因此有 $\frac{1}{C}\geqslant\delta$，但由 C 的性质已知 $C\geqslant\frac{1}{\delta}$，故有 $\frac{1}{C}=\delta$. 因此我们只要证明(8)式成立.

设 $\gamma(w):\pi\rightarrow\pi$ 为解析映射，且满足条件(7)，给定 $0<\beta<\frac{\pi}{2}$，令角域

$$S_\beta=\{w\in\pi:|\arg w|<\beta\},$$

我们欲证明当 w 沿此角域趋于 ∞ 时，$\gamma(w)/w\rightarrow 0$. 即对任取的 $\varepsilon>0$，要找 $R=R(\varepsilon)>0$，使得

$$w\in S_\beta,|w|>R\Rightarrow\left|\frac{\gamma(w)}{w}\right|<\varepsilon.$$

为此，对任意的 $\alpha(\beta<\alpha<\pi/2)$，由条件(7)，存在 $w_0\in\pi$，使得

$$\mathrm{Re}\gamma(w_0)<\varepsilon\mathrm{Re}w_0. \tag{10}$$

我们先取 $R>0$ 使得 $w\in S_\beta$ 且 $|w|>R\Rightarrow w\in w_0+S_\alpha$(如图 2.2.2 所示).

下面的主要想法是利用推论 2.1.1 和 2.1.2 的结论并利用 τ 将 D 的问题转移到 π 中讨论. 为避免符号的混淆，我们仍用 $\Delta(p,r)$表示 π 中半径为 r，中心为 p 的伪双曲圆盘，其含义为：如果 $q\in D$，$q=\tau(p)(p\in\pi)$，则 $\Delta(p,r)$表示集$\{w\in\pi:\tau(w)\in\Delta(q,r)\subset D\}$. 由 $z=\tau(w)$的共形性，由推论 2.1.2 及上述的关于 π 中伪双曲圆盘的意义下，有

$$\gamma(\Delta(p,r))\subset\Delta(\gamma(p),r).$$

对于 $p\in\pi$，设

$$A_p(w)=(\mathrm{Re}p)w+i\mathrm{Im}p\quad(w\in\pi),$$

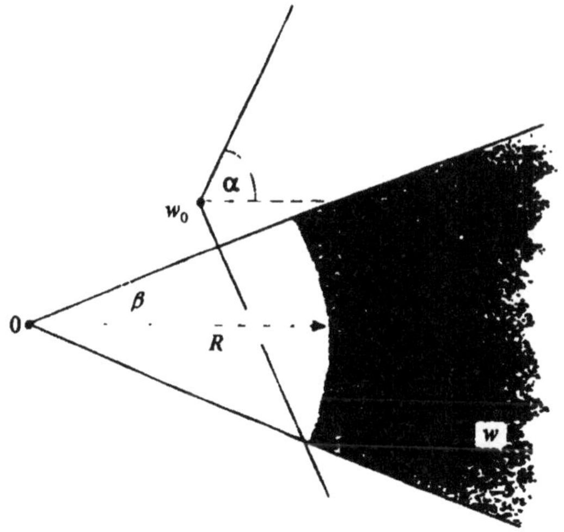

图 2.2.2 角域 S_β 与 w_0+S_α 及半径 R

则 A_p 将 π 映入 π 之中，而且 $A_p(1)=p$. 由于 A_p 为 π 的共形自同构，由推论 2.1.2 知 $A_p(\Delta(1,r))=\Delta(p,r)$，即

$$\Delta(p,r) = (\mathrm{Re}p)\Delta(1,r) + i\mathrm{Im}p. \tag{11}$$

现取 $w\in S_\beta$ 且 $|w|>R$，由图 2.2.1 易知 $w\in w_0+S_\alpha$. 设 r 为 w_0 到 w 的伪双曲距离，故 w 在伪双曲圆盘 $\Delta(w_0,r)$ 的边界上，于是

$$w\in w_0+S_\alpha\subset S'_\alpha,$$

其中 S'_α 是 S_α 的左位移，使得 S'_α 的顶点在 $\Delta(w_0,r)$ 的边界上.

由(11)式，可知图 2.2.3 中的各种数值关系. 由推论 2.2.2 知 $\gamma(w)\in\Delta(\gamma(w_0),r)$. 由图中可知

$$u(r)\leqslant(\sec^2\alpha)u_\alpha(r). \tag{12}$$

再利用图 2.2.3 中的另两个图可得

$$\begin{aligned}|\gamma(w)-\gamma(w_0)| &< \mathrm{Re}\gamma(w_0)u(r)\\ &< \varepsilon(\mathrm{Re}w_0)u(r) \qquad (\text{由(10)式得})\\ &\leqslant \varepsilon(\mathrm{Re}w_0)(\sec^2\alpha)u_\alpha(r)\\ &\qquad\qquad (\text{由(12)式得})\end{aligned}$$

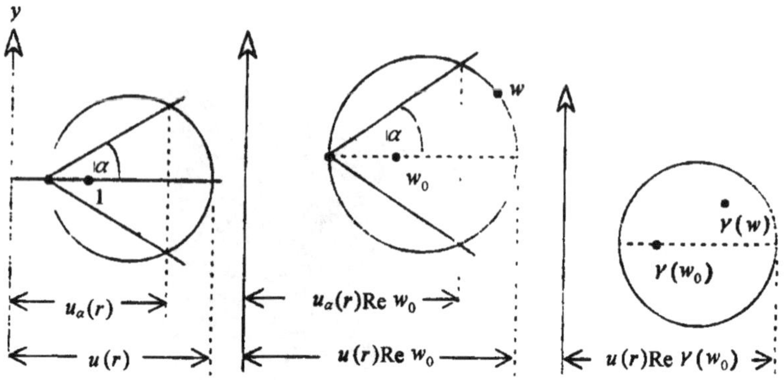

图 2.2.3 $\Delta(1,r)$, $\Delta(w_0,r)$ 及 $\Delta(\gamma(w_0),r)$

$$\leqslant (\varepsilon\sec^2\alpha)\mathrm{Re}w$$
$$\leqslant (\varepsilon\sec^2\alpha)|w|,$$

于是有

$$\left|\frac{\gamma(w)}{w}\right| < \left|\frac{\gamma(w_0)}{w}\right| + \varepsilon\sec^2\alpha.$$

令 w 沿 S_β 趋于∞，即可得

$$\varlimsup_{|w|\to\infty, w\in S_\beta}\left|\frac{\gamma(w)}{w}\right| \leqslant \varepsilon\sec^2\alpha.$$

由于 ε 的任意性，即知(8)式成立. 于是(JC1)⇒(JC2).

(JC2)⇒(JC3).

与前同理，不妨设 $w=\eta=+1$. 而且当 z 非切向地趋于 1 时 $(1-\varphi(z))/(1-z)\to\delta$，从而 $\varphi(z)\to 1$. 设 S 是 D 中顶点在 $+1$，其边与单位区间的夹角为 α 的关于单位区间对称的角域，我们要求

$$\lim_{\substack{z\to 1\\ z\in S}}\varphi'(z) = \delta.$$

设 S' 为顶点在 $+1$，半张角为 $\beta(\alpha<\beta<\pi/2)$ 的角域. 任意给定 $\varepsilon>0$，由条件可知

$$\varphi(z) - 1 = \delta(z-1) + \psi(z), \tag{13}$$

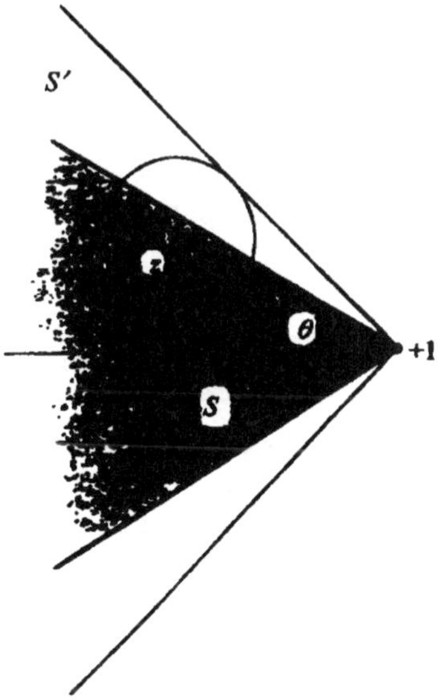

图 2.2.4　角域 S 及 S'

其中

$$\lim_{\substack{z\in S'\\ z\to 1}}\frac{\psi(z)}{1-z}=0.$$

对 $z\in S$，设 $C(z)$ 表示以 z 为中心，且与靠近 z 点的那条 S' 的边界相切的圆周，$r(z)$ 为 $C(z)$ 的半径（在欧几里得意义下）. 从图 2.2.4 可知，对每个 $z\in S$，如果线段$[z,1]$与实轴上的交角为 θ，那么

$$\frac{r(z)}{|1-z|}=\sin(\beta-\theta)\geqslant\sin(\beta-\alpha). \tag{14}$$

应用 Cauchy 公式及(13)式可得

$$\begin{aligned}\varphi'(z)&=\frac{1}{2\pi i}\int_{C(z)}\frac{\varphi(\zeta)-1}{(\zeta-z)^2}d\zeta\\&=\frac{1}{2\pi i}\int_{C(z)}\frac{\delta(\zeta-1)+\psi(\zeta)}{(\zeta-z)^2}d\zeta\\&=\frac{\delta}{2\pi i}\int_{C(z)}\frac{d\zeta}{\zeta-z}+\frac{1}{2\pi i}\int_{C(z)}\frac{\psi(\zeta)}{(\zeta-z)^2}d\zeta\end{aligned}$$

$$= \delta + \frac{1}{2\pi i}\int_{C(z)} \frac{\psi(\zeta)}{(\zeta - z)^2} d\zeta$$
$$= \delta + I(z).$$

因此，只要证明当 z 沿着 S 趋于 1 时，$I(z) \to 0$. 对任意给定的 $\varepsilon > 0$，如果 $\zeta \in S$ 充分靠近 1，则有 $|\psi(\zeta)| < \varepsilon|1-\zeta|$. 故当 z 充分靠近 1 时，

$$|I(z)| \leqslant \frac{\varepsilon}{2\pi}\int_{C(z)} \frac{|1-\zeta|}{|\zeta - z|^2} d\zeta$$
$$\leqslant \frac{\varepsilon}{r(z)} \max_{\zeta \in C(z)} \{|1-\zeta|\}$$
$$= \frac{\varepsilon}{r(z)}(r(z) + |1-z|)$$
$$= \varepsilon\left(1 + \frac{|1-z|}{r(z)}\right)$$
$$\leqslant \varepsilon(1 + \csc(\beta - \alpha)).$$

由 $\varepsilon > 0$ 的任意性即知当 $z \in S$，且 $z \to 1$ 时，$I(z) \to 0$，由此可知 (JC2)⇒(JC3)成立.

(JC3)⇒(JC2).

若条件(JC3)成立，记 $\angle\lim\limits_{z \to w} \varphi'(z) = p$，即对任意 $\varepsilon > 0$，任意顶点在 w 的角域 S，存在 $R = R(\varepsilon, s) > 0$，使得当 $z \in S$，$|z| > R$ 时，

$$|p - \varphi'(z)| < \varepsilon.$$

由于

$$\frac{\eta - \varphi(z)}{w - z} = \frac{\varphi(w) - \varphi(z)}{w - z} = \frac{1}{w - z}\int_z^w \varphi'(\zeta) d\zeta$$

(积分沿着 z 到 w 的直线段进行)，于是有

$$\left|\frac{\eta - \varphi(z)}{w - z} - p\right| = \frac{1}{|w - z|}\left|\int_z^w (\varphi'(\zeta) - p) d\zeta\right|$$
$$\leqslant \sup\{|\varphi'(\zeta) - p| : \zeta \in [z, w]\}$$
$$\leqslant \varepsilon \quad (z \in S, |z| > R),$$

即知

$$\angle\lim_{z \to w} \frac{\eta - \varphi(z)}{w - z} = p$$

(JC2)⇒(JC1).

由于角极限$\angle\lim\limits_{z\to w}\dfrac{\eta-\varphi(z)}{w-z}$存在. 故有角极限$\angle\lim\limits_{z\to w}\varphi(z)=\eta\in\partial D$. 特别地，令 z 沿着到 w 的半径趋于 w，这时 $z=|z|w$. 又记 $\theta(z)=\arg\varphi(z)$，则当 z 沿着到 w 的半径趋于 w 时，$\theta(z)\to\theta(\eta)$，$|\varphi(z)|\to 1$. 于是

$$\frac{\eta-\varphi(z)}{w-z}=\frac{e^{i\theta(\eta)}-|\varphi(z)|e^{i\theta(z)}}{(1-|z|)w}=\frac{e^{i\theta(\eta)}}{w}\frac{1-|\varphi(z)|e^{i(\theta(z)-\theta(\eta))}}{1-|z|}.$$

如果$\angle\lim\limits_{z\to w}\dfrac{\eta-\varphi(z)}{w-z}=p$，则由上式知

$$\infty>\delta=\angle\lim_{z\to w}\frac{1-|\varphi(z)|}{1-|z|}=wp\bar{\eta},$$

而且有 $p=\bar{w}\eta\delta$. 证毕.

2.2.2 角导数与迭代序列

我们先对 $\varphi:D\to D$ 的简单性质作些概括，以便将问题的重点更为突出. 假若 $\varphi:D\to D$ 解析，且在 D 内有不动点，则有两种可能：

(a)φ 为 D 的共形自同构，这时有$|\varphi'(p)|=1$，由定理 2.1.8 知 φ 为周期的，或$\{\varphi_n\}$在由 D 上保持 p 不动的共形自同构组成的紧群中稠密；

(b)φ 不是共形自同构，这时$|\varphi'(p)|<1$，则由定理 2.1.11 知$\{\varphi_n\}$收敛于 p.

另一方面，对于 D 到 D 中的解析函数 φ，若不是恒等映射，则由推论 2.1.4 知，φ 在 D 内至多有一个不动点. 于是对于 φ 在 D 内有一个不动点的情形，φ 的动力性态(即迭代性质)是比较清楚的. 所以我们研究的重点应是在 D 内无不动点的情形. 我们将证明下面著名的 Denjoy-Wolff 定理.

定理 2.2.3 如果 $\varphi:D\to D$ 解析，且在 D 中无不动点，那么存在 $w=w(\varphi)\in\partial D$，使得 $\varphi_n\xrightarrow{k}w$(即 φ_n 在 D 中任意紧集上一致收敛于 w).

当 φ 为 D 上的共形自共构时，定理 2.1.8 的(1)和(2)已证明了此结论. 对于 φ 不是共形自同构的情形，本节将给出详细证明.

注 1 为叙述方便，如果 $w\in\partial D$，且当 $r\to 1^-$ 时 $\varphi(rw)\to w$，则称 w 为边界不动点(即在径向极限的意义下 $\varphi(w)=w$).

注 2 由 Julia-Carathéodory 定理可知，如果 w 是 φ 的边界不动点，且在 w 有角导数，则 $\varphi'(w)>0$.

定理 2.2.4 设 $\varphi: D\to D$ 解析，且在 D 中有一个不动点 p，如果 φ 不是共形自同构，则 $\varphi_n \xrightarrow{k} p$.

证明 首先设 $p=0$，故有 $\varphi(0)=0$. 由条件 φ 不是旋转映射，由 Schwarz 引理可知，对一切 $z\in D$，$|\varphi(z)|<|z|$.

固定 $0<r<1$，设 $M(r)$ 为 $|\varphi(z)|$ 在 $|z|\leqslant r$ 上的最大值，记 $\delta=M(r)/r$，由 Schwarz 引理知 $\delta<1$. 令

$$\psi(z)=\frac{\varphi(rz)}{M(r)},\quad (z\in D)$$

对 $\psi(z)$ 应用 Schwarz 引理得 $|\psi(z)|\leqslant|z|\,(z\in D)$，由于 $\psi(z)$ 在闭单位圆盘上连续，故有 $|\psi(z)|\leqslant|z|\,(z\in\overline{D})$，于是，对任意 $z\in r\overline{D}$，有

$$|\varphi(z)|\leqslant\frac{M(r)}{r}|z|=\delta|z|.$$

迭代可得

$$|\varphi_n(z)|\leqslant\delta|\varphi_{n-1}(z)|\leqslant\delta^2|\varphi_{n-2}(z)|\leqslant\cdots\leqslant\delta^n|z|\leqslant\delta^n r,$$

因为 $\delta<1$，故可知 $\{\varphi_n\}$ 在 $r\overline{D}$ 上一致收敛于零.

设 φ 以 $p\in D$ 为不同点，$p\neq 0$. 令

$$\psi=\varphi_p\circ\varphi\circ\varphi_p$$

其中 $\varphi_p(z)=\dfrac{p-z}{1-\bar{p}z}$(显然，$\varphi_p\circ\varphi_p(z)\equiv z$)为 D 的共形自同构. 于是 $\psi(0)=0$ 且 $\psi: D\to D$ 不是 D 的共形自同构. 由前段的证明，$\{\psi_n\}$ 在 D 的任意紧子集上一致收敛于零.

由于 $\varphi=\varphi_p\circ\psi\circ\varphi_p$，且有 $\varphi_n=\varphi_p\circ\psi_n\circ\varphi_p$，于是由 ψ_n 收敛于零可知 φ_n 收敛于 p. 证毕.

当不动点在边界上时，$\{\varphi_n\}$ 也有相应的收敛性.

定理 2.2.5 设 $\varphi:D\to D$ 解析，w 为 φ 的边界不动点，如果 φ 在 w 有角导数，且 $\varphi'(w)<1$，则对任意 $z\in D$，轨道 $\{\varphi_n(z)\}$ 非切向收敛于 w.

证明 不失一般性，可设 $w=+1$. 我们欲证对每个 $z\in D$，轨道 $\{\varphi_n(z)\}$ 不仅收敛于 1，而且全含在 D 中的某个透镜形区域 L_α 之中. 其中 L_α 如图所示.

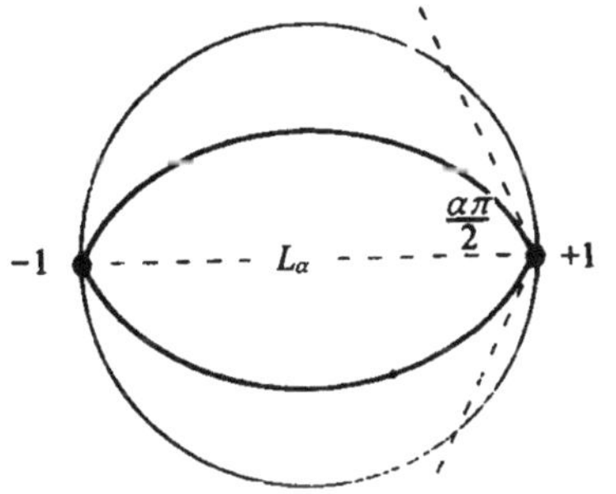

图 2.2.5 L_α 区域

它是 $h_\alpha(z)$ 关于 D 的像集，其中 $0<\alpha<1$，

$$h_\alpha(z)=\frac{\sigma(z)^\alpha+1}{\sigma(z)^\alpha-1},\quad \sigma(z)=\frac{1+z}{1-z}\quad (z\in D).$$

设 $w=\dfrac{1+z}{1-z}$，则它将 D 共形变换成右半平面 π，且将 $+1$ 映成 ∞，如同 Julia-Carathéodory 定理的证明过程中采用的方法令 $z=\tau(w)=\dfrac{w-1}{w+1}$，$w\in\pi$，$\Phi=\tau^{-1}\circ\varphi\circ\tau$，由(JC1)⇒(JC2)的证明知，当 $\delta=\varphi'(1)$ 存在时，则有

$$\mathrm{Re}\Phi(w)\geqslant\frac{1}{\delta}\mathrm{Re}w\quad (w\in\pi).$$

由条件 $\delta<1$，由上式可知

$$\mathrm{Re}\Phi_n(w)\geqslant\frac{1}{\delta^n}\mathrm{Re}w\to\infty.$$

由 $\Phi(w)$ 的定义可知 $\{\varphi_n(z)\}$ 收敛于 0，而且此收敛是非切向的.

对于固定的 $w\in\pi$，我们要证 $\{\Phi_n(w)\}$ 位于 L_α 在 π 中的像集内，即在角域

$$S_\alpha = \{u \in \pi: \arg u < \alpha\}$$

内. 设 $w_n = \Phi_n(w)$,记 $\rho = d(w, w_1)$,即 ρ 为轨道 $\{w_n\}$ 的最初两点间的伪双曲距离. 由推论 2.1.1 有 $d(w_{n+1}, w_n) \leqslant \rho (n = 0, 1, 2, \cdots)$,以 $\bar{\Delta}$ 表示闭伪双曲圆盘,则有

$$w_{n+1} \in \bar{\Delta}(w_n, \rho) = \mathrm{Re} w_n \bar{\Delta}(1, \rho) + i \mathrm{Im} w_n.$$

下面的图 2.2.6 与本章的图 2.2.3 一样几何地描述 w_n 和 w_{n+1} 的迭代关系.

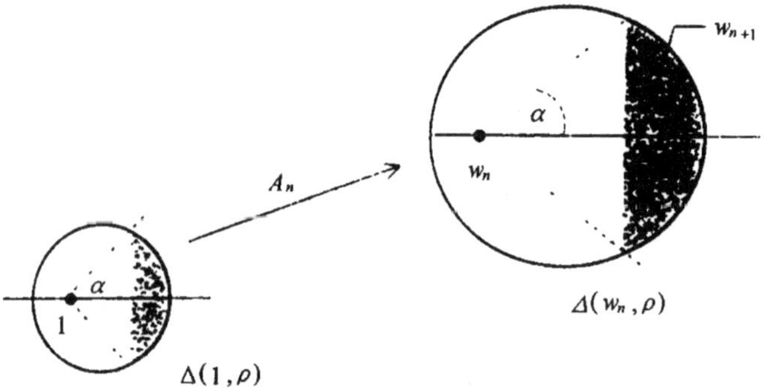

图 2.2.6 w_n 与 w_{n+1} 的关系

由于 $\Delta(w_n, \rho)$ 中的阴影区域是 $\Delta(1, \rho)$ 中的阴影区域在仿射映射

$$A_n(w) = (\mathrm{Re} w_n) w + i \mathrm{Im} w_n$$

下的像,于是 $w_{n+1} = w_n + S_\alpha (n = 0, 1, 2, \cdots)$. 由递推关系可知,对一切 $n, w_n \in w + S_\alpha$,从而都位于某个顶点在原点,关于正实轴对称,张角更大一些的角域中. 由此可知对每个 $z \in D$,轨道 $\{\varphi_n(z)\}$ 不仅收敛于 1,而且存在 $0 < \alpha < 1$,使得 $\{\varphi_n(z)\} \subset L_\alpha$. 证毕.

注 在一般情形,如果 $\varphi: D \to D$ 解析,且不为恒等映射,那么有唯一的不动点 $w \in \bar{D}$,使得 $|\varphi'(w)| \leqslant 1$. 这个不动点称为 Denjoy-Wolff 点,这个特殊的不动点有着极其重要的作用. 上述定理表明:如果 φ 在某边界不动点 w 处有角导数,而且 $|\varphi'(w)| < 1$,则 φ 在 D 内不可能有不动点,而且此边界不动点即为 φ 的 Denjoy-Wolff 点. 因而,我们自然会问:如果 φ 在 D 中无不动点,是否必有

$w\in\partial D$，使得 $\varphi(w)=w$，且 $\varphi'(w)$ 存在？下面的 Wolff 定理肯定地回答了此问题.

定理 2.2.6（Wolff 定理） 设 $\varphi:D\to D$ 解析，且在 D 中无不动点，那么存在唯一的 $w\in\partial D$，使得

(a)对任意 D 中与 ∂D 相切于 w 的极限圆盘 H，$\varphi(H)\subset H$；

(b)w 为 φ 的边界不动点；

(c)φ 在 w 处有角导数，且 $\varphi'(w)\leqslant 1$.

证明 先证明 ∂D 上的 Wolff 点的唯一性：若 w 和 w' 都为 Wolff 点，则可取 D 的两个极限圆盘 H 和 H'，使得 H 与 ∂D 相切于 w，H' 与 ∂D 相切于 w'，而且 H 和 H' 外切于 $z_0\in D$，因为 φ 在 D 上连续，w 和 w' 为 Wolff 点，故有 $\varphi(\overline{H})\subset\overline{H}$，$\varphi(\overline{H'})\subset\overline{H'}$. 但 $\overline{H'}\cap\overline{H}=\{z_0\}$，故必有 $\varphi(z_0)=z_0$，这与条件矛盾. 于是 φ 的 Wolff 点是唯一的.

再证明Wolff点的存在性. 在证明中将运用Julia-Carathéodory定理. 设 $0<\rho_n<1$，且 $\rho_n\nearrow 1$，又设 $\Phi_n(z)=\rho_n\varphi(z)$，当 $|z|=\rho_n$ 时，

$$|z-(z-\Phi_n(z))|=|\Phi_n(z)|<\rho_n=|z|.$$

由儒歇(Rouche)定理，$z-\Phi_n(z)$ 与 $h(z)=z$ 在 D 中与 $\rho_n D$ 中有相同的零点个数(计及重数)，即有一个零点. 换句话说，存在点 p_n，使得 $|p_n|<\rho_n$，且 $\Phi_n(p_n)=p_n$，于是点列 $\{p_n\}$ 有如下性质：

$$\varphi(p_n)=\frac{p_n}{\rho_n} \tag{1}$$

(有时称它们是近似不动点). 不妨设(若有必要可取子列)这近似不动点序列收敛于 $\overline{D}$ 上的某点 w. 由(1)式可知

$$\varphi(p_n)=\frac{p_n}{\rho_n}\to w\in\overline{D}.$$

欲证 $w\in\partial D$. 若不然，$w\in D$，由 φ 的连续性及(1)式可知 $w=\lim\limits_{n\to\infty}\varphi(p_n)=\varphi(w)$. 于是 φ 在 D 中有不动点，与条件矛盾. 由(1)式知，对任意的正整数 n，$|p_n|=\rho_n|\varphi(p_n)|<|\varphi(p_n)|$，故

$$\frac{1-|\varphi(p_n)|}{1-|p_n|}<1.$$

于是(若必要可进一步取子序列),我们可设

$$\delta < \lim_{n} \frac{1 - |\varphi(p_n)|}{1 - |p_n|}, \tag{2}$$

从而知 $0<\delta\leqslant 1$,由 Julia 定理,φ 将每个在 w 点的极限圆盘映到自身之中,且 w 为 φ 的边界不动点,于是由(2)式及定理 2.2.2(Julia-Carathéodory 定理),φ 在 w 处有角导数,且 $0<\varphi'(w)=\delta\leqslant 1$.

定理的(a)部分由定理 2.1.9 即得. 证毕.

推论 2.2.2 设 $\varphi: D\to D$ 解析,且不是共形自同构,则 φ 在 D 中无不动点的充要条件为:存在唯一的 $w\in\partial D$,使得对 D 中任意与 ∂D 相切于 w 的极限圆盘 H,有 $\varphi(H)\subset H$.

证明 必要性由定理 2.2.6 即得. 下面证明充分性:若不然,则存在 $P\in D$,使得 $\varphi(P)=P$. 设 H 为在 w 与 ∂D 相切的极限圆盘,且 $p\notin H$,取 $q\in H$,由条件可知 q 的轨道 $\{\varphi_n(q)\}\subset H$,但由定理 2.2.4 知 $\varphi_n(q)\to p$,这是矛盾. 故 φ 在 D 中无不动点. 证毕.

至此,我们已知道,如果 φ 在 D 中无不动点,则必有边界不动点 $w\in\partial D$,使得 $\varphi'(w)$ 存在,且 $\varphi'(w)\leqslant 1$;若 $\varphi'(w)<1$,我们又知 $\{\varphi_n\}$ 收敛于 w. 但如果 $\varphi'(w)=1$,情形又怎样呢? 这方面还有许多值得进一步探讨的内容. 从 Wolff 定理可知,在 w 的极限圆盘中某点为起点 q 的轨道 $\{\varphi_n(q)\}$ 不可能越出此极限圆盘,实际上,这里的关键在于 Schwarz 引理.

定理 2.2.7(压缩映射原理) 如果 $\varphi: D\to D$ 解析,不是共形自同构,而且在 D 中无不动点,则在 D 的任意紧子集上一致地有 $|\varphi_n(z)|\to 1$.

证明 先证明 $|\varphi_n(0)|\to 1$. 若不然,则存在 $p\in D$ 和子序列 $\{\varphi_{n_k}(0)\}$,使得当 $k\to\infty$ 时,$\varphi_{n_k}(0)\to p$. 记 $z_n=\varphi_n(0)$,由推论 2.1.1 知 $\{d(z_n,z_{n+1})\}$ 是递减数列,故收敛于某个正常数 $\delta(0\leqslant\delta<1)$,由于 φ 及伪双曲距离的连续性,

$$d(p,\varphi(p)) = \lim_{k\to\infty} d(z_{n_k}, z_{n_k+1}) = \delta.$$

因为 φ 在 D 中无不动点,故 $\varphi(p)\neq p$,从而 $\delta>0$. 同理可知

$$d(\varphi(p),\varphi_2(p)) = \lim_{n\to\infty} d(z_{n_k+1}, z_{n_k+2}) = \delta.$$

因而 $d(p,\varphi(p))=d(\varphi(p),\varphi_2(p))>0$. 由于 φ 不是共形自同构，由推论 2.1.1 知

$$d(\varphi(p),\varphi_2(p))<d(p,\varphi(p)),$$

得矛盾. 故 $|\varphi_n(0)|\to 1$.

设 K 为 D 中任一紧子集. 推论 2.1.1 指出，φ 收缩 D 中任两点间的伪双曲距离. 于是有

$$d(\varphi_n(K),\varphi_n(0))\leqslant d(K,0)<1, \qquad (*)$$

其中 $d(A,a)=\inf\{d(t,a):t\in A\}$. 由 2.1.1 节中的伪双曲距离性质(d)知：对 D 中的任意紧集 K，

$$\lim_{|q|\to 1^-}\inf_{p\in K}d(p,q)=1.$$

于是，对 D 中紧集 $r\overline{D}(0<r<1)$，由 $|\varphi_n(0)|\to 1$ 及(*)式可知，$\varphi_n(K)$ 必趋于 ∂D. 因为若不然，可知(*)式的左边趋向于 1. 这是不可能的. 证毕.

为便于查阅，我们将本节中有关反映角导数、不动点和迭代序列收敛性之间关系的定理作如下总结：

定理 2.2.8(总迭代定理)　设 $\varphi:D\to D$ 为解析映射，且不是椭圆型自同构.

(a)如果 φ 有不动点 $p\in D$，则 $|\varphi'(p)|<1$，而且 $\varphi_n\xrightarrow{k}p$；

(b)如果 φ 在 D 中无不动点，则存在 $w\in\partial D$，使得 $\varphi_n\xrightarrow{k}w$，而且

(i)w 是 φ 的边界不动点；

(ii)φ 在 w 的角导数存在，且 $\varphi'(w)\leqslant 1$；

(c)反之，如果 φ 有边界不动点 w，而且 $\varphi'(w)\leqslant 1$，则 φ 在 D 中无不动点，且 w 即为 φ 的 Denjoy-Wolff 点；

(d)如果 $w\in\partial D$ 是 φ 的 Denjoy-Wolff 点，且 $\varphi'(w)<1$，则对任意 $z\in D$，其轨道 $\{\varphi_n(z)\}$ 非切向地收敛于 w.

证明　(a)由定理 2.2.3 即可知.

(b)由定理 2.2.6，存在边界不动点 $w\in\partial D$，使得对在 w 处的极限圆盘 H，有 $\varphi(H)\subset H$；φ 在 w 有角导数，而且 $\varphi'(w)\leqslant 1$. 故只

要证明 $\varphi_n \xrightarrow{k} w$.

对固定的紧子集 $K\subset D$，取在 w 处的极限圆盘 H，使得 $K\subset H$. 由定理 2.2.7，$\varphi_n(K)$趋向于边界 ∂D，但由定理 2.2.6，$\varphi_n(K)\subset H$. 故 $\varphi_n \xrightarrow{k} w$.

(c)如果 w 为 φ 的边界不动点，且 $\varphi'(w)\leqslant 1$. 由 Julia-Carathéodory 定理知

$$\lim_{r\to 1^-}\frac{1-|\varphi(rw)|}{1-r}\leqslant 1,$$

所以，根据 Julia 定理，对每个在 w 的极限圆盘 H，$\varphi(H)\subset H$，由推论 2.2.2，φ 在 D 中无不动点，然后利用(b)中同样的方法，可证 $\varphi_n \xrightarrow{k} w$. 于是 w 为 Denjoy-Wolff 点.

(d)由定理 2.2.5 即得. 证毕.

注 一般来讲，φ 可能有无数个边界不动点，其中有些可能有有限角导数. 上述的结果指出在这些边界不动点中，至多有一个可能有小于等于 1 的角导数. 而在其他不动点处，即使其角导数存在，则其角导数必大于 1. 但究竟有多大？我们可给出一个定量的估计. 为方便叙述，我们不妨设 φ 的 Denjoy-Wolff 点为 0 或 1.

为给出 φ 在不动点处的角导数(或导数)的大小的定量估计，我们需要下面的重要引理.

引理 2.2.2 设 g 为 D 中的解析函数，$\mathrm{Re}g(z)>0$. 又设 $z_1, z_2, \cdots, z_n$ 是单位圆周上的点，使得 $g(z_j)=\infty$，且设 $b_j=\lim\limits_{r\to 1^-}\frac{1-r}{1+r}g(rz_j)$，那么

$$h(z)=g(z)-\sum_{j=1}^{n}b_j\frac{z_j+z}{z_j-z}$$

满足 $\mathrm{Re}h(z)\geqslant 0$.

证明 参见[Cop82].

定理 2.2.9 设 φ 在 D 中解析，且 $\varphi(D)\subset D$. 又设 $z_0, z_1, \cdots, z_n$ 为 φ 在 $\overline{D}$ 中的互不相同的不动点.

(1)如果 $z_0=0$，则

$$\sum_{j=1}^{n}\frac{1}{\varphi'(z_j)-1}\leqslant \mathrm{Re}\,\frac{1+\varphi'(0)}{1-\varphi'(0)};$$

(2)如果 $z_0=1$ 且 $0<\varphi'(1)<1$,则

$$\sum_{j=1}^{n}\frac{1}{\varphi'(z_j)-1}\leqslant \frac{\varphi'(1)}{1-\varphi'(1)};$$

(3)如果 $z_0=1$ 且 $\varphi'(1)=1$,则

$$\sum_{j=1}^{n}\frac{|1-z_j|^2}{\varphi'(z_j)-1}\leqslant 2\mathrm{Re}\left(\frac{1}{\varphi(0)}-1\right),$$

而且,等号成立当且仅当在情形(1)(情形(2)或情形(3))时,φ 为 $n+1$ 阶(n 阶)Blaschke 乘积.

证明 (1)设

$$g(z)=\frac{1+z^{-1}\varphi(z)}{1-z^{-1}\varphi(z)}=\frac{z+\varphi(z)}{z-\varphi(z)},$$

因为 $z_0=0$(即 0 为 Denjoy-Wolff),故函数 $z^{-1}\varphi(z)$ 在 D 中解析,且将 D 映入 D 之中,故有 $\mathrm{Re}g(z)>0(z\in D)$. 由于

$$\lim_{r\to1^-}\frac{1-r}{1+r}g(rz_j)=\lim_{r\to1^-}\frac{1-r}{1+r}\,\frac{rz_j+\varphi(rz_j)}{rz_j-\varphi(rz_j)}$$

$$=\lim_{r\to1^-}\frac{rz_j+\varphi(rz_j)}{1+r}\,\frac{1-r}{rz_j-\varphi(rz_j)}=\frac{1}{\varphi'(z_j)-1}.$$

于是,由引理 2.2.2 知

$$h(z)=\frac{1+z^{-1}\varphi(z)}{1-z^{-1}\varphi(z)}-\sum_{j=1}^{n}(\varphi'(z_j)-1)^{-1}\frac{z_j+z}{z_j-z}$$

有正实部,令 $z=0$,有

$$\mathrm{Re}\,\frac{1+\varphi'(0)}{1-\varphi'(0)}-\sum_{j=1}^{n}(\varphi'(z_j)-1)^{-1}=\mathrm{Re}h(0)\geqslant 0,$$

即

$$\sum_{j=1}^{n}\frac{1}{\varphi'(z_j)-1}\leqslant \mathrm{Re}\,\frac{1+\varphi'(0)}{1-\varphi'(0)}.$$

若(1)中等式成立,即有 $\mathrm{Re}h(0)=0$. 由最大模原理可知 $\mathrm{Re}h(z)\equiv 0$,从而 $h(z)=i\beta$,其中 β 为实数,因为 $\varphi(0)=0$,由推论 2.1.4 φ 在 D 中至多有一个不动点,故 $|z_j|=1(j=1,2,\cdots,n)$. 从而当 $|z|=1$ 时,

$$\frac{z_j+z}{z_j-z}=\left|\frac{z_j+z}{z_j-z}\right|i,$$

而这时角导数 $\varphi'(z_j)>0$. 所以

$$\sum_{j=1}^{n}(\varphi'(z_j)-1)^{-1}\frac{z_j+z}{z_j-z}$$

为纯虚数. 于是，当 $|z|=1$ 时，$\frac{1+z^{-1}\varphi(z)}{1-z^{-1}\varphi(z)}$ 为纯虚数. 因此 $|z^{-1}\varphi(z)|=1(|z|=1)$. 因为 $z^{-1}\varphi(z)$ 为 n 级的有理函数，故 φ 为 $n+1$ 阶的 Blaschke 乘积. 反之，如果 $z^{-1}\varphi(z)$ 为 n 阶的 Blaschke 乘积，则在 ∂D 上有 n 个不相同的点 $z_1,z_2,\cdots,z_n$，使得 $z^{-1}\varphi(z)$ 在这些点上取值为 1，即有 $\varphi(z_j)=z_j(j=1,2,\cdots,n)$. 而且，如果 $h(z)$ 如上所设，那么 $\mathrm{Re}h(z)=0(|z|=1)$，故有 $\mathrm{Re}h(0)=0$. 即(1)中等号成立.

(2)根据引理 2.2.2 及由条件 $\lim\limits_{r\to1}\frac{1-r}{1+r}\frac{1+\varphi(r)}{1-\varphi(r)}=\varphi'(1)^{-1}>1$，可知 $f(z)=\frac{1+\varphi(z)}{1-\varphi(z)}-\frac{1+z}{1-z}$ 有正实部. 设 $g(z)=f(z)^{-1}$，故 $\mathrm{Re}g(z)>0$. 因为 $z_1,z_2,\cdots,z_n$ 是 φ 的不动点，而且 $z_j\neq1(j=1,2,\cdots,n)$. 由 g 的定义可知 $g(z_j)=\infty(j=1,2,\cdots,n)$. 而且，对 $j=1,2,\cdots,n$，

$$\begin{aligned}\lim_{r\to1^-}\frac{1+r}{1-r}\frac{1}{g(z_j)}&=\lim_{r\to1^-}\frac{1+r}{1-r}\left[\frac{1+\varphi(rz_j)}{1-\varphi(rz_j)}-\frac{1+rz_j}{1-rz_j}\right]\\&=\lim_{r\to1^-}\frac{2(1+r)(\varphi(rz_j)-rz_j)}{(1-r)(1-\varphi(rz_j))(1-rz_j)}=\frac{4(\varphi'(z_j)-1)}{|1-z_j|^2}.\end{aligned}$$

记

$$h(z)=g(z)-\sum_{j=1}^{n}\frac{|1-z_j|^2}{4(\varphi'(z_j)-1)}\frac{z_j+z}{z_j-z},$$

由引理 2.2.2，$\mathrm{Re}h(z)>0$. 由 Harnack 不等式[Con73]，

$$\mathrm{Re}h(z)\geqslant\frac{1-|z|}{1+|z|}\mathrm{Re}h(0),$$

因此，对 $0\leqslant r<1$，有

$$\frac{\mathrm{Re}g(r)}{1-r}-\sum_{j=1}^{n}\frac{|1-z_j|^2}{4(\varphi'(z_j)-1)}\frac{1+r}{|z_j-r|^2}$$

$$\geqslant \frac{1}{1+r}\mathrm{Re}h(0). \qquad (*)$$

又因

$$\lim_{r\to 1^-}\frac{1-r}{g(r)}=\lim_{r\to 1^-}(1-r)\left[\frac{1+\varphi(r)}{1-\varphi(r)}-\frac{1+r}{1-r}\right]$$
$$=2\varphi'(1)^{-1}-2,$$

在$(*)$式中令 $r\to 1^-$，则可得

$$\frac{\varphi'(1)}{2(1-\varphi'(1))}-\sum_{j=1}^{n}\frac{1}{2(\varphi'(z_j)-1)}\geqslant \frac{1}{2}\mathrm{Re}h(0)\geqslant 0,$$

即

$$\sum_{j=1}^{n}\frac{1}{\varphi'(z_j)-1}\leqslant \frac{\varphi'(1)}{1-\varphi'(1)}.$$

关于等号成立的结论，用(1)中类似的方法可证.

(3)由于 $z_0=1$，且 $\varphi'(1)=1$，则与(2)的证明一样可得$(*)$式成立. 令 $r=0$，由$(*)$式可得

$$\mathrm{Re}g(0)-\sum_{j=1}^{n}\frac{|1-z_j|^2}{4(\varphi'(z_j)-1)}\geqslant \mathrm{Re}h(0)\geqslant 0,$$

因为 $g(0)=\left(\frac{1+\varphi(0)}{1-\varphi(0)}-1\right)^{-1}=\frac{1}{2}\left(\frac{1}{\varphi(0)}-1\right)$，于是有

$$\sum_{j=1}^{n}\frac{|1-z_j|^2}{\varphi'(z_j)-1}\leqslant 4\mathrm{Re}g(0)=2\mathrm{Re}\left(\frac{1}{\varphi(0)}-1\right).$$

证毕.

推论 2.2.3 设 $\varphi: D\to D$ 解析. 如果 1 和 -1 为 φ 的不动点，则有

$$\varphi'(1)\varphi'(-1)\geqslant 1.$$

证明 在定理 2.2.9 的(2)中，取 $n=1, z_0=1, z_1=-1$，则有

$$\frac{1}{\varphi'(-1)-1}\leqslant \frac{\varphi'(1)}{1-\varphi'(1)},$$

这等价于 $\varphi'(1)\varphi'(-1)\geqslant 1$.

注 事实上，在推论 2.2.3 的条件下，我们可有

$$\varphi'(1)\varphi'(-1)\geqslant \sup_{-1<x<1}\left[1+\frac{4(\mathrm{Im}\varphi(x))^2}{(1-|\varphi(x)|^2)^2}\right],$$

证明参见[Cop82].

§2.3 函数方程 $f\circ\varphi=g\circ f$

本节中,我们要研究与 D 到 D 中的解析函数 φ 相关的函数方程. 我们将证明,φ 可与一个线性分式变换相缠绕. 于是,可将关于 φ 的问题的讨论转化为关于某个线性分式变换的相应问题的讨论,而这时一般来说要更容易解决. 特别地当 $g(z)=\lambda z$ 时,$f\circ\varphi=g\circ f$ 即为所谓的 Schröder 方程 $f\circ\varphi=\lambda f$. 对 Schröder 方程的研究直接与我们要研究的复合算子的特征值相关. 故函数方程 $f\circ\varphi=g\circ f$的研究,对复合算子理论有着极为重要的作用.

2.3.1 迭代模型

对于函数方程 $f\circ\varphi=g\circ f$(其中 φ 和 g 是给定的,f 为未知函数),当 φ 和 g 任意给定时问题是很难讨论的. 我们所关心的是 φ 为 D 到 D 中的解析函数情形. Cowen 于 1981 年建立了反映 φ 与某分式线性变换之间缠绕关系的定理(迭代模型).

为叙述和证明 Cowen 定理,先引入一个函数的基本集的概念:设 ψ 是区域 Δ 到 Δ 中的映射. 如果 V 是 Δ 中的开集,连通且为单连通子集,使得 $\psi(V)\subset V$,而且对 Δ 中的任意紧集 K,存在正整数 N,使得 $\psi_N(K)\subset V$,则称 V 为 ψ 关于 Δ 的基本集.

下面的引理给出 φ 的一个基本集,这对我们的主要定理的证明是需要的.

引理 2.3.1 设 $\varphi: D\to D$ 为解析映射,a 为 φ 的 Denjoy-Wolff 点. 如果 $\varphi'(a)\neq 0$,则存在 φ 关于 D 的基本集 V,使得 φ 在 V 上单叶. 而且,对某点 $z_0\in D$,数列 $\{\varphi_n(z_0)\}$ 非切向收敛于 a,则可选取 V,使得它包含所有顶点在 a,张角为 $\theta(\theta<\pi)$的小角域.

证明 如果 Denjoy-Wolff 点 $a\in D$,那么 $0<|\varphi'(a)|<1$,故可取 $\varepsilon>0$,使得 $0<\varepsilon<1-|a|$,使得集合 $V=\{z: |z-a|<\varepsilon\}$ 满足 $\varphi(V)\subset V$,且 φ 在 V 上单叶,由 Denjoy-Wolff 定理知,V 为 φ 关于

D 的基本集. 对于 $a\in\partial D$ 的情形,V 的构造比较复杂,为节省篇幅,此处不详证,有兴趣的读者,可参见 C. C. Cowen 的文章[Co81]. 证毕.

利用此引理,我们可证明下面重要定理.

定理 2.3.1(迭代模型定理) 设 $\varphi: D\to D$ 解析,且不是 D 的共形自同构. 又设 a 为 φ 的 Denjoy-Wolff 点. 如果 $\varphi'(a)\neq 0$,则存在 φ 关于 D 的基本集 V 及一区域 Ω(复平面或单位圆盘),Ω 到 Ω 上的线性分式变换 Φ 及 D 到 Ω 中的解析映射 σ,使得 φ 和 σ 在 V 上单叶,$\sigma(V)$ 为 Φ 关于 Ω 的基本集,而且 $\Phi\circ\sigma=\sigma\circ\varphi$. 而且 Φ 在相差一个 Ω 到 Ω 上的线性分式变换共轭的意义下是唯一的,Φ 和 σ 仅与 φ 有关,与基本集 V 的选取无关.

证明 因为 $\varphi'(a)\neq 0$,引理 2.3.1 指出:存在 φ 关于 D 的基本集 V,使得 φ 在 V 上单叶. 我们先构造相应于 Ω 和 Φ 的抽象黎曼曲面 $\mathscr{D}$ 和 $\mathscr{D}$ 到 $\mathscr{D}$ 上的映射 Ψ.

(Ⅰ)黎曼曲面 $\mathscr{D}$ 的构造. 我们要定义一个点集 $\mathscr{D}$,在 $\mathscr{D}$ 上赋以拓扑,然后给 $\mathscr{D}$ 以解析结构. 为此,我们先对 φ 在 V 上的作用作些分析. 在 V 中,有些点可能不是 φ 的像点,有些不是 $\varphi\circ\varphi$ 的像点,…,有些可能不是 φ_n 的像点,…. 粗糙地说:$\mathscr{D}$ 是通过"粘合"V 中那些在 φ_n 的像集中的点的(抽象)原像而成的.

设 m,n 为整数,$w,z\in V$,若存在整数 $k(k\geqslant\max\{-n,-m\})$,使得 $\varphi_{k+n}(z)=\varphi_{k+m}(w)$,则称$(z,n)$与$(w,m)$等价,记为$(z,n)\sim(z,m)$. 由于 φ 在 V 上是一对一的,于是对任意不小于 $-n$ 和 $-m$ 的 k 和 k',$\varphi_{k+n}(z)=\varphi_{k+m}(w)$ 当且仅当 $\varphi_{k'+n}(z)=\varphi_{k'+m}(w)$,可验证$\sim$为点对间的等价关系. 以$[(z,n)]$表示包含$(z,n)$的等价类. 设

$$\mathscr{D}=\{[(z,n)]\,|\,z\in V,n\text{ 为整数}\},$$

点对(z,n)可看作为 $\varphi_n(z)$的表示.

在 $\mathscr{D}$ 上引入 Hausdorff 拓扑:如果 U 为 V 中的开集,n 为整数,记

$$\mathscr{U}_n^U=\{[(z,n)]\,|\,z\in U\},$$

我们可证$\{\mathscr{U}_n^U\}$构成 $\mathscr{D}$ 的某个 Hausdorff 拓扑的基. 设 $z_j^*=[(z_j,$

$n_j)]$, $j=1,2$，且 $z_1^* \neq z_2^*$. 设 $k=\max\{-n_1, -n_2\}$，由于 $(z_j, n_j) \sim (\varphi_{k+n_j}(z_j), -k)$，故 $z_j^* = [(\varphi_{k+n_j}(z_j), k)]$，又因 $z_1^* \neq z_2^*$，故有 $\varphi_{k+n_1}(z_1) \neq \varphi_{k+n_2}(z_2)$. 在 V 中选取两个互不相交的开子集 U_1 和 U_2，使得 $\varphi_{k+n_1}(z_1) \in U_1$，$\varphi_{k+n_2}(z_2) \in U_2$，那么 $\mathscr{U}_{-k}^{U_1}$ 和 $\mathscr{U}_{-k}^{U_2}$ 分别为 z_1^* 和 z_2^* 的邻域，且不相交. 设 $w^* \in \mathscr{U}_{m_1}^{w_1} \cap \mathscr{U}_{m_2}^{w_2}$，即设 $w^* = [(w_1, m_2)] = [(w_2, m_2)]$，其中 $w_j \in W_j (j=1,2)$，于是

$$\varphi_{k+m_1}(w_1) = \varphi_{k+m_2}(w_2),$$

其中 $k=\max(\{-m_1, -m_2\}$. 因为 $U_n^U = U_{-k}^{\varphi_{k+n}(U)}$，若

$$Y = \varphi_{k+m1}(w_1) \cap \varphi_{k+m2}(w2),$$

那么 $U_{-k}^Y \subset U_{m_1}^{w_1} \cap U_{m_2}^{w_2}$，且 $w^* \in U_{-k}^Y$. 于是，$\{U_n^U\}$ 是 $\mathscr{D}$ 上的某 Hausdorff 拓扑的基.

在 $\mathscr{D}$ 上引入解析结构. 在 $\mathscr{D}$ 上引入如下的坐标映射 $C_n: V \to \mathscr{D}$：

$$C_n(z) = [(z,n)], z \in V.$$

因为 φ 在 V 上是一对一的，故可知映射 $C_n(z)$ 也是一对一的. 易知 C_n 连续. 又因 V 是局部紧的，$\mathscr{D}$ 为 Hausdorff 拓扑空间. 故 C_n 是 V 到 $C_n(V)$ 上的同胚. 如 $n=m+l$，其中 $l \geqslant 0$，那么 $C_m^{-1}C_n$ 在 V 上有定义，而且

$$\begin{aligned} C_m^{-1}C_n(z) &= C_m^{-1}([(z,n)]) = C_m^{-1}([(z,m+l)]) \\ &= C_m^{-1}[(\varphi_l(z), m)] = \varphi_l(z), \end{aligned}$$

故 $C_m^{-1}C_n$ 在 V 上解析. 由于 φ_l 在 V 上是一对一的，$C_n^{-1}C_m = \varphi_l^{-1}$ 在 $\varphi_l(V)$ 上有定义，而且解析. 于是 $\mathscr{D}$ 在此坐标映射系下为黎曼曲面.

$\mathscr{D}$ 是单连通的. 设 $\gamma: [0,1] \to \mathscr{D}$ 是一闭曲线. 由于 $\gamma([0,1])$ 是紧的，故可取整数 n，使得 $\gamma([0,1])$ 在开集 $C_n(V)$ 中. 但是 $C_n(V)$ 与 V 同胚，而 V 是单连通的，因此 γ 是 $C_n(V)$ 中的零同伦. 从而可知 $\mathscr{D}$ 是单连通的.

$\mathscr{D}$ 不是紧黎曼曲面. 设 U 是 V 中具有紧闭包的开子集，n 是某固定的整数，$z \in V$ 但 $z \neq a$，令 $z_k^* = [(z, -k)]$，$k=1,2,3,\cdots$，则

$z_k^* \in \mathscr{U}_n^U$ 表示 $z\in \varphi_{n+k}(U)(k>-n)$，但是 φ_m 在 U 上一致收敛于 $a\neq z$. 于是序列 $\{z_k^*\}$ 至多有有限多项在任意具有紧闭包的邻域中，故无收敛子序列，因而 $\mathscr{D}$ 不是紧的.

因此，黎曼曲面 $\mathscr{D}$ 解析等价于复平面或单位圆盘.

(Ⅱ)映射 Ψ 和 π. 令 $\pi:V\to\mathscr{D}$ 如下：$\pi(z)=[(z,0)]$，$z\in V$. 令 $\Psi:\mathscr{D}\to\mathscr{D}$ 如下：

$$\Psi([(z,n)]) = [\varphi(z),n)],[(z,n)] \in \mathscr{D},$$

易知 π 和 Ψ 是解析的，且为一对一的. 由于 $[(z,n)]=[\varphi(z),n-1)]=\Psi([(z,n-1)])$，故 Ψ 为 $\mathscr{D}$ 到 $\mathscr{D}$ 上的映射(即满射). 显然，$\Psi\circ\pi=\pi\circ\varphi$.

如果 K 为 $\mathscr{D}$ 中的紧子集，则可找到 n，使得 $K\subset C_n(V)$ 且 $\Psi_{|n|}(K)\subset\pi(V)$，故 $\pi(V)$ 为 Ψ 关于 $\mathscr{D}$ 的基本集.

(Ⅲ)映射 Φ,σ 及区域 Ω. 我们已注意到黎曼曲面 $\mathscr{D}$ 解析等价于单位圆盘或复平面，记此区域为 Ω，并记 $\mathscr{D}$ 到 Ω 上的黎曼映射为 ρ. 令 $\sigma:V\to\Omega$ 为 $\sigma=\rho\circ\pi$，$\Phi:\Omega\to\Omega$ 为 $\Phi=\rho\circ\Psi\circ\rho^{-1}$. 易知 Φ 为 Ω 到 Ω 上的一一映射(因此是线性分式变换)，σ 为 V 到 V 中的单叶映射，$\sigma(V)$ 为 Φ 的基本集，且 $\Phi\circ\sigma=\sigma\circ\varphi$.

下面，将 σ 延拓到 D 上. 令 $\sigma(z)=\Phi_{-n}(\sigma(\varphi_n(z)))$，其中 n 是充分大的整数，使得 $\varphi_n(z)\in V$，Φ_{-n} 为 Φ^{-n} 的 n 次迭代. 因为对任意正整数 k，$\Phi_{-k}\circ\sigma\circ\varphi_k(z)=\sigma(z)(z\in V)$，因此，如果 $\Phi_m(z)$ 和 $\Phi_n\in V$ 且 $m=n+k$，那么

$$\begin{aligned}\Phi_{-m}(\sigma(\varphi_m(z))) &= \Phi_{-n}(\Phi_{-k}(\sigma(\varphi_k(\varphi_n(z))))) \\ &= \Phi_{-n}(\sigma(\varphi_n(z))).\end{aligned}$$

故这样的延拓是确定的. 又因 Φ_{-n},σ 和 φ_n 是单值解析的，且 Φ^{-1} 是 Ω 到 Ω 中的映射，故延拓后的函数将是 D 到 Ω 中的映射.

为证唯一性，设 $\tilde{V}$ 为 φ 关于 D 的基本集，使得 φ 在 $\tilde{V}$ 上单叶，$\tilde{\Omega},\tilde{\Phi}$ 和 $\tilde{\sigma}$ 为前面所得的相应的区域和映射，$K=\{t\varphi(0)\mid 0\leqslant t\leqslant 1\}$，则 K 为紧的连通集，且对每个 N，$\bigcup\limits_{n=N}^{\infty}\varphi_n(k)$ 是连通集. 因为 V 和 $\tilde{V}$ 都为 φ 的基本集，故存在整数使得 $\bigcup\limits_{n=N}^{\infty}\varphi_n(k)\subset V\cap\tilde{V}$. 设 W 是 V

$\cap \widetilde{V}$ 的连通分支,且 $\bigcup_{n=N}^{\infty}\varphi_n(k)\subset W$. 显然 W 是 φ 关于 D 的基本集. 因此,$\sigma(w)$ 和 $\tilde{\sigma}(w)$ 分别为 Φ 关于 Ω 和 $\widetilde{\Phi}$ 关于 $\widetilde{\Omega}$ 的基本集. 令 τ: $\Omega\to\widetilde{\Omega}$ 为 $\tau(z)=\widetilde{\Phi}_n^{-1}(\tilde{\sigma}(\sigma^{-1}(\Phi_n(z))))$,其中 n 是充分大的整数,使得 $\Phi_n(z)\in W$. 由于若 $\Phi_n(z)\in W$,p 为正整数,那么

$$\begin{aligned}\widetilde{\Phi}_{n+p}^{-1}(\tilde{\sigma}(\sigma^{-1}(\Phi_{n+p}(z)))) &= \widetilde{\Phi}_{n+p}^{-1}(\tilde{\sigma}(\varphi_p(\sigma^{-1}(\Phi_n(z)))))\\ &= \widetilde{\Phi}_n^{-1}(\widetilde{\Phi}_p^{-1}(\tilde{\sigma}(\varphi_p(\sigma^{-1}(\Phi_n(z))))))\\ &= \widetilde{\Phi}_n^{-1}(\tilde{\sigma}(\sigma^{-1}(\Phi_n(z)))),\end{aligned}$$

故 $\tau(z)$是确定的. 易证 τ 为 Ω 到 $\widetilde{\Omega}$ 上的单叶映射. 因此 $\Omega=\widetilde{\Omega}$,$\tau$ 为分式线性变换且 $\widetilde{\Phi}=\tau\circ\Phi\circ\tau^{-1}$,而且还可知 $\tilde{\sigma}=\tau\circ\sigma$. 证毕.

下一节将对一些特殊的线性分式变换 Φ,给出 Schröder 方程的完备解集,并利用上述定理对一般的从 D 到 D 中的解析函数 φ 求出解.

注 在迭代模型定理(这定理首先由 C. C. Cowen 给出,故也称为 Cowen 定理)中,我们已证明区域 Ω 和函数 Φ 在差一个共形自同构的复合的意义下,是唯一确定的,而且仅与 φ 有关. 自然地,如果给定 φ,我们要知道 Ω 是什么区域? Φ 是怎样的一个分式线性变换?通过对不动点的考察,我们可定义 σ 在 Denjoy-Wolff 点 a 处的值,使得 σ 在 $V\cup\{a\}$上连续,而且 Ω 和 Φ 可分为下列四种情形:

情形 1:$\Omega=\mathrm{C}$,$\sigma(a)=0$,且 $\Phi(z)=sz$,其中 $0<|s|<1$;

情形 2:$\Omega=\mathrm{C}$,$\sigma(a)=\infty$,且 $\Phi(z)=z+1$;

情形 3:$\Omega=D$,$\sigma(a)=1$,且

$$\Phi(z)=\frac{(1+s)z+(1-s)}{(1-s)z+(1+s)},\qquad 0<s<1;$$

情形 4:$\Omega=D$,$\sigma(a)=1$,且

$$\Phi(z)=\frac{(1\pm 2i)z-1}{z-1\pm 2i}.$$

从上述定理的证明可发现:如果 $p\in\Omega$ 为 Φ 的不动点,那么 $p=\rho([(z,n)])$,其中$[(z,n)]$是 Ψ 在 $\mathscr{D}$ 上的不动点,即$(z,n)\sim(\varphi(z),n)$. 因而 z 为 φ 在 V 中的不动点. 反之,如果 φ 在 D 中无其他不动点,仅有 Denjoy-Wolff 点,这时 $a\in V$,$(a,n)\sim(a,m)$对一

切整数 n 和 m 成立，因此 $[(a,n)]$ 为 Ψ 在 $\mathscr{D}$ 上的不动点，$p=\rho([(a,n)])$ 是 Φ 在 Ω 中的不动点. 总之，Φ 在 Ω 中有不动点当且仅当 φ 在 D 中有不动点，这时，Φ 的不动点为 $\sigma(a)$.

另外，上面提到的四种情形，在实际上都是可能出现的，对于情形 1、3 和 4，我们可取 $\varphi=\Phi$，$\sigma(z)=z$；对情形 2，我们可取 $\varphi(z)=(1+z)/(3-z)$，$\sigma(z)=(1+z)/(1-z)$.

对给定的 $\varphi: D\to D$，确定上述四种情形中哪一种情形发生将是一件困难的事，但我们有如下的一些结果：

定理 2.3.2 设 φ，Φ 和 Ω 如定理 2.3.1 中所给出，那么 $\Omega=C$ 且 $\Phi(z)=sz$ 当且仅当 Denjoy-Wolff 点 $a\in D$ 且 $\varphi'(a)=s$.

证明 上述四种情形中，仅情形 1 中的 Φ 有不动点. 由于 Φ 在 Ω 中的不动点对应于 φ 在 D 中的不动点，故情形 1 发生当且仅当 $a\in D$. 这时 σ 在 a 处解析，又因 σ 在 V 上单叶，故 $\sigma'(a)\neq 0$. 而

$$\begin{aligned}\sigma'(a)\varphi'(a)&=\sigma'(\varphi(a))\varphi'(a)=(\sigma\circ\varphi)'(a)\\&=(\Phi\circ\sigma)'(a)=\Phi'(\sigma(a))\sigma'(a)=s\sigma'(a),\end{aligned}$$

因此 $\varphi'(a)=s$. 证毕.

引理 2.3.2 设 $\varphi: D\to D$ 解析，$a\in\partial D$ 为 φ 的 Denjoy-Wolff 点. 如果对某点 $z_0\in D$，$\{\varphi_n(z_0)\}$ 非切向地收敛于 a，那么对任意紧子集 $K\subset D$，$\{\varphi_n(K)\}$ 非切向地收敛于 a.

证明 因为 $W=\tau(t)\dfrac{a+z}{a-z}$ 将 D 映到右半平面 $\mathrm{Re}\xi>0$ 上，且将 a 映到 ∞，令

$$\tilde{\varphi}(w)=\frac{a+\varphi\left(\dfrac{a(w-1)}{w+1}\right)}{a-\varphi\left(\dfrac{a(w-1)}{w+1}\right)}=\tau\circ\varphi\circ\tau^{-1}(w),$$

则 $\tilde{\varphi}$ 为（对应于 φ 的）右半平面到右半平面中的映射.

如果 $\xi=x+iy$，$\alpha=u+iv$ 满足 $|(\xi-\alpha)(\xi+\alpha)^{-1}|\leqslant r<1$，那么

$$x\geqslant u(1-r)(1+r)^{-1},\ |y|\leqslant|v|+2ru(1-r^2)^{-1},$$

因此 $\left|\dfrac{y}{x}\right|\leqslant\left(\left|\dfrac{v}{u}\right|+2\right)(1-r)^{-2}$.

若对某点 $z_0(\mathrm{Re}z_0>0)$，$\tilde{\varphi}_n(z_0)$ 非切向地收敛于 ∞，即：若记

$$\tilde{\varphi}_n(z_0)=z_n=x_n+iy_n,$$

则对一切正整数 n，$\left|\frac{y_n}{x_n}\right|\leqslant M<\infty$.

如果 K 为右半平面中的紧集，那么存在正数 $r(0<r<1)$，使得对一切 $z\in K$，

$$\left|\frac{z-z_0}{\bar{z}+z_0}\right|\leqslant r,$$

故由定理 2.2.1(Schwarz-Pick 定理)知，对一切 $z\in\tilde{\varphi}_n(K)$，有

$$\left|\frac{z-z_n}{\bar{z}+z_n}\right|\leqslant r.$$

由上述可见，如果对某个 n，$z=x+iy\in\tilde{\varphi}_n(K)$，那么 $\left|\frac{y}{x}\right|\leqslant(M+2)(1-r)^{-2}$. 因此，$\{\tilde{\varphi}_n(K)\}$ 非切向地趋于 ∞. 证毕.

定理 2.3.3 设 φ,Ω,Φ 和 σ 如定理 2.3.1 中给出. 又设 Denjoy-Wolff 点 $a\in\partial D$，而且在 a 点定义 $\varphi'(z)$ 的值，使得 $\varphi'(z)$ 在 $D\cup\{a\}$ 上连续且存在 $z_0\in D$，使得 $\{\varphi_n(z_0)\}$ 非切向地收敛于 a，那么

$$\Phi'(\sigma(a))=\lim_{r\to1^-}\varphi'(ra).$$

证明 如果 U 是单连通区域，$\beta\in U$，设 $G_U(z,\beta)$ 表示 U 的以 β 为极点的 Green 函数. 在此定理的证明中，我们将要对 V 和 $\sigma(V)$ 的 Green 函数作出估计，并证明

$$\begin{aligned}\varphi'(a)&=\lim_{n\to\infty}[G_V(\varphi_n(0),\beta)]^{\frac{1}{n}}\\&=\lim_{n\to\infty}[G_\sigma(V)(\Phi_n(\sigma(0),\sigma(\beta)))]^{\frac{1}{n}}=\Phi'(\sigma(a)).\end{aligned}$$

我们先回顾一下关于 Green 函数的某些基本性质：

(i)如果 U 为单连通区域，W 为 U 上定义的单叶映射，那么 $G_U(z,\beta)=G_W(U)(W(z),W(\beta))$；

(ii)如果 $U\subset W$，则 $G_U(z,\beta)\leqslant G_W(z,\beta)$；

(iii)如果 K 为 U 的紧子集，$\beta,\beta'\in K$，则存在常数 C_1 和 C_2，使得 $C_1G_U(z,\beta)\leqslant G_U(z,\beta')\leqslant C_2G_U(z,\beta)$ $(z\notin K)$. 所以，如 $\{z_n\}$ 收敛于 ∂D 中的某点，则

$$\lim_{n\to\infty}[G_U(z_n,\beta)]^{\frac{1}{n}}=\lim_{n\to\infty}[G_U(z_n,\beta')]^{\frac{1}{n}},$$

由此可知，这时极限与极点的分布情形关系不十分密切.

不失一般性，设 $a=1, s=\lim_{r\to 1^-}\varphi'(r)$.

对于 $\rho>0,\theta>0$，设 $s_{\rho,\theta}=\{z\,|\,|z-1|<\rho,|\arg(1-z)|<\theta\}$. 若 φ 如定理条件所述，且对某点 $z_n\in D$，$\{\varphi_n(z_0)\}$ 非切向收敛于 1. 由引理 2.3.2，取 $z_0=0$ 且记 θ^* 为使得对一切 n，$\varphi_n(0)\in s_{2,\theta^*}$ 的最小角. 由引理 2.3.1，存在 φ 的基本集 V，且使 V 包含所有顶点在 a，张角为 $\theta(0<\theta<\pi/2)$ 的小角域. 于是，对任意 $\theta,\theta^*<\theta<\frac{\pi}{2}$，可取 $\rho>0$，使得 $S=S_{\rho,\theta}\subset V$. 对某点 $\beta'\in S$，有

$$G_V(z,\beta')\geqslant G_S(z,\beta')$$

$$=-\log\left|1-2\left(\frac{1-z}{\rho}\right)^{\frac{\pi}{2\theta}}\left[\left(\frac{1-z}{\rho}\right)^{\frac{\rho}{2\theta}}-\left(\frac{1-z}{\rho}\right)^{\pi/\theta}+1\right]^{-1}\right|.$$

因为 $\{\varphi_n(0)\}$ 非切向收敛于 1，故存在常数 C，使得 $G_S(\varphi_n(0),\beta')\geqslant C|1-\varphi_n(0)|^{\frac{\pi}{2\theta}}$，又由 Julia-Carathéodory 定理，

$$\lim_{k\to\infty}\left|\frac{1-\varphi_{K+1}(0)}{1-\varphi_K(0)}\right|=s,$$

故

$$\lim_{n\to\infty}|1-\varphi_n(0)|^{\frac{1}{n}}=\lim_{n\to\infty}\left[\prod_{k=0}^{n-1}\left|\frac{(1-\varphi_{K+1}(0))}{(1-\varphi_K(0))}\right|\right]^{\frac{1}{n}}=S.$$

因此，对任意 $\beta\in V$，有

$$\lim_{n\to\infty}[G_V(\varphi_n(0),\beta)]^{\frac{1}{n}}\geqslant\lim_{n\to\infty}[G_S(\varphi_n(0),\beta')]^{\frac{1}{n}}$$

$$\geqslant\lim_{n\to\infty}\left[c|1-\varphi_n(0)|^{\frac{\pi}{2\theta}}\right]^{\frac{1}{n}}=s^{\frac{\pi}{2\theta}}.$$

因为上式对任意 $\theta(\theta^*<\theta<\pi)$ 成立，故实际上有

$$\lim_{n\to\infty}[G_V(\varphi_n(0),\beta)]^{\frac{1}{n}}\geqslant s.$$

另一方面，$V\subset D$. 故 $G_V(z,\beta)\leqslant G_D(z,\beta)$，且

$$\lim_{n\to\infty}[G_V(\varphi_n(0),\beta)]^{\frac{1}{n}}\leqslant\lim_{n\to\infty}[G_D(\varphi_n(0),0)]^{\frac{1}{n}}$$

$$\leqslant \lim_{n\to\infty}[-\log|\varphi_n(0)|]^{\frac{1}{n}}$$

$$= \lim_{n\to\infty}(1-|\varphi_n(0)|)^{\frac{1}{n}} = s\ .$$

于是当迭代序列非切向收敛时，$\lim_{n\to\infty}[G_V(\varphi_n(0),\beta)]^{\frac{1}{n}}=s$.

若 φ 如定理所设，且 φ' 可在 $z=1$ 处补充定义，使得 φ' 在 $D\cup\{1\}$ 上连续，那么，如果 $\{\varphi_n(0)\}$ 最终会落入在 $z=1$ 处与 ∂D 相切的任意小圆盘之中，则我们可取基本集 V 为圆盘 $\Delta=\{z: |z-r|<1-r\}$，其中 $0<r<1$. 因为

$$G_\Delta(z,r)=-\log\left|1-\frac{1-z}{1-r}\right|\ ,$$

故有

$$\lim_{n\to\infty}\left[-\log\left|1-\frac{1-\varphi_n(0)}{1-r}\right|\right]^{\frac{1}{n}}=\lim_{n\to\infty}[G_V(\varphi_n(0),r)]^{\frac{1}{n}}.$$

显然，对充分大的 n，有

$$\frac{1}{2}\left[1-\left|1-\frac{1-\varphi_n(0)}{1-r}\right|\right]\leqslant-\log\left|1-\frac{1-\varphi_n(0)}{1-r}\right|$$

$$\leqslant 2\left[1-\left|1-\frac{1-\varphi_n(0)}{1-r}\right|\right].$$

如果 $0<s<1$，那么 $\{\varphi_n(0)\}$ 非切向收敛且存在常数 C_1 和 C_2，使得

$$c_1|1-\varphi_n(0)|\leqslant1-\left|1-\frac{1-\varphi_n(0)}{1-r}\right|\leqslant c_2|1-\varphi_n(0)|.$$

故如前可证 $\lim_{n\to\infty}[G_V(\varphi_n(0),r)]^{\frac{1}{n}}=\lim_{n\to\infty}|1-\varphi_n(0)|^{\frac{1}{n}}=s$. 另一方面，如果 $s=1$，则 $\{\varphi_n(0)\}$ 未必为非切向收敛. 于是前述方法未必有效，可是，$\varphi_n(0)$ 是逐步减小且在 $z=1$ 处与 ∂D 相切的一列圆盘中，故有常数 C，使得 $c|1-\varphi_n(0)|^2\leqslant\left|1-\frac{1-\varphi_n(0)}{1-r}\right|$，于是有

$$\lim_{n\to\infty}[G_V(\varphi_n(0),r)]^{\frac{1}{n}}\geqslant\lim_{n\to\infty}|1-\varphi_n(0)|^{\frac{2}{n}}=s^2=1\ .$$

又因前面已知 $\lim_{n\to\infty}[G_V(\varphi_n(0),r)]^{\frac{1}{n}}\leqslant1$，故我们有

$$\lim_{n\to\infty}[G_V(\varphi_n(0),r)]^{\frac{1}{n}}=s\ .$$

另一方面，如果$\{\varphi_n(0)\}$不最终落入在$z=1$与∂D相切的小圆盘中，那么$\varphi'(1)=1$. 为方便起见，我们可将φ看作为上半平面到上半平面的映射(这只要作关于某分式线性变换的复合即可实现)，而且以∞为不动点. 由引理 2.3.1 知V包含任意宽度的半带形，于是可如同下面情形 2 和 4 的证明得

$$\lim_{n\to\infty}[G_V(\varphi_n(0),\beta)]^{\frac{1}{n}}=1=\varphi'(1).$$

下面我们来研究Φ和Ω. 由定理 2.3.2，我们可排除$\Omega=\mathrm{C}$和$\Phi(z)=sz$的情形.

若为情形 3，$\Omega=D$，且对某个$\tilde{s}$，$0<\tilde{s}<1$，

$$\Phi(z)=\frac{(1+\tilde{s})z+(1-\tilde{s})}{(1-\tilde{s})z+(1+\tilde{s})}.$$

因为$\sigma(v)$为Φ关于D的基本集，对于任意接近$\pi/2$的θ，$\sigma(v)$包含$S_{\rho,\theta}$，如前所述，可证

$$\lim_{n\to\infty}[G_{\sigma(V)}(\Phi_n(\sigma(0)),\sigma(\beta))]^{\frac{1}{n}}=\tilde{s}=\Phi'(1).$$

若为情形 2，$\Omega=\mathrm{C}$，且$\Phi(z)=z+1$，对任意实数x和y，及$b>0$，设

$$R_{x,y,b}=\{z\,|\,\mathrm{Re}z>x,y-b<\mathrm{Im}z<y+b\}.$$

因为$\sigma(V)$为Φ关于C的基本集，对给定的b，可取x和y，使得$R=R_{x,y,b}\subset\sigma(V)$，对适当的$\beta'$和复常数$\zeta$，

$$\begin{aligned}G_R(\Phi_n(\sigma(0)),\beta') &= G_R(n+\sigma(0),\beta')\\ &=-\log\left|\left[\sinh\left(\frac{\pi}{2b}n+\xi\right)-1\right]\left[\sinh\left(\frac{\pi}{2b}n+\xi\right)+1\right]^{-1}\right|.\end{aligned}$$

通过仔细计算可得

$$\begin{aligned}\lim_{n\to\infty}[G_{\sigma(V)}(\Phi_n(\sigma(0)),\sigma(\beta))]^{\frac{1}{n}} &\leqslant \lim_{n\to\infty}[G_R(n+\sigma(0),\beta')]^{\frac{1}{n}}\\ &=\exp\left(-\frac{\pi}{2b}\right).\end{aligned}$$

因为b为任意正数，故有

$$\lim_{n\to\infty}[G_{\sigma(V)}(\Phi_n(\sigma(0)),\sigma(\beta))]^{\frac{1}{n}}\geqslant 1.$$

同前面一样，可知此极限等于 1，即等于$\Phi'(\infty)$.

若为情形 4，$\Omega=D$，且

$$\Phi(z)=\frac{(1\pm 2i)z-1}{z-1\pm 2i}.$$

利用映射 $\rho(z)=\pm i(z+1)(z-1)^{-1}$将此情形转化为上半平面（取负号时）或下半平面（取正号时）上的平移，即 $\rho\circ\Phi\circ\rho^{-1}(z)=z+1$，利用类似上述情形 2 时的计算可得

$$\lim_{n\to\infty}[G_{\sigma(V)}(\Phi_n(\sigma(0)),\sigma(\beta))]^{\frac{1}{n}}=1=\Phi'(1).$$

综合上述计算、Green 函数的映射性质以及等式 $\sigma(\varphi_n(0))=\Phi_n(\sigma(0))$. 我们得到所需求的结果：

$$s=\lim_{n\to\infty}[G_V(\varphi_n(0),\beta)]^{\frac{1}{n}}=\lim_{n\to\infty}[G_{\sigma(V)}(\Phi_n(\sigma(0)),\sigma(\beta))]^{\frac{1}{n}}$$
$$=\Phi'(\sigma(a)).$$

证毕.

由此定理立即可得下述推论.

推论 2.3.1 如果 $\varphi: D\to D$ 解析，$a\in\partial D$ 为 φ 的 Denjoy-Wolff 点，而且 $\lim\limits_{r\to 1^-}\varphi'(ra)=s<1$，则可取 $\Omega=D$，$\Phi(z)=[(1+s)z+(1-s)][(1-s)z+(1+s)]^{-1}$.

证明 由定理 2.2.5，如果 $s=\varphi'(a)<1$，则$\{\varphi_n(0)\}$非切向收敛. 由定理 2.3.1 可知情形 2 发生. 证毕.

对应于 $0<s<1$，当 $a\in D$ 时，则情形 1 发生，当 $|a|=1$ 时，则情形 3 发生. 当 $s=1$ 时，要区分情形 2 还是情形 4 发生，下面定理指出：$\{\varphi_n(z_0)\}$的非切向收敛性保证了情形 2 发生.

定理 2.3.4 设 $\varphi: D\to D$ 解析，φ 的 Denjoy-Wolff 点 $a\in\partial D$. 且补充定义 $\varphi'(a)=1$ 后可使得 φ' 在 $D\cup\{a\}$上连续. 如果对某点 $z_0\in D$，序列$\{\varphi_n(z_0)\}$非切向地收敛于 a，则定理 2.3.1 中由 φ 得到的区域 Ω 为复平面.

证明 由定理 2.3.3 知 $\Phi'(\varphi(a))=\varphi'(a)=1$. 故只能情形 2 或 4 发生. 我们将证明：若取情形 4，则对 D 中任一点 z_0，$\{\varphi_n(z_0)\}$不能非切向收敛于 a.

在给定的条件下，我们可取 φ 的基本集 V 为在 a 处切于 ∂D

的圆盘，而且 σ 在一个稍小的这样的圆盘的边界上(除 a 点外)解析. 故可设 $a=1, V=D$ 且 σ 在 $\partial D\backslash\{1\}$上解析而不失一般性.

设 $\Omega=D, \Phi(z)=[(1-2i)z-1][z-1-2i]^{-1}$(即情形 4). 利用映射 $\rho(z)=i(1+z)(1-z)^{-1}$，我们将此情形转化为上半平面上的平移 $\tilde{\Phi}(z)=\rho\circ\Phi\circ\rho^{-1}(z)=z+1$. 设 $\tilde{\sigma}=\rho\circ\sigma$，则 $\tilde{\sigma}$ 将 D 映成 $\tilde{\Phi}$ 在上半平面上的基本集，而且，$\tilde{\sigma}\circ\varphi=\tilde{\Phi}\circ\tilde{\sigma}$，$\tilde{\sigma}$ 将 $\partial D\backslash\{1\}$映成上半平面的一条解析曲线. 因为 $\tilde{\sigma}(V)$为 $\tilde{\Phi}$ 的基本集，对于 $\Gamma=\{e^{i\theta}|-\pi<\theta<0\}$，$\tilde{\sigma}(\Gamma)$最终要低于上半平面中任意平行于正实轴的射线，于是 $\tilde{\sigma}(\Gamma)$是一条切于正实轴的曲线.

设 $h(z)=\mathrm{Arg}[(1-z)(1+z)^{-1}]+\pi/2$，则 h 为 D 上的正调和函数，且 $h(\Gamma)=0, h((\Gamma')=\pi$，其中 $\Gamma'=\{e^{i\theta}|0<\theta<\pi\}$，如果 γ 为 D 中的一条光滑曲线，使得 $\lim\limits_{t\to1^-}\gamma(t)=1$，那么，$\gamma$ 与区间$(-1,1)$在 $z=1$ 处构成一个角 θ 当且仅当 $\lim\limits_{t\to1^-}h(\gamma(t))=\theta-\dfrac{\pi}{2}$. 我们要证明：对任意 $z_0\in D$，$\lim\limits_{t\to1^-}h(\varphi_n(z_0))=0$，即：$\{\varphi_n(z_0))\}$与 Γ 相切地收敛于 1.

对于正实数 x 和 b，设

$$R_{x,b}=\{z|\mathrm{Re}z>x, 0<\mathrm{Im}z<b\},$$

$$g(z)=g_{x,b}(z)=\mathrm{Arg}\left[\cosh\left(\frac{\pi}{b}(z-x)\right)-1\right],$$

则 $g(z)$为 $R_{x,b}$上的正调和函数，而且当 z 为实数且 $z>x$ 时，$g(z)=0$，当 z 为 $\partial R_{x,b}$的非实数点时，$g(z)=\pi$. 又设 $\tilde{h}(z)=h(\sigma^{-1}(z))$，$z\in\tilde{\sigma}(V)$.

若 $z_0\in D$，且 $\tilde{\sigma}(z_0)=\alpha+i\beta$，对 $b>\beta$，取 x 充分大，使得 $x>\alpha$，射线$\{z|\mathrm{Re}z>x, \mathrm{Im}z=b\}\subset\tilde{\sigma}(V)$. 而且线段$\{z|\mathrm{Re}z=x, 0\leqslant\mathrm{Im}z\leqslant b\}$与 $\tilde{\sigma}(\Gamma')$不交. 对此 x 和 b，在集合 $R_{x,b}\cap\tilde{\sigma}(V)$的边界上处处有 $g(z)\geqslant\tilde{h}(z)$. 由调和函数性质可知，对于 $z\in R_{x,b}\cap\tilde{\sigma}(V)$，$g(z)\geqslant\tilde{h}(z)$，特别地，当 n 充分大时，对于 $z=\tilde{\Phi}_n(\tilde{\sigma}(z_0))=n+\alpha+i\beta$，上式成立.

所以，我们有

$$\lim_{n\to\infty}h(\varphi_n(z_0))=\lim_{n\to\infty}\tilde{h}(\tilde{\Phi}_n(\tilde{\sigma}(z_0)))$$
$$\leqslant \lim_{n\to\infty}g(n+\alpha+i\beta)=\beta/b\ .$$

由于 b 为任意给定的正数. 令 $b\to\infty$,即得

$$\lim_{n\to\infty}h(\varphi_n(z_0))=0\ .$$

对下半平面情形,用类似的方法可见,如果

$$\Phi(z)=\frac{(1+2i)z-1}{z-1+2i},$$

那么序列 $\{\varphi_n(z_0)\}$ 沿着切于 ∂D 的弧从 a 的左边收敛于 a. 故 $\{\varphi_n(z_0)\}$ 不是非切向收敛于 a. 证毕.

注 这定理的逆命题未必成立. 例如:设 $\varphi(z)=\sigma^{-1}(\sigma(z)+1)$,其中 σ 为 D 到角域

$R=\{z\,|\,\mathrm{Re}z>0,-\mathrm{Re}z<\mathrm{Im}z<\sqrt{\mathrm{Re}z}\}$ 的共形映射.

2.3.2 Schröder 方程

在本节中,考察一个 D 到 D 中的解析函数 φ 是怎样和一个线性分式变换 Φ 发生联系的. 我们先证明关于 φ 的函数方程的解和关于 Φ 的函数方程的解是如何一一对应的定理. 由于对线性分式变换的方程一般来说容易解,由此定理,我们可得到关于一般的 φ 的函数方程的解的信息.

引理 2.3.3 设 φ,V,ϕ,σ 和 Ω 如定理 2.3.1 中所述. 若 $g(z)=\lambda z+u$,其中 λ 和 u 为复数,$\lambda\neq 0$,那么 $f=F\circ\sigma$ 是 Ω 上的函数方程 $F\circ\Phi=g\circ F$ 的解 F 与 D 上的函数方程 $f\circ\varphi=g\circ f$ 的解 f 之间的一一对应.

证明 如果 F 满足方程 $F\circ\Phi=g\circ F$,那么,设 $f=F\circ\sigma$,则有

$$f\circ\varphi=F\circ\sigma\circ\varphi=F\circ\Phi\circ\sigma=g\circ F\circ\sigma=g\circ f.$$

反之,如果 f 解析且满足 $f\circ\varphi(z)=g\circ f(z)\,(z\in D)$,因为 σ 在 V 上单叶,故可令 $\widetilde{F}=f\circ\sigma^{-1}$,于是 F 为 $\sigma(V)$ 上的函数,而且在 $\sigma(V)$ 上,

$$\widetilde{F}\circ\Phi=f\circ\sigma^{-1}\circ\Phi=f\circ\varphi\circ\sigma^{-1}=g\circ f\circ\sigma^{-1}=g\circ F.$$

由于 $\sigma(V)$ 为 φ 在 Ω 上的基本集,故对充分大的正整数 n,使得 $\Phi_n(z)\in\sigma(V)$,在 Ω 上定义函数

$$F(z)=g_{-n}(\widetilde{F}(\Phi_n(z))),\quad z\in\Omega,$$

其中 g_{-n} 为 g^{-1} 的 n 次迭代. 这函数是确定的. 这是因为如果对正整数 $k,m=n+k,\Phi_m(z),\Phi_n(z)\in\sigma(V)$,那么由方程 $\widetilde{F}\circ\Phi=g\circ\widetilde{F}$,可得

$$\begin{aligned}g_{-m}(F(\Phi_m(z)))&=g_{-n}(g_{-k}(\widetilde{F}(\Phi_k(\Phi_n(z)))))\\&=g_{-n}(\widetilde{F}(\Phi_n(z))).\end{aligned}$$

易知 F 是解析的,而且在 Ω 上满足方程 $F\circ\Phi=g\circ F$ 及 $F\circ\sigma=f$. 证毕.

注 从证明过程可知,无论 g 是什么形式,如果 $F\circ\Phi=g\circ F$,那么 $f=F\circ\sigma$ 是 $f\circ\varphi(z)=g\circ f(z)$ 的解,这是一种分别为 $\sigma(V)$ 和 V 上的解之间的一一对应.

下面我们要给出我们所关心的情形即 g 为线性分式变换时 Schröder 方程的精确解. 下面四个定理对应于定理 2.3.1 后的注中列出的四种不同情形(Schröder 方程即为引理 2.3.3 中 $u=0$ 的情形).

定理 2.3.5 如果 $\Phi(z)=sz,n=1,2,3,\cdots,0<|s|\leqslant1$,那么 $F\circ\Phi=\lambda F$ 有在 C(或 D)中解析的解 F 当且仅当对 $\lambda=s^n$. 如果 s 不是 1 的某次方根且对某个非负整数 $n,\lambda=s^n$,则对某个常数 c,$F(z)=cz^n$. 如果 s 为 1 的 k 次方根,且 $\lambda=s^n(n=0,1,2,\cdots,k-1)$,那么 $F(z)=z^ng(z^k)$其中 g 在 C(或 D)中解析.

证明 如果 F 为 C(或 D)中解析,且满足方程 $F\circ\Phi=\lambda F$,由于 $\Phi(z)=sz$,设

$$F(z)=\sum_{n=0}^{\infty}a_nz_n,$$

从而有

$$F\circ\Phi(z)=F(sz)=\sum_{n=0}^{\infty}a_ns^nz^n,$$

$$\lambda F(z) = \sum_{n=0}^{\infty} \lambda a_n z^n,$$

故有 $\lambda=s^n(n=0,1,2,\cdots)$.

当 s 不是 1 的根时,由于当 $\lambda=s^n$ 时,方程 $F\circ\Phi=\lambda F$ 成立.故比较两边的 Taylor 级数的系数得

$$a_k s^k=a_k s^n, \quad k=0,1,2,3,\cdots,$$

由于当 $n\neq 0$ 时,$s^n\neq 1$,故当 $k\neq n$ 时,$a_k=0$,故有 $F(z)=a_n z^n$. 当 $n=0$ 时,可知 $a_k=0(k=1,2,\cdots)$,即 $F(z)=a_0$. 故有常数 c,使得 $F(z)=cz^n$.

当 s 为 1 的 k 次方根时,$\lambda=s^n(n=0,1,\cdots,k-1)$. 同理,通过比较 $F(sz)$ 与 $\lambda F(z)$ 的 Taylor 级数的系数,可得

$$a_j s^j = a_j s^n, \quad j = 0,1,2,\cdots,$$

由于 $s^{n+kl}=s^n, s^{kl}=s^n$, 故当 $n=0,1,2,\cdots,k-1$ 时,有 $a_j\neq 0(j\neq n+kl)$,从而

$$\begin{aligned} F(z) &= \sum_{l=0}^{\infty} a_{n+kl} z^{n+kl} \\ &= z^n \sum_{l=0}^{\infty} a_{n+kl} z^{kl} \\ &= z^n g(z^k), \end{aligned}$$

其中 $g(w) = \sum_{n=0}^{\infty} a_{n+kl} w^l$. 故 g 在 C(或 D)中解析. 证毕.

定理 2.3.6 如果 $\Phi(z)=z+1$,整函数 F 为方程 $F\circ\Phi=\lambda F$ $(\lambda\neq 0)$的解当且仅当 $F(z)=e^{\alpha z}g(e^{2\pi iz})$,其中 $e^{\alpha}=\lambda$ 且 g 在去心平面 $\mathbb{C}\setminus\{0\}$中解析.

证明 显然,给定形式的函数 F 满足此函数方程. 反之,如果 F 是整函数且 $F\circ\Phi=\lambda F(\lambda\neq 0)$,选取 α 使得 $e^{\alpha}=\lambda$,并在去心平面 $\{w:0<|w|<\infty\}$上定义函数 $g(w)=e^{-\alpha z}F(z)$,其中 $w=e^{2\pi iz}$,因为 F 满足函数方程且是解析的. 故 $g(w)$是确定的. 于是 $F(z)=g(w)e^{\alpha z}=e^{\alpha z}g(e^{2\pi iz})$. 证毕.

定理 2.3.7 如果 $\Phi(z)=[(1+s)z+(1-s)][(1-s)z+(1+$

$s)]^{-1}$，其中 $0<s<1$，设

$$\delta=(\log s)^{-1},\quad \zeta(z)=\delta\log[(1-z)(1+z)^{-1}],$$

那么在 D 中解析的函数 F 是方程 $F\circ\Phi=\lambda F(\lambda\neq 0)$ 的解当且仅当 $F(z)={}^{\mp\alpha\zeta(z)}g(e^{2\pi i\zeta(z)})$，其中 $e^{\alpha}=\lambda$ 且 g 在圆环 $\{w:|\log|w||<\pi^2\cdot|\log s|^{-1}\}$ 中解析.

证明 由于 ζ 将 D 映成 $\{w:|\log|w|\operatorname{Im}w|<\pi/2|\log s|^{-1}\}$ 而且 $\zeta\circ\Phi=\zeta+1$. 再重复上定理中的证明即得. 证毕.

定理 2.3.8 如果 $\Phi(z)=[(1\pm 2i)z-1][z-1\pm 2i]^{-1}$. 设 $\zeta(z)=i(1+z)(1-z)^{-1}$，则在 D 中的解析函数 F 是方程 $F\circ\Phi=\lambda F(\lambda\neq 0)$ 的解当且仅当 $F(z)={}^{\mp\alpha\zeta(z)}g(e^{2\pi i\zeta(z)})$，其中 $e^{\alpha}=\lambda$，g 在去心圆盘 $\{w:0<|w|<1\}$ 中解析.

证明 由于 ζ 将 D 映到上半平面，且 $\zeta\circ\Phi=\zeta\mp 1$. 如果 F 为 D 中的解析函数，而且 $F\circ\Phi=\lambda F(\lambda\neq 0)$. 取 α 使得 $e^{\alpha}=\lambda$，在去心圆盘 $\{w:0<|w|<1\}$ 上定义 $g(w)=e^{\mp\alpha z}F(z)$，其中 $w=e^{2\pi i\zeta(z)}$，于是有 $F(z)=e^{\mp\alpha z}g(e^{2\pi i\zeta(z)})$. 证毕.

当 $g(z)=\lambda z$ 时，函数方程 $f\circ\varphi=g\circ f$ 即为 Schöder 方程 $f\circ\varphi=\lambda f$，对于 φ 在 D 内有不动点的情形，Königs 早在 1884 年就对 Schröder 方程的解给出了一个完整的答案.

定理 2.3.9(Königs，1884) 设 $\varphi:D\to D$ 为非常数解析函数，且不为 Mōbious 变换. 又设 φ 在 D 内有不动点 a，则

(1)如果 $\varphi'(a)=0$，方程 $f\circ\varphi=\lambda f$ 的非零解只能是 $\lambda=1$ 且 f 为常数；

(2)如果 $\varphi'(a)\neq 0$，则 $f\circ\varphi=\lambda f$ 有非零解当且仅当 $\lambda=\varphi'(a)^n$ $(n=0,1,2,\cdots)$，当 $\lambda=\varphi'(a)^n$ 时，方程 $f\circ\varphi=\lambda f$ 的非零解都为 $f(z)=\sigma(z)^n$ 的常数倍，其中 σ 和 Φ 为定理 2.3.1 及其后的注中的第一种情形中给出的函数.

证明 (1)显然 $\lambda=1$ 及 f 为常数是函数方程的解. 因为 $f\equiv 0$ 是 $\lambda=0$ 时的唯一的解，故可设 $\lambda\neq 0$.

如果 $f\circ\varphi=\lambda f$，因为 a 为 φ 的不动点. 故有 $f(a)=f(\varphi(a))=\lambda f(a)$，从而有 $f(a)=0$ 或 $\lambda=1$. 无论是 $f(a)=0$ 或 $\lambda=1$，$f-f(a)$

都为 Schröder 方程的解，故不妨设 $f(a)=0$.

若 $f^{(j)}(a)=0(j=0,1,2,\cdots,k-1)$，在 Schröder 方程两边取 K 阶导数可得

$$(f^{(k)}\circ\varphi)(\varphi')^k(z)+h(z)=\lambda f^{(k)}(z),$$

其中 $h(z)$ 是仅涉及 $f^{(j)}(j<k)$ 的项的函数，于是有 $(f^{(k)}\circ\varphi)(a).(\varphi'(a))^k=\lambda f^{(k)}(a)$. 因为 $\varphi'(a)=0$，故 $\lambda f^{(k)}(a)=f^{(k)}(a)(\varphi'(a))^k=0$，从而 $f^{(k)}(a)=0$. 由于 k 是任意的正整数，故可知 $f(z)\equiv0$. 所以当 $\varphi'(a)=0$ 时，Schröder 方程 $f\circ\varphi=\lambda f$ 有唯一解 $\lambda=1$ 且 f 为常数($f(z)\equiv0$).

(2)由于 φ' 在 Denjoy-Wolff 点 a 的值不为 0，故 φ 满足定理 2.3.1(Cowen 定理)的条件，于是由方程 $\Phi\circ\sigma=\sigma\circ\varphi$ 知 $\Phi'(\sigma(a))=\varphi'(a)=s,0<|s|<1$. 由于 $a\in D$，我们可设 $\Phi(z)=st$，由定理 2.3.5，$F\circ\Phi=\lambda F$ 有解的充要条件是 $\lambda=s^n=(\varphi'(a))^n(n=0,1,2,\cdots)$. 由于 $0<|s|<1$，故当 $\lambda=s^n=\varphi'(a))^n$ 时，方程 $F\circ\Phi=\lambda F$ 的解为 $F(z)=cz^n$，其中 c 为常数. 再由引理2.3.3知 $f=F\circ\sigma=c\sigma^n$ 为 Schröder 方程 $f\circ\varphi=\lambda f$ 的解. 证毕.

对于在 D 中无不动点的情形，则完全不同. 下面定理刻画了 φ 在 D 中无不动点时 Schröder 方程解的情形.

定理 2.3.10 如果 $\varphi:D\to D$ 解析，且在 D 中无不动点，那么对每个 $\lambda\neq0$，$f\circ\varphi=\lambda f$ 的解空间是无限维的.

证明 设 Φ 如定理 2.3.1 中给定，由于 φ 在 D 中无不动点，由定理 2.3.2 知，情形 1 不可能发生(即 $\Phi(z)\neq sz$). 由定理2.3.6、定理2.3.7、定理 2.3.8 及引理 2.3.3 知，对每个 $\lambda\neq0$，$f\circ\varphi=\lambda f$ 的解空间都为无限维的. 如情形 2 发生，由定理 2.3.7，$F_0(z)=e^{az}g(e^{2\pi iz})$ 为方程 $F\circ\Phi=\lambda F$ 的解，其中 $e^a=\lambda\neq0$. 由于对任意整数 k，$\lambda=e^a=e^{a+2k\pi i}$. 故

$$F_k(z)=e^{(a+2k\pi i)z}g(e^{2\pi iz})=e^{2k\pi iz}F_0(z)$$

都为 Schröder 方程 $F\circ\Phi=\lambda F$ 的解，从而 $f_k(z)=e^{2k\pi i\sigma(z)}F_0(\sigma(z))$ 都为 $f\circ\varphi=\lambda f$ 的解. 于是相应于 $\lambda\neq0$ 的解空间是无限维的. 其他情形类似地可证. 证毕.

注 (1)在 Schröder 方程 $f\circ\varphi=\lambda f$ 中,对 $\lambda=\varphi'(a)$,满足 $\sigma'(a)=1$的解是唯一确定的,我们称这样的解为 φ的 Königs 函数.

(2)由于当 φ 为单叶函数时,$f\circ\varphi=\varphi'(p)f$ 的解也是单叶的,故 Königs 是单叶的.

§2.4 Nevanlinna 计数函数

在本节中,我们讨论在复合算子研究中需要的关于 Nevanlinna 计数函数的一些性质. 主要涉及 Littlewood 不等式、变量替换公式及次调和平均值等性质.

2.4.1 Littlewood 不等式

设 $\varphi:D\to D$ 解析. 对 $w\in\mathbb{C}\setminus\{\varphi(0)\}$以$\{z_j(w):j\geqslant1\}$表示 w 的原像 $\varphi^{-1}(w)$按其中点的模增加的次序排成的序列,并计及重数. 对 $0\leqslant r<1$,设 $n(r,w)=n_\varphi(r,w)$表示圆盘 rD 中$\{z_j(w):j\geqslant1\}$点的个数(即$\{z_j(w):j\geqslant1\}\cap rD$ 中点的个数,并计及重数),我们称

$$N_\varphi(r,w)=\sum_{j=1}^{n(r,w)}\log\frac{r}{|z_j|}$$

为 φ的部分计数函数. 若记

$$N_\varphi(w)=N_\varphi(1,w)=\sum_j\log\frac{1}{|z_j(w)|},$$

则称 $N_\varphi(w)$为 φ的 Nevanlinna 计数函数.

注 在上述的定义中,对 $0\leqslant r\leqslant1$,当 $w\notin\varphi(rD)$时,$N_\varphi(r,w)=0$,故计数函数可看作在整个复平面上定义的函数. 另一方面,对于固定的 w,部分计数函数 $N_\varphi(r,w)$随着 r 的增加而增大,由单调收敛定理,$\lim\limits_{r\to1^-}N_\varphi(r,w)=N_\varphi(w)$.

为讨论 Nevanlinna 计数函数的性质及满足本书其他方面应用的需要,先证明一个涉及单位圆盘 D 中的解析函数的零点性质的定理.

定理 2.4.1(Jensen 公式) 设 f 为 D 上的解析函数且 $f(0)$

$\neq 0$. 又设$\{a_n\}$为 f 在 D 中的零点序列(计及重数,按模增加为序排列),对每个 $0\leqslant r<1$,$n(r)$表示 $r\overline{D}$ 上的零点个数,那么有

$$\sum_{n=1}^{n(r)}\log\frac{r}{|a_n|}=\frac{1}{2\pi}\int_{-\pi}^{\pi}\log|f(re^{i\theta})|\mathrm{d}\theta-\log|f(0)|. \tag{1}$$

证明 如果 $0\leqslant r<|a_1|$,则(1)中左边的和式等于 0. 另一方面,由于这时 $\log|f|$为 $r\overline{D}$ 的邻域中的调和函数,由调和函数的平均值性质即知

$$\log|f(0)|=\frac{1}{2\pi}\int_{-\pi}^{\pi}\log|f(re^{\theta i})|\mathrm{d}\theta,$$

故这时公式(1)成立.

如果 $r\geqslant|a_1|$,若 f 无模等于 r 的零点,那么对 $0\leqslant n\leqslant n(r)$,有 $a_n/r\in D$. 令

$$a_n(z)=\frac{\varphi_{a_n}}{r}(z)=\frac{a_n-rz}{r-\overline{a}_nz},$$

则 $a_n(z)$为 D 到 D 上的共形自同构,且将 a_n/r 对应于 0. 记

$$h(z)=\prod_{n=1}^{n(r)}a_n(z).$$

则在 $\overline{D}$ 的一个邻域中 $h(z)$解析,且与 $f(rz)$有相同的零点(且共有相同的重数),于是 $f(rz)/h(z)$ 在 $\overline{D}$ 上解析且无零点,故 $\log|f(rz)/f(z)|$为 $\overline{D}$ 的一邻域中的调和函数. 由调和函数的平均值性质,

$$\log\left|\frac{f(0)}{h(0)}\right|=\frac{1}{2\pi}\int_{-\pi}^{\pi}\log\left|\frac{f(re^{i\theta})}{h(e^{i\theta})}\right|\mathrm{d}\theta=\frac{1}{2\pi}\int_{-\pi}^{\pi}\log|f(re^{e\theta})|\mathrm{d}\theta,$$

其中用到了在 ∂D 上 $|h|\equiv 1$ 的事实. 因为

$$h(0)=\prod_{n=1}^{n(r)}\frac{a_n}{r},$$

故可得(1)式成立.

若 f 有模为 r 的零点,记它们分别为

$$|a_{k+1}|=|a_{k+2}|=\cdots=|a_{n(r)}|=r$$

而记所有模小于 r(若存在的话)的零点为 $a_1,a_2,\cdots,a_k$,这时记

$$h(z) = \prod_{n=1}^{k} a_n(z) \prod_{n=k+1}^{n(r)} \left(1 - \frac{rz}{a_n}\right),$$

由前面的方法可知这时有

$$\log\left|\frac{f(0)}{h(0)}\right| = \frac{1}{2\pi}\int_{-\pi}^{\pi} \log\left|\frac{f(re^{i\theta})}{h(e^{i\theta})}\right| \mathrm{d}\theta$$

$$= \frac{1}{2\pi}\int_{-\pi}^{\pi} \log|f(re^{e\theta})|\mathrm{d}\theta$$

$$- \sum_{n=k+1}^{n(r)} \frac{1}{2\pi}\int_{-\pi}^{\pi} \log|1 - e^{(i\theta-\theta_n)}|\mathrm{d}\theta .$$

其中 $\theta_n = \arg a_n$. 下面证明

$$I = \int_{-\pi}^{\pi} \log|1 - e^{\theta i}|\mathrm{d}\theta = 0 .$$

由对称性及作变量替换 $t = \frac{\theta}{2}$,可知

$$I = 4\int_0^{\frac{\pi}{2}} \log(2\sin t)\mathrm{d}t$$

$$= 4\int_0^{\frac{\pi}{2}} \log(\sin t)\mathrm{d}t + 2\pi\log 2,$$

故只要证明

$$I_0 = \int_0^{\frac{\pi}{2}} \log(\sin t)\mathrm{d}t = -\frac{\pi}{2}\log 2 .$$

由倍角公式得

$$I = \int_0^{\frac{\pi}{2}} \log\left(2\sin\frac{t}{2}\cos\frac{t}{2}\right)\mathrm{d}t$$

$$= \frac{\pi}{2}\log 2 + \int_0^{\frac{\pi}{2}} \log\sin\frac{t}{2}\mathrm{d}t + \int_0^{\frac{\pi}{2}} \log\cos\frac{t}{2}\mathrm{d}t .$$

在上述和式中的第一个积分中作变量替换 $\theta = \frac{t}{2}$,在第二个积分中作变换 $\theta = \frac{\pi - t}{2}$,可得

$$I_0 = \frac{\pi}{2}\log 2 + 2\int_0^{\frac{\pi}{2}} \log(\sin\theta)\mathrm{d}\theta = \frac{\pi}{2}\log 2 + 2I_0,$$

因而 $I_0 = -\frac{\pi}{2}\log 2$. 于是 Jensen 公式成立. 证毕.

利用 Jensen 公式可得下面的 Littlewood 不等式. 它在复合算子的紧性的研究中起关键作用,此不等式是 Schwarz 引理的进一步精确化.

定理 2.4.2(Littlewood 不等式)　如果 $\varphi: D\to D$ 解析,则对每个 $w\in D\backslash\{\varphi(0)\}$,

$$N_\varphi(w)\leqslant \log\left|\frac{1-\overline{w}\varphi(0)}{w-\varphi(0)}\right|.$$

证明　如果 $w\notin\varphi(D)$,则 $N_\varphi(w)=0$,定理显然成立. 对于 $w\in\varphi(D)(\varphi(0)\neq w)$,$n(r,w)$表示 $\varphi^{-1}\{w\}=\{z_n(w)\}$在闭单位圆盘 $r\overline{D}$ 的项数. 应用 Jensen 公式(这时 $\varphi^{-1}\{w\}$为 f 的零点序列)可得到,对每个 $r(0\leqslant r<1)$,

$$\sum_{n=1}^{n(r,w)}\log\frac{r}{|z_n(w)|}=\frac{1}{2\pi}\int_{-\pi}^{\pi}\log|\varphi_w(\varphi(re^{i\theta}))|\mathrm{d}\theta+\log\frac{1}{|\varphi_w(\varphi(0))|}.$$

由于对 $z\in D$, $|\varphi_w(\varphi(z))|<1$,故上式右端的积分是负值,因而

$$\sum_{n=1}^{n(r,w)}\log\frac{r}{|z_n(w)|}<\log\frac{1}{|\varphi_w(\varphi(0))|},\tag{$*$}$$

如果 $\varphi^{-1}(w)$为有限集,令 $r\to1^-$可得

$$N_\varphi(w)=\sum_n\log\frac{1}{|z_n(w)|}\leqslant\log\frac{1}{\varphi_w(\varphi(0))},$$

即得 Littlewood 不等式. 如果 $\varphi^{-1}(w)$为无限集,那么对每个正整数 N,可取 $0<R<1$,使得 $n(R,w)\geqslant N$,那么对 $R\leqslant r<1$,由($*$)式可得

$$\sum_{n=1}^{N}\log\frac{r}{|z_n(w)|}\leqslant\sum_{n=1}^{n(r,w)}\log\frac{r}{|z_n(w)|}\leqslant\log\frac{1}{|\varphi_w(\varphi(0))|},$$

令 $r\to1^-$,即得

$$\sum_{n=1}^{N}\log\frac{1}{|z_n(w)|}\leqslant\log\frac{1}{|\varphi_n(\varphi(0))|}$$

由 N 的任意性,令 $N\to\infty$,即得

$$N_\varphi(w)\leqslant\log\frac{1}{|\varphi_n(\varphi(0))|}=\log\left|\frac{1-\overline{w}\varphi(0)}{w-\varphi(0)}\right|.$$

证毕.

推论 2.4.1 对于任意 D 到 D 中的解析函数 φ,有

(1)$N_\varphi(w)=O\left(\log\frac{1}{|w|}\right)$ (当 $|w|\to 1^-$);

(2)如果 $\varphi(0)=0$,则对每个 $w\in D$, $N_\varphi(w)\leqslant\log\frac{1}{|w|}$.

证明 (2)由 Littlewood 不等式中取 $\varphi(0)=0$ 即得. 对于(1),由于对任意 $w,p\in D$,

$$1-\left|\frac{p-2}{1-\overline{w}p}\right|^2=\frac{(1-|p|^2)(1-|w|^2)}{|1-\overline{w}p|^2}, \tag{1}$$

又知当 $x\to 1$ 时 $\frac{\log x}{1-x}\to 1$,由 Littlewood 不等式,

$$\frac{N_\varphi(w)}{\log\frac{1}{|w|}}\leqslant\frac{\log\left|\frac{1-\overline{w}\varphi(0)}{w-\varphi(0)}\right|}{\log\frac{1}{|w|}},$$

令 $\varphi(0)=p$,由(1)式得

$$\left|\frac{1-\overline{w}\varphi(0)}{\varphi(0)-w}\right|^2=\frac{1}{1-\frac{(1-|\varphi(0)|^2)(1-|w|^2)}{|1-\overline{w}\varphi(0)|^2}},$$

故有

$$2\log\left|\frac{1-\overline{w}\varphi(0)}{w-\varphi(0)}\right|=\log\frac{1}{1-\frac{(1-|\varphi(0)|^2)(1-|w|^2)}{|1-\overline{w}\varphi(0)|^2}}, \tag{2}$$

由于当 $y\to 0$ 时 $\log(1-y)\sim y$,故

$$\begin{aligned}\log\frac{1}{1-\frac{(1-|\varphi(0)|^2)(1-|w|^2)}{|1-\overline{w}\varphi(0)|^2}}&=-\log\left(1-\frac{(1-|\varphi(0)|^2)(1-|w|^2)}{|1-\overline{w}\varphi(0)|^2}\right)\\&\sim\frac{(1-|\varphi(0)|^2)(1-|w|^2)}{|1-\overline{w}\varphi(0)|^2},\end{aligned}$$

于是

$$\frac{\log\left|\frac{1-\overline{w}\varphi(0)}{w-\varphi(0)}\right|}{\log\frac{1}{|w|}}\sim\frac{1}{2}\frac{\frac{(1-|\varphi(0)|^2)(1-w^2)}{|1-\overline{w}\varphi(0)|}}{1-\frac{1}{|w|}}$$

$$= \frac{|w|(1+|w|)}{2}\frac{(1-|\varphi(0)|^2)}{|w-\varphi(0)|^2}\left|\frac{w-\varphi(0)}{1-\overline{w}\varphi(0)}\right|^2$$

$$< \frac{|w|(1+|w|)}{2}\frac{(1-|\varphi(0)|^2)}{|w-\varphi(0)|^2}$$

$$\leqslant \frac{|w|(1+|w|)}{2}\frac{(1-|\varphi(0)|^2)}{||w|-\varphi(0)|^2}$$

从而

$$\limsup_{|w|\to 1}\frac{N_\varphi(w)}{\log\frac{1}{|w|}}\leqslant\frac{1+|\varphi(0)|}{1-|\varphi(0)|}.$$

证毕.

注 (a)由推论 2.4.1(1)的证明知,事实上我们有

$$\lim_{|w|\to 1^-}\sup\frac{N_\varphi(w)}{\log\frac{1}{|w|}}\leqslant\frac{1+|\varphi(0)|}{1-|\varphi(0)|},$$

这个不等式对于刻画复合算子的有界性而言是本质的.

(b)推论中的(2)实际上是 Schwarz 引理的推广. 实际上,在不等式两边取指数即可知:如果 $\varphi(0)=0$,那么当 $w\in\varphi(D)$时,

$$\prod_{z_n\in\varphi^{-1}\{w\}}\frac{1}{|z_n|}\leqslant\frac{1}{|w|}$$

或

$$\prod_{z_n\in\varphi^{-1}\{w\}}|z_n|\geqslant|w|,$$

即 $\varphi^{-1}\{w\}$中的所有复数(计及重数)的乘积的模$\geqslant|w|$. 但通常的 Schwarz 引理只是说明 $\varphi^{-1}\{w\}$中的点 $z(\varphi(z)=w)$的模$|z|\geqslant|w|=|\varphi(z)|$.

(c)由于 Littlewood 不等式是 Schwarz 引理的推广,自然要问等号成立的情形. 事实上,结论要比期望的复杂得多. 我们可以证明:当 φ 为 D 到 D 内的解析函数时,下述三命题是等价的:

(i)存在 $w\in D$,使得

$$N_\varphi(w)=\log\left|\frac{1-\overline{\varphi(0)}w}{\varphi(0)-w}\right|;$$

(ii) 在 D 中除去一个对数容度为零的集外的所有点处 Littlewood 不等式中等号成立；

(iii) φ 是内函数.

(d) 推论 2.4.1 的直观意义是：当 $|w|\to 1$ 时，$N_\varphi(w)$ 的衰减于 0 的速率与 w 到边界的距离相当.

(e) 对 $p\in D$，则有

$$N_\varphi(\varphi_p(w))=N_{\varphi_p\circ\varphi}(w).$$

这是因为 φ_p 是本身的复合逆函数，对每个复数 w，函数 $\varphi(z)-\varphi_p(w)$ 和 $\varphi_p\circ\varphi(z)-w$ 具有相同的零点序列，由此立即可得此结论.

2.4.2 非单叶变量替换公式

下面介绍的变量替换公式将建立 Nevanlinna 计数函数与复合算子间的联系，复合算子的许多性质可从此公式得到. 由于公式中的变换 φ 未必是单叶的（如果 φ 单叶，则此公式即为通常的变量替换公式），故我们称之为非单叶变量替换公式.

定理 2.4.3 设 A 为单位圆盘 D 上的规范 Lebesgue 面积测度，$\varphi: D\to D$ 为非常数解析函数. 如果 g 为 D 上的非负可测函数，则

$$\int_D g(\varphi(z))|\varphi'(z)|^2\log\frac{1}{|z|}\mathrm{d}A(z)=\int_D g(z)N_\varphi(z)\mathrm{d}A(z).$$

证明 记 $Z=\{z\in D:\varphi'(z)=0\}$. 由 Z 至多为可数集，而且 Z 在 D 中无极限点（否则 φ 为常值函数），在 $D\backslash Z$ 中的每一点处，都存在一个开集，使得 φ 在此开集上是个同胚. 于是 $D\backslash Z$ 可分解成至多可列个互不相交的“半闭”极坐标矩形，记为 $\{R_n\}$，使得在每个 R_n 上单叶，而且 $R_k\cap R_j=\phi(k\neq j)$，$D\backslash Z=\bigcup\limits_n R_n$. 设 ψ_n 为 φ 在 R_n 上的限制所得的函数的逆函数，那么，在每个 R_n 上可应用通常的变量替换公式，作变换 $z=\psi_n(w)$ 可得

$$\int_{R_n} g(\varphi(z))|\varphi'(z)|^2\log\frac{1}{|z|}\mathrm{d}A(z)$$

$$= \int_{\varphi(R_n)} g(w)\log\frac{1}{|\psi_n(w)|}\mathrm{d}A(W)$$

$$= \int_D g(w)x_n(w)\log\frac{1}{|\psi_n(w)|}\mathrm{d}A(w),$$

其中 x_n 为 $\varphi(R_n)$的特征函数. 两边关于 n 求和,我们得到

$$\int_D g(\varphi(z))\,|\varphi'(z)|^2\log\frac{1}{|z|}\mathrm{d}A(z)$$

$$= \int_D g(w)\left\{\sum_n x_n(w)\log\frac{1}{|\psi_n(w)|}\right\}\mathrm{d}A(w).$$

现对 $w\in\varphi(D)\backslash\varphi(Z)$,逆像 $\varphi^{-1}(w)$ 中的点其重数均为1,故上式右边积分号下花括号中的函数在 $\varphi(D)$ 上几乎处处等于 $N_\varphi(\omega)$;对 $w \notin \varphi(D)$,它也等于 $N_\varphi(\omega)$ $\left(这时, \sum_n x_n(w)\log\frac{1}{|\psi_n(w)|}=0=N_\varphi(w)\right)$. 证毕.

我们还需要更一般的变量替换公式,在下面的定理中,$\{z_j(w)\}$表示 $\varphi(z)=w$ 的计及重数的零点序列.

定理 2.4.4(面积公式) 设 g 和 W 为 D 上非负可测函数,那么

$$\int_D g(\varphi(z))\,|\varphi'(z)|^2 W(z)\mathrm{d}A(z)$$

$$= \int_{\varphi(D)} g(w)\Big(\sum_{j\geqslant 1} W(z_j(w))\Big)\mathrm{d}A(w).$$

证明 取$\{R_n\}$如定理 2.4.3 的证明中所取的一列集合. ψ_j 为 $\varphi_j=\varphi|_{R_j}:R_j\to\varphi(R_j)$的反函数. 由于 φ 在 R_j 上单叶,故有

$$\int_{R_j} g(\varphi(z))W(z)\,|\varphi'(z)|^2\mathrm{d}A(z) = \int_{\varphi(R_j)} g(w)W(\psi_j(w))\mathrm{d}A(w),$$

其中 $z=\varphi_j(w)$. 记 x_j 为 $\varphi(R_j)$的特征函数,则有

$$\int_D g(\varphi(z))w(z)\,|\varphi'(z)|^2\mathrm{d}A(z)$$

$$= \int_{\varphi(D)} g(w)\Big(\sum_{j\geqslant 1} x_j(w)W(\psi_j(w))\Big)\mathrm{d}A(w)$$

$$= \int_{\varphi(D)} g(w)\Big(\sum_{j\geqslant 1} W(z_j(w))\Big)\,\mathrm{d}A(w).$$

证毕.

2.4.3 次调和平均值性质

Nevanlinna 计数函数有着特殊的次调和平均值性质,这性质使得我们可用相应的复合算子在某些测试函数上的作用估计 Nevanlinna 计数函数的值.

定理 2.4.5 设 $\varphi: D \to D$ 解析,且 $\varphi(0) \neq 0$. 如果 $0 < R < |\varphi(0)|$,则

$$N_\varphi(0) \leqslant \frac{1}{A(RD)} \int_{RD} N_\varphi(z)\,\mathrm{d}A(z).$$

证明 由 Jensen 公式,

$$\frac{1}{2\pi}\int_{-\pi}^{\pi} \log|f(re^{i\theta})|\,\mathrm{d}\theta - \log|f(0)| = \sum_{n=1}^{n(r)} \log\frac{r}{|a_n|} \geqslant 0 .$$

故有

$$\log|f(0)| \leqslant \frac{1}{2\pi}\int_{-\pi}^{\pi} \log|f(re^{i\theta})|\,\mathrm{d}\theta, \quad 0 \leqslant r < 1$$

因此,如果 $w \in D$,令 $f(z) = z - w$,应用上式得

$$\log|w| \leqslant \frac{1}{2\pi}\int_{-\pi}^{\pi} \log|re^{i\theta} - w|\,\mathrm{d}\theta, \quad 0 \leqslant r < 1. \tag{1}$$

上式的关键在于 $|w| \leqslant r$ 的情形. 因为若 $|w| > r$,则 $\log|re^{i\theta} - w|$ 在 $r\overline{D}$ 的邻域中调和,这时由调和函数的平均值性质有

$$\log|w| = \frac{1}{2\pi}\int_{-\pi}^{\pi} \log|re^{i\theta} - w|\,\mathrm{d}\theta .$$

于是

$$\begin{aligned}
\log|w| &= \int_0^R \log|w|\, 2R^{-2} r\mathrm{d}r \\
&\leqslant \frac{2}{R^2}\int_0^R \frac{1}{2\pi}\int_{-\pi}^{\pi} \log|re^{i\theta} - w|\, r\mathrm{d}r\mathrm{d}\theta \\
&\leqslant \frac{1}{R^2}\int_{-\pi}^{\pi} \log|re^{i\theta} - w|\, \frac{r\mathrm{d}r\mathrm{d}\theta}{\pi}
\end{aligned}$$

$$= \frac{1}{R^2}\int_{RD} \log|z - w| \mathrm{d}A(z).$$

对于 $w \in D \backslash \{\varphi(0)\}$，以 $\{z_n(w)\}$ 表示 $\varphi^{-1}\{w\}$ 中按模增加的次序排列的点列，且计及重数. 对函数 $f(z)=\varphi(z)-w$ 应用 Jensen 公式，对 $0 \leqslant r < 1$，

$$N_\varphi(r,w) = \frac{1}{2\pi}\int_{-\pi}^{\pi} \log|\varphi(re^{i\theta}) - w| \mathrm{d}\theta - \log|\varphi(0) - w|, \quad (2)$$

以概率测度 $R^{-2}\mathrm{d}A(w)$ 积分之，并利用 Fubini 定理得

$$\begin{aligned}
&\frac{1}{R^2}\int_{RD} N_\varphi(r,w)\mathrm{d}A(w) \\
&= \frac{1}{2\pi}\int_{-\pi}^{\pi} \left\{\frac{1}{R^2}\int_{RD} \log|\varphi(re^{i\theta}) - w| \mathrm{d}A(w)\right\}\mathrm{d}\theta \\
&\quad - \frac{1}{R^2}\int_{RD} \log|\varphi(0) - w| \mathrm{d}A(w) \\
&= \frac{1}{2\pi}\int_{-\pi}^{\pi} \left\{\frac{1}{R^2}\int_{RD} \log|\varphi(re^{i\theta} - w)| \mathrm{d}A(w)\right\}\mathrm{d}\theta - \log|\varphi(0)|,
\end{aligned}$$

其中因为 $R < |\varphi(0)|$，故 $\log|\varphi(0) - w|$ 在 $R\overline{D}$ 的邻域中为调和函数，

故

$$\begin{aligned}
&\frac{1}{R^2}\int_{RD} \log|\varphi(0) - w| \mathrm{d}A(w) \\
&= \frac{1}{R^2}\int_0^R \int_{-\pi}^{\pi} \log|\varphi(0) - \rho e^{i\beta}| \frac{\rho \mathrm{d}\rho \mathrm{d}\beta}{\pi} \\
&= \frac{2}{R^2}\int_0^R \left\{\frac{1}{2\pi}\int_{-\pi}^{\pi} \log|\varphi(0) - \rho e^{i\beta}| \mathrm{d}\beta\right\}\rho \mathrm{d}\rho \\
&= \frac{2}{R^2}\int_0^R \log|\varphi(0)| \rho \mathrm{d}\rho = \log|\varphi(0)|.
\end{aligned}$$

由 Jensen 公式及(1)式知，对每个 $0 \leqslant r < 1$，

$$\begin{aligned}
\frac{1}{R^2}\int_{RD} N_\varphi(r,w) &\geqslant \frac{1}{2\pi}\int_{-\pi}^{\pi} \log|\varphi(re^{i\theta})| \mathrm{d}\theta - \log|\varphi(0)| \\
&= N_\varphi(r,0)
\end{aligned}$$

由于对固定的 w，$N_\varphi(r,w)$ 是 r 的单调增加函数. 由 Lebesgue 单调

收敛定理，有

$$N_\varphi(0)=\lim_{r\to1^-}N_\varphi(r,0)\leqslant\lim_{r\to1^-}\frac{1}{R^2}\int_{RD}N_\varphi(r,w)\mathrm{d}A(w)$$

$$=\frac{1}{R^2}\int_{RD}\lim_{r\to1^-}N_\varphi(r,w)\mathrm{d}A(w)$$

$$=\frac{1}{R^2}\int_{RD}N_\varphi(w)\mathrm{d}A(w).$$

证毕.

注 上面(2)式说明 $N_\varphi(r,w)$ 在 $D\backslash\{\varphi(0)$ 上是次调和的. 这就使我们对这些"部分计数函数"有一种更简捷的方式去得出次调和平均性质. 但是对 N_φ 来说，虽然具有次调和平均值性质，但它未必是次调和函数. 事实上，$N_\varphi(w)$ 是一列连续函数的增序列的极限，于是 N_φ 是下半连续的，从而为连续的. 但有例子说明 $N_\varphi(w)$ 并不都是连续的，经过更为复杂的分析可得知 $N_\varphi(w)$ 仅在一个对数容度为零的集上不具有次调和性.

定理 2.4.4 指出 Nevanlinna 计数函数在 RD 上的积分平均值控制它在圆盘中心的值. 经过适当的修改可知对 D 中不含 $\varphi(0)$ 的任意圆盘有类似的结果.

推论 2.4.2 设 g 为平面区域 Ω 中的解析函数. Δ 为 $\Omega\backslash g^{-1}\{\varphi(0)\}$ 中的开圆盘，其中心在 a，则

$$N_\varphi(g(a))\leqslant\frac{1}{A(\Delta)}\int_\Delta N_\varphi(g(w))\mathrm{d}A(w).$$

习题二

1. (伪双曲圆盘的欧几里德维数)(a) 设 $P\in D$，$0<r<1$，考虑圆盘 $\{|A|<r\}$ 在某个 D 到 D 上的共形自同构下的像，证明伪双曲圆盘 $\Delta(p.r)$ 为欧几里德圆盘，其直径是在通过原点 p 的直线上，且交此直线于两点：

$$\frac{|p|-r}{1-|p|r},\frac{|p|+r}{1+|p|r}\cdot\frac{p}{|p|}.$$

(提示：只要对 $0<p<1$ 证明之).

(b)利用(a)证明定理 2.1.3(求出 $\Delta(p,r)$的欧几里德中心和半径)

2.(伪双曲距离的三角不等式)

(a)证明如果 z,w 和 p 均在 D 中,则

$$d(z,w)\leqslant\frac{d(z,p)+d(p,w)}{1+d(z,p)d(p,w)}$$

(b)利用(a)中的不等式得出伪双曲距离的三角不等式.(提示:对(a),记 $r=d(z,p)$,利用习题 1 得到 $|z|\leqslant\frac{|p|+r}{1+|p|+r}$,将此看作为所要求的不等式的"$w=0$"情形,利用共形不变性可得一般情形).

3. 习题 2 证明了伪双曲距离是 D 上的一个度量,证明这度量不是完备的.

4. 设 $\varphi:D\to D$ 解析,且 $\varphi(0)=0$,$|\varphi'(0)|=\delta>0$,如果 $|z|<\eta<\delta$,则

$$|\varphi(z)|\geqslant\left(\frac{\delta-\eta}{1-\eta\delta}\right)|z|,$$

而且在圆盘 $\{z:|z|<\eta\}$ 中,$f(z)$ 取每个满足

$$|w|<\left(\frac{\delta-\eta}{1-\eta\delta}\right)\eta$$

的值 w 恰好一次(提示:如果 $g(z)=\varphi(z)/z$,则 $d(g(z),\varphi'(0))\leqslant|z|$).

5.(自同构的 Julia-Carathéodory 定理)由直接计算证明,对于 $\varphi\in\mathrm{Aut}(D)$ 及 $w\in\partial D$,

$$\lim_{z\to w}\frac{1-|\varphi(z)|}{1-|z|}=|\varphi'(w)|.$$

6. 设 $\varphi:D\to D$ 解析,且在 $\zeta\in\partial D$ 处有模为 1 的径向极限,φ' 在 0 到 ζ 的半径上有界,证明 φ 在 ζ 处有角导数.

7. 设 $\varphi:D\to D$ 解析且单叶,并可连续地(但不单叶)延拓到边界. 证明:如果 w_1 和 $w_2\in\partial D$ 被 φ 映成 ∂D 中的某一点,且 φ 在 w_1 有角导数,那么 φ 在 w_2 无角导数. 举例说明,这里的单叶性要求是必须的.

8.(乘积的角导数)设 φ_1 和 φ_2 是 D 到 D 中的解析映射,$\varphi=\varphi_1\varphi_2$. 证明如果这三个函数中的任两个在 $\zeta\in\partial D$ 处有角导数,则第三个也有角导数. 这时,$|\varphi'(\zeta)|\geqslant|\varphi_j'(\zeta)|$,$j=1,2$.

9.(链式法则)设 ψ 和 φ 是 D 到 D 中的解析映射,φ 在 w 处有角导数,$\eta=\varphi(w)$,且 ψ 在 η 处有角导数. 证明 $\psi\circ\varphi$ 在 w 有角导数,并求它以 $\psi'(w)$ 和 $\varphi'(w)$ 表示的值.

10. 设 $\{\varphi_n\}$ 是 D 到 D 中的解析函数列,在 D 中的任意紧子集上一致收敛于 φ. 设 $\zeta\in\partial D$,且每个 φ_n 在 ζ 处有角导数,而且 $\sup\limits_n|\varphi'_n(\zeta)|<\infty$. 证明极限函

数 φ 在 ζ 处有角导数.

11. 对 D 到 D 中、且在 D 中无不动点的线性分式变换直接验证 Denjoy-Wolff 定理.

12. (对于区间的 Denjoy-Wolff 定理)如果 f 为开区间的同胚,且无不动点,则每一个 f 轨道(即迭代序列)收敛到某个端点.

13. 构造一个 C^∞ 映射(但不解析)$\varphi: D\to D$,使得 φ 不满足 Denjoy-Wolff 定理的结论.

14. 设 $\varphi: D\to D$ 解析,$w\in\partial D$ 为 φ 的不动点,且 $\varphi'(w)<1$. 证明对每个 $z\in D$, $\sum(1-|\varphi_n(z)|)<\infty$.

15. 设 φ 和 ψ 为 D 到 D 中的解析映射,$w\in\partial D$. 证明:(1)如果 w 为 φ 和 ψ 的 Denjoy-Wolff 不动点,则 w 也是 $\varphi\circ\psi$ 的 Denjoy-Wolff 不动点.

(2)如果 w 为 φ 的 Denjoy-Wolff 点,也是 ψ 的不动点,问:要使得 w 为 $\varphi\circ\psi$ 的 Denjoy-Wolff 点,ψ 应具怎样的特征?

(3)举出线性分式变换的例子说明 w 未必是 $\psi\circ\varphi$ 的 Denjoy-Wolff 点.

16. 证明

$$N_\varphi(w)=\int_0^1\frac{n(r,w)}{r}dr,$$

其中 $\varphi: D\to D$ 解析,$n(r,w)$ 为 w 的逆像序列 $\varphi^{-1}\{w\}$ 在闭圆盘 $r\bar{D}$ 中的个数.

17. 设 $\varphi: D\to D$ 解析,且对某正整数 n, $\|\varphi_n\|_\infty<1$. 证明 φ 的 Konigs 函数是有界的.

18. 证明:当 φ 单叶时,习题 17 的逆命题成立.

19. (局部 Konigs 定理)设 φ 为在原点的某邻域中解析的函数,且 $\varphi(0)=0$, $0<|\varphi'(0)|<1$. 证明:Schröder 方程 $f\circ\varphi=\lambda f$(其中 $\lambda=\varphi'(0)$)对 φ 是可解的,其解 f 在原点的邻域中解析且单叶,并由条件 $\varphi'(0)=1$ 唯一确定.

20. 设 φ 为在原点的某邻域中解析的函数,且 $\varphi(0)=0$, $\varphi(z)\neq\lambda z$, $\lambda=\varphi'(0)$ 为 1 的某次方根. 证明:Schröder 方程 $f\circ\varphi=\lambda f$ 在原点的邻域中无解析的解 f.

注　　记

本章中研究单位圆盘 D 到 D 中的解析映射的性质是出于研究复合算子的需要. D 的自映射的迭代性质的研究充分体现了 φ 的不动点的重要性,Denjoy-Wolff 点的存在性及其性质在复合算子紧性的研究及谱分析中起着关键作用. § 2.1 中的许多结果来自 Burckel 的文章[Bu81].

Julia 定理是 § 2.2 中的内容的基础(见[Jla20]),刻画角导数存在的深刻结果 Julia-Carathéodory 定理是经过历史上许多著名的数学家,如 Wolff, Landau, Valiron, Nevanlinna 兄弟的研究逐步完善而形成的. 这里给出的证明基于 Valiron 的文章[Vln31],我们参考了文献[Sho93],对此定理的一个近代有趣的发展是 Sarason 利用 Branges 和 Rovnyak 给出的 Hilbert 空间结构,给出了一个关于 Julia-Carathéodory 定理的算子理论方法的证明[Ssn88]. 角导数的存在与否是复合算子是否为紧算子的一个重要特征;在 Denjoy-Wolff 点处的角导数对复合算子的谱的研究也是至关重要的.

第三章 Hardy 空间上的复合算子

Hardy 空间上复合算子的研究涉及算子理论与解析函数中许多漂亮的经典结果之间的联系. 它使得许多古老的问题有了新意. 复合算子是泛函分析中一类很有趣的具体线性算子,这类算子的研究已取得较系统的理论成果. 复合算子的有界性,本质上是著名的 Littlewood 从属原理;复合算子的进一步性质的研究,如紧性、Schatten 类的特征及谱分析等,自然地与许多经典的函数论结果发生联系. 如:关于角导数的 Julia-Carathéodory 定理,Denjoy-Wolff 定理,关于 Schröder 函数方程的 Königs 定理以及实际上为 Schwarz 引理推广的 Nevanlinna 计数函数的一些结果.

§3.1 Hardy 空间 H^2

设 $H(D)$表示 D 中的解析函数全体. 对于 $f\in H(D)$,有幂级数表示

$$f(z)=\sum_{n=0}^{\infty}\hat{f}(n)z^n,\ z\in D.$$

对于 $p>0$,令

$$\|f\|_p^p=\sum_{n=0}^{\infty}|\hat{f}(n)|^p,$$

记

$$H^p=\{f\in H(D):\|f\|_p<\infty\},$$

则 H^p 按通常的函数乘法及数乘成为线性空间,而且 $\|\cdot\|_p$ 为 H_p 上的范数($p\geqslant 1$). 在此范数下,H_p 为 Banach 空间,当 $p=2$ 时,H^2 为 Hilbert 空间. 由于 H^p 中的复合算子的性质可归结到 H^2 中复合算子的性质的研究,本书中以考察 H^2 为主.

3.1.1 H^2 空间的简单性质

由 H^p 空间的定义，每个 p 次方可和的复数列是某个 H^p 函数的幂级数的系数序列；如果 $\{a_n\}_{n=0}^{\infty}$为 p 次方可和序列，那么$\{a_n\}_{n=0}^{\infty}$有界，对应的幂级数 $\sum a_n z^n$ 在 D 中收敛于一个 H^p 中的解析函数. 根据唯一性定理，将 f 对应于$\{\hat{f}(n)\}$的映射是 H^p 到 l^p 的同构. 由 H^p 上的范数的定义

$$\|f\|_p = \left(\sum_{n=0}^{\infty} |\hat{f}(n)|^p\right)^{\frac{1}{p}}$$

可知此映射是 H^p 到 l^p 上的等距同构.

H^p 中的函数是对其系数加以某些收敛速度限制的解析函数. 它的模的增长速度相应地也就有了一定的限制. 下面的定理说明了这一点.

定理 3.1.1(增长性估计) 设 $f\in H^2$，则对每个 $z\in D$，

$$|f(z)| \leqslant \frac{\|f\|_2}{\sqrt{1-|z|^2}}.$$

证明 设

$$f(z) = \sum_{n=0}^{\infty} \hat{f}(n) z^n, \quad z \in D,$$

由 Schwarz 不等式即得

$$|f(z)| \leqslant \sum_{n=0}^{\infty} |\hat{f}(n)| |z|^n$$

$$\leqslant \left(\sum_{n=0}^{\infty} |\hat{f}(n)|^2\right)^{\frac{1}{2}} \left(\sum_{n=0}^{\infty} |z|^{2n}\right)^{\frac{1}{2}} = \frac{\|f\|_2}{\sqrt{1-|z|^2}}.$$

证毕.

上面的定理指出，H^2 中的拓扑对于解析函数的序列的收敛性是一种比较自然的拓扑.

推论 3.1.1 H^2 中的任一收敛序列$\{f_n\}$在 D 中的任一紧子集上一致收敛.

证明 设$\{f_n\}\subset H^2$，且 $f_n\to f\in H^2$，即 $n\to 0$ 时，$\|f_n-f\|_2\to$

0，则对任意 $0<R<1$，由定理 3.1.1 及最大模定理知

$$\sup_{|z|\leqslant R}|f_n(z)-f(z)|\leqslant\frac{\|f_n-f\|}{\sqrt{1-R^2}}.$$

于是，$\{f_n\}$ 在 $R\overline{D}$ 上一致收敛于 f，由 R 的任意性可知，在 D 中的任意紧子集上 $\{f_n\}$ 一致收敛于 f. 证毕.

在 H^2 空间中的函数的增长速度不能太快已得验证，但 H^2 中确有无界函数. 例如

$$f(z)=\log\frac{1}{1-z}=\sum_{n=1}^{\infty}\frac{z^n}{n},\quad z\in D,$$

$$\|f\|_2=\sqrt{\sum_{n=1}^{\infty}\frac{1}{n^2}}<\infty,$$

故 $f\in H_2$，但 f 是 D 上的无界函数.

我们用解析函数的幂级数的系数来定义 H^2 中函数的范数常阻碍我们对 H^2 空间及其上算子进行深入的研究. 下面两个重要的事实就说明这一点. 考察下述两个命题：

(1) 设 $\varphi\in H^\infty$，$f\in H^2$，则 $\varphi f\in H^2$；

(2) 若 $\varphi: D\to D$ 解析，那么对 $f\in H^2$，$f\circ\varphi\in H^2$.

要证明这两个命题，按 H^2 的范数的幂级数方式定义都是很困难的. 在证明(1)时，虽然我们可用幂级级乘积的方法，确定 φf 的幂级数系数. 但要确定它是否平方可和，却无有效的办法. 对于第二个命题的证明，则更加困难，这时，在 $f(z)$ 的幂级数表达式中，我们要用 φ^n 代替 z^n，然后用二项式定理将 $\varphi(z)^n$ 展成 z 的幂级数，再合并同类项，才能得到 $f\circ\varphi$ 的幂级数的系数，这些手续有时几乎是不可能的，要证明 $f\circ\varphi$ 的幂级数的系数是否平方可和就更加困难了. 于是许多涉及 H^2 函数的问题的进一步研究都要求 H^2 中的函数的范数应有一个不是用其幂级数的系数而是用该函数的值的表示公式.

我们先对 H^2 的范数作进一步有分析：设 $f\in H(D)$，

$$f(z)=\sum_{n=0}^{\infty}\hat{f}(n)z^n.$$

记 $z=re^{i\theta}$，并由 $\{e^{in\theta}\}$ 为 L^2 中的正交集知，对 $0\leqslant r\leqslant 1$，记

$$\begin{aligned}M_2^2(f,r) &= \frac{1}{2\pi}\int_{-\pi}^{\pi}|f(re^{i\theta})|^2\mathrm{d}\theta \\ &= \frac{1}{2\pi}\int_{-\pi}^{\pi}\sum_{m,n=0}^{\infty}\hat{f}(n)\overline{\hat{f}(m)}r^{n+m}e^{i(n-m)\theta}\mathrm{d}\theta \\ &= \sum_{m,n=0}^{\infty}\left\{\frac{1}{2}\int_{-\pi}^{\pi}\hat{f}(n)\overline{\hat{f}(m)}r^{n+m}e^{i(n-m)\theta}\mathrm{d}\theta\right\} \\ &= \sum_{n=0}^{\infty}|\hat{f}(n)|^2r^{2n}.\end{aligned}$$

此公式说明 $M_2(f,r)$ 为 r 的增函数. 如果 $f\in H^2$，则 $M_2(f,r)\leqslant\|f\|_2$，反之，如果

$$\lim_{r\to 1^-}M_2(f,r)=M<\infty,$$

对任意非负整数 N，有

$$\sum_{n=0}^{N}|\hat{f}(n)|^2r^{2n}\leqslant\sum_{n=0}^{\infty}|\hat{f}(n)|^2r^{2n}\leqslant M^2,$$

令 $r\to 1^-$，则有

$$\sum_{n=0}^{N}|\hat{f}(n)|^2\leqslant M^2,$$

由 N 的任意性即可知 $\|f\|_2\leqslant M$. 由此可得到 $f\in H^2$ 的范数积分表示. 为方便计，当 $f\notin H^2$ 时，我们记 $\|f\|_2=\infty$. 于是，我们有如下定理：

定理 3.1.2 设 $f\in H$，那么当 $r\to 1^-$ 时，积分平均 $M_2(f,r)$ 单调增加收敛于 $\|f\|_2$. 即

$$\|f\|_2^2=\lim_{r\to 1^-}\frac{1}{2\pi}\int_{-\pi}^{\pi}|f(re^{i\theta})|^2\mathrm{d}\theta.$$

于是，$f\in H^2$ 当且仅当 $M_2(f,r)$ 在 $[0,1)$ 上关于 r 是有界的.

3.1.2 Littlewood 从属原理

利用上述范数的积分表示，我们就可很顺利地解决前面提出的第一个问题：由于

$$\begin{aligned}
\|\varphi\|_2^2 &= \lim_{r\to 1^-}\frac{1}{2\pi}\int_{-\pi}^{\pi}|\varphi(re^{i\theta})|^2 d\theta \\
&\leqslant \lim_{r\to 1^-}\frac{1}{2\pi}\int_{-\pi}^{\pi}\max_{-\pi\leqslant\theta\leqslant\pi}|\varphi(re^{i\theta})|^2 d\theta \\
&= \lim_{r\to 1^-}\max_{-\pi\leqslant\theta\leqslant\pi}|\varphi(re^{i\theta})|^2 \\
&= \sup\{|\varphi(z)|^2 : z\in D\} \\
&= \|\varphi\|_\infty^2
\end{aligned}$$

故由 Schwarz 不等式知

$$\|\varphi f\|_2 \leqslant \|\varphi\|_2\|f\|_2 \leqslant \|\varphi\|_\infty\|f\|_2$$

故当 $\varphi\in H^\infty$，$f\in H^2$ 时，$\varphi f\in H^2$. 对于第二个问题，若利用 H^2 的范数的积分表示，要建立 $\|f\circ\varphi\|_2$ 与 $\|f\|_2$ 间的联系似乎并不那么直接. 当 φ 不是单叶函数时，这变量替换可能涉及无界导数或多重复盖问题. 幸运的是，Littlewood 并没有被此所难住，利用 H^2 中范数的积分表示，证明了著名的 Littlewood 从属原理.

定理 3.1.3 (Littlewood 从属原理，1925)　设 $\varphi: D\to D$ 解析，且 $\varphi(0)=0$，则对 $f\in H^2$，有 $f\circ\varphi\in H^2$，且

$$\|f\circ\varphi\|_2 \leqslant \|f\|_2$$

证明　令平移算子 $B: H^2\to H^2$ 为

$$Bf(z) = \sum_{n=0}^{\infty}\hat{f}(n+1)z^n,\ f\in H^2$$

显然

$$\|Bf\|_2^2 = \sum_{n=0}^{\infty}|\hat{f}(n+1)|^2 = \sum_{n=1}^{\infty}|\hat{f}(n)|^2 \leqslant \|f\|_2^2,$$

故 $Bf\in H^2$，因为对 $f\in H^2$，

$$f(z) = f(0) + zBf(z),\quad z\in D, \tag{1}$$

$$B^n f(0) = \hat{f}(n),\ n = 0,1,2,\cdots. \tag{2}$$

先设 f 为多项式，那么 $f\circ\varphi$ 在 D 上是有界的，从而在 H^2 中. 下面来估计它的范数.

在(1)中以 $\varphi(z)$ 代替 z 得

$$f(\varphi(z)) = f(0) + \varphi(z)(Bf)(\varphi(z)),\quad z\in D. \tag{3}$$

设 $\varphi(0)=0$. 上式右端第二项在原点的值为 0，即 z 为它的幂级数展式中的公共因子，这说明在 H^2 中 $f(0)\perp[\varphi\cdot(Bf)\circ\varphi]$，于是有

$$\begin{aligned}\|f\circ\varphi\|_2^2&=|f(0)|^2+\|\varphi(Bf)\circ\varphi\|_2^2\\&\leqslant|f(0)|^2+\|(Bf)\circ\varphi\|_2^2.\end{aligned}\tag{4}$$

在(4)式中，以 $Bf,B^2f,\cdots,B^nf,\cdots$ 代替 f 可得

$$\|(Bf)\circ\varphi\|_2^2\leqslant|Bf(0)|^2+\|(B^2f)\circ\varphi\|_2^2,$$

$$\|(B^2f)\circ\varphi\|_2^2\leqslant|B^2f(0)|^2+\|(B^3f)\circ\varphi\|_2^2,$$

$$\vdots$$

$$\|(B^nf)\circ\varphi\|_2^2\leqslant|B^nf(0)|^2+\|(B^{n+1}f)\circ\varphi\|_2^2,$$

将这些不等式放在一起即得：对任意非负整数 n，

$$\|f\circ\varphi\|_2^2\leqslant\sum_{k=0}^{n}|(B^kf)(0)|^2+\|(B^{n+1}f)\circ\varphi\|_2^2.$$

由于 f 为多项式，若 n 为 f 的次数，则 $B^{n+1}f=0$，于是由上式及(2)式可得

$$\|f\circ\varphi\|_2^2\leqslant\sum_{k=0}^{n}|(B^kf)(0)|^2=\sum_{k=0}^{n}|\hat{f}(k)|^2=\|f\|_2^2.$$

若 f 不是多项式，$f\in H^2$. 设 f_n 为 f 的幂级数表示的前 n 项部分和，则 f_n 为 n 次多项式，而且 $\|f_n-f\|_2\to0$，由推论 3.1.1 知 f_n 在 D 中任意紧子集上一致收敛于 f，因此 $f_n\circ\varphi\xrightarrow{K}f\circ\varphi$，显然 $\|f_n\|_2\leqslant\|f\|_2$，由(5)式又知 $\|f_n\circ\varphi\|_2\leqslant\|f_n\|_2$，于是对固定的 $0<r<1$，由于 $f_n\circ\varphi\to f\circ\varphi$，有

$$\begin{aligned}M_2(f\circ\varphi,r)&=\lim_{n\to\infty}M_2(f_n\circ\varphi,r)\\&\leqslant\limsup_{n\to\infty}\|f_n\circ\varphi\|_2\\&\leqslant\limsup_{n\to\infty}\|f_n\|_2\\&\leqslant\|f\|_2,\end{aligned}$$

令 $r\to1^-$ 即得知

$$\|f\circ\varphi\|_2\leqslant\|f\|_2.$$

证毕.

注 (1)Littlewood 从属原理对 $H^p(p\geqslant 1)$都成立.

(2)Littlewood 从属原理有许多不同的证法. 利用次调和函数的性质证明之往往是较为简便的. 下面我们给出利用次调和函数性质的证明.

设 f 和 g 为 D 中解析函数,如果存在解析函数 $\varphi: D\to D$,使得 $\varphi(0)=0$ 且 $f(z)=g(\varphi(z))$对一切 $z\in D$ 成立,则称 f 从属于 g(有时记为 $f\prec g$). Littlewood 从属定理指出:如果 f 从属于 g,在某种意义下,f 小于 g. 这也是我们称定理 3.1.3 为 Littlewood"从属定理"的原因.

设 $f(z)$为 D 上的实值连续函数,如果对 D 中的任意连通开集 $E(\overline{E}\subset D)$,$g(z)$为 E 中可连续延拓到 $\overline{E}$ 上的调和函数,且由对一切 $z\in\partial E$,$f(z)\leqslant g(z)$可推得对一切 $z\in E$ 有 $f(z)\leqslant g(z)$,则称 $f(z)$为 D 上的次调和函数. 显然,调和函数必为次调和函数.

次调和函数也可由"局部次平均值性质"为其特征.

定理 3.1.4 设 g 为 D 上的实值连续函数,则 g 为 D 上的次调和函数当且仅当对每个 $z_0\in D$,存在 $\rho_0>0$,使得圆盘$\{z:|z-z_0|<\rho_0\}\subset D$,且对任意 $0<\rho<\rho_0$,

$$g(z_0)\leqslant\frac{1}{2\pi}\int_0^{2\pi}g(z_0+\rho e^{i\theta})\mathrm{d}\theta.$$

证明 必要性:设 $K_0=\{z:|z-z_0|<\rho_0\}\subset D$,$U(z)$为 K_0 内的调和函数,而且在$|z-z_0|=\rho<\rho_0$ 上 $U(z)=g(z)$,则

$$\begin{aligned}g(z_0)\leqslant U(z_0)&=\frac{1}{2\pi}\int_0^{2\pi}U(z_0+\rho e^{i\theta})\mathrm{d}\theta\\&=\frac{1}{2\pi}\int_0^{2\pi}g(z_0+\rho e^{i\theta})\mathrm{d}\theta.\end{aligned}$$

充分性:假若存在连通开集 $B\subset D$ 且 $\overline{B}\subset D$,及调和函数 $U(z)$,使得在 ∂D 上 $g(z)\leqslant U(z)$,但存在 $z_0\in B$,使得 $g(z_0)>U(z_0)$. 设 $h(z)=g(z)-U(z)$,$m=\max\{h(z):z\in\overline{B}\}$,$E=\{z\in\overline{B}:h(z)=m\}$,则 $m>0$,E 为闭集且 $E\neq\varphi$;由于在 ∂B 上 $h(z)\leqslant 0$,故 $E\subset B$. 由于 E 为闭集,故有 $z_1\in E$ 不是 E 的内点. 因此存在趋于零的正数序列$\{\rho_n\}$,使得$\{z:|z-z_1|<\mathrm{p}_0\}\subset B$,但圆周$|z-z_1|=\rho_n$ 不

全含于 E，于是在 $|z-z_1|=\rho_n$ 上，$h(z)\leqslant m$ 且在此圆周的某开子弧段上 $h(z)<m$，因而

$$\frac{1}{2\pi}\int_0^{2\pi}g(z_1+\rho_n e^{i\theta})\mathrm{d}\theta-U(z_1)=\frac{1}{2\pi}\int_0^{2\pi}h(z_1+\rho_n e^{i\theta})\mathrm{d}\theta$$

$$<m=h(z_1)=g(z_1)-u(z_1),$$

即有

$$\frac{1}{2\pi}\int_0^{2\pi}g(z_1+\rho_n e^{i\theta})\mathrm{d}\theta<g(z_1),$$

这与条件矛盾. 证毕.

设 $f(z)$ 为 D 中的解析函数，$p>0$，那么由定理 3.1.4 可证明 $|f(z)|^p$ 为 D 中的次调和函数. 对任意 $z_0\in D$，如果 $f(z_0)=0$，定理 3.1.4 中的次调和平均值不等式显然成立. 不妨设 $f(z_0)\neq 0$，这时 $[f(z)]^p$ 的某一单值分支在 z_0 的某一邻域中解析，因而对某一充分小的 $\rho>0$，

$$[f(z_0)]^p=\frac{1}{2\pi}\int_0^{2\pi}[f(z_0+\rho e^{i\theta})]^p\mathrm{d}\theta.$$

于是

$$|f(z_0)|^p\leqslant\frac{1}{2\pi}\int_0^{2\pi}|f(z_0+\rho e^{i\theta})|^p\mathrm{d}\theta.$$

由定理 3.1.4 即知 $|f(z)|^p$ 为次调和函数.

定理 3.1.3 的另一证明 对 $0<r<1$，设 $h(z)$ 为 $|z|<r$ 内的调和函数，且在 $|z|=r$ 上有边值 $|f(z)|^p$. 由于 $|f(z)|^p$ 在 D 内是次调和的，则对一切 $|z|\leqslant r$，$|f(z)|^p\leqslant h(z)$. 根据 Schwarz 引理，φ 将 $\{z: |z|<r\}=\Delta_r$ 映入 Δ_r 之中，于是对一切 $|z|\leqslant r$，

$$|f(\varphi(z))|^p\leqslant h(\varphi(z)).$$

由于 $h(\varphi(z))$ 仍为调和函数，故

$$\frac{1}{2\pi}\int_0^{2\pi}|f(\varphi(re^{i\theta}))|^p\leqslant\frac{1}{2\pi}\int_0^{2\pi}h(\varphi(re^{i\theta}))\mathrm{d}\theta$$

$$=h(\varphi(0))=h(0)=\frac{1}{2\pi}\int_0^{2\pi}h(re^{i\theta})\mathrm{d}\theta$$

$$= \frac{1}{2\pi}\int_0^{2\pi} |f(re^{i\theta})|^p d\theta,$$

即有 $\|f\circ\varphi\|_p \leqslant \|f\|_p$. 当 $p=2$ 时,即为定理 3.1.4 的结论. 证毕.

注 在上述定理中,令 $p\to+\infty$,我们可知:如果 f 从属于 g,则对任意 $r\in(0,1)$,

$$\sup\{|f(re^{i\theta})|:\theta\in[0,2\pi]\}\leqslant\sup\{|g(re^{i\theta})|:\theta\in[0,2\pi]\},$$

或表示为:若 $\varphi:D\to D$ 解析,则对任意 $r\in(0,1)$,

$$\sup_{\theta\in(0,2\pi)}\{|f(\varphi(re^{i\theta}))|\}\leqslant\sup_{\theta\in(0,2\pi]}\{|f(re^{i\theta})|\}.$$

对于 $f\in H^2$ 的范数,我们先以 f 的幂级数的系数的平方和来作为定义,而且已知

$$\begin{aligned}\|f\|_2^2 &= \sum_{n=0}^{\infty}|\hat{f}(n)|^2\\ &= \lim_{r\to1^-}\frac{1}{2\pi}\int_{-\pi}^{\pi}|f(re^{i\theta})|^2 d\theta\\ &= \frac{1}{2\pi}\int_{-\pi}^{\pi}|f(e^{i\theta})|^2 d\theta,\end{aligned}$$

其中最后一个等式是由关于 H^2 中函数的径向极限定理和 Lebesgue 极限定理得到的. 下面我们将引入一个与 $\|\cdot\|_2$ 等价的范数,这范数由关于 D 上的二维面积测度的积分表示. 为此先证明如下定理.

定理 3.1.5(H^2 范数的面积积分估计) 设 $f\in H(U)$,$d\lambda=\frac{1}{\pi}dxdy$,则有

$$\begin{aligned}\frac{1}{2}\|f-f(0)\|_2^2 &\leqslant \int_D |f'(z)|^2(1-|z|^2)d\lambda(z)\\ &\leqslant \|f-f(0)\|_2^2.\end{aligned}$$

证明 由 Fubini 定理可知

$$\begin{aligned}&\int_D |f'(z)|^2(1-|z|^2)d\lambda(z)\\ &= 2\int_0^1\left(\frac{1}{2\pi}\int_{-\pi}^{\pi}|f'(re^{i\theta})|^2 d\theta\right)(1-r^2)r dr\end{aligned}$$

$$= 2\int_0^1 \Big(\sum_{n=1}^{\infty} n^2 |\hat{f}(n)|^2 r^{2n-2} \Big)(1 - r^2) r \mathrm{d}r$$

$$= 2\sum_{n=1}^{\infty} n^2 |\hat{f}(n)|^2 \int_0^1 r^{2n-2}(1 - r^2) r \mathrm{d}r$$

$$= \sum_{n=1}^{\infty} \frac{n}{n+1} |\hat{f}(n)|^2.$$

由于$\frac{1}{2} \leqslant \frac{n}{n+1} \leqslant 1, n=1,2,\cdots$,由此即知定理成立. 证毕.

此定理指出关于 f' 的面积积分可用 f 的范数估计,即由面积积分定义的范数与 H^2 的范数等价. 事实上,若我们以 $-2\log|z|$ 代替 $1-|z|^2$,所得的面积积分即为 H^2 的原来范数,这结论即为著名的 Littlewood-Paley 恒等式.

定理 3.1.6(Littlewood-Paley 恒等式) 设 $f \in H(D)$,则有

$$\| f \|_2^2 = |f(0)|^2 + 2\int_D |f'(z)|^2 \log \frac{1}{|z|} \mathrm{d}\lambda(z).$$

证明 由 Green 定理知:对于有光滑边界的平面区域 Ω,如果 $u(z)$和$v(z)$均为 $\bar{\Omega}$ 上的 C^2 函数,则有如下的 Green 公式

$$\iint_{\Omega} (v\Delta u - u\Delta v) \mathrm{d}x\mathrm{d}y = \int_{\partial\Omega} \Big(v \frac{\partial u}{\partial n} - u \frac{\partial v}{\partial n} \Big) \mathrm{d}s,$$

其中 Δ 为 Laplace 算子,$\partial/\partial n$ 为外法向导数,$\mathrm{d}s$ 为 $\partial\Omega$ 的弧长微分.

先设 $f(0)=0$,则对于 $0<r<1$,对 $u(z)=|f(z)|^2, v(z)=\log(r/|z|)$应用 Green 定理即得

$$\int_{rD} \Delta(|f(z)|^2) \log \frac{r}{|z|} \mathrm{d}x\mathrm{d}y = \int_{rD} |f(z)|^2 \Delta\Big(\log \frac{r}{|z|} \Big) \mathrm{d}x\mathrm{d}y$$

$$+ \int_{|z|=r} \Big(\log \frac{r}{|z|} \frac{\partial |f(z)|}{\partial n} - |f(z)|^2 \frac{\partial}{\partial n}\Big(\log \frac{r}{|z|} \Big) \Big) \mathrm{d}s.$$

由于 $\Delta(\log(r/|z|))=0$,故有

$$\int_{rD} \Delta(|f(z)|^2) \log \frac{r}{|z|} \mathrm{d}x\mathrm{d}y$$

$$= \int_{|z|=r} |f(z)|^2 \frac{\mathrm{d}s}{r} - \lim_{\varepsilon \to 0} \int_{|z|=\varepsilon} \Big(\frac{|f(z)|^2}{\varepsilon} - \log \frac{r}{\varepsilon} \frac{\partial}{\partial |z|} |f(z)|^2 \Big) \mathrm{d}s.$$

因为 $f(0)=0$ 及 $\left|\frac{\partial f}{\partial x}\right|^2+\left|\frac{\partial f}{\partial y}\right|^2=|\nabla f(z)|^2$ 在 $|z|<1/2$ 上有界，故上式中的极限等于 0. 故有

$$\int_{rD}|\nabla f(z)|^2\log\frac{r}{|z|}\mathrm{d}x\mathrm{d}y=\frac{1}{2}\int_0^{2\pi}|f(re^{i\theta})|^2\mathrm{d}\theta.$$

又因 $|\nabla f(z)|^2=\left|\frac{\partial f}{\partial x}\right|^2+\left|\frac{\partial f}{\partial y}\right|^2=2|f'(z)|^2$，故令 $r\to1^-$ 即可得

$$2\pi\int_D|f'(z)|^2\log\frac{1}{|z|}\frac{\mathrm{d}x\mathrm{d}y}{\pi}=\frac{1}{2}\int_0^{2\pi}|f(e^{i\theta})|^2\mathrm{d}\theta,$$

即

$$\|f\|_2^2=\frac{1}{2\pi}\int_0^{2\pi}|f(e^{i\theta})|^2\mathrm{d}\theta=\int_D|f'(z)|\log\frac{1}{|z|}\mathrm{d}\lambda(z).$$

若 $f(0)\neq0$，则 $f(z)=f(0)+\sum\limits_{n=1}^{\infty}\hat{f}(n)z^n=f(0)+g(z)$，则 $g\in H(D)$，且 $g(0)=0$，另一方面，由 $\|\cdot\|_2$ 的幂级数系数定义方式可知 $\|f\|_2^2=|f(0)|^2+\|g\|_2^2$，利用已证结果即可知

$$\begin{aligned}\|f\|_2^2&=|f(0)|^2+\|g\|_2^2\\&=|f(0)|^2+2\int_D|(f(z)-f(0))'|^2\log\frac{1}{|z|}\mathrm{d}\lambda(z)\\&=|f(0)|^2+2\int_D|f'(z)|^2\log\frac{1}{|z|}\mathrm{d}\lambda(z),\end{aligned}$$

其中 $\mathrm{d}\lambda(z)=\frac{1}{\pi}\mathrm{d}x\mathrm{d}y$. 证毕.

另一证明：因为 $\int_0^1|\log(t)|\mathrm{d}t$ 是有限的，故在 0 点的对数奇性不会引起麻烦. 对 $0<\rho<1$，$f(z)=\sum a_jz^j$ 有

$$\begin{aligned}&\int_{\rho D}|f'(z)|^2\log\frac{1}{|z|^2}\mathrm{d}\lambda(z)\\&=-2\sum_{j=1}^{\infty}\sum_{k=1}^{\infty}jka_j\overline{a_k}\int_0^{\rho}\int_0^{2\pi}r^{j-1}e^{i(j-1)\theta}r^{k-1}e^{-i(k-1)\theta}(\log r)\frac{r\mathrm{d}\theta\mathrm{d}r}{\pi}\\&=-4\sum_{j=1}^{\infty}j^2|a_j|^2\int_0^{\rho}r^{2j-1}\log r\mathrm{d}r\\&=\sum_{j=1}^{\infty}(\rho^{2j}-2j\rho^{2j}\log\rho)|a_j|^2.\end{aligned}$$

因为对任意 j，$\rho^{2j}-2j\rho^{2j}\log\rho$ 为 ρ 的增函数. 故在上式中令 $\rho\to 1$ 即可得到

$$\int_D |f'(z)|\log\frac{1}{|z|^2}dA(z) = \|f\|_2^2 - |f(0)|^2.$$

证毕.

利用 H^2 范数的面积积分表示，我们可以给定理 3.1.3 (Lettlewood 从属原理)一个漂亮的证明(这里设 $\varphi(0)=0$，且 φ 在 D 中单叶)：

由 Lettlewood-Paley 恒等式及 Schwarz 引理得

$$\begin{aligned}\|f\circ\varphi\|_2^2 &= |f(\varphi(0))|^2 + 2\int_D |(f'\circ\varphi)'(z)|^2\log\frac{1}{|z|}d\lambda(z)\\ &= |f(0)|^2 + 2\int_D |f'(\varphi(z))|^2|\varphi'(z)|^2\log\frac{1}{|z|}d\lambda(z)\\ &\leqslant |f(0)|^2 + 2\int_D |f'(\varphi(z))|^2\log\frac{1}{|\varphi(z)|}|\varphi'(z)|^2 d\lambda(z)\\ &= |f(0)|^2 + 2\int_{\varphi(D)} |f'(w)|^2\log\frac{1}{|w|}d\lambda(w)\\ &= \|f\|_2^2.\end{aligned}$$

当 $\varphi(0)\neq 0$ 及 φ 不单叶时，可利用 Nevanlinna 计数函数及非单叶变量替换公式得到类似的不等式.

3.1.3 H^2 的核函数

定理 3.1.1 指出：如果将在 z 处的计值泛函看作为 H^2 上的线性泛函：对 $z\in D$

$$F_z(f) = f(z), \quad f\in H^2,$$

则有

$$\|F_z\| \leqslant \frac{1}{\sqrt{1-|z|}}.$$

由 Riesz 表示定理，对 H^2 上的任一有界线性泛函 F，都存在唯一的 $g\in H^2$，使得

$$\begin{aligned}F(f) &= \langle f,g\rangle\\ &= \frac{1}{2\pi}\int_{-\pi}^{\pi} f(e^{i\theta})\overline{g(e^{i\theta})}d\theta, \quad f\in H^2.\end{aligned}$$

特别地，对 $z\in D$，H^2 上的"计值泛函"$F_z(f)=f(z)$为有界泛函，故存在唯一的 $K_z\in H^2$，使得

$$f(z)=F_z(f)=\frac{1}{2\pi}\int_{-\pi}^{\pi}f(e^{i\theta})\overline{K_z(e^{i\theta})}\mathrm{d}\theta.$$

记 $K_z(\zeta)=K(\zeta,z)$，称 $K(\zeta,z)$为 H^2 的核函数(有时称之为 Szego 核). 这时有 $f(z)=\langle f,K_z\rangle$.

Szego 核可给出准确的表示，这从下面的定理可得到.

定理 3.1.7 设$\{e_n(z)\}$为 H^2 的一组规范正交基，则

$$K(\zeta,z)=\sum_{n=0}^{\infty}\overline{e_n(z)}e_n(\zeta).$$

特别地，$K(\zeta,z)$与规范正交基$\{e_n(z)\}$的选取无关.

证明 由于$\{e_n(z)\}$为 H^2 中的一组规范正交基，故对固定的 $z\in D$，和任意的 $f\in H^2$ 有

$$\begin{aligned}f(z)&=\sum_{n=0}^{\infty}\langle f,e_n\rangle e_n(z)\\&=\langle f,\sum_{n=1}^{\infty}\overline{e_n(z)}e_n\rangle\\&=\langle f(\cdot),\sum_{n=0}^{\infty}\overline{e_n(z)}e_n(\cdot)\rangle,\end{aligned}$$

由于 $f(z)=\langle f,K_z\rangle$，故

$$K(\zeta,z)=K_z(\zeta)=\sum_{n=0}^{\infty}\overline{e_n(z)}e_n(\zeta).$$

证毕.

推论 3.1.2 Szego 核函数有如下表达式：

$$K(\zeta,z)=\frac{1}{1-\bar{z}\zeta}.$$

证明 对任意 $n\geqslant 0$，设 $e_n(z)=z^n$，则$\{e_n(z)\}$为 H^2 的一组规范正交基. 由定理 3.1.7 知

$$K(\zeta,z)=\sum_{n=0}^{\infty}e_n(z)e_n(\zeta)=\sum_{n=0}^{\infty}\overline{z^n}\zeta^n=\frac{1}{1-\bar{z}\zeta}.$$

推论 3.1.3 设 $f\in H^2$，$z\in D$，则有

$$f(z) = \frac{1}{2\pi i}\int_{|\zeta|=1} \frac{f(\zeta)}{\zeta - z}\mathrm{d}\zeta.$$

证明 由于

$$\begin{aligned} f(z) = \langle f, K_z \rangle &= \frac{1}{2\pi}\int_0^{2\pi} f(e^{i\theta})\, \overline{K(e^{i\theta}, z)}\mathrm{d}\theta \\ &= \frac{1}{2\pi}\int_0^{2\pi} \frac{f(e^{i\theta})}{1 - ze^{-i\theta}}\mathrm{d}\theta \\ &= \frac{1}{2\pi i}\int_{|\zeta|=1} \frac{f(\zeta)}{\zeta - z}\mathrm{d}\zeta. \end{aligned}$$

证毕.

这指出了对于 H^2 中的函数，虽然只知道函数在 D 中有定义，但其边值应几乎处处存在，而且在边界上的 Cauchy 积分公式成立.

3.1.4 H^p 函数的基本构造

本节主要考虑 H^p 函数的边值性态和零点. 正如我们所想像的，关于 H^p 函数的增长速度的限制同时也对其零点以相应的限制. 这就导致对"Blaschke 乘积"的讨论及典则分解定理，这定理在我们以后的研究中将起着重要作用. 另一个主要的结果是 H^p 函数到其边界函数的平均收敛性.

如果 $f(z)$在$|z|<1$ 内解析，且对 $0<r<1$，

$$\int_0^{2\pi} \log^+ |f(re^{i\theta})|\mathrm{d}\theta$$

有界，其中 $\log^+ x = \max\{\log x, 0\}$，则称 $f(z)$ 为 N 类函数（或 Nevanlinna 类）. 因为当 f 解析时，$\log^+|f(re^{i\theta})|$是 r 的增函数，故 $\log^+|f|$是次调和的. 显然对 $p>0$，$H^p \subset N$.

下面定理是进一步研究的基础.

定理 3.1.8 设 $f \in H(D)$，则 $f \in N$ 当且仅当 f 为两个有界函数的商.

证明 假若 $f(z) = \varphi(z)/\psi(z)$，其中 φ 和 ψ 为 D 上的有界解析函数. 不失一般性，可设$|\varphi(z)| \leqslant 1$，$|\psi(z)| \leqslant 1$，且 $\varphi(0) \neq 0$，那么

$$\int_0^{2\pi}\log^+|f(re^{i\theta})|\mathrm{d}\theta\leqslant-\int_0^{2\pi}\log|\psi(re^{i\theta})|\mathrm{d}\theta.$$

由 Jensen 公式,

$$\frac{1}{2\pi}\int_0^{2\pi}\log|\psi(re^{i\theta})|\mathrm{d}\theta=\log|\psi(0)|+\sum_{|z|<r}\log\frac{r}{|z_n|},$$

其中 z_n 为 ψ 的零点. 这说明 $\int\log|\psi|$ 为 r 的增函数,这说明 $f\in N$.

反之,设 $f\in N$,且 $f(z)\not\equiv0$,又设 f 在原点有 $m\geqslant0$ 级零点,故当 $z\to0$ 时,$z^mf(z)\to a\neq0$. 设 $\{z_n\}$ 是 f 的其他零点计及重数且按模增大次序排序,即 $0<|z_1|\leqslant|z_2|\leqslant\cdots$. 如果 f 在 $|z|=\rho<1$ 上不等于零,则函数

$$F(z)=\log\left\{f(z)\frac{\rho^m}{z^m}\prod_{|z|<\rho}\left(\frac{\rho^2-z_nz}{\rho(z-z_n)}\right)\right\}$$

在 $|z|\leqslant\rho$ 中解析,而且在 $|z|=\rho$ 上 $\mathrm{Re}\{f(z)\}=\log|f(z)|$,因此,由 Poisson 公式可知

$$F(z)=\frac{1}{2\pi}\int_0^{2\pi}\log|f(\rho e^{it})|\frac{\rho e^{it}+z}{\rho e^{it}-z}\mathrm{d}t+ic,$$

两边取指数即可得

$$f(z)=\varphi_\rho(z)/\psi_\rho(z),$$

其中

$$\varphi_\rho(z)=\frac{z^m}{\rho^m}\prod_{|z_n|<\rho}\frac{\rho(z-z_n)}{\rho^2-\bar{z}_nz}\times$$
$$\exp\left\{-\frac{1}{2\pi}\int_0^{2\pi}\log^-|f(\rho e^{it})|\frac{\rho e^{it}+z}{\rho e^{it}-z}\mathrm{d}t+ic\right\},$$
$$\psi_\rho(z)=\exp\left\{-\frac{1}{2\pi}\int_0^{2\pi}\log^+|f(\rho e^{it})|\frac{\rho e^{it}+z}{\rho e^{it}-z}\mathrm{d}t\right\}.$$

取 $\{\rho_k\}$,使得 $0<\rho_k<1$,$\rho_k\nearrow1$ 且使得在 $|z|=\rho_k$ 上 $f(z)\neq0$,设

$$\Phi_k(z)=\varphi_{\rho_k}(\rho_kz),\quad\Psi_k(z)=\varphi_{\rho_k}(\rho_kz),$$

那么

$$f(\rho_kz)=\Phi_k(z)/\Psi_k(z),\quad|z|<1.$$

但是,Φ_k 和 Ψ_k 在 D 内解析,且 $|\Phi_k(z)|\leqslant1$,$|\Psi_k(z)|\leqslant1$,因此 $\{\Phi_k\}$ 和 $\{\Psi_k\}$ 为正规族,故存在 $\{k_i\}$,使得 $\Phi_{k_i}(z)\to\varphi(z)$,$\Psi_{k_i}(z)\to\psi(z)$ 在

每个 $R\overline{D}(0<R<1)$上一致收敛. 所以 φ 和 ψ 在 $|z|<1$ 上解析，且 $|\varphi(z)|\leqslant 1$，$|\psi(z)|\leqslant 1$，又由 ψ_ρ 的定义，及条件 $f\in N$，即 $\int \log^+|f|$ 有界可知，存在 $\delta>0$，使得 $|\Psi_k(0)|\geqslant\delta>0$，故 $\psi(z)\neq 0$，于是 $f=\varphi/\psi$. 证毕.

这定理的重要性在于 N 类函数的性质可用相应的有界函数性质表现出来. 例如，边值性态等. 由此即可得：

定理 3.1.9 设 $f\in N$，则 f 的非切向极限 $f(e^{i\theta})$几乎处处存在，且若 $f(z)\not\equiv 0$，则 $\log|f(e^{i\theta})|$可积. 如果 $f\in H^p(p>0)$，则 $f(e^{i\theta})\in L^p$.

证明 设 $f(z)\not\equiv 0$，由定理 3.1.8，不妨设 $f(z)=\varphi(z)/\psi(z)$，其中 $|\varphi(z)|\leqslant 1$，$|\psi(z)|\leqslant 1$. 因为 φ 和 ψ 为有界解析函数，它们几乎处处有非切向极限 $\varphi(e^{i\theta})$和 $\psi(e^{i\theta})$. 由 Fatou 引理，

$$\int_0^{2\pi}|\log|\varphi(e^{i\theta})||\,\mathrm{d}\theta\leqslant\liminf_{r\to 1}\left\{-\int_0^{2\pi}\log|\varphi(re^{i\theta})|\,\mathrm{d}\theta\right\}.$$

由 Jensen 公式可知 $\int\log|\varphi(re^{i\theta})|\,\mathrm{d}\theta$ 是 r 的增函数. 因而可知 $\log|\varphi(re^{i\theta})|\in L^1$，同理可知 $\log|\psi(re^{i\theta})|\in L^1$，而且 $\psi(e^{i\theta})$不能在一个正测度集上等于零(否则 $\psi(z)\equiv 0$). 于是 f 的径向极限 $f(e^{i\theta})$几乎处处存在，且 $\log|f(e^{i\theta})|\in L^1$，再利用 Fatou 引理可知：如果 $f\in H^p$，则 $f(e^{i\theta})\in L^p$，证毕.

这定理说明：如果 $f\in N$ 且在一个正测度集上 $f(e^{i\theta})=0$，则 $f(z)\equiv 0$. 换言之，N 中的函数是由其在一个正测度集上的边值唯一确定. 因为 $H^p(p>0)\subset N$，故这断言对 H^p 函数也成立.

由定理 3.1.8，利用 f 的表示 $f=\varphi/\psi$ 知，如果 $f\in N$，$\int\log^-|f(re^{i\theta})|\,\mathrm{d}\theta$ 有界(其中 $\log^- x=\max\{-\log x,0\}$)，因而 $f\in N$ 当且仅当 $\int\log^-|f(re^{i\theta})|\,\mathrm{d}\theta$ 有界.

解析函数的零点不能聚集到其定义域中的某点，否则它恒等于零. 而且如果解析函数模的增长满足一定的限制条件，则其零点“快速地”趋于边界. 下面的定理说明了此原理.

定理 3.1.10 设 $f(z)\not\equiv 0$ 为 $|z|<1$ 中的解析函数，$z_1, z_2, \cdots$ 为 f 的零点(计及重数)，那么 $\int_0^{2\pi}\log|f(re^{i\theta})|\mathrm{d}\theta$ 有界当且仅当 $\sum(1-|z_n|)<\infty$

证明 设 f 在 $z=0$ 有 m 级零点，因此有

$$f(z)=\alpha z^m+\cdots \quad \alpha(\neq 0),$$

记其他零点为 a_n，并设它们按模增加为次序进行排列，即有

$$0<|a_1|\leqslant|a_2|\leqslant\cdots\leqslant|a_n|\leqslant\cdots,$$

根据 Jensen 公式

$$\frac{1}{2\pi}\int_0^{2\pi}\log|f(re^{i\theta})|\mathrm{d}\theta=\sum_{|a_n|<r}\log\frac{r}{|a_n|}+\log(|\alpha|r^m),$$

上式随 r 的增加而单调增加；假若有上界 C，那么，对任意固定的 N，当 $r>|a_N|$ 时有

$$\sum_{n=1}^{N}\log\frac{r}{|a_n|}\leqslant\sum_{|a_n|<r}\log\frac{r}{|a_n|}\leqslant C-\log(|\alpha|r^m),$$

令 $r\to 1^-$，则有

$$\sum_{n=1}^{N}\log\frac{1}{|a_n|}\leqslant C-\log|\alpha|,$$

取指数即得

$$0<|\alpha|e^{-c}\leqslant\prod_{n=1}^{N}|a_n|,$$

因此 $\sum(1-|a_n|)<\infty$

反之，由 Jensen 定理知

$$\exp\left\{\frac{1}{2\pi}\int_0^{2\pi}\log|f(re^{i\theta})|\mathrm{d}\theta\right\}=\left(\prod_{|a_n|<r}\frac{r}{|a_n|}\right)|\alpha|r^m,$$

从而有

$$\left(\prod_{|a_n|<r}|a_n|\right)\exp\left\{\frac{1}{2\pi}\int_0^{2\pi}\log|f(re^{i\theta})|\mathrm{d}\theta\right\}<|\alpha|.$$

由条件 $\sum(1-|a_n|)<\infty$ 可知 $\prod_n|a_n|\geqslant\varepsilon_0>0$，从上式即可知

$$\frac{1}{2\pi}\int_0^{2\pi}\log|f(re^{i\theta})|\mathrm{d}\theta\leqslant M<\infty.$$

证毕.

推论 3.1.4 设 $f\in N$，$\{z_n\}$为 f 的零点序列，则有

$$\sum_n (1-|z_n|)<\infty.$$

由于对 $p>0$，$H^p\subset N$，我们自然会猜测，当 $f\in H^p$ 时，关于 f 的零点$\{z_n\}$趋于边界的速度会比推论中反映的速度更快. 但是，即使是 $f\in H^\infty$，也没有比此更好的结论. 事实上，对于任意复数列$\{a_n\}\subset D$. 若 $\sum(1-|a_n|)<\infty$，我们可由此得出一个恰以$\{a_n\}$为零点的有界解析函数 f. 构造这样的函数，自然会想到以 a_n 为零点的分式线性变换 $\varphi_{a_n}(z)=(a_n-z)/(1-\overline{a_n}z)$. 而将 f 表示成它们的无穷乘积.

定理 3.1.11 设 $a_1,a_2,a_3,\cdots$为复数序列，且满足 $0<|a_1|\leqslant|a_2|\leqslant\cdots<1$，且

$$\sum_{n=1}^{\infty}(1-|a_n|)<\infty,$$

则对任意 $0<R<1$，无穷乘积

$$B(z)=\prod_{n=1}^{\infty}\frac{|a_n|}{a_n}\frac{a_n-z}{1-\overline{a_b}z}$$

在$|z|\leqslant R$ 中一致收敛. 每个 a_n 为 $B(z)$的零点，零点的级等于 a_n 在此序列$\{a_n\}$中出现的次数；除$\{a_n\}$外. $B(z)$无其他零点. 而且$|B(z)|<1(z\in D)$，在$|z|=1$ 上几乎处处有$|B(e^{i\theta})|=1$.

证明 在$|z|\leqslant R$ 中，

$$\left|1-\frac{|a_n|}{a_n}\frac{a_n-z}{1-\overline{a_n}z}\right|=\left|\frac{(a_n+|a_n|z)(1-|a_n|)}{a_n(1-\overline{a_n}z)}\right|\leqslant\frac{2(1-|a_n|)}{1-R}.$$

因为 $\sum(1-|a_n|)<\infty$，故可知无穷乘积表示$|z|\leqslant R$ 内的一解析函数 $B(z)$. 而且$\{a_n\}$恰为 $B(z)$的零点. 显然，当$|z|<1$ 时$|B(z)|<1$，且$|B(e^{i\theta})|\leqslant1$.

下面证明$|B(e^{i\theta})|=1$，a.e.. 对于 $f\in H^\infty$，由 Lebesgue 控制收敛定理及 $M_1(r,f)$的单调性可得

$$\int_0^{2\pi}|f(re^{i\theta})|\mathrm{d}\theta\leqslant\int_0^{2\pi}|f(e^{it})|\mathrm{d}t,$$

应用到函数 $f=B/B_n$，其中

$$B_n(z)=\prod_{k=1}^{\infty}\frac{|a_k|}{a_k}\frac{a_k-z}{1-\overline{a_k}z}.$$

因为 $|B_n(e^{i\theta})|\equiv 1$，故有

$$\int_0^{2\pi}\left|\frac{B(re^{i\theta})}{B_n(re^{i\theta})}\right|\mathrm{d}\theta\leqslant\int_0^{2\pi}|B(e^{it})|\mathrm{d}t.$$

由于在 $|z|=r$ 上 $B_n(z)$ 一致收敛于 $B(z)$，所以，

$$2\pi\leqslant\int_0^{2\pi}|B(e^{it})|\mathrm{d}t.$$

因为 $|B(e^{i\theta})|\leqslant 1$, a. e. ,因此证得 $|B(e^{i\theta})|=1$, a. e. 证毕.

形如

$$B(z)=z^m\prod_n\frac{|a_n|}{a_n}\frac{a_n-z}{1-\overline{a_n}z}$$

的函数称为 Blaschke 乘积，其中 m 为非负整数，$\sum(1-|a_n|)<\infty$. 点集 $\{a_n\}$ 可为有限集，甚至是空集. 当为空集时，我们理解为 $B(z)=z^m$.

我们已经知道任意 H^p 函数 $f(re^{i\theta})$ 当 $r\to 1^-$ 时几乎处处收敛到一个属于 L^p 的边值函数 $f(e^{i\theta})$. 我们将要证明，当 $f\in H^p$ 时，$f(re^{i\theta})$ 还按 p 次积分平均收敛到边界函数 $f(e^{i\theta})$. 下面的分解定理将在我们以后的研究中起着重要作用.

定理 3. 1. 12 设 $f\in H^p(p>0)$，则有分解

$$f(z)=B(z)g(z),$$

其中 $B(z)$ 是 Blaschke 乘积，$g(z)\in H^p$ 且在 D 内无零点(类似地，若 $f\in N$，则有 $f=Bg$，其中 $g\in N$ 且在 D 内无零点).

证明 不妨设 $f(z)$ 有无穷多个零点，否则定理显然成立. 设

$$B_n(z)=z^m\prod_{k=1}^{n}\frac{|a_k|}{a_k}\frac{a_k-z}{1-\overline{a_k}z}$$

表示部分 Blaschke 乘积. 又设 $g_n(z)=f(z)/B_n(z)$. 对固定的 n 和 $\varepsilon>0$. 当 $|z|$ 充分靠近 1 时，$|B_n(z)|>1-\varepsilon$，所以，对充分大的 $r<1$ 有

$$\int_0^{2\pi}|g_n(re^{i\theta})|^p d\theta \leqslant \frac{1}{(1-\varepsilon)^p}\int_0^{2\pi}|f(re^{i\theta})|^p d\theta \leqslant \frac{M}{(1-\varepsilon)^p}.$$

由单调性可知上式对所有 $0<r<1$ 成立. 令 $\varepsilon\to 0$ 得

$$\int_0^{2\pi}|g_n(re^{i\theta})|^p d\theta \leqslant M \quad (0<r<1, n=1,2,\cdots).$$

由定理 3.1.11, $g_n(z)$在$|z|=R$上一致地趋于 $g(z)=f(z)/B(z)$, 于是 $g\in H^p$, 而且 g 在 D 中无零点($f\in N$ 时, 类似地可证). 证毕.

利用此分解定理, 容易证明下面的平均收敛定理.

定理 3.1.13 如果 $f\in H^p(0<p<\infty)$, 则

$$\lim_{r\to 1}\int_0^{2\pi}|f(re^{i\theta})|^p d\theta = \int_0^{2\pi}|f(e^{i\theta})|^p d\theta, \tag{1}$$

而且

$$\lim_{r\to 1}\int_0^{2\pi}|f(re^{i\theta})-f(e^{i\theta})|^p d\theta = 0. \tag{2}$$

证明 先对 $p=2$ 证明(2)式. 如果 $f\in H^2$,

$$f(z)=\sum_{n=0}^{\infty}a_n z^n,$$

则 $\sum |a_n|^2<\infty$, 由 Fatou 引理

$$\begin{aligned}&\int_0^{2\pi}|f(re^{i\theta})-f(e^{i\theta})|^2 d\theta\\ \leqslant &\liminf_{\rho\to 1}\int_0^{2\pi}|f(re^{i\theta})-f(e^{i\theta})|^2 d\theta\\ =& 2\pi\sum_{n=0}^{\infty}|a_n|^2(1-r^n)^2.\end{aligned}$$

令 $r\to 1$, 即可知(2)式成立. 由

$$\big||f(re^{i\theta})|^2-|f(e^{i\theta})|^2\big| \leqslant |f(re^{i\theta})-f(e^{i\theta})|^2,$$

即可知(1)式成立

如果 $f\in H^p(0<p<\infty)$, 由定理 3.1.12 有

$$f(z)=B(z)g(z)$$

因为 $g(z)$在 D 中无零点, $[g(z)]^{p/2}\in H^2$, 由上面所证可知

$$\int_0^{2\pi}|f(re^{i\theta})|^p d\theta \leqslant \int_0^{2\pi}|g(re^{i\theta})|^p d\theta$$

$$\rightarrow \int_0^{2\pi} |g(e^{i\theta})|^p \mathrm{d}\theta = \int_0^{2\pi} |f(e^{i\theta})|^p \mathrm{d}\theta.$$

再由 Fatou 引理可得(1)式，由(1)式推出(2)式是下面引理 3.1.1 的直接推论. 证毕.

引理 3.1.1 设 Ω 为直线上的可测集，$\varphi_n \in L^p(\Omega)$ $(0<p<\infty)$；$n=1,2,\cdots$，当 $n\to\infty$ 时，在 Ω 上几乎处处有 $\varphi_n(x)\to\varphi(x)$，且

$$\int_\Omega |\varphi_n(x)|^p \mathrm{d}x \rightarrow \int_\Omega |\varphi(x)|^p \mathrm{d}x < \infty,$$

则

$$\lim_{n\to\infty}\int_\Omega |\varphi_n(x) - \varphi(x)|^p \mathrm{d}x = 0.$$

证明 对于可测集 $E\subset\Omega$，记

$$J(E) = \int_E |\varphi_n(x)|^p \mathrm{d}x, \quad J(E) = \int_E |\varphi(x)|^p \mathrm{d}x$$

并记 $\widetilde{E}=\Omega\backslash E$，则由 Fatou 引理

$$\begin{aligned} J_n(E) &\leqslant \liminf_{n\to\infty} J_n(E) \leqslant \limsup_{n\to\infty} J_n(E) \\ &\leqslant \lim_{n\to\infty} J_n(\Omega) - \liminf_{n\to\infty} J_n(\widetilde{E}) \leqslant J(\Omega) - J(\widetilde{E}) = J(E). \end{aligned}$$

这说明：对每个 $E\subset\Omega$，有

$$\lim_{n\to\infty} J_n(E) = J(E).$$

给定 $\varepsilon>0$，取 $F\subset\Omega$，使得 F 的测度有限且 $J(F)<\varepsilon$，选取 $\delta>0$. 使得当 $Q\subset F$，且 $m(Q)<\delta$ 时，$J(Q)<\varepsilon$. 由叶果洛夫定理，存立 $Q\subset F$，使得 $m(Q)<\delta$，且在 $E=F\backslash Q$ 上 $\varphi_n(x)$ 一致地收敛于 $\varphi(x)$，于是，对充分大的 n，

$$\begin{aligned} &\int_\Omega |\varphi_n - \varphi|^p \mathrm{d}x = \int_F + \int_Q + \int_E |\varphi_n(x) - \varphi(x)|^p \mathrm{d}x \\ &\leqslant 2^p\{J_n(\widetilde{F}) + J(\widetilde{F}) + J_n(Q) + J(Q)\} + \int_E |\varphi_n(x) - \varphi(x)|^p \mathrm{d}x \\ &< (2^p \times 6 + 1)\varepsilon, \end{aligned}$$

令 $\varepsilon\to 0$，即知引理成立. 证毕.

引理 3.1.2 对 $a\geqslant 0$，$b\geqslant 0$，及 $0<p\leqslant 1$，有

$$|\log^+ a - \log^+ b| \leqslant \frac{1}{p}|a-b|^p.$$

证明 不妨设 $1\leqslant b<a$，由于

$$\log x\leqslant\frac{1}{p}(x-1)^p,\ x\geqslant 1,$$

令 $x=a/b$，即有

$$\log\frac{a}{b}\leqslant\frac{1}{p}\left(\frac{a}{b}-1\right)^p$$

或

$$\log a-\log b\leqslant\frac{1}{p}(a-b)^p/b^p\leqslant\frac{1}{p}(a-b)^p.$$

证毕.

由此引理和定理 3.1.13 即可得如下推论.

推论 3.1.5 如果 $f\in H^p(p>0)$，则

$$\lim_{r\to 1}\int_0^{2\pi}\left|\log^+|f(re^{i\theta})|-\log^+|f(e^{i\theta})|\right|\mathrm{d}\theta=0.$$

这推论对 $f\in N$(Nevanlinna 类)未必成立，$f(z)=\exp\{(1+z)/(1-z)\}$即为反例.

定理 3.1.12(Riesz 分解定理)可进一步改进为典则分解定理，这定理在 H^p 理论中是极为重要的. 典则定理的证明用到下面的不等式：

定理 3.1.14 如果 $f\in H^p$，$p>0$，则

$$\log|f(re^{i\theta})|\leqslant\frac{1}{2\pi}\int_0^{2\pi}p(r,\theta-t)\log|f(e^{it})|\mathrm{d}t,$$

其中 $p(r,\theta-t)$为 Poisson 核.

证明 由定理 3.1.12，当 $f\in H^p$ 时，有分解式 $f(z)=B(z)\cdot g(z)$. 其中 $g\in H^p$ 且在 D 中无零点，而 $|B(z)|\leqslant 1$，$(z\in D)$. 故不妨设 $f\in H^p$ 且 f 在 D 内无零点. 于是 $\log|f(z)|$在 D 内为调和函数，且

$$\log|f(\rho re^{i\theta})|=\frac{1}{2\pi}\int_0^{2\pi}p(r,\theta-t)\log|f(\rho e^{it})|\mathrm{d}t,\ r<\rho<1.$$

由推论 3.1.4，

$$\lim_{\rho\to 1}\int_0^{2\pi}p(r,\theta-t)\log^+|f(\rho e^{i\theta})|\mathrm{d}t$$

$$= \int_0^{2\pi} p(r,\theta - t)\log^+ |f(e^{it})|\mathrm{d}t;$$

另一方面,由 Fatou 引理,

$$\lim_{\rho \to 1}\int_0^{2\pi} p(r,\theta - t)\log^- |f(\rho e^{it})|\mathrm{d}t$$

$$\geqslant \int_0^{2\pi} p(r,\theta - t)\log^- |f(e^{it})|\mathrm{d}t,$$

两式相减即得要求的不等式. 证毕.

回到分解问题,设 $f(z)\not\equiv 0$,且 $f\in H^p(p>0)$,由定理 3.1.9,$f(e^{i\theta})\in L^p$,从而 $|f(e^{i\theta})|\in L^1$,考察解析函数

$$F(z) = \exp\left\{\frac{1}{2\pi}\int_0^{2\pi} \frac{e^{it}+z}{e^{it}-z}\log|f(e^{it})|\mathrm{d}t\right\},$$

设 $f(z)=B(z)g(z)$ 为 Riesz 分解,于是 $g(z)\neq 0$,而 $|g(e^{i\theta})|=|f(e^{i\theta})|$, a.e.,由定理 3.1.14 可知 $|g(z)|\leqslant|F(z)|(z\in D)$,又由 Poisson 积分的性质可知 $|g(e^{i\theta})|=|f(e^{i\theta})|$, a.e.,因而如 $e^{i\gamma}=g(0)/|g(0)|$,则函数 $S(z)=e^{-i\gamma}g(z)/F(z)$ 在 D 内解析,且有性质:

$$0<|s(z)|\leqslant 1,\quad |s(e^{i\theta})|=1,\ \text{a.e.},\quad s(0)>0,$$

这说明 $-\log|s(z)|$ 是正调和函数且在边界上几乎处处等于零. 因此 $-\log s(z)$ 可表示为关于有界非减奇异函数 $\mu(t)$ ($\mu'(t)=0$, a.e.)的 Poisson-Stieltjes 积分. 又因 $s(0)>0$,故可得

$$S(z) = \exp\left\{-\int_0^{2\pi} \frac{e^{it}+z}{e^{it}-z}\mathrm{d}\mu(t)\right\}.$$

综合之,我们有分解

$$f(z) = e^{i\gamma}B(z)S(z)F(z).$$

为给出典则分解,先引进两个术语:设 $\varphi(t)\in L^p$,$\log\varphi(t)\in L^1$,γ 为实数,$\varphi(t)\geqslant 0$,称

$$F(z) = e^{i\gamma}\exp\left\{\frac{1}{2\pi}\int_0^{2\pi} \frac{e^{it}+z}{e^{it}-z}\log\varphi(t)\mathrm{d}t\right\}$$

为 H^p 的外函数.

如果 $f(z)$ 在 D 内解析,$|f(z)|\leqslant 1$,$|f(e^{i\theta})|=1$, a.e.,则称

$f(z)$为内函数. 刚才我们说明了每个内函数都有一个分解 $e^{i\gamma}B(z)\cdot S(z)$，其中 $B(z)$为 Blaschke 乘积，

$$S(z)=\exp\left\{-\int_0^{2\pi}\frac{e^{it}+z}{e^{it}-z}\mathrm{d}\mu(t)\right\},$$

其中 $\mu(t)$为有界非减奇异函数($\mu'(t)=0$, a.e.)，我们称形如 $S(z)$的函数为奇异内函数.

定理 3.1.15(典则分解定理)　设 $f\in H^p(p>0)$，$f(z)\neq 0$，则 f 有唯一分解

$$f(z)=B(z)S(z)F(z),$$

其中 $B(z)$为 Blaschke 乘积，$S(z)$是奇异内函数，$F(z)$是 H^p 的外函数. 反之，每个这样的乘积 $B(z)S(z)F(z)$均为 H^p 函数.

证明　我们已经证明每个 H^p 函数 f 可作这样的分解，而且唯一性是显然的. 只要证明逆命题. 对此，我们又只要证明外函数 $F(z)\in H^p$ 即可. 由于

$$F(z)=e^{i\gamma}\exp\left\{\frac{1}{2\pi}\int_0^{2\pi}\frac{e^{it}+z}{e^{it}-z}\log\psi(t)\mathrm{d}t\right\},$$

利用算术-几何不等式，可得

$$|F(z)|^p\leqslant\frac{1}{2\pi}\int_0^{2\pi}p(r,\theta-t)[\psi(t)]^p\mathrm{d}t,$$

于是

$$\int_0^{2\pi}|F(re^{i\theta})|^p\mathrm{d}\theta\leqslant\int_0^{2\pi}[\psi(t)]^p\mathrm{d}t.$$

因为 $\psi\in H^p$，故可知 $F\in H^p$. 证毕.

注　对于 $f\in N$，存在类似的分解，对于 $\psi(t)\geqslant 0$，$\log\psi(t)\in L^1$，称

$$F(z)=e^{i\gamma}\exp\left\{\frac{1}{2\pi}\int_0^{2\pi}\frac{e^{it}+z}{e^{it}-z}\log\psi(t)\mathrm{d}t\right\}$$

为关于 N 类的外函数(这时条件 $\psi(t)\in L^p$ 被取消).

§3.2　H^2 上的复合算子的简单性质

设 $\varphi:D\to D$ 为解析函数，则 φ 按下述方式导出的 H^2 上的线性

算子 C_φ：

$$C_\varphi f = f \circ \varphi \quad (f \in H^2),$$

称为 H^2 上的由 φ 导出的复合算子.

3.2.1 复合算子的有界性及其特征

显然 C_φ 是线性算子. 由 Littlewood 从属定理可知 C_φ 为 H^2 上的有界线性算子. 事实上，我们有如下的定理：

定理 3.2.1 设 $\varphi: D \to D$ 解析，$p>0$，则对一切 $f \in H^p$，

$$\int_0^{2\pi} |f(\varphi(e^{i\theta}))|^p \mathrm{d}\theta \leqslant \frac{1+|\varphi(0)|}{1-|\varphi(0)|}\int_0^{2\pi} |f(e^{i\theta})|^p \mathrm{d}\theta.$$

证明 设 $a=\varphi(0)$，$\psi(z)=\varphi_a \circ \varphi(z)$，则 $\varphi: D \to D$ 为解析函数，且 $\psi(0)=0$，$\varphi(z)=\varphi_a \circ \psi(z)$. 根据 Littlewood 从属原理，对一切 $f \in H^p$，

$$\begin{aligned}\int_0^{2\pi} |f(\varphi(e^{i\theta}))|^p \mathrm{d}\theta &= \int_0^{2\pi} |f \circ \varphi_a \circ \psi(e^{i\theta})|^p \mathrm{d}\theta \\ &\leqslant \int_0^{2\pi} |f \circ \varphi_a(e^{i\theta})|^p \mathrm{d}\theta.\end{aligned}$$

在上式积分中作变量替换 $e^{it}=\varphi_a(e^{i\theta})$，则有

$$\begin{aligned}\int_0^{2\pi} |f(\varphi(e^{i\theta}))|^p \mathrm{d}\theta &\leqslant (1-|a|^2)\int_0^{2\pi} \frac{|f(e^{it})|^p}{|1-\bar{a}e^{it}|^2}\mathrm{d}t \\ &\leqslant \frac{1+|a|}{1-|a|}\int_0^{2\pi} |f(e^{i\theta})|^p \mathrm{d}\theta \\ &= \frac{1+|\varphi(0)|}{1-|\varphi(0)|}\int_0^{2\pi} |f(e^{i\theta})|^p \mathrm{d}\theta.\end{aligned}$$

证毕.

由定理 3.2.1 直接可得如下推论.

推论 3.2.1 设 $\varphi: D \to D$ 解析，则 C_φ 为 H^2 上的有界复合算子而且有

$$\| C_\varphi f \| \leqslant \sqrt{\frac{1+|\varphi(0)|}{1-|\varphi(0)|}}\, \| f \|_2.$$

由于 C_φ 将 H^2 中的常值函数映成常值函数，故 $\| C_\varphi \| \geqslant 1$，由

定理 3.2.1 知

$$\|C_\varphi\| \leqslant \sqrt{\frac{1+|\varphi(0)|}{1-|\varphi(0)|}},$$

故当 $\varphi(0)=0$ 时，$\|C_\varphi\|\leqslant 1$. 从而 $\|C_\varphi\|=1$.

另一方面，Nordgren[No68]曾证明：对任意内函数 φ，H^2 上的复合算子 C_φ 的范数

$$\|C_\varphi\| = \sqrt{\frac{1+|\varphi(0)|}{1-|\varphi(0)|}},$$

所以推论 3.2.1 中的估计式是最佳的.

复合算子的共轭算子 C_φ^* 有较好的性质. 下面的引理说明了这点.

引理 3.2.1 设 $\varphi: D\to D$ 为解析函数，则对任意的 $z\in D$，

$$C_\varphi^* K_z = K_{\varphi(z)}.$$

证明 对任意 $f\in H^2$，

$$\begin{aligned}\langle f, C_\varphi^* K_z\rangle &= \langle C_\varphi f, K_z\rangle = C_\varphi f(z)\\ &= f(\varphi(z)) = \langle f, K_{\varphi(z)}\rangle,\end{aligned}$$

由 f 的任意性即知 $C_\varphi^* K_z = K_{\varphi(z)}$，证毕.

利用 C_φ 的共轭算子 C_φ^* 的上述重要性质可对一般的 $\|C_\varphi\|$ 作出估计.

推论 3.2.2 设 φ 在 D 内解析，且 $\varphi(D)\subset D$，则有

$$\frac{1}{1-|\varphi(0)|^2} \leqslant \|C_\varphi\|^2 \leqslant \frac{1+|\varphi(0)|}{1-|\varphi(0)|}.$$

证明 上界由定理 3.2.1 即得. 由于 $1=K_0$ 为在 $z=0$ 处的计值泛函关于 H^2 的核函数，且 $C_\varphi^* 1 = K_{\varphi(0)}$，故有

$$\|C_\varphi\| = \|C_\varphi^*\| \geqslant \|C_\varphi^* 1\|_2 = \|K_{\varphi(0)}\|_2 = \frac{1}{\sqrt{1-|\varphi(0)|^2}}.$$

证毕.

注 此范数不等式是最佳估计. 因为当 φ 为内函数时，上界可达到；而当 $\varphi(z)\equiv\varphi(0)$ 时，容易证明

$$\| C_\varphi \| = \frac{1}{\sqrt{1-|\varphi(0)|^2}},$$

这是因为这时对任意 $f\in H^2$，$C_\varphi f(z)=f(\varphi(z))=f(\varphi(0))=\langle f, K_{\varphi(0)}\rangle$. 故有

$$\| C_\varphi \| = \| K_{\varphi(0)} \|_2 = \frac{1}{\sqrt{1-|\varphi(0)|^2}}.$$

如果$\{e_n:n=0,1,2,\cdots\}$为 H^2 的一组规范正交基，C_φ 为 H^2 上的复合算子. 如果 $e_n(z)=z^n$，则

$$C_\varphi e_n(z) = \varphi(z)^n = (C_\varphi e_1)^n(z).$$

下面的定理指出这性质正是复合算子的特征性质.

定理 3.2.2 设 T 为 H^2 上的有界线性算子，则 T 为复合算子(即存在解析函数 $\varphi:D\to D$，使得 $T=C_\varphi$)的充要条件是对任意非负整数 n，$Te_n=(Te_1)^n$，其中 $e_n(z)=z^n$.

证明 必要性显然成立. 下面证明充分性：设 $\varphi(z)=(Te_1)(z)$，则

$$\| \varphi^n \|_2 = \| (Te_1)^n \|_2 = \| Te_n \|_2 \leqslant \| T \|,$$

两边开 n 次方并令 $n\to\infty$，则上式右端趋于 1，而左端为

$$\begin{aligned}\lim_{n\to\infty} \| \varphi^n \|^{\frac{1}{n}} &= \lim_{n\to\infty}\left(\frac{1}{2\pi}\int_0^{2\pi} |\varphi(e^{i\theta})|^{2n}\mathrm{d}\theta\right)^{\frac{1}{2n}} \\ &= \sup\{|\varphi(z)|:|z|=1\} \\ &= \| \varphi \|_\infty.\end{aligned}$$

于是有 $\| \varphi \|_\infty\leqslant 1$. 根据最大模原理，则或是 φ 将 D 映到 D 内，或是 $\varphi(z)\equiv\alpha(|\alpha|=1)$. 由于有界线性算子 T 不能将每个基向量 e_n 都映成 $\alpha^n e_0(|\alpha|=1)$. 从而可知 φ 为 D 内的解析变换，而且对每个基向量 e_n，有

$$\begin{aligned}(C_\varphi e_n)(z) &= [\varphi(z)]^n = [Te_1]^n(z) \\ &= (Te_n)(z),\end{aligned}$$

即对任意非负整数有 $C_\varphi e_n=Te_n$，从而 $T=C_\varphi$. 证毕.

推论 3.2.3 如果 T 为 H^2 上的有界线性算子，T 为 H^2 上的复合算子的充要条件是对任意 D 上的有界解析函数 f,g，有

$T(fg)=(Tf)(Tg)$.

证明 必要性,由复合算子定义即知.对于充分性:由条件知 $Te_n=(Te_1)^n$,其中 $e_n(z)=z^n$ 为 D 上有界解析函数,根据定理3.2.2即知 T 为复合算子.而且可知 $\varphi(z)=(Te_1)(z)$.证毕.

利用 H^2 空间的再生核函数和共轭算子的性质,可给出复合算子的另一特征.

定理 3.2.3 设 T 为 H^2 上的有界线性算子,对 $z\in D$,K_z 表示其核函数,则 T 为复合算子的充要条件为集合 $\{K_z:z\in D\}$ 在 T^* 作用下是不变的,且有 $T^*K_z=K_{\varphi(z)}$.这时,φ 由 $T^*K_z=K_{\varphi(z)}$ 确定.

证明 如果 T 为复合算子,记 $T=C_\varphi$,则对任意 $f\in H^2$,

$$\begin{aligned}\langle f,T^*K_z\rangle &= \langle Tf,K_z\rangle = \langle C_\varphi f,K_z\rangle \\ &= f(\varphi(z)) = \langle f,K_{\varphi(z)}\rangle,\end{aligned}$$

由 f 的任意性即知 $T^*K_z=K_{\varphi(z)}$.

反之,若对任意的 $z\in D$,$T^*K_z=K_{\varphi(z)}$,则

$$\begin{aligned}Tf(z) &= \langle Tf,K_z\rangle = \langle f,T^*K_z\rangle \\ &= \langle f,K_{\varphi(z)}\rangle = f(\varphi(z)) \\ &= C_\varphi f(z),\end{aligned}$$

于是 $T=C_\varphi$,证毕.

3.2.2 一些特殊类复合算子的特征

由于解析函数的唯一性,C_φ 总是一对一的,而且 $C_\varphi C_\psi=C_{\varphi\cdot\psi}$,恒等算子是 C_z,易知 C_φ 的可逆性隐含着 φ 的可逆性,下面定理刻画了可逆复合算子的特征.

定理 3.2.4 设 C_φ 为 H^2 上的复合算子,则 C_φ 可逆的充要条件是 φ 是 D 到 D 上的 Möbius 变换(或称共形自同构).

证明 充分性:设 $\varphi(z)=\varphi_a(z)=\dfrac{a-z}{1-\bar{a}z}$,$a\in D$,由于 $\varphi_a\circ\varphi_a(z)\equiv z$,故有 $\varphi_a^{-1}(z)=\varphi_a(z)$,故 $C_\varphi^{-1}=C_{\varphi^{-1}}$.若 $\psi(z)=\lambda z(|\lambda|=1)$,则 $\psi^{-1}(z)=\bar{\lambda}z$,故可得 $C_\psi^{-1}=C_{\psi^{-1}}$.由于 D 上的任一 Möbius 变换都可写成 $\varphi(z)=\lambda\dfrac{a-z}{1-\bar{a}z}(|\lambda|=1,a\in D)$,故可知 C_φ 为可逆的.

必要性：若 C_φ 是可逆的，其逆算子为 T. 设 $f,g\in H^2$ 为有界解析函数，则

$$(C_\varphi T)(fg)=fg=(C_\varphi T)(f)\cdot(C_\varphi T)(g)$$
$$=[(Tf)\circ\varphi]\cdot[(Tg)\circ\varphi]=[(Tf)(Tg)]\circ\varphi,$$

即 $[T(fg)-(Tf)(Tg)]\circ\varphi=0$.

由于 C_φ 可逆，故 φ 不可能为常值函数，由解析函数的保域性可知 φ 的值域为 D 中的非空开子集，再由解析函数的唯一性可知

$$T(fg)=(Tf)(Tg).$$

由推论 3.2.2 知 T 为复合算子，即存在某解析函数 $\psi:D\to D$，使得 $T=C_\psi$. 于是有：对任意 $z\in D$，

$$C_\psi C_\varphi(z)=TC_\varphi(z)\equiv z=C_\varphi T(z)=C_\varphi C_\psi(z),$$

这说明 φ 是 D 到 D 上的可逆解析变换，因此 φ 为 Möbius 变换. 证毕.

众所周知，可逆算子必是 Fredholm 算子，对一般情形，Fredholm 算子未必是可逆的. 但在复合算子情形，Cima，Thomson 和 Wogen[Citw74]证明了这两者是等价的.

定理 3.2.5 设 $\varphi:D\to D$ 为解析函数，则 C_φ 为 Fredholm 算子的充要条件是 φ 为 Möbius 变换.

证明 若 φ 为 Möbius 变换，则由定理 3.2.4 知 C_φ 为可逆的，从而是 Fredholm 算子.

反之，若 φ 不是常值函数，由解析函数的唯一性可知 $\mathrm{Ker}C_\varphi=\{0\}$，由 C_φ 的 Fredholm 性，我们可设 $\mathrm{Ran}(C_\varphi)$ 是闭的，而 $\mathrm{Ran}(C_\varphi)^\perp$ 为有限维的. 函数 φ 有如下典则分解：

$$\varphi(z)=B(z)S(z)F(z).$$

首先，我们要说明 $|S(z)|\equiv1$，且 $B(z)$ 在其乘积中仅有有限个因子.

因为 $\mathrm{Ran}C_\varphi=\overline{\mathrm{span}}\{\varphi^n:n=0,1,2,\cdots\}$，对 $f\in H^\infty$，设

$$fH^2=\{g\mid g=fh,h\in H^2\}\subseteq H^2,$$

则

$$\{\varphi,\varphi^2,\varphi^3,\cdots\}\subseteq BH^2\cap SH^2. \tag{1}$$

注意到 BH^2 知 SH^2 是 H^2 的闭子空间，而且如果 B_n 为其表达式中有 n 个因子的 Blaschke 乘积，则 $\mathrm{Codim}BH^2=n$，因此，如果 B 是无穷乘积，则 $\mathrm{Codim}BH^2=+\infty$，又因对任给的奇异内函数和任意整数 n，我们可将 S 写成一个乘积：

$$S = S_1 \cdot S_2 \cdot \cdots \cdot S_n,$$

其中 S_i 为奇异内函数. 设 T_s 是如下定义的 H^2 上的 Toeplitz 算子：

$$T_s : f \mapsto sf,$$

易知每个 T_s 是真(非两)等距. 因此

$$\mathrm{Codim}(SH^2) = \mathrm{Codim}(T_sH^2) = +\infty.$$

由式(1)可知，我们可设 $\varphi=B_kF$，其中 B_k 是具 k 个因子的 Blaschke 乘积，F 为 H^∞ 中的外函数.

下面证明：$k=1$ 且对一切 $z\in D$，$|F(z)|=1$.

若 $k>1$ 且

$$B_k(z) = \prod_{j=1}^{k}\left(\frac{z-\alpha_j}{1-\bar{\alpha}z}\right), \quad z \in D,$$

$|\alpha_j|<1, j=1,2,\cdots,k$，对每个 $n=1,2,3,\cdots$，

$$\{\varphi^n, \varphi^{n+1}, \varphi^{n+2}, \cdots\} \subseteq B^nH^2,$$

且 $\mathrm{Codim}(B^nH^2)\geqslant kn\geqslant 2n$，因而

$$\mathrm{CodimRan}(C_\varphi) = \mathrm{Codim}\{1, \varphi, \varphi^2, \cdots\} \geqslant n - 1,$$

即有 $\mathrm{CodimRan}(C_\varphi)=+\infty$，这与条件矛盾，故 $k=1$，且

$$\varphi(z) = \left(\frac{z-\alpha}{1-\bar{\alpha}z}\right)F(z), \quad |\alpha| < 1, z \in D. \tag{1}$$

由于当 $\|\varphi\|_\infty<1$ 时，C_φ 为紧算子(见 § 3.3 定理 3.3.1)，我们只需考察 $\|\varphi\|_\infty=1$ 的情形. 假若存在紧子集 $A\subset\partial D=\{z: |z|=1\}$，具有正测度且

$$|F(e^{i\theta})| \leqslant \rho < 1, \quad e^{i\theta} \in A, \tag{2}$$

由于 H^2 中的闭单位球是(Montel 意义下的)正规族，故若 $f\in H^2$ 且 $\|f\|_2\leqslant 1$，则存在常数 $K=K(\rho)$，使得

$$|f(z)| \leqslant K, |z| \leqslant \rho. \tag{3}$$

下面证明：$C_\varphi H^2$ 仅含 H^2 中在集 A 上有界的函数. 如果 $f\in H^2$，$\Delta(\theta)$为 D 内顶点在 $e^{i\theta}\in A$ 的任一角域，则

$$\lim_{z\in\Delta(\theta),z\to e^{i\theta}} f(z)=f(e^{i\theta}).$$

如果 $g=C_\varphi f$，则

$$\lim_{z\in\Delta(\theta),z\to e^{i\theta}} g(z)=f\left(\left(\frac{e^{i\theta}-\alpha}{1-\bar{\alpha}e^{i\theta}}\right)F(e^{i\theta})\right)=f(\beta),$$

其中

$$|\beta|=\left|\left(\frac{e^{i\theta}-\alpha}{1-\bar{\alpha}e^{i\theta}}\right)F(e^{i\theta})\right|\leqslant\rho.$$

由不等式(3)可知

$$|g(e^{i\theta})|\leqslant K\|f\|_2\quad(e^{i\theta}\in A).$$

设$\{A_j\}$为 A 中有正测度的互不相交的集列，且使得$\bigcup_{j=1}^{\infty}A_j=A$，对 $j=1,2,\cdots$，设 g_j 为 ∂D 上的非负平方可和函数，且在 A_j 上本性无界，而且可选取 g_j，使得 $\log g_j$ 亦可积，根据 Szego 定理，存在 $f_j\in H^2$ 满足条件

$$|f_j|=g_j,\quad \text{a. e.}$$

设 $H^2=C_\varphi H^2\oplus N$，$p$ 为 H^2 到 N 的正交投影. 显然，由 f_j 的选取可知$\{f_j\}$的任意线性组合都不在 $C_\varphi H^2$ 中，由此得到$\{pf_j\}$是线性无关的，若不然，存在非零复数组$\{\alpha_1,\alpha_2,\cdots,\alpha_n\}$，使得

$$0=\sum_{j=1}^{n}\alpha_j pf_j=p\left(\sum_{j=1}^{n}\alpha_j f_j\right)$$

于是有

$$\sum_{j=1}^{n}\alpha_j f_j\in C_\varphi H^2,$$

因此，$\mathrm{Codim}C_\varphi H^2=+\infty$，这与条件矛盾. 于是$|F(e^{i\theta})|=1$(a. e.)，由于 F 为外函数，故可知$|F(z)|\equiv1(z\in D)$，于是$\varphi(z)$为具有单个因子的 Blaschke 乘积，即 $\varphi(z)$为 Möbius 变换. 证毕.

正常算子是一类极为重要的算子，它在理论方面及应用中都占有极为重要的地位，但是，在绝大多数函数空间中，正常复合算子是平凡的，故正常复合算子将不是我们研究的重点. 下面的定理

说明了这点.

定理 3.2.5 如果由函数组成的 Hilbert 空间 H 的范数是由 $\|\sum c_n z^n\|^2=\sum\beta_n|c_n|^2$ 给出的,其中 $\{\beta_n\}$ 为某一正实数列,则 C_φ 是正常算子当且仅当 $\varphi(z)=rz(|r|\leqslant 1)$.

证明 关于 H 中的范数的假设说明 $\{1,z,z^2,\cdots\}$ 是正交的,因为 $C_\varphi 1=1$,由 C_φ 的正常性可知 $C_\varphi^* C_\varphi 1=C_\varphi C_\varphi^* 1$,或 $C_\varphi^* 1=C_\varphi C_\varphi^* 1$,由此可知 $C_\varphi^* 1$ 为常数.从而可知

$$C_\varphi(zH)\subset zH.$$

特别地 $C_\varphi z=\varphi\in zH$,故 $\varphi(0)=0$ 且由 1 和 z 张成的子空间关于 C_φ^* 是不变的.因为由 1 张成的子空间是约化子空间,故 z 也是 C_φ^* 的特征向量.由 C_φ 的正常性可知 z 为 C_φ 的特征向量,即有 $\varphi=C_\varphi(z)=rz$,其中 r 为常数,由 C_φ 的有界性可知 $|r|\leqslant 1$.

反之,如果 $\varphi(z)=\lambda z(|\lambda|\leqslant 1)$,则易知 C_φ 为正常的.证毕.

推论 3.2.4 C_φ 为 H^2 上的酉算子当且仅当 $\varphi(z)=\lambda z(|\lambda|=1)$.

推论 3.2.5 C_φ 为 H^2 上的自共轭算子当且仅当 $\varphi(z)=\lambda z$,其中 $\lambda\in[-1,1]$为实数.

复合算子的某些等价性是显然的.这是由可逆复合算子和酉复合算子的简单性所导致的.

定理 3.2.6 设 $\varphi,\psi:D\to D$ 解析,且不是共形自同构.又设 φ 的 Denjoy-Wolff 点 a 在 D 内,且对所有正整数 n,$\varphi_n(0)\neq a$,那么在 H^2 上 C_φ 酉等价于 C_ψ 当且仅当对某实数 θ,$\psi(z)=e^{i\theta}\varphi(e^{-i\theta}z)$.

证明 充分性:设 U 为 H^2 上的酉算子,U 如下定义:

$$(Uf)(z)=f(e^{i\theta}z),$$

由假设可知 $C_\psi=U^* C_\varphi U$.

必要性:设 U 为酉算子,使得 $C_\psi=U^* C_\varphi U$.因为 $a\in D$,C_φ 的对应于特征值 1 的特征子空间是常值函数全体.由于 C_ψ 和 C_φ 酉等价,故 C_ψ 的对应于特征值 1 的特征子空间也是一维的,因为它包含全体常数,故 C_ψ 的对应于 1 的特征子空间也是常值函数全体.

由此可知 $U(1)=\gamma 1$，其中 $|\gamma|=1$，又因 $K_0=1$，故

$$UK_{\psi_n(0)} = UC_\psi^{*n}(K_0) = C_\varphi^{*n}U(K_0) = \gamma C_\varphi^{*n}(K_0) = \gamma K_{\varphi_n(0)},$$

特别，当 $n=1$ 时，$UK_{\psi(0)}=\lambda K_{\varphi(0)}$，故

$$(1-|\psi(0)|^2)^{-\frac{1}{2}} = \|K_{\psi(0)}\| = \|UK_{\psi(0)}\|$$

$$= \|\gamma K_{\varphi(0)}\| = \|K_{\varphi(0)}\| = (1-|\varphi(0)|^2)^{-\frac{1}{2}},$$

故存在 θ，使得 $\varphi(0)=e^{-i\theta}\psi(0)$，又因

$$\langle K_{\psi(0)}, K_{\psi_n(0)}\rangle = \langle UK_{\psi(0)}, UK_{\psi_n(0)}\rangle$$

$$= \langle \gamma K_{\varphi(0)}, \gamma K_{\varphi_n(0)}\rangle = \langle K_{\varphi(0)}, K_{\varphi_n(0)}\rangle,$$

因此

$$(1-\overline{\varphi(0)}\varphi_n(0))^{-1} = (1-\overline{\psi(0)}\psi_n(0))^{-1}$$

或

$$\varphi_n(0) = (\overline{\psi(0)}/\overline{\varphi(0)})\psi_n(0) = e^{-i\theta}\psi_n(0),$$

于是

$$\varphi(\varphi_n(0)) = \varphi_{n+1}(0) = e^{-i\theta}\psi_{n+1}(0)$$

$$= e^{-i\theta}\psi(\psi_n(0)) = e^{-i\theta}\psi(e^{i\theta}\varphi_n(0)).$$

由条件 a 为 Denjoy-Wolff 点，而且 $\varphi_n(0)\neq a$，故 $\varphi_n(0)$ 收敛于 $a\in D$，由解析函数的唯一性可知，解析函数 $\varphi(z)$ 与 $e^{-i\theta}\psi(e^{i\theta}z)$ 在 D 上恒等. 即有

$$\varphi(z) = e^{i\theta}(\psi(e^{i\theta}z)), \quad z\in D.$$

证毕.

由于对复合算子来说，正常算子的特征十分简单，可逆复合算子的符号函数是 Möbius 变换. 因此与正常复合算子相似的复合算子的特征也就完全清楚了. 酉算子当然是正常算子，部分(真)等距算子未必是酉算子，φ 具什么特征能使得 C_φ 为等距算子? 对具有什么性质的 φ，C_φ 相似于等距算子? 这些问题都有较为简单的回答.

对于内函数 φ，设 m 为 ∂D 上的规范 Lebesgue 测度，于是 φ 的边值为 ∂D 上的可测变换，$m\varphi^{-1}$ 为 ∂D 上的测度，下面的引理指出 $m\varphi^{-1}$ 的 Radon-Nikodym 导数与 Poisson 核相等.

引理 3.2.2 如果 $a=\int_0^{2\pi}\varphi(e^{i\theta})\mathrm{d}m(\theta)$,那么

$$\frac{\mathrm{d}m\varphi^{-1}}{\mathrm{d}m}(u)=p_a(u)=\mathrm{Re}[(u+a)/(u-a)].$$

证明 设 $e_n(u)=u^n,n=0,\pm1,\pm2,\cdots$,那么对 $n\geqslant0$ 有

$$\int_{\partial D}e_n(u)\mathrm{d}m\varphi^{-1}(u)=\int_{\partial D}(e_n\circ\varphi)(u)\mathrm{d}m(u)$$
$$=\int_{\partial D}\varphi(u)^n\mathrm{d}m(u)=a^n;$$

另一方面

$$\int_{\partial D}e_n(u)P_a(u)\mathrm{d}m(u)=a^n,$$

于是 $\mathrm{d}m\varphi^{-1}/\mathrm{d}m$ 和 P_a 有相同的非负指标的 Fourier 系数,再对上式取共轭即可知 $\mathrm{d}m\varphi^{-1}/\mathrm{d}m$ 与 P_a 具有相同的 Fourier 系数,故两者相等. 证毕.

推论 3.2.6 如果 $\int\varphi\mathrm{d}m=0$,则 φ 为 ∂D 上的保测变换.

证明 因为这时 $0=\int\varphi\mathrm{d}m=a$,而 $P_0(u)=1$,故有 $\mathrm{d}m\varphi^{-1}/\mathrm{d}m=P_0(u)=1$. 由此可知 φ 为 ∂D 上的保测变换.

定理3.2.7 如果 φ 为内函数,$a=\int\varphi\mathrm{d}m,f\in L^2(m)$,则

(1) $\|C_\varphi\|=\sqrt{\dfrac{1+|a|}{1-|a|}}=\sqrt{\dfrac{1+|\varphi(0)|}{1-|\varphi(0)|}}$,

(2) $\sqrt{\dfrac{1-|\varphi(0)|}{1+|\varphi(0)|}}\|f\|_2\leqslant\|C_\varphi f\|_2\leqslant\sqrt{\dfrac{1+|\varphi(0)|}{1-|\varphi(0)|}}\|f\|_2$.

证明 由于

$$\|C_\varphi f\|_2^2=\int|f\circ\varphi|^2\mathrm{d}m=\int|f|^2\mathrm{d}m\varphi^{-1}=\int|f|^2P_a\mathrm{d}m,\quad(*)$$

且

$$\frac{1-|a|}{1+|a|}\leqslant P_a\leqslant\frac{1+|a|}{1-|a|},$$
$$a=\int\varphi\mathrm{d}m=\frac{1}{2\pi i}\int_{\partial D}\frac{\varphi(\zeta)}{\zeta}\mathrm{d}\zeta=\varphi(0),$$

由此即可得(2).

因为 P_a 是连续的，且以 $(1+|a|)/(1-|a|)$ 为其最大值. 由此及(*)式可知(1)成立. 证毕.

推论3.2.7 设 φ 为内函数，则 C_φ 为等距算子当且仅当 $\int \varphi dm=0$(即 $\varphi(0)=0$).

证明 若 C_φ 为等距，由定理3.2.7的(1)知 $a=\varphi(0)=0$，反之，若 $a=\varphi(0)=0$，由上定理即可知 C_φ 为等距. 证毕.

由上面的讨论，容易得到下面的定理.

定理3.2.8 如果 φ 为内函数，且在 D 内有不动点，那么 C_φ 相似于一等距算子.

证明 若 a 为 φ 的不动点，$a\in D$，设 $\psi=\varphi_a^{-1}\circ\varphi\circ\varphi_a$.，显然 ψ 也为内函数，而且

$$C_\psi = C_{\varphi_a}C_\varphi C_{\varphi_a-1} = C_{\varphi_a}C_\varphi C_{\varphi_a}^{-1},$$

故只要证明 C_ψ 为等距算子即可.

因为

$$\int \psi \mathrm{d}m = \int \varphi_a^{-1}\circ\varphi\circ\varphi_a \mathrm{d}m = \varphi_a^{-1}\circ\varphi\circ\varphi_a(0)$$
$$= \varphi_a^{-1}\circ\varphi(a) = \varphi_a^{-1}(a) = 0$$

由推论3.2.6知 C_ψ 为等距算子. 证毕.

3.2.3 Carleson 测度定理和复合算子的有界性

早在1962年，L. Carleson 就在他对 Corora 问题的研究中给出了反映 $H^p(D)$ 函数的性态与其在单位圆周上的性态间关系的一些不等式. 这些不等式揭示了从 $H^p(D)$ 空间到某些测度空间中的包含映射的连续性. 这些不等式常称之为 Carleson 不等式. Carleson 不等式在复合算子的研究中也起着重要的作用.

对 $0<\delta\leqslant 2$，$\zeta\in\partial D$，设

$$S(\zeta,\delta) = \{z\in D: |z-\zeta|<\delta\},$$

又设 μ 是 D 上的正 Borel 测度，如果存在常数 $K<\infty$，使得对任意的 $|\zeta|=1$ 和 $0<\delta<1$，有

$$\mu(S(\zeta,\delta)) < K\delta,$$

则称 μ 为 Hardy 空间的 Carleson 测度.

在 Carleson 定理的证明中，我们将用到一个关于 $H^p(D)$ 函数的非切向极大函数的结果. 对于 $0\leqslant\theta\leqslant2\pi$，设

$$G_\theta = \{z \in D: |e^{i\theta} - z| < 3(1 - |z|)\}.$$

对在 D 上的函数 $f(z)$，设 M_f 为如下定义的函数：

$$M_f(e^{i\theta}) = \sup\{|f(z)|: z \in G_\theta\}.$$

对于上述定义的非切向极大函数，有如下的重要结论：存在与 p 无关的常数 C，使得

$$\int_0^{2\pi} M_f(e^{i\theta})^p \mathrm{d}\theta \leqslant c\int_0^{2\pi} |f(e^{i\theta})| \mathrm{d}\theta.$$

这定理的证明可在[Ga81,p57]或[Koo80,p24]中找到.

定理3.2.9(Carleson 定理) 对 D 上的正 Borel 测度 μ，$0<p<\infty$，下列条件等价：

(1)存在常数 $k<\infty$，使得对任意 $\zeta\in\partial D$，$0<\delta<1$，有

$$\mu(S(\zeta,\delta)) < K\delta;$$

(2)存在常数 C，使得对一切 $f\in H^p(D)$，

$$\int_D |f|^p \mathrm{d}\mu \leqslant C\|f\|_p^p;$$

(3)存在常数 C'，使得对任意 $w\in D$，

$$\int_D \left|\frac{1}{1-\bar{w}z}\right|^2 \mathrm{d}\mu(z) \leqslant C' \frac{1}{1-|w|^2}.$$

证明 (2)⇒(3) 如果对某个 $0<p<\infty$，条件(2)成立，则对 $p=2$ 也成立. 这是因为对 $f\in H^2(D)$ 有分解 $f=BF$，其中 B 为 Blaschke 乘积，F 为无零点的函数且 $\|F\|_2=\|f\|_2$，考虑函数 $F^{2/p}$ 即可. 取 $f=K_w$，$p=2$，即有

$$\int_D \left|\frac{1}{1-\bar{w}z}\right|^2 \mathrm{d}\mu(z) = \int_D |K_w(z)|^2 \mathrm{d}\mu(z)$$

$$\leqslant C\|K_w\|_2^2 = C\frac{1}{1-|w|^2},$$

故(3)成立.

(3)⇒(1) 对 $\zeta\in\partial D, 0<\delta<1$，取 $w=(1-\delta)\zeta$，对于 $z\in S(\zeta,\delta)$，有

$$|K_w(z)|^2\geqslant\frac{1}{4\delta^2},$$

于是

$$\int_D|K_w|^2\mathrm{d}\mu\geqslant\int_{S(\zeta,\delta)}|K_w|^2\mathrm{d}\mu\geqslant\frac{\mu(S(\zeta,\delta))}{4\delta^2},$$

由条件(3)即可得

$$\mu(S(\zeta,\delta))\leqslant 4\delta^2\int_D|K_w|^2\mathrm{d}\mu\leqslant C\frac{4\delta^2}{1-|w|^2}\delta$$

$$=C\frac{4\delta^2}{2\delta-\delta^2}\leqslant 4C\delta.$$

(1)⇒(2) 设 $f\in H^p(D)$，由于极大函数的下半连续性，对 $\lambda>0$，集合 $\{e^{i\theta}:M_f(e^{i\theta})>\lambda\}$ 是单位圆周中的开集，故可表示为单位圆周中可数多个开弧 I_j 的并集，取 λ 充分大，使得此开集不是整个圆周，记以子弧 I_j 的中点 ζ 为中心，取半径 δ，使得圆周恰好通过 I_j 的端点的集 $S(\zeta,\delta)$ 为 S_j. 如果 $z=re^{i\theta_0}$，$|f(z)|>\lambda$，$J_z=\{e^{i\theta}:z\in G_\theta\}$，则 $e^{i\theta_0}$ 为 J_z 的中点. 如果 η 为 J_z 的一个端点，根据 G_θ 的定义，$|z-\eta|=3(1-|z|)=3|e^{i\theta_0}-z|$. 于是

$$|e^{i\theta_0}-\eta|\geqslant|z-\eta|-|e^{i\theta_0}-z|=2|e^{i\theta_0}-z|.$$

这说明 $z\in S(e^{i\theta_0},|e^{i\theta_0}-\eta|)$，因 $z\in G_\theta$，且已知 $|f(z)|>\lambda$，故对于 $e^{i\theta}\in J_z$，有 $M_f(e^{i\theta})>\lambda$，从而可知 J_z 含于某个 I_j 之中，因而 $S(e^{i\theta_0},|e^{i\theta_0}-\eta|)\subset S_j$，所以 $z\in S_j$.

由条件(1)，

$$\mu(\{z:|f(z)|>\lambda\})\leqslant\sum\mu(S_j)$$

$$\leqslant K\sum|I_j|=K|\{e^{i\theta}:M_f(e^{i\theta})>\lambda\}|,$$

所以，由分布函数的变量替换公式[Ru87,p172]可得

$$\int_D|f(z)|^p\mathrm{d}\mu=\int_0^\infty p\lambda^{p-1}\mu(\{z:|f(z)|>\lambda\})\mathrm{d}\lambda$$

$$\leqslant K\int_0^\infty p\lambda^{p-1}|\{e^{i\theta}:M_f(e^{i\theta})>\lambda\}|\mathrm{d}\lambda$$

$$= K\int_0^{2\pi} M_f(e^{i\theta})^p \mathrm{d}\theta.$$

再利用关于极大函数的结论，即可得到

$$\int_D |f(z)|^p \mathrm{d}\mu \leqslant KC\|f\|_p^p.$$

证毕.

Carleson 定理在更一般的解析函数空间（如加权 Bergman 空间等）中有着相似的推广（见[CM95]定理2.36及习题2.2.7）.

定理3.2.10 设$0<p<\infty$，$\alpha>-1$，μ 为 D 上的正 Borel 测度. 下列条件等价：

(1)存在正常数 $K<\infty$，使得对任意 $\zeta\in\partial D$，$0<\delta<1$，

$$\mu(S(\zeta,\delta)) < K\delta^{2+\alpha};$$

(2)存在正常数 $C_1<\infty$，使得对任意 $f\in L_a^p(\mathrm{d}A_\alpha)$，

$$\int_D |f(z)|^p \mathrm{d}\mu \leqslant C_1\int_D |f(z)|^p (1-|z|^2)^\alpha \mathrm{d}A(z);$$

(3)存在正常数 $C_2<+\infty$，使得对任意 $w\in D$，

$$\int_D \left|\frac{1}{1-\overline{w}z}\right|^{2\alpha+4} \mathrm{d}\mu(z) \leqslant C_2\frac{1}{(1-|w|^2)^{2+\alpha}}.$$

由于其证明与定理3.2.9完全相似，我们将其留作练习.

3.2.4 具有闭值域的复合算子

前面已知，$H^2(D)$上的复合算子 C_φ 可逆的充要条件为 φ 是 D 的共形自同构. 对于 $H^2(D)$，当 φ 不是常值函数时，C_φ 是一对一的算子. 因此，C_φ 当其值域为闭集时，有连续的左逆算子. 本节中，我们考虑如下的问题：何时 C_φ 有闭值域?并涉及一些与 C_φ 的本性谱有关的问题.

对于 Nevanlinna 计数函数

$$N_\varphi(w) = \sum \log\frac{1}{|z_j(w)|},$$

其中$\{z_j(w)\}$是 w 在 φ 映射下的原像，并计及重数；如果 $w\notin\varphi(D)$，则 $N_\varphi(w)=0$，对于解析映射 $\varphi: D\to D$，有 Littlewood 不等

式：对任意 $w\in D\setminus\{\varphi(0)\}$，

$$N_\varphi(w)\leqslant\log\left|\frac{1-\overline{\varphi(0)}w}{\varphi(0)-w}\right|.$$

当 φ 为内函数时，上述 Littlewood 不等式几乎处处变成等式.

引理3.2.3 如果 φ 为内函数，则对 D 中除去一个面积为零的子集外的点 w，$N_\varphi(w)=\log\left|\frac{1-\overline{\varphi(0)}w}{\varphi(0)-w}\right|$.

证明 如果 φ 为内函数且 $\varphi(0)=0$，那么对任意 $f\in H^2(D)$，

$$\|f\|_2^2=\|f\circ\varphi\|_2^2=|f(0)|^2+2\int_D|f'(\omega)|^2N_\varphi(w)\frac{\mathrm{d}A(w)}{\pi}.$$

根据 Littlewood-Paley 恒等式

$$\|f\|_2^2=|f(0)|^2+2\int_D|f'(w)|^2\log\frac{1}{|w|}\frac{\mathrm{d}A(w)}{\pi},$$

于是对几乎所有 $w\in D$ 有 $N_\varphi(w)=-\log\frac{1}{|w|}$.

如果 φ 是内函数且 $\varphi(0)=u\neq0$，那么对

$$\varphi_u(z)=\frac{u-z}{1-\bar{u}z},$$

$\psi=\varphi_u\circ\varphi$ 是内函数且 $\psi(0)=0$，于是由上述可知 D 中除去一个面积为0的集外，$N_\psi(w)=\log\frac{1}{|w|}$，因为 $N_\psi(w)=N_\varphi(\varphi_u(w))$，故在 D 中除去一个零集外有

$$N_\varphi(w)=\log\frac{1}{|\varphi_u(w)|}=\log\left|\frac{1-\overline{\varphi(0)}w}{\varphi(0)-w}\right|.$$

证毕.

推论3.2.8 如果 φ 为单叶内函数，那么 φ 为 D 的自同构.

证明 先设 φ 为单叶内函数且 $\varphi(0)=0$，根据引理3.2.3，可取 $w_0\neq0=\varphi(0)$ 且 $w_0\in\varphi(D)$，使得 $N_\varphi(w_0)=-\log|w_0|$. 根据 Schwarz 引理，

$$\log|w_0|=\log|\varphi(\varphi^{-1}(w_0))|\leqslant\log|\varphi^{-1}(w_0)|=\log|w_0|.$$

于是有 $|\varphi(\varphi^{-1}(w_0))|=|\varphi^{-1}(w_0)|$，由 Schwarz 引理知 φ 为旋转变换.

如果 $\varphi(0)=u\neq0$，对于 $\psi=\varphi_u\circ\varphi$（其中 $\varphi_u(z)=(u-z)/(1-$

$\bar{u}z$))应用上述结论即可得到所要证的结论. 证毕.

事实上,如果存在 $w_0 \in D\backslash\{\varphi(0)\}$,使得

$$N_\varphi(w_0) = \log\left|\frac{1-\overline{\varphi(0)}w_0}{\varphi(0)-w_0}\right|,$$

则 φ 为内函数[Sho87a, p. 388].

下面我们着手表征 $H^2(D)$上有闭值域的复合算子. 具有闭值域的复合算子即为那些下有界的算子.

定理3.2.11 设 H 为 D 上的解析函数 Hilbert 空间,C_φ 为 H 上的有界复合算子. C_φ 有闭值域当且仅当存在 $\varepsilon>0$,使得对一切 $f\in H$,

$$\|C_\varphi f\| \geqslant \varepsilon\|f\|.$$

证明 设对一切 $f\in H$, $\|C_\varphi f\|\geqslant\varepsilon\|f\|$, $\{C_\varphi f_n\}\subset R(C_\varphi)$为 Cauchy 序列,那么有

$$\|C_\varphi f_n - C_\varphi f_m\| \geqslant \varepsilon\|f_n - f_m\|.$$

于是$\{f_n\}$为 H 中的 Cauch 序列. 令 $f=\lim\limits_{n\to\infty} f_n$,则 $C_\varphi f=\lim\limits_{n\to\infty} C_\varphi f_n$,故 $R(C_\varphi)$是闭的.

反之,当 φ 不为常值解析函数时,C_φ 是一一变换,于是 C_φ 是 H 到 $R(C_\varphi)$上的双射. 由闭图像定理即知 C_φ 存在有界逆算子 C_φ^{-1},故存在 $\varepsilon>0$,使得对一切 $f\in H$,从而 $C_\varphi f\in R(C_\varphi)$有

$$\|C_\varphi^{-1}(C_\varphi f)\| \leqslant \frac{1}{\varepsilon}\|C_\varphi f\|,$$

故有$\|C_\varphi f\|\geqslant\varepsilon\|f\|$,证毕.

由推论3.2.2知,当 φ 为内函数时,C_φ 在 $H^2(D)$上下有界,从而 C_φ 有闭值域. 这启发我们去寻找对一般的 φ,C_φ 有闭值域的条件. 先考虑引理3.2.3的另一个有用的推论.

推论3.2.9 如果 φ 为内函数,则存在常数 $C>0$和 $\rho<0$,使得对圆环 $\rho<|w|<1$中除一个零集外的点 w,

$$\frac{N_\varphi(w)}{-\log|w|} > C.$$

证明 如果 $\varphi(0)=0$,则由引理3.2.3立即可得结论(这时只

要取 $\rho=0, C=1/2$即可).

如果 $\varphi(0)=u\neq 0, \psi=\varphi_u\circ\varphi$,则由引理3.2.3,$D$ 中除一个零集外的 w,

$$N_\varphi(w)=\log\frac{1}{|\varphi_u(w)|}.$$

但是

$$\begin{aligned}\log\frac{1}{|\varphi_u(w)|}&\sim 1-|\varphi_u(w)|^2=\frac{1-|u|^2}{|1-\bar{u}w|^2}(1-|w|^2)\\&\geqslant\frac{1-|u|^2}{4}(1-|w|^2)\sim\frac{1-|u|^2}{4}\log\frac{1}{|w|},\end{aligned}$$

其中～表示这两个量的比,在 $|w|$ 靠近1时,有正值下界及上界.由此即可得结论.证毕.

为记号简便,令

$$\tau_\varphi(w)=\frac{N_\varphi(w)}{-\log|w|},$$

$$G_c=\{w\in D:\tau_\varphi>c\}.$$

显然 τ_φ 为可测的非负函数.为证明我们的主要定理,需要一个属于 D. H. Luecking[Lue81]的重要定理.

定理3.2.12 设 G 为 D 的可测子集.对任意 $\alpha>-1$,下列条件等价:

(1)存在 $C>0$,使得对任意 $g\in A_\alpha^2(D)$,

$$\int_D|g(z)|^2(1-|z|^2)^\alpha\mathrm{d}A(z)\leqslant C\int_G|g(z)|^2(1-|z|^2)^\alpha\mathrm{d}A(z);$$

(2)存在 $\delta>0$,使得对任意 $|\zeta|=1$及$0<h<1$有

$$|G\cap S(\zeta,h)|\geqslant\delta h^2,$$

其中 $S(\zeta,h)=\{z\in D:|z-\zeta|<h\}$,$|A|$表示集 A 的面积.

由此定理中 $\alpha=1$的情形,在表征 $H^2(D)$上具有闭值域的复合算子时起关键作用,先看下述推论.

推论3.2.10 如果 $\tau(z)$为 D 上非负有界可测函数,那么下述两命题等价:

(1)存在 $K>0$,使得对任意 $f\in H^2(D)$,

$$\int_D |f'(z)|^2\tau(z)\log\frac{1}{|z|^2}dA(z)\geqslant K\int_D |f'(z)|\log\frac{1}{|z|^2}dA(z);$$

(2)存在 $C>0$和 $\delta>0$,使得对任意$|\zeta|=1$和$0<\delta<1$,

$$|G_c\cap S(\zeta,h)|\geqslant\delta h^2,$$

其中 $G_C=\{z\in D:\tau(z)>C\}$.

证明 (1)⇒(2) 因为 $f\in H^2(D)$当且仅当 $f'\in A_1^2(D)$,又因当$|z|\to1$时,$\log\frac{1}{|z|^2}\sim1-|z|^2$,由条件(1),存在 $K'>0$,使得对一切 $g\in A_1^2(D)$,

$$\int_D |g(z)|^2\tau(z)(1-|z|^2)dA(z)\geqslant K'\int_D |g(z)|^2(1-|z|^2)dA(z).$$

选取 $c<\frac{K'}{2}$,令 $G=\{\tau(z)>C\}$,可得

$$\begin{aligned}K'\int_D |g(z)|^2(1-|z|^2)dA(z)&\leqslant\int_D |g(z)|^2\tau(z)(1-|z|^2)dA(z)\\&\leqslant\int_G |g(z)|^2\tau(z)(1-|z|^2)dA(z)\\&\quad+\int_{D/G}|g(z)|^2\tau(z)(1-|z|^2)dA(z)\\&\leqslant\|\tau\|_\infty\int_G |g(z)|^2(1-|z|^2)dA(z)\\&\quad+C\int_D |g(z)|^2(1-|z|^2)dA(z),\end{aligned}$$

由此可知

$$\frac{K'-C}{\|\tau\|_\infty}\int_D |g(z)|^2(1-|z|^2)dA(z)\leqslant\int_G |g(z)|^2(1-|z|^2)dA(z).$$

由定理3.2.12,存在 $\delta>0$,使得对一切$|\zeta|=1$和$0<h<1$,$|G\cap S(\zeta,h)|\geqslant\delta h^2$.

(2)⇒(1) 由定理3.2.12立即可得.证毕.

下面是本节的主要定理,它给出了 $H^2(D)$上的复合算子具有闭值域的特征.

定理3.2.13 $H^2(D)$上的复合算子 C_φ 有闭值域的充要条件是存在正数 C 和 δ,使得对一切$|\zeta|=1$和$0<\delta<1$,有

$$|G_c\cap S(\zeta,h)|\geqslant\delta h^2,$$

其中 $S(\zeta,h)=\{z\in D:|z-\zeta|<h\}$为 Carleson 集.

证明 先证明当 $\varphi(0)=0$时,定理成立,然后再证在一般情形也成立.

设 T 为 C_φ 在 $H_0^2(D)=\{f\in H^2(D):f(0)=0\}$上的限制. 显然 $H_0^2(D)$为 C_φ 的不变子空间. 又设存在 $C>0$和 $\delta>0$,使得对一切 $|\zeta|=1$和$0<h<1$有

$$|G_c^\varphi\cap S(\zeta,h)|\geqslant\delta h^2,$$

其中 $G_c^\varphi=\{w\in D:\tau_\varphi(w)>c\}$,那么由 Littlewood-Paley 恒等式,有

$$\begin{aligned}\|Tf\|^2=\|f\circ\varphi\|^2&=\int_D|f'(\varphi(z))|^2\log\frac{1}{|z|^2}\frac{\mathrm{d}A(z)}{\pi}\\&=2\int_D|f'(w)|^2N_\varphi(w)\frac{\mathrm{d}A(w)}{\pi}\\&=\int_D|f'(w)|^2\tau_\varphi(w)\log\frac{1}{|w|^2}\frac{\mathrm{d}A(w)}{\pi}.\end{aligned}$$

因为 $\varphi(0)=0$,Littlewood 不等式指出,在 $D\backslash\{0\}$上 $\tau_\varphi(w)<1$,故 τ_φ 是有界非负的可测函数,由推论3.2.9知存在 $k>0$,使得对一切 $f\in H^2(D)$.

$$\int_D|f'(z)|^2\tau_\varphi(z)\log\frac{1}{|z|^2}\frac{\mathrm{d}A(z)}{\pi}\geqslant k\int_D|f'(z)|^2\log\frac{1}{|z|^2}\frac{\mathrm{d}A(z)}{\pi}.$$

特别地,对 $f\in H_0^2(D)$,有

$$\|Tf\|^2\geqslant k\|f\|^2,$$

故 T 在 $H_0^2(D)$上是下有界的. 由于任意 $f\in H^2(D)$可写成 $f=g+f(0)$,其中 $g\in H_0^2(D)$,且 $f\circ\varphi=g\circ\varphi+f(0)$,故可知 C_φ 在 $H^2(D)$上是下有界的. 从而 C_φ 有闭值域.

反之,如果 C_φ 在 $H^2(D)$上有闭值域,故存在 $k>0$,使得对一切 $f\in H^2(D)$,有

$$\begin{aligned}&\int_D|f'(w)|^2\tau_\varphi(w)\log\frac{1}{|w|^2}\frac{\mathrm{d}A(w)}{\pi}\\&\geqslant k\int_D|f'(w)|^2\log\frac{1}{|w|^2}\frac{\mathrm{d}A(w)}{\pi}.\end{aligned}$$

因为 $\tau_\varphi(w)\leqslant1(w\neq0)$,由推论3.2.9,存在 $C>0$和 $\delta>0$,使得对一

切$|\zeta|=1$和$0<h<1$，

$$|C_c^\varphi \cap S(\zeta,h)| \geqslant \delta h^2,$$

其中$C_c^\varphi=\{z\in D:\tau_\varphi(z)>C\}$，故定理在$\varphi(0)=0$时成立.

如果$\varphi(0)=u\neq 0$，设$\varphi_u(z)=(u-z)/(1-\bar{u}z)$，令$\psi=\varphi_u\circ\varphi$，则$\psi(0)=0$且$C_\psi=C_\varphi C_{\varphi_u}$，于是

C_φ有闭值域$\Leftrightarrow C_\psi$有闭值域

$$\Leftrightarrow \exists\ C_1,\delta_1>0,\text{使得}\ |G_{c_1}^\varphi \cap S(\zeta,h)| \geqslant \delta_1 h^2$$

$$\Leftrightarrow \exists\ C_2,\delta_2>0,\text{使得}\ |G_{c_2}^\varphi \cap S(\zeta,h)| \geqslant \delta_2 h^2$$

对一切$|\zeta|=1$和$0<h<1$成立. 证毕.

如果存在$\zeta\in\partial D$及$h>0$，使得$\varphi(D)\cap S(\zeta,h)=\phi$，则在$S(\zeta,h)$上$\tau_\varphi(z)=0$，因而对任意$c>0$，$|G_c^\varphi\cap S(\zeta,h)|=0$，由定理可知$C_\varphi$不可能有闭值域.

§3.3 紧复合算子

研究了复合算子的有界性的特征后，最自然的问题是：哪些复合算子是紧算子？复合算子的有界性保证它将H^2中的有界集映成有界集. 这里要问的是C_φ的诱导映射φ以怎样的方式压缩单位圆盘D到D中才能保证C_φ压缩H^2中的有界集为"相对紧集".

3.3.1 紧复合算子的一般判别方法

对D到D中的解析函数φ，压缩D到D中的最厉害情形是将D映成D中的一点(即φ为常值函数). 这时导出的复合算子C_φ的值域为一维子空间. 因此C_φ是紧算子. 下面的定理指出，如果我们假设$\varphi(D)$在D中是相对紧的(即其闭包为D的紧子集)，则C_φ也为紧算子.

定理3.3.1 如果$\|\varphi\|_\infty<1$，则C_φ为H^2上的紧算子.

证明 对任意正整数n，定义算子

$$T_n f=\sum_{k=0}^{n}\hat{f}(k)\varphi^k \quad (f\in H^2),$$

于是 T_n 将 H^2映到由 φ 的前 n 次幂张成的子空间上，于是 T_n 为 H^2 上的有限秩算子（容易验证 T_n 的范数小于等于 $\sqrt{n+1}$），我们要证：$\|C_\varphi - T_n\| \to 0$.

因为

$$
\begin{aligned}
\|(C_\varphi - T_n)f\| &= \Big\| \sum_{k=n+1}^{\infty} \hat{f}(k)\varphi^k \Big\|_2 \\
&\leqslant \sum_{k=n+1}^{\infty} |\hat{f}(k)| \|\varphi^k\|_2 \\
&\leqslant \sum_{k=n+1}^{\infty} |\hat{f}(k)| \|\varphi\|_\infty^k \\
&\leqslant \Big(\sum_{k=n+1}^{\infty} |\hat{f}(k)|^2 \Big)^{\frac{1}{2}} \Big(\sum_{k=n+1}^{\infty} \|\varphi\|_\infty^{2k} \Big)^{\frac{1}{2}} \\
&\leqslant \frac{\|\varphi\|_\infty^{n+1}}{\sqrt{1 - \|\varphi\|_\infty^2}} \|f\|_2.
\end{aligned}
$$

注意到条件 $\|\varphi\|_\infty < 1$. 即知

$$
\|(C_\varphi - T_n)f\| \leqslant \frac{\|\varphi\|_\infty^{n+1}}{\sqrt{1 - \|\varphi\|_\infty^2}} \to 0 \quad (n \to \infty),
$$

于是，C_φ 为有限算子 T_n 的范数极限，由定理1.3.6知 C_φ 为紧算子. 证毕.

利用 H^2中范数的积分表示，我们对上定理中的条件可作适当的放宽. 分析上定理的证明过程，事实上，我们有

$$
\begin{aligned}
\|(C_\varphi - T_n)f\|_2 &\leqslant \sum_{k=n+1}^{\infty} |\hat{f}(k)| \|\varphi^k\|_2 \\
&\leqslant \Big(\sum_{k=n+1}^{\infty} |\hat{f}(k)|^2 \Big)^{\frac{1}{2}} \Big(\sum_{k=n+1}^{\infty} \|\varphi^k\|_2^2 \Big)^{\frac{1}{2}},
\end{aligned}
$$

由此可知

$$
\|C_\varphi - T_n\|_2 \leqslant \Big(\sum_{k=n+1}^{\infty} \|\varphi^k\|_2^2 \Big)^{\frac{1}{2}}.
$$

于是，如果

$$\sum_{n=0}^{\infty}\|\varphi^n\|_2^2<\infty,$$

则 C_φ 为紧算子，而上述条件可改写成如下积分形式：

$$\begin{aligned}\infty>\sum_{n=0}^{\infty}\|\varphi^n\|_2^2&=\sum_{n=0}^{\infty}\frac{1}{2\pi}\int_0^{2\pi}|\varphi(e^{i\theta})|^{2n}\mathrm{d}\theta\\&=\frac{1}{2\pi}\int_0^{2\pi}\sum_{n=0}^{\infty}|\varphi(e^{i\theta})|^{2n}\mathrm{d}\theta\\&=\frac{1}{2\pi}\int_0^{2\pi}\frac{1}{1-|\varphi(e^{i\theta})|^2}\mathrm{d}\theta,\end{aligned}$$

这里，积分与求和号的交换的合法性由被积分函数为正值函数及 Fubini 定理得到，而几何级数的收敛性，由条件可知. 因此，我们就有了如下进一步的判别方法.

定理3.3.2 如果 $\varphi:D\to D$ 解析，而且

$$\int_{-\pi}^{\pi}\frac{1}{1-|\varphi(e^{i\theta})|}\mathrm{d}\theta<\infty,$$

则 C_φ 为 H^2 上的紧算子.

注 在上述定理的证明中，实际上，我们描述了这样一个事实：

$$\sum_{n=0}^{\infty}\|C_\varphi(z^n)\|_2^2=\sum_{n=0}^{\infty}\|\varphi^n\|_2^2=\frac{1}{2\pi}\int_0^{2\pi}\frac{1}{1-|\varphi(e^{i\theta})|^2}\mathrm{d}\theta<+\infty.$$

一般地，若 $\{e_n\}$ 为 Hilbert 空间 H 的一组规范正交基，T 为 H 上的有界线性算子，如果

$$\sum_{n=0}^{\infty}\|Te_n\|^2<\infty,$$

则称 T 为 H 上的 Hilbert-Schmidt 算子，由于 $\{z^n\}_{n=0}^{\infty}$ 为 H^2 中的一组规范正交基，故上述条件实际上指出 C_φ 是 Hilbert-Schmidt 算子，而且断言：Hilbert-Schmidt 复合算子是紧算子. 显然定理3.3.2是定理3.3.1的有意义的改进，而且由刚才的讨论可得如下更明确的结论.

推论3.3.1 设 $\varphi:D\to D$ 解析，则 C_φ 为 Hilbert-Schmidt 算子的充要条件为

$$\int_{-\pi}^{\pi} \frac{1}{1-|\varphi(e^{i\theta})|^2} \mathrm{d}\theta < +\infty.$$

对于复合算子的研究，下面用几何术语表述的比较原理，在复合算子的分类过程中将起重要作用.

定理3.3.3 设 I 为 $H^p(0<p\leqslant\infty)$ 上有界线性算子全体 $L(H^p)$ 中的左理想，$\varphi,\psi:D\to D$ 解析，其中 φ 是单叶的. 如果 $C_\varphi\in I$，且 $\psi(D)\subset\varphi(D)$，那么 $C_\psi\in I$.

证明 设 $w=\varphi^{-1}\circ\psi$，则 w 为 D 到 D 中的解析函数，且 $\psi=\varphi\circ w$，于是 $C_\psi=C_wC_\varphi$，其中 $C_\varphi\in I$，C_w 是有界的. 因为 I 是左理想，故 $C_\psi\in I$. 证毕.

由于 H^2 中的紧算子为一个理想，设 $R\subset D$ 为单连通区域，如果 D 到 R 上的 Riemann 映射 φ 产生 H^2 上的紧复合算子 C_φ，那么任意 $\psi:D\to R$ 也产生紧复合算子 C_ψ.

这里，我们给出 Hilbert-Schmidt 复合算子的例子. 为此考虑如下的"透镜"映射：对 $0<\alpha<1$，定义 σ_α 为 D 到 D 中的解析映射：

$$\sigma_\alpha(z)=\frac{\sigma(z)^\alpha-1}{\sigma(z)^\alpha+1},$$

其中 $\sigma(z)=(1+z)/(1-z)$，由于 $\sigma(z)$ 将 D 共形变换为右半平面，利用 α 次幂将右半平面压缩为角域 $\{w:|\arg w|<\alpha\pi/2\}$，再利用

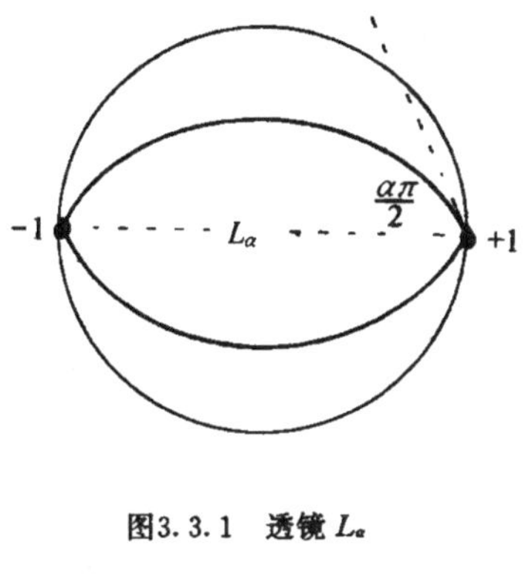

图3.3.1 透镜 L_α

σ^{-1}将此角域映到 D 中，如图所示：由于 $\sigma_\alpha(z)$将 D 共形变换成一个透镜形的区域，我们称 $\sigma_\alpha(z)$为“透镜映射”.

例3.3.1 设 $\varphi(z)=\sigma_\alpha(z)(0<\alpha<1)$，则 C_φ 为 H^2上的 Hilbert-Schmidt 算子.

证明 由于 $z=\pm1$为 φ 的不动点，除此以外，$\varphi(z)\in D$. 故要证明$(1-|\varphi(e^{i\theta})|^2)^{-1}$的可积性，只要证明它在以$\pm1$为中心的两个小弧段上可积即可. 由对称性又可知，只要证明在$+1$为中心的一小弧上可积即可. 由于

$$1-\varphi(z)=\frac{2}{\sigma(z)^\alpha+1},$$

易知 $\sigma(e^{i\theta})=i\mathrm{ctg}(\theta/2)$，故对于 $|\theta|<\dfrac{\pi}{2}$，

$$|\sigma(e^{i\theta})|=|\mathrm{ctg}(\theta/2)|\leqslant 2/|\theta|,$$

于是有

$$|1-\varphi(e^{i\theta})|\geqslant\frac{2}{|\sigma(e^{i\theta})|^\alpha+1}\geqslant\lambda|\theta|^2,$$

其中 λ 为正实数. 由于$0<\alpha<1$，由此可知$(1-|\varphi(e^{i\theta})|^2)^{-1}$在区间$[-\pi/2,\pi/2]$上可积.

由于每个点 $\varphi(e^{i\theta})$位于实轴与过$+1$且与实轴夹角为$\dfrac{\alpha\pi}{2}$的直线之间，由余弦定理可知

$$1-|\varphi(e^{i\theta})|^2\geqslant\lambda_1|1-\varphi(e^{i\theta})|,$$

其中 λ_1为正实数. 于是$(1-|\varphi(e^{i\theta})|^2)^{-1}$在一个以 $\theta=0$为中心的区间中是可积的，因此可知

$$\int_{-\pi}^{\pi}\frac{1}{1-|\varphi(e^{i\theta})|^2}\mathrm{d}\theta<\infty.$$

由定理3.3.2知，C_φ 为 Hilbert-Schmidt 算子. 证毕.

上面例子中的映射 $\sigma_\alpha(z)$，虽然$\|\sigma_\alpha\|_\infty=1$，但 $\sigma_\alpha(\overline{D})$与 ∂D 仅有两个接触点. 事实上，当 $\varphi(\overline{D})$在 ∂D 接触点不多时，C_φ 就有可能是紧的.

定理3.3.4 设 $\varphi:D\to D$ 解析，且 $\varphi(D)$含于一个内接 ∂D 的多边形之内，那么 C_φ 为 Hilbert-Schmidt 算子.

证明 先设 φ 将 D 映到一个"透镜"区域 L_α 之内，令 $\psi=\sigma_\alpha^{-1}\circ\varphi$，则 $\psi(D)\subset D$，且 $\varphi=\sigma_\alpha\circ\psi$，于是 $C_\varphi=C_\psi C_{\sigma_\alpha}$，故

$$\|C_\varphi(z^n)\|_2\leqslant\|C_\psi\|\|C_{\sigma_\alpha}(z^n)\|_2\quad(n=0,1,2,\cdots),$$

于是，由 C_{σ_α} 为 Hilbert-Schmidt 算子可知

$$\frac{1}{2\pi}\int_0^{2\pi}\frac{\mathrm{d}\theta}{1-|\varphi(e^{i\theta})|^2}=\sum_{n=0}^{\infty}\|C_\varphi(z^n)\|_2^2$$

$$\leqslant\|C_\psi\|^2\sum_{n=0}^{\infty}\|C_{\sigma_\alpha}(z^n)\|_2^2<+\infty,$$

这证明了将 D 映到某透镜区域 L_α 内的 φ 诱导一个 Hilbert-Schmidt 复合算子 C_φ.

对一般情形，设多边形为 P，由定理3.3.3，不妨设 φ 是 D 到 P 上的单叶解析函数. 由 Carathéodory 延拓定理，φ 可延拓成 $\overline{D}$ 到 $\overline{P}$ 上的同胚映射. 考虑 P 的一个顶点，不失一般性，设此顶点为 $+1$，而且可设此点为 φ 的不动点，于是 $\psi=(1+\varphi)/2$ 以 $+1$ 为不动点，而且将 D 映到 L_α 内(其中 α 是某个充分靠近于零的正实数)，故由前面的论证，$(1-|\psi(e^{i\theta})|^2)^{-1}$ 在单位圆周上可积. 而当 $\theta\to0$ 时，$\varphi(e^{i\theta})$ 和 $\psi(e^{i\theta})$ 都趋近于1，而且都在 L_α 的内部，即它们非切向趋于1，故对一切充分小的 θ，

$$1-|\psi(e^{i\theta})|^2\approx|1-\psi(e^{i\theta})|=\left|\frac{1-\varphi(e^{i\theta})}{2}\right|\approx\frac{1-|\varphi(e^{i\theta})|^2}{2},$$

于是 $2(1-|\varphi(e^{i\theta})|^2)^{-1}$ 在一个关于 $\theta=0$ 对称的区间上是可积的. 因此，$(1-|\varphi(e^{i\theta})|^2)^{-1}$ 在多边形 P 的各顶点的原像为中心的区间上是可积的，因而在整个单位圆周上是可积的. 再由推论3.3.1，C_φ 为 Hilbert-Schmidt 算子. 证毕.

紧算子有用序列描述的特征：将任意弱收敛的序列映成依范数收敛的序列(定理1.3.2)，这特征在复合算子情形有着更浓的分析味道. 因为在 H^2 中的弱收敛序列有着如下的特征：

引理3.3.1 设 $\{f_n\}\subset H^2$，则 $\{f_n\}$ 为弱收敛于零的充要条件是 $\{f_n\}$ 范数有界且逐点趋于零.

证明 必要性：由于在 D 中任一点处的计值泛函为有界线性

泛函，故对任意 $z\in D$，$f_n(z)\to 0$，再由共鸣定理即可知$\{f_n\}$有界.

充分性：设$\{f_n\}\subset H^2$，存在 $M>0$，使得$\|f_n\|_2\leqslant M<+\infty(n=1,2,\cdots)$且对任意 $z\in D$，，$\lim\limits_{n\to\infty}f_n(z)=0$，由于 H^2为 Hilbert 空间. $H^2=\overline{\text{span}}\{K_z:z\in D\}$对任意 $g\in H^2$可用核函数的有限组合逼近，对任意 $\varepsilon>0$，有

$$g=g_0+\sum_{z\in F}\alpha_z K_z,$$

其中$\|g_0\|_2<\varepsilon$，$F\subset D$ 为有限集，于是

$$\begin{aligned}|\langle f_n,g\rangle|&\leqslant|\langle f_n,g_0\rangle|+\left|\left\langle f_n,\sum_{z\in F}\alpha_z K_z\right\rangle\right|\\&\leqslant M\varepsilon+\sum_{z\in F}|\alpha_z||f_n(z)|,\end{aligned}$$

因而有

$$\lim_{n\to\infty}|\langle f_n,g\rangle|\leqslant M\varepsilon,$$

由 $\varepsilon>0$的任意性可知$\{f_n\}$弱收敛于零. 证毕.

引理3.3.2 设$\{f_n\}\subset H^2$，且$\|f_n\|_2\leqslant M<+\infty(n=1,2,\cdots)$，则对任意 $z\in D$，$f_n(z)\to 0$等价于对任意紧子集 $K\subset D$，$\{f_n\}$在 K 上一致收敛于零.

证明 “$\Leftarrow$” 显然.

“$\Rightarrow$” 对 D 中的任意紧子集 K，取$0<r<1$，使得 $K\subset rD$，记 $\delta(r,K)=\max\{|z-w|:|z|=r,w\in K\}>0$，于是对任意 $z\in K$，

$$f_n(z)=\frac{1}{2\pi i}\int_{|\zeta|=r}\frac{f_n(\zeta)}{\zeta-z}\mathrm{d}\zeta,$$

故有

$$|f_n(z)|\leqslant\frac{1}{2\pi}\int_{|\zeta|=r}\frac{|f_n(\zeta)|}{r-|z|}|\mathrm{d}\zeta|\leqslant\frac{\delta(r,k)}{2\pi}\int_{|\zeta|=r}|f_n(\zeta)||\mathrm{d}\zeta|.$$

由定理3.1.1，对任意$|\zeta|=r$，有

$$|f_n(\zeta)|=\frac{\|f_n\|_2}{\sqrt{1-|\zeta|^2}}\leqslant\frac{M}{\sqrt{1-r^2}}.$$

由条件可知当$|\zeta|=r$ 时，$f_n(\zeta)\to 0(n\to\infty)$，由 Lebesgue 控制收敛定理知

$$\lim\int_{|\zeta|=r}|f_n(\zeta)||\mathrm{d}\zeta| = \int_{|\zeta|=r}\lim_{n\to\infty}|f_n(\zeta)||\mathrm{d}\zeta| = 0,$$

这极限与 $z\in K$ 无关,从而可知$\{f_n\}$在 K 上一致收敛. 证毕.

推论3.3.2 设$\{f_n\}\subset H^2$,则$\{f_n\}$为弱收敛于零的充要条件是$\{f_n\}$范数有界且 $f_n\xrightarrow{K}0$.

定理3.3.5 设 $\varphi:D\to D$ 解析,则以下两命题等价:

(1)C_φ 为 H^2上的紧算子;

(2)如果$\{f_n\}\subset H^2$有界且 $f_n\xrightarrow{K}0$,则$\|C_\varphi f_n\|_2\to 0(n\to\infty)$.

证明 (1)⇒(2) 设 C_φ 为 H^2上的紧算子. 又设$\{f_n\}\subset H^2$,且存在 $M>0$,使得$\|f_n\|_2\leqslant M<+\infty$,且 f_n 在 D 中任意紧集 K 上一致收敛于零,由定理1.3.2知$\|C_\varphi f_n\|_2\to 0(n\to\infty)$.

(2)⇒(1) 设$\{f_n\}$为 H^2中弱收敛于0的序列,由引理3.3.1知,$\{f_n\}$按范数有界,且对任意 $z\in D$,$f_n(z)\to 0$,由引理3.3.2知 $f_n\xrightarrow{K}0$,且有界,由(2)知$\|C_\varphi f_n\|_2\to 0$,再由定理1.3.2知 C_φ 为紧算子. 证毕.

下面我们利用上述用序列描述的紧复合算子的特征说明,如果 $\varphi(e^{i\theta})$趋近 D 的边界太快或太频繁,C_φ 将不是紧算子.

例3.3.2 对$0<\lambda<1$,设 $\varphi(z)=\lambda z+(1-\lambda)$,那么 C_φ 不是 H^2 上的紧算子.

证明 对每个固定的$0<r<1$,定义

$$f_r(z) = \frac{\sqrt{1-r^2}}{1-rz} \quad (z\in D),$$

由 H^2函数的幂级数系数定义的范数易知$\|f_r\|_2=1$,而且在 D 上的任意紧子集上一致收敛于零,从而可知当 $r\to 1^-$时,f_r 弱收敛于零. 另一方面,

$$\|f_r\circ\varphi\|_2^2 = \left\| \frac{\sqrt{1-r^2}}{1-r+\lambda r}\,\frac{1}{1-\dfrac{\lambda r}{1-r+\lambda r}I}\right\|_2^2$$

$$= \frac{1-r^2}{(1-r+\lambda r)^2} \frac{1}{1-\left(\frac{\lambda r}{1-r+\lambda r}\right)^2}$$

$$= \frac{1-r^2}{(1-r+\lambda r)^2-\lambda^2 r^2}$$

$$= \frac{1-r^2}{(1-r+\lambda r+\lambda r)(1-r+\lambda r-\lambda r)}$$

$$= \frac{1+r}{1+r(2\pi-1)} \quad (0<r<1),$$

因此

$$\lim_{r\to 1^-}\|f_r\circ\varphi\|_2^2=\lim_{r\to 1^-}\|C_\varphi f_r\|_2^2=\lambda^{-1}\neq 0,$$

由定理1.3.2知 C_φ 不是紧算子. 证毕.

利用以几何术语给出的关于紧算子的比较原理,我们可给出 C_φ 不是紧算子的一种判别法:

推论3.3.3 设 $\varphi: D\to D$ 为单叶解析函数,且 $\varphi(D)$ 包含一个在 ∂D 的某点处与 ∂D 相切的小圆盘,则 C_φ 不是紧算子.

证明 不失一般性,设此小圆盘在 $+1$ 与 ∂D 相切,记此小圆盘为 Δ,若 Δ 的半径为 λ,则 $0<\lambda<1$,且 $\Delta=\lambda D+(1-\lambda)$,即 Δ 为 D 在映射 $\psi(z)=\lambda z+(1-\lambda)$ 下的像,由例3.3.2知 C_ψ 不是紧算子. 由比较原理(定理3.3.3)可知 C_φ 不是紧算子. 证毕.

这推论实际上指出:$\varphi(e^{i\theta})$ 趋于 ∂D 太快(如它沿切向趋于边界). 尽管 $\varphi(\overline{D})$ 与 ∂D 只有一个接触点,C_φ 仍不能为紧算子. 下面的命题从另一个角度指出:若 C_φ 为紧算子,则 φ 的值域接触边界 ∂D 不能太多.

推论3.3.4 设 $\varphi: D\to D$ 解析,记

$$E(\varphi)=\{\theta\in[-\pi,\pi]: |\varphi(e^{i\theta})|=1\}.$$

如果 $E(\varphi)$ 有正测度,则 C_φ 不是紧算子.

证明 记 $e_n(z)=z^n$,则 $\|e_n\|\leqslant 1$,而且在 D 中的任一紧集上 $\{e_n\}$ 一致收敛于零,即 $\{e_n\}$ 为 H^2 中弱收敛于零的序列. 另一方面,

$$\|C_\varphi e_n\|_2^2=\frac{1}{2\pi}\int_{-\pi}^{\pi}|\varphi(e^{i\theta})|^{2n}\mathrm{d}\theta$$

$$\geq \frac{1}{2\pi}\int_{E(\varphi)} |\varphi(e^{i\theta})|^{2n}\mathrm{d}\theta$$

$$= \frac{1}{2\pi}m(E(\varphi)) > 0,$$

其中 $m(E)$表示 E 的 Lebesgue 测度. 由定理1.3.3知 C_φ 不是紧算子. 证毕.

推论3.3.5 若 C_φ 为 H^2上的紧算子,则$|\varphi(e^{i\theta})|<1$,a.e..

上述的讨论给我们一种直觉:C_φ 为紧算子当且仅当 $\varphi(z)$趋于 D 的边界的速度不能太快,接触 ∂D 不能太频繁. 我们下面要探讨的各种关于复合算子的紧性的特征都基于这种基本想法. 只是利用分析、几何、代数的各种方法将这基本想法表达得更为清楚.

3.3.2 紧复合算子的角导数判别法

复合算子的有界性由 Littlewood 定理而得,而其实质是 Schwarz 引理,当 $\varphi(0)=0$,由 Schwarz 引理可知

$$1-|z|^2 = O(1-|\varphi(z)|^2) \quad (|z| \to 1^-),$$

上节中的启发使我们猜想:若 C_φ 为紧算子,则$|\varphi(z)|\to 1(|z|\to 1^-)$的速度不能太快,条件

$$1-|z|^2 = o(1-|\varphi(z)|^2) \quad (|z| \to 1^-)$$

将是 C_φ 为紧算子的刻画. 这直觉被下面的定理加以肯定.

定理3.3.6 设 $\varphi: D\to D$ 为解析函数,若 C_φ 为 H^2上的紧算子,则

$$\lim_{|z|\to 1^-} \frac{1-|\varphi(z)|}{1-|z|} = \infty.$$

证明 对每个 $p\in D$,记

$$k_p(z) = \frac{K_p(z)}{\|K_p\|_2} = \frac{\sqrt{1-|p|^2}}{1-\bar{p}z},$$

称 k_p 为关于点 p 的规范再生核,由于

$$\|C_\varphi^* k_p\|_2^2 = (1-|p|^2)\|K_{\varphi(p)}\|_2^2 = \frac{1-|p|^2}{1-|\varphi(p)|^2},$$

故只要证明 $\lim\limits_{|p|\to 1^-}\|C_\varphi^* k_p\|_2^2=0$.

因为$\|k_p\|_2=1$，C_φ为紧算子，从而C_φ^*也为紧算子．因此$\{C_\varphi^* k_p: p\in D\}$为$H^2$中的相对紧子集．故此集中的任一序列都有范数收敛子序列，因而我们只要证零函数是这种子序列仅有可能的极限．

设$p_n\in D$，$|p_n|\to 1^-$，$\|C_\varphi^* k_{p_n}-g\|_2\to 0$，其中$g\in H^2$，只要证明$g=0$即可．为此，设$h$为多项式，由内积的连续性可得

$$
\begin{aligned}
\langle g,h\rangle &= \lim_n \langle C_\varphi^* k_{p_n},h\rangle \\
&= \lim_n \sqrt{1-|p_n|^2}\langle C_\varphi^* K_{p_n},h\rangle \\
&= \lim_n \sqrt{1-|p_n|^2}\langle K_{\varphi(p_n)},h\rangle \\
&= \lim_n \sqrt{1-|p_n|^2}\,\overline{h(\varphi(p_n))} \\
&= 0,
\end{aligned}
$$

即g正交于所有多项式，由于多项式全体在H^2中稠密，故可知$g=0$．证毕．

定理3.3.7 设$\varphi: D\to D$为单叶解析函数．如果

$$\lim_{|z|\to 1^-}\frac{1-|\varphi(z)|}{1-|z|}=\infty,$$

则C_φ为紧算子．

证明 任取H^2中的弱收敛于零的序列$\{f_n\}$，由推论3.3.2知，存在$M>0$，使得

$$\|f_n\|\leqslant M<+\infty,\quad f_n\xrightarrow{K}0.$$

对任意的$\varepsilon>0$，由条件，存在$0<r<1$，使得当$r<|z|<1$时，

$$1-|z|^2\leqslant \varepsilon(1-|\varphi(z)|^2) \tag{1}$$

由H^2中范数的面积积分表示及定理3.1.5，

$$\frac{1}{2}\|C_\varphi f_n-f_n(\varphi(0))\|_2^2\leqslant \int_{rD}+\int_{D\setminus rD}|(f_n\circ\varphi)'(z)|^2(1-|z|^2)\mathrm{d}A(z).$$

因为在D的任意紧子集上$f_n\circ\varphi$一致地趋于零，由Cauchy积分公

式可知$(f_n\circ\varphi)'$在任意紧集上也一致趋于零，故上面不等式右端第一个积分当$n\to\infty$时趋于零. 由φ的单叶性及(1)式得

$$\begin{aligned}&\int_{D\setminus rD}|(f_n\circ\varphi)'(z)|^2(1-|z|^2)\mathrm{d}A(z)\\ \leqslant\ &\varepsilon\int_{D\setminus rD}|(f_n\circ\varphi)'(z)|^2(1-|\varphi(z)|^2)\mathrm{d}A(z)\\ \leqslant\ &\varepsilon\int_{D}|(f'_n(\varphi(z))|^2(1-|\varphi(z)|^2)|\varphi'(z)|^2\mathrm{d}A(z)\\ \leqslant\ &\varepsilon\int_{D}|f'_n(w)|^2(1-|w|^2)\mathrm{d}A(w)\\ \leqslant\ &\varepsilon\|f_n-f_0(0)\|_2^2,\end{aligned}$$

故当r充分靠近1时

$$\|C_\varphi f_n-f_n(\varphi(0))\|_2^2\leqslant\varepsilon M_1,$$

其中M_1为一正常数，又因$\lim\limits_{n}f_n(\varphi(0))=0$，因此$\lim\limits_{n\to\infty}\|C_\varphi f_n\|_2=0$. 由定理1.3.5即知$C_\varphi$为紧算子. 证毕.

综合上两定理，可在φ为单叶解析函数的条件下给出C_φ为紧算子的一个速比判别法.

定理3.3.8 设$\varphi:D\to D$为单叶解析函数，则C_φ为紧算子的充要条件是

$$\lim_{|z|\to1^-}\frac{1-|\varphi(z)|}{1-|z|}=\infty.$$

由 Julia-Carathéodory 定理(定理2.2.2)知，上述定理中的条件等价于说：φ在∂D上不存在角导数. 于是，我们得到如下关于复合算子紧性的“角导数判别法”.

定理3.3.9 设$\varphi:D\to D$解析，则

(1)如果C_φ为紧算子，则φ在∂D上不存在角导数；

(2)如果φ为单叶函数而且在∂D上不存在角导数，则C_φ是紧算子.

推论3.3.6 设$\varphi:D\to D$单叶解析，则C_φ为紧算子的充要条件是φ在∂D上不存在角导数.

推论3.3.7 设$\varphi:D\to D$解析，如果C_φ为H^2上的紧算子，则φ

在 D 中有不动点.

证明 若不然,D 内无不动点,由 Wolff 定理(定理2.2.6)知,φ 在 ∂D 上有角导数.由定理3.3.9的(1)即知 C_φ 不可能是紧算子,得矛盾.证毕.

前面所举的紧算子的例子都是 Hilbert-Schmidt 复合算子,下面给出一个不是 Hilbert-Schmidt 算子的紧复合算子的例子:

例3.3.2 设 $H_r=\{z:\mathrm{Re}z>0,|z|<r\}(r<1/e)$,$g(z)$ 为 D 到 H_r 上的共形映射,且使得 $g(1)=0$,$f(z)=-z\log z$(主支),$\varphi(z)=1-f(g(z))$,如图3.3.2所示:

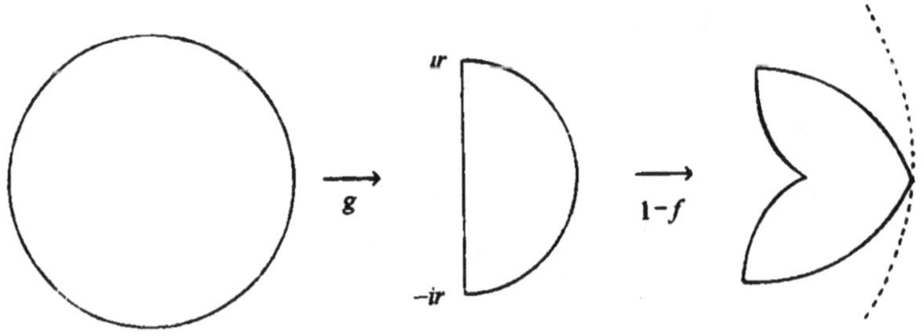

图3.3.2

易知 φ 在 D 上是单叶函数,下面证明 $\varphi(D)\subset D$,由 φ 的定义,只要证明 f 映射 H_r 到 $\{z:|1-z|<1\}$ 之中.对于 $0<s<r$ 和 $\theta\in[-\pi/2,\pi/2]$,其中取 $r=e^{-2}$,则有

$$|f(se^{i\theta})-1|^2=1+s^2\log^2 s+\theta^2S^2-2s\theta\sin\theta+2s\cos\theta\log s.$$

对固定的 s,关于 θ 求极大值,通过计算可知,对于 $s\leqslant e^{-2}$,极大值在 $\theta=\frac{\pi}{2}$ 处取得且为

$$1+s^2\log^2 s+\frac{s^2\pi^2}{4}-\pi s<1$$

$\left(\text{因为在}(0,1)\text{上 } s\log^2 s<\pi\left(1-\frac{\pi s}{4}\right)\right)$,故当 $r=e^{-2}$时,$\varphi(D)\subset D$,由 φ 的构造已知,φ 仅在 $z=1$处有模为1的径向极限.

由于 φ 为单叶的,如果 φ 在 $z=1$处无有限角导数,由定理

3.3.9即知 C_φ 为紧算子. 因为 $\varphi'(r)=[1-\log(g(r))]g'(r)$，其中 $g'(1)$ 有限，且当 $r\to1$ 时 $g(r)\to0$，故 $|\varphi'(1)|=\infty$，故 φ 无有限角导数.

由于 g 可共形地延拓到 $z=1$ 的邻域且 $g(1)=0$，g^{-1} 可共形地延拓到0的邻域，特别地，$(g^{-1})'$ 及其倒数在 ∂H_r 中的（在虚轴上的）小区间 $[-i\delta,i\delta]$ 上是有界的. 作变量替换 $g(\zeta)=x+iy$，有

$$|1-f(iy)|^2=|1+iy\log(iy)|^2=\left(1-\frac{y\pi}{2}\right)^2+y^2\log^2y,$$

故当 y 充分小时，

$$1-|1-f(iy)|^2=y\pi-\frac{y^2\pi^2}{4}-y^2\log^2y<y,$$

于是

$$\int_0^\delta\frac{1}{1-|1-f(iy)|^2}\mathrm{d}y=\infty,$$

更有

$$\int_{-\pi}^{\pi}\frac{\mathrm{d}\theta}{1-|\varphi(e^{i\theta})|^2}=\infty.$$

由推论3.3.1即知 C_φ 不是 Hilbert-Schmidt 算子. 这条件对于 C_φ 为紧算子只是必要条件. 而当 φ 为单叶函数时，这条件是充分的. 自然要问：φ 的单叶性是否必要的？我们可举出一个（非单叶的）解析函数 $\varphi:D\to D$，φ 在 ∂D 上无角导数，但 C_φ 不是紧算子. 事实上，这特殊的函数可取为满足一定条件的 Blaschke 乘积. 于是在 ∂D 上角导数的不存在性，仅当 φ 为单叶时，可表征 C_φ 的紧性. 在一般情形则不足以保证 C_φ 为紧算子.

定理3.1.11中已指出：如果 $\{a_n\}$ 为复数列，且 $0<|a_1|\leqslant|a_2|\leqslant\cdots<1$，且 $\sum\limits_{n=1}^{\infty}(1-|a_n|)<\infty$，则 Blaschke 乘积

$$\prod_{n=1}^{\infty}\frac{|a_n|}{a_n}\frac{a_n-z}{1-\bar{a}_nz}=B(z)$$

在 D 中的任意紧子集上一致收敛，且有下述性质：

(1) $B(z)$ 恰到点列 $\{a_n\}$ 处有零点，而且零点的重数恰为 a_n 在

此序列中出现的次数；

(2)对任意 $z\in D$，$|B(z)|<1$；

(3)在 $|z|=1$ 上，几乎处处有 $|B(e^{i\theta})|=1$，

其中条件 $\sum\limits_{n=1}^{\infty}(1-|a_n|)<\infty$，我们常称之为 $\{a_n\}$ 的 Blaschke 条件.

在 Blaschke 乘积中，选取单位复数列 $\left\{\dfrac{|a_n|}{a_n}\right\}$ 作为权序列是为了使得 $B(0)=\prod\limits_{n=1}^{\infty}|a_n|$. 于是，定理3.1.11实际上指出 $B(z)$ 在 D 中任意紧集上一致收敛当且仅当它在原点收敛.

另一方面，推论3.3.4告诉我们：如果 φ 为 D 到 D 的解析映射，且 $E(\varphi)=\{\theta\in[-\pi,\pi]:|\varphi(e^{i\theta})|=1\}$ 有正测度，则 C_φ 不是紧算子，故可知：任意 Blaschke 乘积 $B(z)$ 导出的复合算子都不是紧算子. 于是，如果我们能适当地选取 Blaschke 乘积的零点，使得其角导数不存在，则我们就可获得一个内函数 φ，φ 不存在角导数且 C_φ 不是紧算子. 下面的重要定理说明这是可能的.

定理3.3.10(Frostman 定理)　设 B 是以 $\{a_n\}$ 为零点序列的 Blaschke 乘积，而 ζ 为 ∂D 中的一点，那么 B 在 ζ 有角导数的充要条件是

$$\sum_{n=1}^{\infty}\frac{1-|a_n|}{|\zeta-a_n|^2}<+\infty. \tag{1}$$

证明　不妨设 $\{a_n\}$ 为无穷序列(否则显然成立)，而且 $\zeta=+1$.

必要性：假设 $B(z)$ 在 $+1$ 处有角导数 $B'(1)$，我们要证(1)成立. 为此，设

$$B_N(z)=\prod_{n=1}^{N}\frac{|a_n|}{a_n}\frac{a_n-z}{1-\overline{a_n}z}$$

为无穷乘积 B 的 N 项部分乘积. 由于每一项的模都小于1，故在 D 中的任一点 z 处有 $|B(z)|<|B_N(z)|$，因而对每个 $0<r<1$，

$$\frac{1-|B_N(r)|}{1-r}<\frac{1-|B(r)|}{1-r}, \tag{2}$$

由角导数 $B'(1)$ 的存在性及 Julia-Carathéodory 定理知

$$
\begin{aligned}
|B'(1)| &= \lim_{r\to 1^-}\left|\frac{B(1)-B(r)}{1-r}\right| \\
&\geqslant \limsup_{r\to 1^-}\frac{1-|B(r)|}{1-r} \\
&\geqslant \limsup_{r\to 1^-}\frac{1-|B_N(r)|}{1-r} \\
&= |B'_n(1)|.
\end{aligned}
$$

由对数导数可得

$$
\begin{aligned}
\frac{B'_N(1)}{B_N(1)} &= \sum_{n=1}^{N}\frac{\varphi'_{a_n}(1)}{\varphi_{a_n}(1)} = \sum_{n=1}^{N}\frac{1-|a_n|^2}{(1-\overline{a_n})^2}\frac{1-\overline{a_n}}{1-a_n} \\
&= \sum_{n=1}^{N}\frac{1-|a_n|^2}{(1-\overline{a_n})(1-a_n)}.
\end{aligned}
$$

因为$|B_N(1)|=1$,故对任意正整数 N 有

$$
\sum_{n=1}^{N}\frac{1-|a_n|^2}{|1-a_n|^2} = |B'_n(1)| \leqslant |B'(1)|.
$$

由于$1-|a_n|\leqslant 1-|a_n|^2$,故有

$$
\sum_{n=1}^{\infty}\frac{1-|a_n|}{|1-a_n|^2} \leqslant \sum_{n=1}^{\infty}\frac{1-|a_n|^2}{|1-a_n|^2} \leqslant B'(1) < +\infty,
$$

即 Frostman 条件(1)成立. 由于我们只用到必要性,充分性留作练习. 证毕.

推论3.3.8 存在无角导数的 Blaschke 乘积.

证明 根据 Frostman 定理,我们只要选取 D 中的一序列$\{a_n\}$,使得 Blaschke 条件$\sum_n(1-|a_n|)<+\infty$成立,而且对每个$\zeta\in\partial D$,

$$
\sum_n \frac{1-|a_n|}{|\zeta-a_n|^2} = \infty.
$$

为此,设$\{I_n\}_{n=1}^{\infty}$为 ∂D 的一列相邻的子弧,使得$|I_n|=1/n$,其中$|I_n|$表示 I_n 的长度. 由于这列子弧的长度之和为无穷,故它们围绕单位圆周无穷多次,于是每个 ∂D 中的点属于无穷多个 I_n.

对任意正整数 n,设 ζ_n 为 I_n 的中心点,$a_n=(1-n^{-2})\zeta_n$,那么

$1-|a_n|=n^{-2}$,故$\{a_n\}$满足 Blaschke 条件,而且易知对每个$\zeta\in I_n$,

$$|\zeta-a_n|<\frac{1}{2n}+\frac{1}{n^2}<\frac{2}{n}. \tag{$*$}$$

固定$\zeta\in\partial D$,则ζ属于无穷多个I_n,对每个这样的I_n,上面的不等式(*)成立,对每个这样的指标n,有

$$\frac{1-|a_n|}{|\zeta-a_n|^2}\geqslant\frac{\left(\frac{1}{n}\right)^2}{\left(\frac{2}{n}\right)^2}=\frac{1}{4}.$$

因而

$$\sum_{n=1}^{\infty}\frac{1-|a_n|}{|\zeta-a_n|^2}=\infty.$$

证毕.

推论3.3.9 存在 Blaschke 乘积$B(z)$,使得$B(z)$在∂D无角导数,但C_B不是紧算子.

注 在H^2中,对解析函数$\varphi:D\to D$,一般来说,φ的角导数的不存在性不足以完全表征C_φ的紧性,寻找更合适的关于φ的分析或几何特征是我们要继续努力的目标. 下一小节介绍的 Nevanlinna 计数函数方法弥补了这个不足.

3.3.3 紧复合算子计数函数判别法

先回顾我们对紧复合算子的特征的探讨过程,这对我们寻找更理想的特征将有启发. 我们至今的工件实际上都是从寻找H^2的合适的范数表示着手的. 首先,我们利用函数边值的积分表示范数,克服了原先用函数的幂级数系数定义的范数在讨论复合算子的有界性中的困难. 用边值的积分来表述的 Littlewood 从属定理解决了C_φ的有界性问题. 利用范数的面积积分表示有

$$\|f\|_2^2\approx|f(0)|^2+\int_D|f'(z)|^2(1-|z|)\mathrm{d}\lambda(z),$$

其中$d\lambda(z)=\frac{1}{\pi}\mathrm{d}x\mathrm{d}y$. 如果$\varphi$是单叶的,则作变量替换$w=\varphi(z)$可得

$$\|C_\varphi f\|_2^2 \approx |f(\varphi(0))|^2 + \int_D |[f(\varphi(z))]'|^2(1-|z|)\mathrm{d}\lambda(z)$$

$$= |f(\varphi(0))|^2 + \int_D |f'(\varphi(z))|^2 \frac{1-|z|}{1-|\varphi(z)|}(1-|\varphi(z)|)$$

$$|\varphi'(z)|\mathrm{d}\lambda(z)$$

$$= |f(\varphi(0))|^2 + \int_D |f'(\varphi(z))|^2 \Omega(\varphi(z))(1-|\varphi(z)|)$$

$$|\varphi'(z)|^2\mathrm{d}\lambda(z)$$

$$= |f(\varphi(0))|^2 + \int_{\varphi(D)} |f'(w)|^2 \Omega(w)(1-|w|)\mathrm{d}\lambda(w),$$

其中

$$\Omega(\varphi(z)) = \frac{1-|z|}{1-|\varphi(z)|}.$$

由此可知：C_φ 的有界性由 Schwarz 引理即知，而 C_φ 的紧性与 $|z|\to 1$ 时，$\Omega(\varphi(z))$ 的极限有关. 当 φ 为单叶时，C_φ 为 H^2 上紧算子当且仅当 $\Omega(\varphi(z))\to 0\,(|z|\to 1)$，对一般的解析函数 $\varphi: D\to D$，上述的变量替换公式未必成立. 为克服这个缺陷，由 H^2 中函数 f 的范数的面积积分表示(Littlewood-Paley 恒等式)

$$\|f\|_2^2 = |f(0)|^2 + 2\int_D |f'(z)|^2 \log\frac{1}{|z|}\mathrm{d}\lambda(z),$$

利用 Nevanlinna 计数函数 N_φ 可得

$$\|C_\varphi f\|_2^2 = |f(\varphi(0))|^2 + 2\int_D |f'(w)|^2 N_\varphi(w)\mathrm{d}\lambda(w)$$

$$= |f(\varphi(0))|^2 + 2\int_D |f'(w)|^2 \frac{N_\varphi(w)}{\log\frac{1}{|w|}}\log\frac{1}{|w|}\mathrm{d}\lambda(w).$$

由推论2.4.1及上式(非单叶解析函数的变量替换公式)也可知 C_φ 有界. 而从上述可猜想：C_φ 为紧算子当且仅当 $\lim\limits_{|w|\to 1} N_\varphi(w)/\log\frac{1}{|w|}=0$. 下面的定理肯定了此猜测.

定理3.3.11 设 $\varphi: D\to D$ 解析，则 C_φ 为 H^2 上紧算子当且仅当

$$\lim_{|w|\to 1^-} \frac{N_\varphi(w)}{\log \frac{1}{|w|}} = 0. \tag{1}$$

证明 充分性：若(1)成立，则对任意给定的 $\varepsilon>0$，存在 $0<r<1$，使得当 $r\leqslant|w|<1$ 时，

$$N_\varphi(w) \leqslant \varepsilon \log \frac{1}{|w|}.$$

任取 H^2 中的一弱收敛于零的序列 $\{f_n\}$，由引理3.3.1，不妨设 $\|f_n\|_2\leqslant 1(n=1,2,\cdots)$，且在 D 中的任一紧子集上一致收敛于零. 故对上面的 $\varepsilon>0$，及 $0<r<1$，存在 N，使得当 $n\geqslant N$ 时，对一切 $z\in rD\cup\{\varphi(0)\}$ 有 $|f_n'(z)|<\sqrt{\varepsilon}$，于是当 $n\geqslant N$ 时，由变量替换公式可得

$$\|C_\varphi f_n\|_2^2 = |f_n(\varphi(0))|^2 + \int_{rD} + \int_{D\setminus rD} |f_n'(w)|^2 N_\varphi(w)\mathrm{d}\lambda(w)$$

$$< \varepsilon + \varepsilon\int_{rD} N_\varphi(w)\mathrm{d}\lambda(w) + \varepsilon\int_{D\setminus rD} |f_n'(w)|\log\frac{1}{|w|}\mathrm{d}\lambda(w)$$

$$\leqslant \varepsilon + \varepsilon\int_{D} N_\varphi(w)\mathrm{d}\lambda(w) + \varepsilon\int_{D} |f_n'(w)|\log\frac{1}{|w|}\mathrm{d}\lambda(w)$$

$$= \varepsilon + \frac{\varepsilon}{2}(\|\varphi\|_2^2 - |\varphi(0)|^2) + \frac{\varepsilon}{2}(\|f_n\|_2^2 - |f_n(0)|^2)$$

$$\leqslant \varepsilon + \frac{\varepsilon}{2} + \frac{\varepsilon}{2} = 2\varepsilon.$$

于是由 $\varepsilon>0$ 的任意性，即得

$$\lim_{n\to\infty}\|C_\varphi f_n\|_2^2 = 0.$$

必要性：对 $p\in D$，记规范再生核为

$$k_p(z) = \frac{\sqrt{1-|p|^2}}{1-\bar{p}z}.$$

因为 $\|k_p\|_2=1$ 且在 D 的每个紧子集上，当 $|p|\to 1^-$ 时 $\{k_p(z)\}$ 一致收敛于零，即当 $|p|\to 1^-$ 时，$\{k_p(z)\}$ 弱收敛于零，由定理1.3.2知

$$\lim_{|p|\to 1}\|C_\varphi k_p\|_2 = 0.$$

由变量替换公式可得

$$\|C_\varphi k_p\|_2^2 \geqslant 2\int_D |k'_p(w)|^2 N_\varphi(w)\mathrm{d}\lambda(w)$$

$$= 2\int_D \frac{(1-|p|^2)|p|^2}{|1-\bar{p}w|^4} N_\varphi(w)\mathrm{d}\lambda(w)$$

$$= \frac{2|p|^2}{1-|p|^2}\int_D |\varphi'_p(w)|^2 N_\varphi(w)\mathrm{d}\lambda(w).$$

由于 $N_\varphi(\varphi_p(w)) = N_{\varphi_p\cdot\varphi}(w)$. 作变量替换 $\eta=\varphi_p(w)$即有

$$\|C_\varphi k_p\|_2^2 \geqslant \frac{2|p|^2}{1-|p|^2}\int_D N_\varphi(\varphi_p(\eta))\mathrm{d}\lambda(\eta)$$

$$= \frac{2|p|^2}{1-|p|^2}\int_D N_{\varphi_p\cdot\varphi}(\eta)\mathrm{d}\lambda(\eta)$$

$$\geqslant \frac{2|p|^2}{1-|p|^2}\int_{\frac{1}{2}D} N_{\varphi_p\cdot\varphi}(\eta)\mathrm{d}\lambda(\eta).$$

由 Nevanlinna 计数函数的次调和平均性质(定理2.4.4)(这里要求$|\varphi_p(\varphi(0))|>1/2$,但由于当$|p|\to 1$时$|\varphi_p(\varphi(0))|\to 1$),当$|p|$充分靠近1时,

$$\|C_\varphi k_p\|_2^2 \geqslant 4\,\frac{2|p|^2}{1-|p|^2}N_{\varphi_p\cdot\varphi}(0)$$

$$= \frac{8|p|^2 N_\varphi(p)}{1+|p|1-|p|},$$

故当$|p|$充分靠近1时,

$$\|C_\varphi k_p\|_2^2 \geqslant \delta\,\frac{N_\varphi(p)}{1-|p|},$$

其中 δ 为某正常数. 由于 C_φ 为紧算子,故 $\lim\limits_{|p|\to 1}\|C_\varphi k_p\|_2=0$. 又因 $\lim\limits_{|p|\to 1}\log\dfrac{1}{|p|}/(1-|p|)=1$,故有

$$\lim_{|p|\to 1^-}\frac{N_\varphi(p)}{\log\dfrac{1}{|p|}}=0.$$

证毕.

上述利用 Nevanlinna 计数函数表述的紧性特征,也可从探求复合算子的本性范数来实现. 因为对于 Hilbert 空间的有界线性算

子 T，其本性范数即为 T 到紧算子全体所成的闭理想的距离. 对于 H^2上的复合算子 C_φ,C_φ 的本性范数为

$$\|C_\varphi\|_e = \inf_T\{\|C_\varphi - T\|;T \in K(H^2)\},$$

其中 $K(H^2)$表示 H^2上的全体紧算子. 由此可知 C_φ 为紧算子的充要条件是$\|C_\varphi\|_e=0$. 因此我们可以想像

$$\|C_\varphi\|_e = \lim_{|z|\to 1} N_\varphi(z)/\log\frac{1}{|w|},$$

下面的定理证实了这一猜想.

引理3.3.3 设 T 为 Hilbert 空间 H 上的有界线性算子，设 $\{K_n\}$为 H 上的一列紧自共轭算子，记 $R_n=I-K_n$，且设$\|R_n\|=1(n=1,2,\cdots)$，对每个 $x\in H$，$\|R_nx\|\to 0$，则$\|T\|_e=\lim\limits_{n\to\infty}\|TR_n\|$.

证明 设 K 是 H 上的紧算子，对任意固定的 n，因为$\|R_n\|=1$，

$$\begin{aligned}\|T - K\| &= \|T - K\|\|R_n\| \\ &\geqslant \|(T - K)R_n\| \geqslant \|TR_n\| - \|KR_n\|. \end{aligned} \tag{1}$$

由于 R_n 自共轭，因此

$$\|KR_n\| = \|(KR_n)^*\| = \|R_nK^*\|. \tag{2}$$

因$\{R_n\}$逐点趋于零，由共鸣定理，$\{R_n\}$按范数有界，所以是等度连续的，从而在 H 的每个相对紧集上一致收敛于零. 特别，因为 K^*是紧的，K^*B 为相对紧集(其中 B 为 H 中的单位球). 由此可知$\|R_nK^*\|\to 0$，于是由(1)和(2)式，$\|R-K\|\geqslant\varlimsup\limits_{n\to\infty}\|TR_n\|$. 由于这式对每个 H 上的紧算子 K 成立，故有

$$\|T\|_e \geqslant \varlimsup_{n\to\infty}\|TR_n\|.$$

另一方面，对每个 n，$R_n+K_n=I$，而 K_n 为紧算子. 因为 TK_n 也为紧算子，于是

$$\|T\|_e = \|TR_n - TK_n\|_e = \|TR_n\|_e \leqslant \|TR_n\|.$$

由 n 的任意性即知

$$\|T\|_e \leqslant \varliminf_{n\to\infty}\|TR_n\|.$$

证毕.

为求复合算子的本性范数，还需要一个关于 H^2 函数的初等估计.

引理3.3.4 设 $f\in H^2$，且 f 在原点至少有 n 级零点，那么对每个 $z\in D$，

(a) $|f(z)|\leqslant|z|^n(1-|z|^2)^{-\frac{1}{2}}\|f\|_2$;

(b) $|f'(z)|\leqslant\sqrt{2}\,n|z|^{n-1}(1-|z|^2)^{-\frac{3}{2}}\|f\|_2$.

证明 由于 $f(z)$ 在原点至少有 n 级零点，故可设

$$f(z)=\sum_{k=n}^{\infty}a_kz^k,$$

其中 $\sum\limits_{k=n}^{\infty}|a_k|^2=\|f\|_2^2<+\infty$，由 Cauchy-Schwarz 不等式

$$\begin{aligned}|f(z)|&\leqslant\Big(\sum_{k=n}^{\infty}|a_k|^2\Big)^{\frac{1}{2}}\Big(\sum_{k=n}^{\infty}|z|^{2k}\Big)^{\frac{1}{2}}\\&=|z|^n(1-|z|^2)^{\frac{1}{2}}\|f\|_2.\end{aligned}$$

由于 $f'(z)=\sum\limits_{k=n}^{\infty}ka_kz^{k-1}$，由类似的方法可得

$$\begin{aligned}|f'(z)|&\leqslant\Big\{\sum_{k=n}^{\infty}k^2|z|^{2(k-1)}\Big\}^{\frac{1}{2}}\|f\|_2\\&=|z|^{n-1}\Big\{\sum_{k=0}^{\infty}(n+k)^2|z|^{2k}\Big\}^{\frac{1}{2}}\|f\|_2.\end{aligned}$$

容易验证：$(n+k)^2\leqslant n^2(k+2)(k+1)$，故

$$\sum_{k=0}^{\infty}(n+k)^2|z|^{2k}\leqslant\sum_{k=0}^{\infty}n^2(k+2)(k+1)|z|^{2k}=\frac{2n^2}{(1-|z|^2)^3}.$$

于是(b)成立. 证毕.

定理3.3.12 设 C_φ 为 H^2 上的复合算子，则

$$\|C_\varphi\|_e^2=\varlimsup_{|w|\to1^-}\frac{N_\varphi(w)}{\log\dfrac{1}{|w|}}.$$

证明 (I)上界估计：$\|C_\varphi\|_e^2\leqslant\varlimsup\limits_{|w|\to1^-}\dfrac{N_\varphi(w)}{\log\dfrac{1}{|w|}}$，主要证明思路是：设 K_n 为取 f 的 Taylor 展式中前 n 项部分和算子，即若 $f(z)\in H^2$，

$f(z)=\sum_{k=0}^{\infty}a_kz^k$,则

$$(K_nf)(z)=\sum_{k=0}^{\infty}a_kz^k,\quad z\in D.$$

再利用引理3.3.3即可得上界估计.

因为 K_n 是 H^2 到 $\overline{\text{span}}\{1,z,z^2,\cdots,z^n\}$ 上的正交投影,K_n 是自共轭的紧算子.因为 $R_n=I-K_n$ 是投影的补,其范数为1,于是满足引理3.3.3条件,因此

$$\|C_\varphi\|_e=\lim_{n\to\infty}\|C_\varphi R_n\|_e.$$

下面对上式的右端作估计:

先固定 H^2 的单位球中的函数 f 及一正整数 n,由非单叶变量替换公式(定理2.4.3)及 Littlewood-Paley 恒等式(4.1.6)得

$$\|C_\varphi R_nf\|_2^2=2\int_D|(R_nf)'(z)|^2N_\varphi(z)\mathrm{d}\lambda(z)+|R_nf(\varphi(0))|^2. \tag{1}$$

因为 $\|f\|_2\leqslant 1$,所以 $\|R_nf\|_2\leqslant 1$,由于 R_nf 在原点至少有 n 级零点,由引理3.3.4可知

$$|R_nf(\varphi(0))|^2\leqslant\frac{|\varphi(0)|^{2n}}{1-|\varphi(0)|^2}, \tag{2}$$

$$|(R_nf)'(z)|^2\leqslant\frac{2n^2|z|^{2(n-1)}}{(1-|z|^2)^3}\quad(z\in D). \tag{3}$$

现固定 $0<r<1$,将(1)式右端积分分成两部分

$$\begin{aligned}&2\int_D|(R_nf)'(z)|^2N_\varphi(z)\mathrm{d}\lambda(z)\\&=2\int_{rD}|(R_nf)'(z)|^2N_\varphi(z)\mathrm{d}\lambda(z)\\&\quad+2\int_{D\setminus rD}|(R_nf)'(z)|^2N_\varphi(z)\mathrm{d}\lambda(z).\end{aligned}$$

由(3)式可知

$$2\int_{rD}|(R_nf)'(z)|^2N_\varphi(z)\mathrm{d}\lambda(z)\leqslant\frac{4n^2r^{2(n-1)}}{(1-r^2)^3}\int_{rD}N_\varphi(z)\mathrm{d}\lambda(z).$$

再由(2)即有

$$\|C_\varphi R_n\|^2 \leqslant 2\sup_{\|f\|_2\leqslant 1}\int_{D\setminus rD}|(R_nf)'(z)|^2N_\varphi(z)\mathrm{d}\lambda(z)$$

$$+\frac{4n^2r^{2(n-1)}}{(1-r^2)^3}\int_{rD}N_\varphi(z)\mathrm{d}\lambda(z)+\frac{|\varphi(0)|^2}{1-|\varphi(0)|^2}.$$

由于当 $f\in H^2$，$\|f\|_2\leqslant 1$时，$\|R_nf\|_2\leqslant 1$，故

$$\sup_{\|f\|_2\leqslant 1}\int_{D\setminus rD}|(R_nf)'(z)|^2N_\varphi(z)\mathrm{d}\lambda(z)$$

$$\leqslant \sup_{\|f\|_2\leqslant 1}\int_{D\setminus rD}|f'(z)|^2N_\varphi(z)\mathrm{d}\lambda(z).$$

注意到$\int_D N_\varphi(z)\mathrm{d}\lambda(z)\leqslant\frac{1}{2}$，可得

$$\|C_\varphi R_n\|^2\leqslant 2\sup_{f\in B}\int_{D\setminus rD}|f'(z)|^2N_\varphi(z)\mathrm{d}\lambda(z)$$

$$+\frac{2n^2r^{2(n-1)}}{(1-r^2)^3}+\frac{|\varphi(0)|^{2n}}{1-|\varphi(0)|^2}.$$

固定$0<r<1$，令 $n\to\infty$得

$$\|C_\varphi\|_e^2\leqslant 2\sup_{f\in B}\int_{D\setminus rD}|f'(z)|^2N_\varphi(z)\mathrm{d}\lambda(z)$$

$$=\sup_{f\in B}\int_{D\setminus rD}|f'(z)|^2\frac{N_\varphi(z)}{\log\frac{1}{|z|}}\log\frac{1}{|z|}\mathrm{d}\lambda(z)$$

$$\leqslant\left(\sup_{r\leqslant|z|<1}\frac{N_\varphi(z)}{\log\frac{1}{|z|}}\right)\sup_{f\in B}\int_D|f'(z)|^2\log\frac{1}{|z|}\mathrm{d}\lambda(z)$$

$$\leqslant\sup_{r\leqslant|z|<1}\frac{N_\varphi(z)}{\log\frac{1}{|z|}}.$$

然后，令 $r\to 1^-$，即得

$$\|C_\varphi\|_e^2\leqslant\overline{\lim_{|z|\to 1}}\frac{N_\varphi(z)}{\log\frac{1}{|z|}}.$$

（Ⅱ）下界估计：$\|C_\varphi\|_e^2\geqslant\overline{\lim_{|z|\to 1}}\frac{N_\varphi(z)}{\log\frac{1}{|z|}}$.

对于 $a\in D$，$K(z,a)=\frac{1}{1-\bar{a}z}(z\in D)$ 为 H^2 的再生核，其规范再生核为

$$k_a(z)=\frac{\sqrt{1-|a|^2}}{1-\bar{a}z}\quad(z\in D).$$

容易验证 $\|k_a\|_2=1$，又因当 $|a|\to 1^-$ 时，$\{k_a(z)\}$ 在 D 中任意紧子集上一致收敛于零，从而可知当 $|a|\to 1$ 时，$\{k_a\}$ 在 H^2 中弱收敛于零. 于是，对 H^2 上的任意紧算子 K，有

$$\|C_\varphi-K\|\geqslant\varlimsup_{|a|\to 1^-}\|(C_\varphi-K)k_a\|_2\geqslant\varlimsup_{|a|\to 1^-}\|C_\varphi k_a\|_2,$$

两边关于 H^2 中的紧算子取下确界即得

$$\|C_\varphi\|_e\geqslant\varlimsup_{|a|\to 1^-}\|C_\varphi k_a\|_2.$$

另一方面，由于当 $|a|\to 1^-$ 时，

$$k_a(\varphi(0))=\frac{(1-|a|^2)^{\frac{1}{2}}}{1-\bar{a}\varphi(0)}\to 0,$$

故有

$$\begin{aligned}\|C_\varphi\|_e^2&\geqslant\varlimsup_{|a|\to 1}\|C_\varphi k_a\|_2^2\\&=\varlimsup_{|a|\to 1}\left\{2\int_D|k_a'(z)|^2N_\varphi(z)\mathrm{d}\lambda(z)+|k_a(\varphi(0))|^2\right\}\\&=2\varlimsup_{|a|\to 1}\int_D|k_a'(z)|^2N_\varphi(z)\mathrm{d}\lambda(z).\end{aligned}$$

下面估计 $\int_D|k_a'(z)|^2N_\varphi(z)\mathrm{d}\lambda(z)$.

对 $a\in D$，令 $\varphi_a(z)=\frac{a-z}{1-\bar{a}z}(z\in D)$，则

$$\varphi_a(0)=a,\varphi_a'(z)=\frac{1-|a|^2}{|1-\bar{a}z|^2},$$

而且 $\varphi_a\circ\varphi_a(z)\equiv z$，若 $w=\varphi_a(z)$，则 $\mathrm{d}\lambda(z)=|\varphi_a'(w)|^2\mathrm{d}\lambda(w)$. 为方便，记 $C(a)=\frac{|a|^2}{1-|a|^2}$，作变量替换得

$$\begin{aligned}&\int|k'(w)|^2N_\varphi(w)\mathrm{d}\lambda(w)\\&=|a|^2(1-|a|^2)\int_D|1-\bar{a}w|^{-4}N_\varphi(w)\mathrm{d}\lambda(w)\end{aligned}$$

$$= C(a)\int_D |\varphi'_a(w)|^2 N_\varphi(w)\mathrm{d}\lambda(w)$$

$$= C(a)\int_D N_\varphi(\varphi_a(z))\mathrm{d}\lambda(z).$$

由于 $N_\varphi \circ \varphi_a$ 在任意不含 $\varphi_a^{-1}(\varphi(0)) = \varphi_a(\varphi(0))$ 的圆盘中有次调和平均性质，对固定的 $0<r<1$，由于 $\varphi_a(\varphi(0))$ 随 $|a|\to 1$ 而趋于 ∂D，故对所有模充分接近1的点 a，$\varphi_a(\varphi(0)) \in D\backslash rD$，从而由次平均值不等式

$$\int_D |k'_a(z)|^2 N_\varphi(z)\mathrm{d}\lambda(z) \geqslant C(a)\int_{rD} N_\varphi(\varphi_a(z))\mathrm{d}\lambda(z)$$

$$\geqslant C(a)N_\varphi(\varphi_a(0))\lambda(rD).$$

因为 $\varphi_a(0)=a$ 且 $\lambda(rD)=r^2$，故有

$$\|C_\varphi\|_e^2 \geqslant 2\varlimsup_{|a|\to 1^-}\int_D |k'_a(z)|^2 N_\varphi(z)\mathrm{d}\lambda(z) \geqslant 2r^2 \varlimsup_{|a|\to 1} C(a)N_\varphi(a)$$

$$= 2r^2 \varlimsup_{|a|\to 1^-} \frac{N_\varphi(a)}{1-|a|^2},$$

由于对一切 $0<r<1$ 成立，故有

$$\|C_\varphi\|_e^2 \geqslant 2\varlimsup_{|a|\to 1^-} \frac{N_\varphi(a)}{1-|a|^2}.$$

由于 $\lim\limits_{|a|\to 1^-}\dfrac{1-|a|^2}{2(-\log|a|)}=1$，故有

$$\|C_\varphi\|_e^2 \geqslant \varlimsup_{|a|\to 1^-} \frac{N_\varphi(a)}{\log\dfrac{1}{|a|}}.$$

结合（Ⅰ）和（Ⅱ）即完成定理的证明. 证毕.

由此定理可知，定理3.3.11可作为此定理的直接推论.

虽然我们有了求 C_φ 的本性范数的公式，但由于公式中含有 Nevanlinna 计数函数，且要求极限，故具体地求一个 C_φ 的本性范数并不是件易事，但当 φ 为内函数时，我们有很简单的公式.

定理3.3.13 设 φ 为内函数，则

$$\|C_\varphi\|_e^2 = \frac{1+\varphi(0)}{1-\varphi(0)} = \|C_\varphi\|^2.$$

证明 设 $a=\varphi(0)$，记 $\varphi_a(w)=\dfrac{a-w}{1-\bar{a}w}(w\in D)$，由 Littlewood 不等式有

$$N_\varphi(w)\leqslant -\log|\varphi_a(w)|,\quad z\in D\backslash\{a\}.$$

因为 φ 为内函数，故上式中等号成立. 根据定理3.3.12，

$$\|C_\varphi\|_e^2=\overline{\lim_{|w|\to 1^-}}\frac{\log|\varphi_a(w)|}{-\log\dfrac{1}{|w|}},\tag{1}$$

通过简单的计算可知，对于分式线性变换 $\varphi_a(z)$，有如下恒等式：

$$1-|\varphi_a(w)|^2=\frac{(1-|a|^2)(1-|w|^2)}{|1-\bar{a}w|^2}\quad (w\in D),\tag{2}$$

在(1)式中以 $(1-|w|)$ 代替 $\log\dfrac{1}{|w|}$，以 $(1-|\varphi_a(w)|)$ 代替 $-\log|\varphi_a(w)|$ 即得

$$\begin{aligned}\|C_\varphi\|_e^2&=\overline{\lim_{|w|\to 1^-}}\frac{(1-|\varphi_a(w)|)}{1-|w|}\\&=\overline{\lim_{|w|\to 1^-}}\frac{(1-|\varphi_a(w)|^2)}{(1-|w|)(1+|\varphi_a(w)|)}\\&=\overline{\lim_{|w|\to 1^-}}\frac{(1-|a|^2)(1-|w|^2)}{(1-|w|)(1+|\varphi_a(w)|)|1-\bar{a}w|^2}\\&=\overline{\lim_{|w|\to 1^-}}\frac{1-|a|^2}{|1-\bar{a}w|^2}\frac{1+|w|}{1+|\varphi_a(w)|}\\&=\overline{\lim_{|w|\to 1^-}}\frac{1-|a|^2}{|1-\bar{a}w|^2}.\end{aligned}$$

如果 $a=\varphi(0)\neq 0$，则令 w 沿着过 a 的半径趋于边界，上面右端趋于 $(1-|a|^2)/(1-|a|)^2$ 从而可得

$$\|C_\varphi\|_e^2=\frac{1+|\varphi(0)|}{1-|\varphi(0)|}.$$

如果 $\varphi(0)=0$，则由 $\|C_\varphi\|_e^2\leqslant\|C_\varphi\|\leqslant|1+\varphi(0)|/|1-\varphi(0)|=1$ 立即可得. 证毕.

由此定理立即可知，若 φ 为内函数，则 C_φ 不是紧算子，这是我们早已熟知的结论.

事物总是互相联系的，上面表示用 Nevanlinna 计数函数表征

C_φ 紧性的条件恰与$\|C_\varphi\|_e$ 相等. 可以想像表征 C_φ 的紧性的角导数条件与 C_φ 的本性范数也必有密切的联系. 下面来讨论这两者之间的联系，从而可更清楚地看到："角导数"为什么不足以完全刻画 C_φ 的紧性的内在原因.

为此，先引进一些术语和记号：

对 $w\in\partial D$，定义

$$E(\varphi,w)=\{\zeta\in\partial D:\varphi(\zeta)=w\},$$

且如果 w 不是 φ 的非切向极限，则将 $E(\varphi,w)$ 看作空集. 对 $w\in\partial D$，令

$$\delta(w)=\sum\{|\varphi'(\zeta)|^{-1}:\zeta\in E(\varphi,w)\},$$

这里，如果 φ 在 ζ 无有限角导数，则将 $|\varphi'(\zeta)|$ 看作为∞，且将$\frac{1}{\infty}$理解为0.

C. C. Cowen 和 Ch. Pommerenke 曾使用过这些记号. 我们这里给出关于 $\delta(w)$ 的更多的信息. 因为 $E(\varphi,w)$ 可能是不可数集，于是可以设想，当 φ 性质较差时，$\delta(w)$ 可能常为无穷. 下面的定理说明，事实并不如此.

定理3.3.14 设 $\varphi:D\to D$ 解析，则有

$$\|C_\varphi\|_e^2\geqslant\sup\{\delta(\zeta):\zeta\in\partial D\}.$$

证明 设 $\zeta\in\partial D$ 为 φ 的非切向极限，$\zeta_1,\zeta_2,\cdots,\zeta_n,\cdots$ 在 ∂D 中，且 $\zeta_n\in E(\varphi,\zeta)$，$\varphi$ 在 ζ_n 处有有限角导数，固定$0<\rho<1$，选取$0<t<1$，使得角域 $A_k=A_{\rho,t}(\zeta_k)(1\leqslant k\leqslant n)$互不相交，其中设 $A_\rho(\zeta)$ 为点 ζ 和圆盘 ρD 的凸包，而 $A_{\rho,t}(z)=A_\rho(z)\setminus tD$，由 Julia 定理可知 $\bigcap\limits_{1\leqslant k\leqslant n}\{\varphi(A_k)\}$包含一个顶点在 ζ 的同样类型的角域 A.

对于 $w\in A\setminus\{\varphi(0)\}$，$1\leqslant k\leqslant n$，在 A_k 中选取 w 的一个原像 $z^k(w)$，则

$$N_\varphi(w)\geqslant\sum_{k=1}^{n}\log\frac{1}{|z^k(w)|}.$$

对于固定的 k，根据 Schwarz 引理，当 w 在 A 中趋于 ζ 时，$z^k(w)$ 在 A_k 中趋于 ζ_k，于是由 Julia-Carathéodory 定理，

$$|\varphi'(\zeta_k)|^{-1} = \lim_{\substack{w\in A\\ w\to\zeta}} \frac{\log|z^k(w)|}{\log|w|}.$$

由定理3.3.12，

$$\|C_\varphi\|_e^2 = \varlimsup_{|w|\to 1} \frac{N_\varphi(w)}{\log\dfrac{1}{|w|}} \geqslant \varlimsup_{|w|\to 1} \frac{\sum\limits_{k=1}^{n}\log\dfrac{1}{|z^k(w)|}}{\log\dfrac{1}{|w|}}$$

$$= \varlimsup_{|w|\to 1} \frac{\sum\limits_{k=1}^{n}\log|z^k(w)|}{\log|w|}$$

$$= \sum_{k=1}^{n} |\varphi'(\zeta_k)|^{-1}.$$

由 n 选取的任意性，即可知 $\|C_\varphi\|_e^2 \geqslant \delta(\zeta)$，再由 $\zeta\in\partial D$ 选取的任意性，即可得定理的结论. 证毕.

由此定理立即可知：如果 C_φ 为紧算子，则 φ 不存在角导数，这也是我们早已熟悉的结果.

虽然 φ 的角导数的不存在性不能完全地充当 C_φ 为紧算子的充分条件，但当 φ 为单叶的时候，则是充分的. 另一方面，φ 的单叶性要求未免太苛刻，可作适当地放宽. 事实上，只要对 φ 的"叶数"作适当控制，这角导数条件则为充分的. 为叙述之，我们用 $n_\varphi(w)$ 表示集合 $\varphi^{-1}(w)$ 中点的个数，并计及重数.

定理3.3.15 设 $\varphi: D\to D$ 解析. 若存在 $0<R<1$，使得

$$\sup\{n_\varphi(w): R < |w| < 1\} = M < \infty, \tag{1}$$

则有

$$\|C_\varphi\|_e^2 \leqslant M\sup\{|\varphi'(\zeta)|^{-1}: \zeta\in\partial D\}.$$

证明 由定理3.3.12，存在 $\{w_n\}\subset D$，使得 $R<|w_n|<1$，$|w_n|\to 1^-$，而且

$$\|C_\varphi\|_e^2 = \lim_{n\to\infty} \frac{N_\varphi(w_n)}{\log\dfrac{1}{|w_n|}}, \tag{2}$$

由(1)式，$\varphi^{-1}(w_n)$ 至多有 M 个点，所以在 $N_\varphi(w_n)$ 的定义中的和式

只有 M 项，设 $z^{(n)}$ 为 $\varphi^{-1}(w_n)$ 中模最小的点，那么对一切 n，

$$N_\varphi(w_n) \leqslant M\left(\log \frac{1}{|z^{(n)}|}\right), \tag{3}$$

由 Schwarz 引理，当 $n\to\infty$ 时，$|z^{(n)}|\to 1^-$. 通过适当地取子列（如有必要的话），我们可设 $\{z^{(n)}\}$ 收敛于 $\zeta\in\partial D$，根据(2)、(3)式及 Julia-Carathéodory 定理，

$$\|C_\varphi\|_e^2 = \lim_{n\to\infty}\frac{N_\varphi(w_n)}{\log\dfrac{1}{|w_n|}} \leqslant M\lim_{n\to\infty}\frac{\log\dfrac{1}{|z^{(n)}|}}{\log\dfrac{1}{|w_n|}}$$

$$\leqslant M\varliminf_{z\to\zeta}\frac{1-|z|}{1-|\varphi(z)|} = M|\varphi'(\zeta)|^{-1},$$

于是

$$\|C_\varphi\|_e^2 \geqslant M\sup\{|\varphi'(\zeta)|^{-1}:\zeta\in\partial D\}.$$

证毕.

由定理3.3.15知，当 $\varphi:D\to D$ 为单叶函数时，若 φ 不存在有限角导数，则 C_φ 为紧算子. 这是已知的结果，综合定理3.3.14和定理3.3.15可知，如果存在 $0<R<1$，使得 $\sup\{n_\varphi(w):R<|w|<1\}<\infty$，则 C_φ 为紧算子的充要条件为 φ 不存在角导数.

§3.4 Schatten 类复合算子

Schatten p-类算子 S_p 是 $H^2(D)$ 上的有界线性算子代数 $L(H^2)$ 的双边闭理想. 当 $p=2$ 时，$S_2(H^2(D))$ 即为 $H^2(D)$ 上的 Hilbert-Schmidt 算子类. 我们对此类算子已有较清楚的了解，推论3.3.1给出了其积分形式的特征. 由于 $\{z^n:n=0,1,2,\cdots\}$ 为 $H^2(D)$ 的一组规范正交基，利用 Littlewood-Paley 恒等式及变量替换公式（定理2.4.3），由 Hilbert-Schmidt 算子的定义可知，如果 $\varphi:D\to D$ 解析，且 $\varphi(0)=0$，则

$$\sum_{n=0}^{\infty}\|C_\varphi(z^n)\|^2 = \sum_{n=0}^{\infty}2\int_D |nw^{n-1}|^2 N_\varphi(w)\,\frac{dA(w)}{\pi}$$

$$= 2\int_D \sum_{n=0}^{\infty} n^2 |w|^{2(n-1)} N_\varphi(w) \frac{\mathrm{d}A(w)}{\pi}.$$

由于

$$\frac{2}{(1-x^2)^3} = \sum_{n=1}^{\infty} n(n+1)x^{2(n-1)} (|x| < 1),$$

于是有

$$\frac{1}{(1-x^2)^3} \leqslant \sum_{n=1}^{\infty} n^2 x^{2(n-1)} \leqslant \frac{2}{(1-x^2)^3},$$

从而

$$\int_D \frac{2}{(1-|w|^2)^3} N_\varphi(w) \frac{\mathrm{d}A(w)}{\pi} \leqslant \sum_{n=0}^{\infty} \|C_\varphi(z^n)\|^2$$

$$\leqslant \int_D \frac{4}{(1-|w|^2)^3} N_\varphi(w) \frac{\mathrm{d}A(w)}{\pi}.$$

由于当$|w| \to 1^-$时,$\log \frac{1}{|w|} \sim (1-|w|^2)$,故存在$M, m > 0$,使得

$$m\int_D \frac{N_\varphi(w)}{-\log|w|} \frac{\mathrm{d}A(w)}{(1-|w|^2)^2} \leqslant \sum_{n=0}^{\infty} \|C_\varphi(z^n)\|^2$$

$$\leqslant M\int_D \frac{N_\varphi(w)}{-\log|w|} \frac{\mathrm{d}A(w)}{(1-|w|^2)^2}.$$

由以上讨论可知:$C_\varphi \in S_2(H^2(D))$当且仅当

$$\frac{N_\varphi(w)}{-\log|w|} \in L^1\left[\frac{\mathrm{d}A(w)}{(1-|w|^2)^2}\right]$$

实际上这是 D. H. Luecking 和 K. Zhu 在1992年给出的更一般的结论的特殊情形. 下面,我们将给出它们的一般特征.

3.4.1 Schatten 类复合算子的计数函数特征

为探求 Schatten 类复合算子的特征,我们将应用 Bergman 空间上的 Toeplitz 型算子的相应结论. 于是,我们先简单介绍 Bergman 空间上的 Toeplitz 算子的有关知识.

设 $\mathrm{d}A(z)$表示 D 上的规范面积测度$\left(即\frac{r}{\pi}\mathrm{d}r\mathrm{d}\theta\right)$,对于 $\alpha > -1$,记

$$\mathrm{d}A_\alpha(z) = \left(\log\frac{1}{|z|^2}\right)^\alpha \frac{\mathrm{d}A(z)}{\Gamma(\alpha+1)},$$

其中 Γ 为 Gamma 函数则 $\mathrm{d}A_\alpha$ 为 D 上的测度，而且 $A_\alpha(D)=1$，以 $L_a^2(\mathrm{d}A_\alpha)$ 表示 $L^2(\mathrm{d}A_\alpha)$ 中的解析函数全体，称 $L_a^2(\mathrm{d}A_\alpha)$ 为加权 Bergman 空间. 对于 $f\in L_a^2(\mathrm{d}A_\alpha)$，如 $f(z)=\sum\limits_{n=0}^{\infty}a_nz^n$，则有

$$\|f\|_\alpha^2 = \int_D |f(z)|^2\mathrm{d}A_\alpha(z) = \sum_0^\infty \frac{|a_n|^2}{(n+1)^{\alpha+1}},$$

由此可知 $L_a^2(\mathrm{d}A_{-1})=H^2(D)$.

由 Littlewood-Paley 恒等式，对于 $f\in H^2(D)$，f 的范数

$$\|f\|^2 = |f(0)|^2 + \int_D |f'(z)|^2\log\frac{1}{|z|^2}\mathrm{d}A(z).$$

若记

$$H_0^2(D) = \{f\in H^2(D): f(0)=0\},$$

则有

$$\|f\|^2 = \int_D |f'(z)|^2\log\frac{1}{|z|^2}\mathrm{d}A(z) = \|f'\|_1^2, f\in H_0^2.$$

对于 $\alpha>-1$，

$$\|f\|_\alpha^2 = \|(zf)'\|_{\alpha+2}^2, f\in L_a^2(\mathrm{d}A_\alpha).$$

如果 $f\in L_a^2(\mathrm{d}A_\alpha)$ 且 $f(0)=0$，则可设 $f(z)=\sum\limits_{n=1}^{\infty}a_nz^n$，于是

$$\|f\|_\alpha^2 = \sum_{n=1}^\infty \frac{|a_n|^2}{(n+1)^{\alpha+1}},$$

而

$$f'(z) = \sum_{n=1}^\infty na_nz^{n-1} = \sum_{n=0}^\infty (n+1)a_{n+1}z^n,$$

从而

$$\begin{aligned}\|f'\|_{\alpha+2}^2 &= \sum_{n=0}^\infty \frac{(n+1)^2|a_{n+1}|^2}{(n+1)^{\alpha+3}} = \sum_{n=0}^\infty \frac{|a_{n+1}|^2}{(n+1)^{\alpha+1}}\\ &= \sum_{n=1}^\infty \frac{|a_n|^2}{n^{\alpha+1}} = \sum_{n=1}^\infty \frac{|a_n|^2}{(n+1)^{\alpha+1}}\left(\frac{n+1}{n}\right)^{\alpha+1},\end{aligned}$$

于是有

$$\|f'\|_\alpha^2 \leqslant \|f'\|_{\alpha+2}^2 \leqslant 2^{\alpha+2}\|f\|_\alpha^2,$$

即 $\|f\|_\alpha$ 和 $\|f'\|_{\alpha+2}$ 在 $L_a^2(\mathrm{d}A_\alpha)$ 的子空间 $\{f\in L_a^2(\mathrm{d}A_\alpha): f(0)=0\}$ 上定义了等价范数. 令

$$Df = f', f \in H^2(D),$$

则 D 为 H^2 到 $L_a^2(\mathrm{d}A_1)$ 间的等距算子, D 也为 $L_a^2(\mathrm{d}A_\alpha)$ 和 $L_a^2(\mathrm{d}A_{\alpha+2})$ 间的有界可逆算子. 令

$$B_\varphi f = DC_\varphi D^{-1}f, \quad f \in L_a^2(\mathrm{d}A_1),$$

则 B_φ 为 $L_a^2(\mathrm{d}A_1)$ 到 $L_a^2(\mathrm{d}A_1)$ 中的有界线性算子. 而

$$\begin{aligned}\langle B_\varphi f, B_\varphi g\rangle_1 &= \langle DC_\varphi D^{-1}f, DC_\varphi D^{-1}g\rangle_1 \\ &= \langle C_\varphi D^{-1}f, C_\varphi D^{-1}g\rangle \\ &= (D^{-1}f)(\varphi(0))\overline{(D^{-1}g)(\varphi(0))} + \\ &\quad 2\int_D f(w)\overline{g(w)}N_\varphi(w)\mathrm{d}A(w),\end{aligned}$$

如果设 $\varphi(0)=0$, 则对于 $f,g\in L_a^1(\mathrm{d}A_1)$ 且 $f(0)=g(0)=0$,

$$\langle B_\varphi f, B_\varphi g\rangle_1 = \int_D f(w)\,\overline{g(w)\mathrm{d}\mu_\varphi(w)}, \tag{1}$$

其中 $\mathrm{d}\mu_\varphi(w)=2N_\varphi(w)\mathrm{d}A(w)$ 为 D 上的有限测度.

一般地, 如果 μ 为 D 上的有限测度, 在 $L_a^2(\mathrm{d}A_\alpha)$ 上可由

$$\langle T_\mu^{(\alpha)}f, g\rangle_\alpha = \int_D f\bar{g}\mathrm{d}\mu \tag{2}$$

定义一个线性算子 T_μ^α. 如果 τ 为 D 上的有界正可测函数, $\mathrm{d}\mu=\tau\mathrm{d}A_\alpha$, 我们记 $T_\mu^{(\alpha)}=T_\tau^{(\alpha)}$. 若以 P_α 表示 $L^2(\mathrm{d}A_\alpha)$ 到 $L_a^2(\mathrm{d}A_\alpha)$ 上的正交投影, 则有

$$\begin{aligned}\langle T_\tau^{(\alpha)}f, g\rangle_\alpha &= \langle T_\mu^{(\alpha)}f, g\rangle_\alpha \\ &= \int_D f\bar{g}\tau\mathrm{d}A_\alpha \\ &= \int_D (\tau f)\bar{g}\mathrm{d}A_\alpha = < p_\alpha(\tau f), g >_\alpha,\end{aligned}$$

于是

$$T_\tau^{(\alpha)}f = p_\alpha(\tau f).$$

称 $T_k^{(\alpha)}$ 为 Bergman 空间上的 Toeplitz 算子.

显然，$T_\mu^{(\alpha)}$ 在 $L_a^2(dA_\alpha)$ 上有界当且仅当存在常数 C，使得

$$\int_D |f|^2 d\mu \leqslant C\|f\|_\alpha^2, f \in L_a^2(dA_\alpha).$$

对于 Toeplitz 算子的 Schatten 类特征已有较好的结果，为介绍要求的结果，引进双曲度量与伪双曲圆盘的概念：对 $z,w\in D$ 令

$$\rho(z,w) = |\varphi_z(w)| = \left|\frac{z-w}{1-\bar{z}w}\right|,$$

称 $\rho(z,w)$ 为 D 上的伪双曲度量. 对于 $z\in D, 0<r<1$，令

$$\Delta(z,r) = \{w \in D: \rho(z,w) < r\},$$

称 $\Delta(z,r)$ 为以 z 为(双曲)中心，r 为(双曲)半径的伪双曲圆盘. 容易知道：$\Delta(z,r)$ 实际上是 D 中的以 $[(1-r^2)/(1-r^2|z|)^2]z$ 为中心，$r[(1-|z|^2)/(1-r^2|z|)^2]$ 为半径的欧几里德圆盘. 于是，如果 r 固定当 z 变化时，

$$A(\Delta(z,r)) \sim (1-|z|^2)^2,$$

更一般地有

$$A_\alpha(\Delta(z,r)) \sim (1-|z|^2)^{\alpha+2},$$

其中～表示此两个量当 z 变化时被另一个量的常数倍所界.

对于 Toeplitz 算子的 Schatten 类，有如下的特征定理：

定理3.4.1 设 $\alpha>-1, r\in(0,1), p>0, \mu$ 为 D 上的有限正 Borel 测度，那么

(1) $T_\mu^{(\alpha)}$ 有界当且仅当

$$\sup_{z\in D}\frac{\mu(\Delta(z,r))}{(1-|z|^2)^{\alpha+2}} < \infty;$$

(2) $T_\mu^{(\alpha)}$ 为紧算子当且仅当

$$\lim_{z\to\partial D}\frac{\mu(\Delta(z,r))}{(1-|z|^2)^{\alpha+2}} = 0;$$

(3) $T_\mu^{(\alpha)}\in S_p(L_a^2(dA_\alpha))$ 当且仅当函数

$$z \to \frac{\mu(\Delta(z,r))}{(1-|z|^2)^{\alpha+2}}$$

属于 $L^p(D,d\lambda)$，其中 $d\lambda(z)=(1-|z|^2)^{-2}dA(z)$.

此定理的证明参见[Zh90b].

因为 μ 是 D 上的有限测度，上述定理中的所有条件仅与 μ 在 D 的边界附近的性态有关. 如果 μ 有 τdA_a 的形式，由于

$$\inf_{w\in D(z,r)}\log\frac{1}{|w|}\sim 1-|z|,\ \sup_{w\in D(z,r)}\log\frac{1}{|w|}\sim 1-|z|^2,$$

那么对于充分靠近 ∂D 的 z,

$$\mu(\Delta(z,r))=\int_{\Delta(z,r)}\tau dA_a=\int_{\Delta(z,r)}\tau(w)\left(\log\frac{1}{|w|^2}\right)^a dA(w)$$

$$\sim(1-|z|^2)^a\int_{\Delta(z,r)}\tau(w)dA(w)\ .$$

又因为 $A(\Delta(z,r))\sim(1-|z|^2)^2$，故有

$$\frac{\mu(\Delta(z,r))}{(1-|z|^2)^{a+2}}\sim\frac{1}{A(\Delta(z,r))}\int_{\Delta(z,r)}\tau(w)dA(w)\ .$$

由式(1)和(2)式，我们可知

$$\langle B_\varphi^* B_\varphi f,g\rangle_1=\langle T_{\mu_\varphi}^{(1)}f,g\rangle_1,$$

其中 $B_\varphi=DCD^{-1}$，C_φ 为 H_0^2到 H_0^2中的复合算子，$\mu_\varphi=2N_\varphi dA$，从而 $B_\varphi^* B_\varphi=T_{\mu_\varphi}^{(1)}$.

由 D, B_φ 和 C_φ 的定义知：$C_\varphi\in S_p(H^2)$ 当且仅当 $B_\varphi\in S_p(L_a^2(dA_a))$，当且仅当 $T_{\mu_\varphi}^{(1)}\in S_{\frac{p}{2}}(L_a^2(dA_1))$. 如果记

$$\Psi(w)=N_\varphi(w)/\left(\log\frac{1}{|w|}\right),$$

则 $T_{\mu_\varphi}^{(1)}=T_\Psi^{(1)}$. 令

$$\hat{\Psi}_r(z)=\frac{1}{A(\Delta(z,r))}\int_{\Delta(z,r)}\Psi(w)dA(w)$$

$$=\frac{1}{A(\Delta(z,r))}\int_{\Delta(z,r)}\frac{N_\varphi(w)}{-\log|w|}dA(w),$$

则知 $C_\varphi\in S_p(H^2)$当且仅当 $\hat{\Psi}_r\in L^{\frac{p}{2}}(d\lambda)$.

为了给出复合算子的 Schatten 类特征的定理，我们需要一些引理和命题.

引理3.4.1 在 $D\backslash\{0\}$上存在次调和函数 u，使得 $u\geqslant N_\varphi$，而且在 D 中关于测度 A 几乎处处有 $u(z)=N_\varphi(z)$.

此引理为下述更一般的命题的特殊情形：

命题3.4.1 设 G 为 D 中的区域，g 为 G 上的局部可积的正可测函数，且具有次平均值性质，那么存在 G 上的次调和函数 u，使得在 G 上 $u \geqslant g$ 且在 G 上几乎处处(关于测度 A)有 $u(z)=g(z)$.

事实上

$$u(z) = \lim_{\delta \to 0} g_\delta(z) = \lim_{\delta \to 0} \frac{1}{\pi\delta^2}\int_{D(z,\delta)} g dA,$$

其中 $D(z,\delta)$ 为以 z 为中心，δ 为半径的欧几里德圆盘.

证明 因为可用 G 中的其紧闭包含于 G 中的子区域去逼近 G，故可设在 G 中是可积的. 由次平均值性质可知 g 在 G 的紧子集上是有界的，因此通过压缩 G 我们可设 g 在 G 上有界. 令

$$g_\delta(z) = \frac{1}{\pi\delta^2}\int_{D(z,\delta)} g dA,$$

于是 $g_\delta(z)$ 在

$$G_\delta = \{z \in G : d(z, C\backslash G) > \delta\}$$

上是连续的. 因为 $g_\delta(z)$ 是用 g 与 $D(0,\delta)$ 的特征函数的卷积定义的，于是 g_δ 也有次平均值性质.

从而 g_δ 在 G_δ 上是次调和的. 根据 Lebesgue 关于积分的微分定理，几乎处处有

$$u = \lim_{\delta \to 0} g_\delta = g .$$

因为 g_δ 是次调和的，函数 $(g_\delta)_\rho=(g_\rho)_\delta$ 为 ρ 的增函数. 令 $\delta \to 0$，我们可知 g_ρ 关于 ρ 为增函数族. 于是 u 为非减的次调和函数序列的极限，因而 u 为次调和的，根据次平均值性质，$g \leqslant g_\delta$，从而可知 $g \leqslant u$. 证毕.

为证引理3.4.2，我们需要如下命题.

命题3.4.2 对 $q>0$，存在常数 $C=C(q)$，具有如下性质：如果 u 为区域 G 上的非负次调和函数，$D(a,r)$ 为 G 中的圆盘，那么

$$u(a)^q \leqslant C \frac{1}{A(D(a,r))}\int_{D(a,r)} u^q dA .$$

此命题的证明可参见[Fes72].

引理3.4.2 设 $\Psi(z)=N_{\varphi,\alpha+2}(z)/\left(\log\frac{1}{|z|}\right)^{\alpha+2}(\alpha>-1)$. 对所有$0<q<\infty$和$0<r<1$,存在常数$C=C(q,r)$,使得

$$\Psi(z)^q\leqslant C\frac{1}{A(\Delta(z,r))}\int_{\Delta(z,r)}\Psi^q\mathrm{d}A, z\in D.$$

证明 由引理3.4.1(或命题3.4.1),存在$D\backslash\{0\}$上的次调和函数$u\geqslant N_{\varphi,\alpha+2}$,且几乎处处有$u=N_{\varphi,\alpha+2}$,那么,由命题3.4.2和$u(\varphi_a)$的次调和性,对$D$中任意点$|a|>r$,及$q>0$有

$$u(a)^q=u(\varphi_a(0))^q\leqslant C\frac{1}{\pi r^2}\int_{D(0,r)}u(\varphi_a)^q dA.$$

作坐标变换$w=\varphi_a(z)$,可得

$$u(a)\leqslant C\int_{\Delta(a,r)}u^q|\varphi_a'|^2 dA,$$

其中C仅与r和q有关,因为$\sup\limits_{z\in\Delta(a,r)}|\varphi_a'(z)|^2\sim A(\Delta(a,r))^{-1}$,我们有

$$u(a)^q\leqslant C\frac{1}{A(\Delta(a,r))}\int_{\Delta(a,r)}u^q dA,$$

用$\left(\log\frac{1}{|z|}\right)^{-q(\alpha+2)}$乘上式两边并利用

$$\left(\log\frac{1}{|a|}\right)^{-\alpha-2}\leqslant\inf_{z\in\Delta(a,r)}\left(\log\frac{1}{|z|}\right)^{-\alpha-2}$$

可得:如果$|a|>r$,则有

$$\Psi(a)^q\leqslant C\frac{1}{A(\Delta(a,r))}\int_{\Delta(a,r)}\Psi^q\mathrm{d}A, \tag{3}$$

若$\frac{r}{2}\leqslant|a|\leqslant r$,那么以$\frac{r}{2}$代替$r$,以前面相同的方法可得上述不等式. 设$|a|<\frac{r}{2}$,如果在$\Delta(0,r/2)$上$\Psi$几乎处处等于0,那么由$N_{\varphi,\alpha+2}$的次平均值性质可知在$D(0,r/2)$上$\Psi\equiv0$,故上述不等式显然成立. 如果在$D(0,r/2)$的某个正测度子集上$\Psi>0$,那么对任意$a\in D(0,r/2)$,我们可知$C_r\int_{D\left(0,\frac{r}{2}\right)}\Psi^q dA$为(3)式右端的下界. 因为$\Psi$是有界的,故可知(2)式对一切$|a|<\frac{r}{2}$都成立. 证毕.

引理3.4.3 $\Psi\in L^q(\mathrm{d}\lambda)$当且仅当 $\hat{\Psi}_r\in L^q(\mathrm{d}\lambda)$.

证明 对于固定的 φ 和 $0<r<1$. 设 $q\geqslant 1$, $\Psi\in L^q(\mathrm{d}\lambda)$, 则根据 Hölder 不等式,

$$\hat{\Psi}_r(z)^q\leqslant \frac{1}{A(\Delta(z,r))}\int_{\Delta(z,r)}\Psi^q\mathrm{d}A$$

$$=\int_D \frac{\chi_{\Delta(z,r)}(w)}{A(\Delta(z,r))}\Psi(w)^q\mathrm{d}A(w),$$

其中 $\chi_{\Delta(z,r)}(w)$ 为 $\Delta(z,r)$ 的特征函数. 关于 $\mathrm{d}\lambda$ 积分即可得

$$\int_D \hat{\Psi}_r^q d\lambda\leqslant \int_D \Psi(w)^q\int_D \frac{\chi_{\Delta(z,r)}(w)}{A(\Delta(z,r))}d\lambda(z)dA(w).$$

由于当 $\chi_{\Delta(z,r)}(w)\neq 0$ 时, $A(\Delta(z,r))\sim(1-|w|^2)^2$, 而且对任意 $w\in D$,

$$\int_D \chi_{\Delta(z,r)}(w)\mathrm{d}\lambda(z)=\int_{\Delta(w,r)}\mathrm{d}\lambda(z)$$

$$=\int_{\Delta(w,r)}\frac{\mathrm{d}A(z)}{(1-|z|^2)^2}=\int\limits_{|z-w_0|<R}\frac{\mathrm{d}A(z)}{(1-|z|^2)^2}$$

$\left(\text{其中 } w_0=\dfrac{1-r^2}{1-r^2|w|^2}w, R=\dfrac{1-r^2}{1-r^2|w|^2}r\right)$ 为常数, 故有

$$\int_D \hat{\Psi}_r^q\mathrm{d}\lambda\leqslant C\int_D \psi(w)^q(1-|w|^2)^{-2}\mathrm{d}A(w)=C\int_D \Psi^q d\lambda,$$

其中常数 C 仅与 r 有关. 这就证得必要性对 $q\geqslant 1$ 成立.

对于 $0<q<1$, 如果 $\Psi\in L^q(\mathrm{d}\lambda)$, 那么 $\Psi^q\in L^1(\mathrm{d}\lambda)$, 令 $r^*=\dfrac{2r}{1+r^2}$, 则当 $r\in(0,1)$ 时, $r^*\in(0,1)$, 当 $q=1$ 时, 前面已证明 $\hat{\Psi}_{r^*}^q\in L^1(\mathrm{d}\lambda)$. 我们将证明存在一个仅与 r 和 q 有关的常数 C, 使得

$$(\hat{\Psi}_r)^q\leqslant C\Psi_{t^*}{}^q.$$

由此将可证明 $\hat{\Psi}_r\in L^q(\mathrm{d}\lambda)$, 为此, 首先注意到, 如果 $w\in\Delta(z,r)$, 则 $\Delta(z,r)\subset\Delta(z,r^*)$, 那么

$$(\hat{\Psi}_r(z))^q=\left(\frac{1}{A(\Delta(z,r))}\int_{\Delta(z,r)}\Psi(w)\mathrm{d}A(w)\right)^q$$

$$\leqslant \sup_{w\in\Delta(z,r)}[\Psi(w)]^q$$

$$\leqslant \sup_{w\in\Delta(z,r)} C\frac{1}{A(\Delta(w,r))}\int_{\Delta(w,r)}\Psi^q\mathrm{d}A$$

$$\leqslant C\frac{1}{A(\Delta(z,r^*))}\int_{\Delta(z,r^*)}\Psi^q\mathrm{d}A.$$

上述倒数第二个不等式来自引理3.4.2，最后一个不等式是由于

$$\inf_{w\in\Delta(z,r)} A(\Delta(w,r)) \sim A(\Delta(z,r^*)).$$

由定义可知

$$\frac{1}{A(\Delta(z,r^*))}\int_{\Delta(z,r^*)}\Psi^q\mathrm{d}A = \hat{\Psi}^q_{r^*},$$

所以有

$$(\hat{\Psi}_r(z))^q \leqslant C\hat{\Psi}^q_{r^*}(z).$$

由于$(\hat{\Psi}^q_{r^*})\in L^1(\mathrm{d}\lambda)$，故$\hat{\Psi}_r\in L^q(\mathrm{d}\lambda)$. 这样就证明了必要性.

反之，如果$\hat{\Psi}_r\in L^q(\mathrm{d}\lambda)$，当$q=1$时，由引理3.4.2有$\Psi\leqslant C\hat{\Psi}_r$，故有$\Psi\in L^q(\mathrm{d}\lambda)$. 若$q\neq 1$，且$\hat{\Psi}_r\in L^q(\mathrm{d}\lambda)$，则$(\hat{\Psi}_r)^q\in L^1(\mathrm{d}\lambda)$.

由于

$$\Psi(z)\leqslant C\frac{1}{A(\Delta(z,r))}\int_{\Delta(z,r)}\Psi\mathrm{d}A,$$

故

$$\Psi(z)^q\leqslant C^q\left(\frac{1}{A(\Delta(z,r))}\int_{\Delta(z,r)}\psi\mathrm{d}A\right)^q = C^q(\hat{\Psi}_r)^q,$$

从而可知$\Psi(z)^q\in L^1(\mathrm{d}\lambda)$，即$\Psi\in L^q(\mathrm{d}\lambda)$. 证毕.

由上引理即可得如下重要定理.

定理3.4.2 设$\varphi:D\to D$解析，$0<p<\infty$，则$C_\varphi\in S_p(H^2(D))$当且仅当

$$\frac{N_\varphi(z)}{\log\frac{1}{|z|}}\in L^{\frac{p}{2}}(\mathrm{d}\lambda),$$

其中$\mathrm{d}\lambda(z)=(1-|z|^2)^{-2}\mathrm{d}A(z)$.

证明 当$\varphi(0)=0$时，由引理3.4.1前的讨论知$C_\varphi\in S_p(H^2)$当且仅当$\hat{\Psi}_r\in L^{\frac{p}{2}}(\mathrm{d}\lambda)$，由引理3.4.2知$C_\varphi\in S_p(H^2)$当且仅当$\Psi\in L^{\frac{p}{2}}(\mathrm{d}\lambda)$. 对于一般的解析函数$\varphi:D\to D$，记$a=\varphi(0)$，由于$N_\varphi(w)=$

$N_{\varphi_a\cdot\varphi}(\varphi_a(w))$，$\log\frac{1}{|z|}\sim 1-|z|^2$，作变量替换 $w=\varphi_a(z)$ 可得

$$\int_D\left(\frac{N_{\varphi_a\cdot\varphi}(w)}{1-|w|^2}\right)^q d\lambda(\omega)=\int_D\left(\frac{N_\varphi(z)}{1-|z|^2}\right)^q\frac{(1-|a|^2)^q}{|1-\bar{a}z|^{2q}}\mathrm{d}\lambda(z).$$

因为

$$\frac{1-|a|}{1+|a|}\leqslant\frac{1-|a|^2}{|1-\bar{a}z|^2}\leqslant\frac{1+|a|}{1-|a|},$$

故对于 φ 的可积性条件与对于 $\varphi_a\circ\varphi$ 的可积性条件是等价的. 故定理成立. 证毕.

3.4.2 Schatten 类复合算子的 Carleson 测度特征

对于 Schatten 类复合算子，利用 Nevanlinna 计数函数给出的特征在形式上虽然简单，但由于 $N_\varphi(z)$ 本身是一个较为复杂的函数，故在应用中有其不足之处. 下面给出的 Carleson 测度特征有着自身的优点.

定理3.4.3 复合算子 $C_\varphi\in S_p(H^2(D))$ 当且仅当对任意 r（或某个 $r>0$），

$$\frac{\mu\circ\varphi^{-1}(\Delta(z,r))}{(1-|z|^2)^3}\in L^{\frac{p}{2}}(\mathrm{d}\upsilon),$$

其中 $\mathrm{d}\mu(z)=|\varphi'(z)|^2(1-|z|^2)\mathrm{d}A(z)$，$\mathrm{d}\upsilon(z)=(1-|z|^2)\mathrm{d}A(z)$.

证明 不妨设 $\varphi'(z)\neq 0$. 由于 φ 在 D 内解析，故 $\varphi'(z)$ 在 D 内至多由可数多个零点，而且这些 $\varphi'(z)$ 的零点在 D 内无聚点. 于是 φ 为 D 上的局部同胚. 因而对任意的 $z\in D$ 及 $r>0$，存在一列互不相交的连通集 $\{R_n\}$，使得 $\varphi(z)$ 在每个 R_n 上单叶，而且

$$\bigcup_{n=1}^{\infty}R_n=\varphi^{-1}(\Delta(z,r)).$$

设 $\Psi_n(z)$ 为函数 $\varphi_n=\varphi|_{R_n}:R_n\to R_n$ 的逆函数. 因为当 $|z|\to 1^-$ 时，$(1-|z|^2)\sim\log\frac{1}{|z|^2}$，故存在正常数 C，使得

$$\int_{R_n}\mathrm{d}\mu(w)=\int_{R_n}|\varphi'(z)|^2(1-|z|^2)\mathrm{d}A(z)$$

$$\geqslant C\int_{R_n}|\varphi'(z)|^2\log\frac{1}{|z|}\mathrm{d}A(z)$$

$$= C\int_{\varphi(R_n)} \log \frac{1}{|\Psi_n(w)|} \mathrm{d}A(\omega)$$

$$= C\int_{\Delta(z,r)} \chi_{\varphi(R_n)}(w) \log \frac{1}{|\Psi_n(w)|} \mathrm{d}A(w),$$

其中 $\chi_{\varphi(R_n)}(w)$为集合 $\varphi(R_n)$的特征函数.

由 Nevanlinna 计数函数 $N_\varphi(w)$的定义及 $N_\varphi(w)$的次调和平均值性质：

$$\begin{aligned}
\mu \circ \varphi^{-1}(\Delta(z,r)) &= \int_{\varphi^{-1}(\Delta(z,r))} \mathrm{d}\mu(w) \\
&= \sum_{n=1}^{\infty} \int_{R_n} \mathrm{d}\mu(w) \\
&\geqslant C\sum_{n=1}^{\infty} \int_{\Delta(z,r)} \chi_\varphi(R_n)(w) \log \frac{1}{|\Psi_n(w)|} \mathrm{d}A(w) \\
&= C\int_{\Delta(z,r)} \sum_{n=1}^{\infty} \chi_\varphi(R_n)(w) \log \frac{1}{|\Psi_n(w)|} \mathrm{d}A(w) \\
&= C\int_{\Delta(z,r)} N_\varphi(w) \mathrm{d}A(w) \\
&\geqslant CN_\varphi(z)A(\Delta(z,r)).
\end{aligned}$$

因为 $A(\Delta(z,r)) \sim (1-|z|^2)^2$，故存在正常数 C，使得

$$\frac{\mu \circ \varphi^{-1}(\Delta(z,r))}{(1-|z|^2)^3} \geqslant C \frac{N_\varphi(z)}{\log \frac{1}{|z|}}.$$

反之，若 $C_\varphi \in S_p(H^2(D))$，由定理3.4.2知

$$\frac{N_\varphi(z)}{\log \frac{1}{|z|}} \in L^{\frac{p}{2}}(\mathrm{d}\lambda).$$

用类似于前部分证明中的方法，可得只与 r 有关的正常数 C，使得

$$\int_{R_n} \mathrm{d}\mu(w) \leqslant C\int_{\Delta(z,r)} \chi_{\varphi(R_n)}(w) \log \frac{1}{|\Psi_n(w)|} \mathrm{d}A(w).$$

于是有

$$\mu \circ \varphi^{-1}(\Delta(z,r)) \leqslant C\int_{\Delta(z,r)} N_\varphi(w) \mathrm{d}A(w).$$

由伪双曲度量 $\rho(z,w)$ 的性质，易知当 $|z|\to 1^-$ 时，

$$\sup_{w\in\Delta(z,r)} N_\varphi(w) \sim N_\varphi(z),\ \inf_{w\in\Delta(z,r)} N_\varphi(w) \sim N_\varphi(z),$$

因此存在正常数 C（仅依赖于 r），使得

$$\mu\circ\varphi^{-1}(\Delta(z,r)) \leqslant CN_\varphi(z)A(\Delta(z,r)),$$

因此有

$$\frac{\mu\circ\varphi^{-1}(\Delta(z,r))}{(1-|z|^2)^3} \leqslant C\frac{N_\varphi(z)}{\log\frac{1}{|z|}},$$

因此

$$\frac{\mu\circ\varphi^{-1}(\Delta(z,r))}{(1-|z|^2)^3} \sim \frac{N_\varphi(z)}{\log\frac{1}{|z|}}.$$

由定理3.4.2即知定理3.4.3成立.

3.4.3 不在 Schatten 类的紧复合算子

由 Shapiro[Sha87]的“小0”条件可知 C_φ 为 H^2 中的紧算子当且仅当 $\lim\limits_{|z|\to 1^-}\frac{N_\varphi(z)}{-\log|z|}=0$；D. H. Luecking 和 Kehe Zhu（朱克和）[LeZ92]证明了复合算子 $C_\varphi\in S_p(H^2)$ 当且仅当

$$\int_D\left(\frac{N_\varphi(z)}{\log\frac{1}{|z|}}\right)^{\frac{p}{2}}\frac{\mathrm{d}A(z)}{(1-|z|^2)^2}<+\infty.$$

由于 $S_p(H^2)$ 为 H^2 上的有界线性算子代数 $L(H^2)$ 的双边理想，紧复合算子全体 $K(H^2)$ 是双边闭理想，而且 $S_p(H^2)$ 在 $K(H^2)$ 中稠密. D. Sarason 早在1988年就提出问题：是否存在 $H^2(D)$ 中的紧复合算子，不属于任意 $S_p(H^2)$ $(0<p<\infty)$？Carroll 和 Cowen [CaC91]在一类包含 H^2 在内的加权 Dirichlet 空间框架下给出不属于任意 S_p 的紧复合算子的例子.

对 $\alpha>-1$，设 D_α 表示一切 D 中满足条件

$$\|f\|_{D_\alpha}^2=|f(0)|^2+\int_D|f'(z)|^2(1-|z|^2)^\alpha\mathrm{d}A(z)<+\infty$$

的解析函数全体,此空间在上述范数$\|f\|_{D_\alpha}^2$相应内积下成为 Hilbert 空间. 对 D 中的解析函数 $f(z)=\sum_{n=0}^{\infty}a_nz^2$,由定义可知

$$\begin{aligned}\|f\|_{D_\alpha}^2 &= |a_0|^2+\sum_{mn=1}^{\infty}\int_D(na_nz^{n-1})(m\,\overline{a_m}\,\bar{z}^{m-1})(1-|z|^2)^\alpha \mathrm{d}A(z)\\ &= |a_0|^2+\sum_{n=1}^{\infty}|a_n|^2n^2 2\int_0^1 r^{2n-1}(1-r^2)^\alpha \mathrm{d}r\\ &= |a_0|^2+\sum_{n=1}^{\infty}n^2|a_n|^2\int_0^1 t^{n-1}(1-t)^\alpha \mathrm{d}t\\ &= |a_0|^2+\sum_{n=1}^{\infty}n^2|a_n|^2B(n,\alpha+1)\\ &= |a_0|^2+\sum_{n=1}^{\infty}n^2|a_n|^2\frac{\Gamma(n)\Gamma(\alpha+1)}{\Gamma(n+1+\alpha)},\end{aligned}$$

其中 $B(n,\alpha+1)=\int_0^1 t^{n-1}(1-t)^\alpha \mathrm{d}t$ 为 Bata 函数,Γ 为 Gamma 函数.

由著名的欧拉-高斯公式:对 $\lambda>0$,

$$\Gamma(\lambda)=\lim_{n\to\infty}n^\lambda\frac{1\cdot2\cdot3\cdots(n-1)}{\lambda(\lambda+1)(\lambda+2)\cdots(\lambda+n-1)}.$$

因为 $\alpha>-1$,令 $\lambda=1+\alpha$,则 $\lambda>0$. 又因为

$$\frac{n^2\Gamma(n)\Gamma(\lambda)}{\Gamma(n+\lambda)}(1+n)^{2-\lambda}=\frac{n^2\Gamma(\lambda)}{n^\lambda(1+n)^{2-\lambda}}\frac{n^\lambda(n-1)\cdots3\cdot2\cdot1}{(n-1+\lambda)\cdots(\lambda+2)(\lambda+1)\lambda}$$

$$=\frac{n^{2-\lambda}\Gamma(\lambda)}{n^{2-\lambda}\left(1+\frac{1}{n}\right)^{2-\lambda}}\frac{n^\lambda(n-1)\cdots3\cdot2\cdot1}{\lambda(\lambda+1)(\lambda+2)\cdots(\lambda+n-1)}\to\Gamma(\lambda)^2\ (n\to\infty),$$

即

$$\frac{n^2\Gamma(n)\Gamma(\alpha+1)}{\Gamma(n+1+\alpha)}\sim(1+n)^{1-\alpha},$$

所以$\|f\|_{D_\alpha}^2$与用系数的级数定义的范数 $\sum_{n=0}^{\infty}(n+1)^{1-\alpha}|a_n|^2$是等价的. 由此可知:$H^2(D)=D_1$,$L_a^2(\mathrm{d}A)=D_2$,故 $H^2(D)$和 $L_a^2(\mathrm{d}A)$都为特殊的加权 Dirichlet 空间.

Carroll 和 Cowen 给出的不在任意 $S_p(H^2)$中的紧复合算子的例子的构造基于 D_α 中的核函数. 对 $w\in D$,以 K_w 表示 D_α 中满足

$$\langle f,k_w\rangle = f(w) \quad (f\in D_\alpha)$$

的函数,则 D_α 的核函数有如下的表示:

$$K_w(z) = 1 + \sum_{n=1}^{\infty}\frac{\overline{w}^n}{n^2B(n,\alpha+1)}z^n.$$

由于

$$\frac{1}{n^2B(n,\alpha+1)} = \frac{\Gamma(n+\alpha+1)}{n^2\Gamma(n)\Gamma(\alpha+1)}$$

$$= \frac{n+\alpha}{n\alpha}\frac{\Gamma(n+\alpha)}{\Gamma(n+1)\Gamma(\alpha)} = \left(\frac{1}{n}+\frac{1}{\alpha}\right)\frac{\Gamma(n+\alpha)}{\Gamma(n+1)\Gamma(\alpha)},$$

在有些计算中采用如下定义的核函数更为方便:

$$k_w(z) = \frac{1}{(1-\overline{w}z)^\alpha} = \sum_{n=0}^{\infty}\frac{\Gamma(n+\alpha)\overline{w}^n}{\Gamma(n+1)\Gamma(\alpha)}z^n \quad (\alpha>0),$$

在 D_α 中,K_w 与 k_w 有等价范数.

比较 K_w 与 k_w 的级数表达式可知,当 $u,v\in D$ 且 $\bar{u}v\geqslant 0$时,

$$0 < \frac{1}{\alpha}k_u(v) \leqslant K_u(v) \leqslant \left(1+\frac{1}{\alpha}\right)k_u(v). \tag{1}$$

引理3.4.4(Schur 判别法)([BHs65]) 设 $B=(b_{ij})$为无穷矩阵,M 为常数. 如果对每个 i, $\sum_j|b_{ij}|\leqslant M$,对每个 j, $\sum_i|b_{ij}|\leqslant M$,则 $\|B\|\leqslant M$.

在例子的构造中将用到加权 Dirichlet 空间的一个关于插值问题的结论.

引理3.4.5 设 $\alpha>0$,$\{r_n\}\subset(0,1)$为增序列,且满足条件:

$$\rho = \sup_n\left(\frac{1-r_{n+1}}{1-r_n}\right) < \left(1+\frac{(\alpha+1)2^{\alpha+1}}{r_1^\alpha}\right)^{-\frac{\alpha}{2}}.$$

设 W 表示 D_α 中由 $f_n=K_{r_n}/\|K_{r_n}\|\,(n\geqslant 1)$张成的闭子空间. 如果 $\{x_n\}\in l^2$,那么$\sum X_nf_n$ 收敛,事实上,如下定义的算子 $J:l^2\to w$:

$$J(\{\chi_n\}) = \sum_{n=1}^{\infty}\chi_nf_n$$

是有界且为可逆的算子，而且

$$W=\left\{\sum_{n=1}^{\infty}\chi_n f_n:\{\chi_n\}\in l^2\right\}.$$

证明 这结论等价于证明矩阵 $A=\{a_{ij}\}$ 是有界且可逆的，其中 $a_{ij}=\langle f_i,f_j\rangle(i,j=1,2,\cdots)$.

由(1)式知

$$0<a_{ij}=\frac{\langle K_{r_i},K_{r_j}\rangle}{\|K_{r_i}\|\|K_{r_j}\|}=\frac{K_{r_i}(r_j)}{\sqrt{K_{r_i}(r_i)K_{r_j}(r_j)}}$$

$$\leqslant(\alpha+1)\frac{K_{r_i}(r_j)}{\sqrt{K_{r_i}(r_i)K_{r_j}(r_j)}}.$$

设 $S_n=1-r_n$，故对 $i<j$，

$$\frac{K_{r_i}(r_j)}{\sqrt{K_{r_i}(r_i)K_{r_j}(r_j)}}=\left(\frac{(1-(1-s_i)^2)(1-(1-s_j)^2)}{(1-(1-s_i)(1-s_j))^2}\right)^{\frac{\alpha}{2}}$$

$$=\left(\frac{(2s_i-s_i^2)(2s_j-s_j^2)}{(s_i+s_j-s_is_j)^2}\right)^{\frac{\alpha}{2}}$$

$$=\left(\frac{s_j}{s_i}\right)^{\frac{\alpha}{2}}\left(\frac{(2-s_i)(2-s_j)}{(1-s_j+(s_j/s_i))^2}\right)^{\frac{\alpha}{2}}$$

$$\leqslant\left(\prod_{l=i}^{j-1}\frac{s_{l+1}}{s_l}\right)^{\frac{\alpha}{2}}\left(\frac{2\times 2}{(1-s_1)^2}\right)^{\frac{\alpha}{2}}$$

$$\leqslant(\rho^{\frac{\alpha}{2}})^{j-i}\frac{2^\alpha}{r_1^\alpha}.$$

以 $A_U(A_L)$ 表示矩阵 A 的严格上(下)三角部分，即 A_U 的元素为：当 $i<j$ 时为 a_{ij}，当 $i\geqslant j$ 时取值为0；于是 $A=A_U+I+A_L$. 我们将应用引理3.4.4证明 $\|A_U+A_L\|<1$. 而且，A 有界且可逆.

因为 A_U 的行求和为

$$\sum_{j>i}\frac{\langle K_{r_i},K_{r_j}\rangle}{\|K_{r_i}\|\|K_{r_j}\|}\leqslant(\alpha+1)\sum_{j>i}\frac{K_{r_i}(r_j)}{\sqrt{K_{r_i}(r_i)K_{r_j}(r_j)}}$$

$$\leqslant\frac{(\alpha+1)2^\alpha}{r_1^\alpha}\sum_{j>i}(\rho^{\frac{\alpha}{2}})^{j-i}=\frac{(\alpha+1)2^\alpha}{r_1^\alpha}\frac{\rho^{\frac{\alpha}{2}}}{1-\rho^{\frac{\alpha}{2}}}.$$

同理可知关于列求和具有与上相同的界. 再由条件可知此上界小于$\frac{1}{2}$.

因为 $A_L=A_U^*$,故$\|A_L\|<\frac{1}{2}$,故由引理可知$\|A_U+A_l\|<1$. 于是 A 为有界的,且可逆. 证毕.

推论3.4.1 设 $\alpha>0$,$\{r_n\}\subset(0,1)$为引理3.4.5中所述的增序列. 如果$\{w_n\}$为复数列,满足

$$\sum_{n=1}^{\infty}\frac{|w_n|^2}{\|K_{r_n}\|^2}<\infty,$$

那么存在函数 $f\in D_\alpha$,使得 $f(r_n)=w_n(n=1,2,\cdots)$.

证明 因为 $J^{-1}:W\to l^2$是有界算子,其共轭算子$(J^{-1})^*:l^2\to W\subset D_\alpha$ 也为有界算子. 对任意 $x=(x_1,x_2,\cdots)\in l^2$(用$\{e_n\}$表示 l^2中的标准正交基),有

$$x_n=\langle x,e_n\rangle=\langle x,J^{-1}(f_n)\rangle=\langle (J^{-1})^*x,f_n\rangle .$$

特别地,若取 $x_n=\frac{w_n}{\|K_{r_n}\|}$,$f=(J^{-1})^*(x)\in D_\alpha$,由上式可知

$$\frac{w_n}{\|K_{r_n}\|}=\langle (J^{-1})^*(x),f_n\rangle=\langle f,f_n\rangle=\frac{f(r_n)}{\|K_{r_n}\|},$$

于是,$f(r_n)=w_n(n=1,2,\cdots)$,证毕.

引理3.4.6 设 $\alpha>0$,$\{r_n\}$如引理3.4.5中所述,又设 $h(z)=z-r_1$,$\varphi:D\to D$ 为解析函数,且使得 C_φ 在 D_α 上有界. 如果 $\varphi(r_{n+1})=r_n(n\geqslant1)$,那么 W 为 $C_\varphi^*M_h^*$ 的不变子空间(其中 M_h 为乘法算子),而且 $J^{-1}C_\varphi^*M_h^*J$ 为 l^2上权序列为$\frac{(r_{n+1}-r_1)\|K_{r_n}\|}{\|K_{r_{n+1}}\|}$的向后加权平移算子.

证明 直接计算可知 $M_h^*(K_w)=\overline{h(w)}K_w$,且 $C_\varphi^*(K_w)=K_{\varphi(w)}$,故对 $n\geqslant1$,

$$C_\varphi^*M_h^*(K_{r_{n+1}})=(r_{n+1}-r_1)K_{r_n},$$

$$C_\varphi^*M_h^*(K_{r_1})=0 .$$

由于 W 是由向量 K_{r_n}生成的,故 W 是 $C_\varphi^*M_h^*$ 的不变子空间. 对 n

$\geqslant 1$,

$$J^{-1}C_\varphi^* M_h^* J_{(e_{n+1})} = J^{-1}C_\varphi^* M_h^* \left(\frac{K_{r_{n+1}}}{\|K_{r_{n+1}}\|}\right)$$

$$= \frac{(r_{n+1} - r_1)}{\|K_{r_{n+1}}\|} J^{-1}(K_{r_n}) = (r_{n+1} - r_1) \frac{\|K_{r_n}\|}{\|K_{r_{n+1}}\|} e_n,$$

且 $J^{-1}C_\varphi^* M_h^* J(e_1)=0$,故 $J^{-1}C_\varphi^* M_h^* J$ 为 l^2上的向后加权平移算子,证毕.

如果 $C_\varphi \in S_p$,由于 S_p 为自共轭理想,故 $J^{-1}C_\varphi^* M_h^* J \in S_p$.

下面我们着手构造不在任意 Schatten 类中的紧复合算子. 在此过程中,要用到双曲度量的有关知识. 设 U 为单连通区域,$u(z)$ 为 U 到 D 上的共形映射,那么 U 上的双曲度量是长度无穷小元为

$$\frac{|u'(z)||\mathrm{d}z|}{1 - |u(z)|^2}$$

的度量. 这度量与 $u(z)$ 的选取无关. 如果 $z_1, z_2 \in U$,我们以 $\mathrm{d}(z_1, z_2; U)$ 表示 z_1 与 z_2 间关于 U 的双曲距离.

双曲度量是共形不变的. 即如果 τ 是 U 到另一个单连通区域 V 上的共形变换,$z_1, z_2 \in U$,则

$$\mathrm{d}(\tau(z_1), \tau(z_2); V) = \mathrm{d}(z_1, z_2; U).$$

当 $U=D$ 时,

$$\mathrm{d}(0, z, D) = \frac{1}{2}\log\frac{1+|z|}{1-|z|}.$$

于是当 $z_1, z_2 \in U$,u 为 U 到 D 上的共形变换且 $u(z_1)=0$,$u(z_2)>0$ 时,由共形不变性,

$$\mathrm{d}(z_1, z_2; U) = \frac{1}{2}\log\frac{1+u(z_2)}{1-u(z_2)}.$$

设 $S=\{w: |\mathrm{Im} w| < \pi/2\}$,由于 $s(z)=\frac{1}{2}\log\frac{1+z}{1-z}$将 D 共形变换成 S,而且 $s(0)=0$,$s'(0)>0$,于是,如果 τ 是 U 到 S 上的共形映射,且 $\tau(z_1)$和 $\tau(z_2)$均为实数,那么

$$\mathrm{d}(z_1, z_2, U) = |\tau(z_1) - \tau(z_2)|.$$

对这些知识感兴趣的可参考 Ahlfors 的书[Ahl73].

对于 $-\infty<t<+\infty$,设

$$\psi(t)=\begin{cases}1+(1-e^{-e^e})|t|, & |t|\leqslant e^{e^e},\\ |t|/\log\log\log|t|, & |t|\geqslant e^{e^e},\end{cases} \tag{2}$$

$$\Omega=\{w:-\psi(\mathrm{Re}w)<\mathrm{Im}w<\psi(\mathrm{Re}w)\},$$

则 Ω 是关于实轴和虚轴都对称的区域. 直接计算可知 $\psi'(t)>0(t\in[0,\infty))$,且非增,因此 Ω 是关于原点的星形区域.

设 $\sigma(z)$ 为 D 到 Ω 上的唯一确定的 Riemann 映射,使得 $\sigma(0)=0$ 且 $\sigma'(0)>0$,那么 σ 是区间 $(-1,1)$ 到 Ω 中的实轴上的增映射. 对每个正整数 n,以 r_n 表示 $(0,1)$ 中满足 $\sigma(r_n)=e^n$ 的点. 显然,当 $n\to\infty$ 时,$r_n\to 1$.

引理3.4.7 存在正整数 n_0,使得当 $n>n_0$ 时,

$$\frac{1}{4}\log\log n<\mathrm{d}(e^n e^{n+1};\Omega)<4\log\log n.$$

由双曲距离的共形不变性知,上述不等式等价于

$$\frac{1}{4}\log\log n<\mathrm{d}(r_n,r_{n+1};D)<4\log\log n$$

(此引理的证明基于 Hayman 的一个引理[Ham80]).

证明 设 U 为包含矩形

$$R=\{z:a_1-b<\mathrm{Re}z<a_2+b,|\mathrm{Im}z|<b\}$$

的单连通区域,其中 $a_1<a_2,b>0$,Hayman 证明了

$$\mathrm{d}(a_1,a_2;U)\leqslant\frac{\pi}{4b}(a_2-a_1)+\frac{\pi}{2}. \tag{3}$$

另一方面,Hayman 还证明了:如果 $R\subset U$,但线段 $\{z:a_1-b<\mathrm{Re}z<a_2+b,|\mathrm{Im}z|=b\}$ 不在 U 中,则

$$\mathrm{d}(a_1,a_2;U)\geqslant\frac{\pi}{4b}(a_2-a_1)-\frac{\pi}{2}. \tag{4}$$

考虑 $n>n_1=e^e$,设 $b_n=e^{n-1}/\log\log(n-1)$,显然 $e^n-b_n>e^{n-1}$,因此由 $\psi(t)$ 定义可知

$$\psi(e^n-b_n)>\psi(e^{n-1})=e^{n-1}/\log\log(n-1)=b_n,$$

于是，矩形

$$R_n=\{z:e^n-b_n<\mathrm{Re}z<e^{n+1}+b_n,|\mathrm{Im}z|<b_n\}$$

包含在 Ω 之中，由 Hayman 不等式(3)知，对某个适当的 n_2，当 $n\geqslant n_2>n_1$ 时，

$$\begin{aligned}\mathrm{d}(e^n,e^{n+1};\Omega)&\leqslant\frac{\pi(e^{n+1}-e^n)}{4e^{n-1}/\log\log(n-1)}+\frac{\pi}{2}\\&=\frac{\pi}{4}(e^2-e)\log\log(n-1)+\frac{\pi}{2}\\&\leqslant 4\log\log n.\end{aligned}$$

为证另一不等式，取 C_n 使得 $\psi(e^{n+1}+C_n)=C_n$（由于存在 $\delta>0$，$\psi'<1-\delta$，故这样的 C_n 存在）。因为 $e^{n+1}+b_{n+2}<e^{n+2}$ 且 $\psi(e^{n+2})=b_{n+2}$，ψ 为增函数，故有 $C_n<b_{n+2}$，设

$$R'_n=\{z:e^n-c_n<\mathrm{Re}z<e^{n+1}+c_n,|\mathrm{Im}z|<c_n\}$$

$$U_n=\Omega\cup R'_n.$$

由 Hayman 的另一不等式(4)可知，对某个适当的 n_3，使得当 $n\leqslant n_3>n_1$ 时，

$$\begin{aligned}\mathrm{d}(e^n,e^{n+1};U_n)&\geqslant\frac{\pi}{4c_n}(e^{n+1}-e^n)-\frac{\pi}{2}\\&\geqslant\frac{\pi(e^{n+1}-e^n)}{4e^{n+1}/\log\log(n+1)}-\frac{\pi}{2}\\&\geqslant\frac{1}{4}\log\log n.\end{aligned}$$

因为 $\Omega\subset U_n$，这说明 $\mathrm{d}(e^n,e^{n+1};U_n)\leqslant f(e^n,e^{n+1};\Omega)$，由此可知引理成立. 证毕.

由此引理可得我们在构造反例中用到的结论：

引理3.4.8 对上述确定的序列 $\{r_n\}\subset(0,1)$，满足

$$\lim_{n\to\infty}\frac{1-r_{n+1}}{1-r_n}=0,\tag{5}$$

但对任意 $q>0$，

$$\sum_{n=1}^{\infty}\left(\frac{1-r_{n+1}}{1-r_n}\right)^q=\infty.\tag{6}$$

证明 首先注意到

$$\frac{1}{2}\left(\frac{1-r_n}{1-r_{n+1}}\right)\left(\frac{1+r_{n+1}}{1+r_n}\right)<\frac{1-r_n}{1-r_{n+1}}<\left(\frac{1-r_n}{1-r_{n+1}}\right)\left(\frac{1+r_{n+1}}{1+r_n}\right), \tag{7}$$

由左边不等式可知

$$\frac{1}{2}\log\left(\frac{1-r_n}{1-r_{n+1}}\right)>\frac{1}{2}\log\left(\frac{1+r_{n+1}}{1-r_{n+1}}\right)-\frac{1}{2}\log\left(\frac{1+r_n}{1-r_n}\right)-\frac{1}{2}\log 2$$

$$=\mathrm{d}(0,r_{n+1};D)-\mathrm{d}(0,r_n;D)-\frac{1}{2}\log 2$$

$$\mathrm{d}(r_n,r_{n+1};D)-\frac{1}{2}\log 2,$$

由引理3.4.7可知 $\mathrm{d}(r_n,r_{n+1};D)\to\infty(n\to\infty)$，故(5)式成立.

设 $q>0$，由(7)式中的右边不等式可得

$$\frac{1}{2}\log\left(\frac{1-r_n}{1-r_{n+1}}\right)\leq \mathrm{d}(r_n,r_{n+1};D),$$

故由引理3.4.7，当 $n\geqslant n_0$时，

$$\frac{1-r_{n+1}}{1-r_n}>\exp(-2\mathrm{d}(r_n,r_{n+1};D))$$

$$\geqslant\exp(-8\log\log n)=\left(\frac{1}{\log n}\right)^8.$$

存在 $N\geqslant n_0$，使得当 $n>N$ 时，$\frac{1}{\log n}>n^{-\frac{1}{8q}}$，故对此 N，

$$\sum_{n=N}^{\infty}\left(\frac{1-r_{n+1}}{1-r_n}\right)^q\geqslant\sum_{n=N}^{\infty}\left(\frac{1}{\log n}\right)^{8q}\geqslant\sum_{n=N}^{\infty}\frac{1}{n}=\infty.$$

证毕.

现在我们来证明本小节的主要结论：

定理3.4.4 设 σ 为上述定义的 Ω 到 D 上的 Riemann 映射，$\varphi(z)=\sigma^{-1}(e^{-1}\sigma(z))$. 对 $\alpha>0$，复合算子 C_φ 为 D_α 上的紧复合算子，但 $C_\varphi\notin S_p(0<p<\infty)$.

证明 因为 Ω 为关于原点的星形区域，对任意 $z\in D$，$e^{-1}\sigma(z)\in\Omega$，故 φ 是确定的. 易知 φ 在 $\overline{D}$ 上连续. 因为 $\partial\Omega$ 和 $\partial(e^{-1}\Omega)$ 除 ∞ 外不相交，故 $\varphi(\partial D)\cap\partial D=\{-1,1\}$，它们是 φ 的不动点.

利用φ的单叶性及重积分的变量替换公式，对任意 $f\in D_0$(D_0为通常的 Dirichlet 空间)，

$$\|C_\varphi f\|^2 = |f(\varphi(0))|^2 + \int_D |(f\circ\varphi)'(z)|^2 dA(z)$$

$$= |f(0)|^2 + \int_D |f'(\varphi(z))|^2 |\varphi'(z)|^2 dA(z)$$

$$= |f(0)|^2 + \int_{\varphi(D)} |f'(w)|^2 dA(w) \leqslant \|f\|^2,$$

故 C_φ 为 D_0上的有界算子，MacCluer 和 Shapiro 关于 C_φ 的紧性的角导数判别指出：对 $\alpha>0$，C_φ 为 D_α 上的紧算子当且仅当 φ 不存在有限角导数.[McS86，定理5.3(b)]由于 $\varphi(\partial D)\cap\partial D=\{-1,1\}$，故要证明 C_φ 为 D_α 上的紧算子，只要证明 φ 在$+1$处不存在有限角导数. 由对称性，只要证明在 $z=1$处 φ 不存在有限角导数.

由 φ 和 r_n 的定义，

$$\varphi(r_{n+1}) = \sigma^{-1}(e^{-1}\sigma(r_{n+1})) = \sigma^{-1}(e^{-1}e^{n+1}) = \sigma^{-1}(e^n) = r^n$$

即$\{r_n\}$为 φ 的向后迭代序列. 由引理3.4.8，

$$\lim_{n\to\infty}\frac{1-\varphi(r_{n+1})}{1-r_{n+1}} = \lim_{n\to\infty}\frac{1-r_n}{1-r_{n+1}} = \infty.$$

由 Julia-Carathéodory 定理可知，φ 在 $z=1$处不存在有限角导数，从而证得 C_φ 为 $D_\alpha(\alpha>0)$上的紧算子.

如果$C_\varphi\in S_p$，由于 S_p 为自共轭理想，故 $J^{-1}C_\varphi^* M_h^* J\in S_p$. 由引理3.4.6知 $J^{-1}C_\varphi^* M_h^* J$ 为 l^2上的权序列为$\{(r_{n+1}-r_1)\|K_{r_n}\|/\|K_{r_{n+1}}\|\}$的向后加权平移算子，由加权平移的性质，$J^{-1}C_\varphi^* M_h^* J\in S_p$ 当且仅当

$$\sum_{n=1}^{\infty}\left[(r_{n+1}-r_1)\frac{\|K_{r_n}\|}{\|K_{r_{n+1}}\|}\right]^p < +\infty,$$

但是，由(1)式和引理3.4.7知，取 $q=\frac{p\alpha}{2}>0$，

$$\sum_{n=1}^{\infty}\left[(r_{n+1}-r_1)\frac{\|K_{r_n}\|}{\|K_{r_{n+1}}\|}\right]^p$$

$$\geqslant (r_2 - r_1)^p \sum_{n=1}^{\infty} \left(\frac{K_{r_n}(r_n)/\alpha}{\left(1+\frac{1}{\alpha}\right) K_{r_{n+1}}(r_{n+1})} \right)^{\frac{p}{2}}$$

$$\geqslant \left(\frac{r_2 - r_1}{\sqrt{2^\alpha (1+\alpha)}} \right)^p \sum_{n=1}^{\infty} \left(\frac{1 - r_{n+1}}{1 - r_n} \right)^{\frac{p\alpha}{2}} = +\infty,$$

由此即知对 $\alpha > 0$,C_φ 不属于任意 $S_p(D_\alpha)(0 < p < +\infty)$. 证毕.

习 题 三

1. 证明:对任意$0<\alpha<\frac{1}{2}$,函数$\left(\frac{1+z}{1-z}\right)^\alpha$属于 H^2.

2. 设 f 和 g 为 D 上的解析函数,g 单叶且 $f(D) \subset g(D)$,证明如果 $g \in H^2$则 $f \in H^2$(提示:利用 Littlewood 定理).

3. 利用前两题的结论,证明如果 f 在 D 上解析,且 $f(D)$含于一个顶角小于$\frac{\pi}{2}$弧度的扇形中,则 $f \in H^2$.

4. 对 $f \in H(D)$,令

$$\|f\|^2 \overset{\text{def}}{=\!=} \sum_{n=0}^{\infty} \frac{|\hat{f}(n)|^2}{n+1},$$

记 $A^2(D) = \{f \in H(D): \|f\| < \infty\}$,称 $A^2(D)$ 为 Bergman 空间. 于是有 $H^2(D) \subset A^2(D)$. 证明:对任意 $f \in H(D)$,

$$\|f\|^2 = \int_D |f(z)|^2 \mathrm{d}A(z),$$

其中 $\mathrm{d}A$ 为 D 上的 Lebesgue 规范面积测度,即 $\mathrm{d}A(z) = \frac{1}{\pi}\mathrm{d}x\mathrm{d}y$.

5. 证明 $A^2(D)$上的任意复合算子都是有界的.

6. 对 $f \in H(D)$,记

$$D(f) = \sum_{n=1}^{\infty} n|\hat{f}(n)|^2,$$

$$\hat{D} = \{f \in H(D): D(f) < \infty\},$$

称 $\hat{D}$ 为 Dirichlet 空间,证明:$f \in H(D)$属于 Dirichlet 空间当且仅当

$$\int_D |f'(z)|^2 \mathrm{d}A(z) < \infty,$$

并且证明 $D(f) = \int_D |f'(z)|^2 \mathrm{d}A(z)$. 当 f 单叶时,此积分即为 $f(D)$的面积.

7. 证明 Dirichlet 空间上的复合算子未必都是有界的.

8. 在 Dirichlet 空间 $\hat{D}$ 上，令

$$\|f\|_{\hat{D}}^2 = |f(0)|^2 + D(f) \quad (f \in D),$$

则 $\hat{D}$ 在范数$\|\cdot\|_D$ 下成为 Hilbert 空间.

9. 证明：如果 $\varphi: D \to D$ 单叶解析，则 C_φ 为 Dirichlet 空间 $\hat{D}$ 上的有界复合算子.

10. 给出 Bergman 空间 A^2上的 Hilbert-Schmidt 算子的特征.

11. 给出 $b \in D$，举出一例说明：可使 $\varphi: D \to D$ 解析且 $\varphi(0)=b$，且有

$$\|C_\varphi\| = \left(\frac{1}{1-|\varphi(0)|^2}\right)^{\frac{1}{p}}.$$

以此说明推论3.2.2是精确的.

12. 在 Bergman 空间 $H^2(D)$上给出$\|C_\varphi\|$的类似于 $H^2(D)$空间上的估计(见引理3.2.2).

13. 对于 $\alpha > -1$，定义加权 Dirichlet 空间

$$D_\alpha = \left\{ f \in H(D): \|f\|^2 = |f(0)| + \int_D |f'(z)|^2 (1-|z|^2)^\alpha \frac{1}{\pi} dA(z) < \infty \right\}.$$

定义 D 上的测度 μ_α 为

$$d\mu_\alpha = |\varphi'(z)|^2 (1-|z|^2)^\alpha \frac{1}{\pi} dA(z).$$

证明：(a)C_φ 在 D_α 上有界当且仅当 h 关于 ζ 一致地趋于0时，

$$\mu_\alpha \varphi^{-1} S(\zeta, h) = O(h^{\alpha+2});$$

(b)C_φ 为 D_α 上紧算子当且仅当 h 关于 ζ 一致地趋于0时，

$$\mu_\alpha \varphi^{-1} S(\zeta, h) = o(h^{\alpha+2});$$

(c)如果$-1<\alpha<\beta$，C_φ 在 D_α 上有界(或紧)，则 C_φ 在 D_β 上也有界(或紧)；

(d)设$-1<\alpha<\beta$，如果 φ 在 ∂D 的任意点处无有限角导数，且 C_φ 在 D_α 上有界，则 C_φ 在 D_α 上是紧算子.

14. 证明：若 C_φ 在 $A_\alpha^2(D)$上是紧算子，则 φ 在 D 内有唯一不动点.

15. 设 $\varphi: D \to D$ 单间叶解析，C_φ 在 $H^2(D)$或 $A_\alpha^2(D)$上不具有闭值域，证明：如果 $\psi(D) \subset \varphi(D)$，那么 C_ψ 也不具有闭值域.

16. 设 C_φ 在 $H^2(D)$或 $A_\alpha^2(D)$ $(\alpha>-1)$上有闭值域. 如果 $\psi(D) \subset \varphi(D)$，其中 ψ 单叶，则 C_ψ 也有闭值域.

17. 如果 φ 为内函数，对 $\alpha>-1$，C_φ 必在 $A_\alpha^2(D)$上下有界吗？

18. 设 $\varphi: D\to D$ 为有限叶的解析函数，则 C_φ 为 $A_\alpha^2(D)$ 上的紧算子当且仅当

$$\lim_{|z|\to 1}\frac{1-|\varphi(z)|}{1-|z|}=\infty.$$

19. 证明：C_φ 在 $H^\infty(D)$ 上紧的充要条件是 $\overline{\varphi(D)}\subset D$.

20. 构造一个解析映射 φ，使得 $\varphi(D)=D$，但 C_φ 在 $H^2(D)$ 上是紧算子.

注　记

在复合算子的有界性的研究中，Littlewood 从属定理起了关键作用. Littlewood 原理最早见于 Littlewood 的文章[Ltw25]. 实际上他给出了更为一般的结论. Littlewood 证明了：对 D 的解析自映射 φ，$\varphi(0)=0$ 及任意 $0<p<\infty$，$0\leqslant r<1$ 有

$$\int_{-\pi}^{\pi}|f(\varphi(re^{i\theta}))|^p\mathrm{d}\theta\leqslant\int_{-\pi}^{\pi}|f(re^{i\theta})|^p\mathrm{d}\theta$$

(见[Drn70]). 由此可知 C_φ 为 $H^p(D)$ 上的有界算子. 事实上 C_φ 在 H^p 上的有界性也可利用调和强函数(Harmonic majorant)来得到. 因为 $f\in H^p$ 等价于次调和函数 $|f|^p$ 在 D 上有调和强函数 u，如果 $|f|^p$ 有调和强函数 u，那么 $u\circ\varphi$ 也为 $|f\circ\varphi|^p$ 的调和强函数，故 $f\circ\varphi\in H^p$. 对于 $f\in H^p$，若 u 为 $|f|^p$ 的最小调和强函数，则令 $\|f\|=u(0)^{\frac{1}{p}}$，那么 $\|f\circ\varphi\|\leqslant u(\varphi(0))^{\frac{1}{p}}$. 这种研究复合算子的有界性的途径，对于一般有界区域 Ω 上的 Hardy 空间 $H^p(\Omega)$ 上的复合算子的研究是有力的工具[Fis83a][Fis83b] [Xu88].

利用 Littlewood 从属原理去研究复合算子的有界性似乎始于 Ryff [Rff66]和 Nordgren[Ngn68]的工作. 紧性的研究由 H. J. Schwartz[Schw69] 开始. J. H. Shapiro 和 P. D. Taylor 的文章[ShT73]使复合算子的紧性的研究更深入一步，他们研究了紧性与角导数的关系，表征了 Hilbert-Schmidt 算子，给出不是 Hilbert-Schmidt 算子的紧复合算子的例子. 并证明了 C_φ 在 H^p 中紧当且仅当 C_φ 在 H^2 中紧等重要的结果，引起了许多人的兴趣. B. D. MacCluer 和 J. H. Shapiro[Mls86]进一步研究了 Bergman 空间上角导数与复合算子的紧性的关系，提出了虽然在 $H^2(D)$ 中，C_φ 的紧性蕴含着 φ 无有限角导数，但 φ 无有限角导数对于 $H^2(D)$ 上的 C_φ 的紧性不是充分条件. 而在加权 Bergman 空间 $A_\alpha^2(D)$ $(\alpha>-1)$ 上，C_φ 为紧算子的充要条件是 φ 无有限角导数.

经过研究，Shapiro 等发现，要使得 $H^2(D)$ 上的复合算子 C_φ 成为紧算子，$\varphi(z)$ 靠近 ∂D 的速度不能太快，接触 ∂D 的点不能太多，为把这关于 C_φ 的紧性的直观原理描述清楚，Shapiro 终于找到了一种工具，即他引用的 Nevanlinna 计数函数 $N_\varphi(w)$，他在[Sho87a]中利用 $N_\varphi(w)$ 给出了 $H^2(D)$ 上的复合算子 C_φ 的本性范数公式：

$$\|C_\varphi\|_e^2 = \limsup_{|w|\to 1^-} \frac{N_\varphi(w)}{-\log|w|},$$

从而证得 C_φ 为 $H^2(D)$ 上紧算子的充要条件为

$$\lim_{|w|\to 1^-} \frac{N_\varphi(w)}{-\log|w|} = 0,$$

使得表述 C_φ 的紧性特征的问题得到较为理想的结果.

Schatten 类算子是紧算子类的子类，且是个闭理想，为进一步了解紧算子，表征 S_p 类算子的问题引起了许多数学家的兴趣. 首先 Shapiro 和 Taylor [ShT73]给出了 Hilbert-Schwidt 算子类 S_2 的特征，D. H. Luccling 和 K. Zhu [LuZ92]和 Nevanlinna 计数函数的可积性给出了 S_p 类算子的特征：对任意 $0<p<+\infty$，

$$C_\varphi \in S_p(H^2) \Leftrightarrow \frac{N_\varphi(z)}{-\log|z|} \in L^{\frac{p}{2}}\ (\mathrm{d}\lambda),$$

其中 $\mathrm{d}\lambda(z)=(1-|z|^2)^{-2}\mathrm{d}A(z)$. 最近，我们又给出了一个 Carleson 测度特征[Xu97]. 这些特征形式上虽然漂亮，但在具体判定一个算子 C_φ 是否属于 S_p 并不容易. 因为 $N_\varphi(w)$ 本身就是一个由无穷级数给出的函数，比较难以把握. 许多作者仍在努力寻求直接由 φ 的值来刻画的判别法，许多人认为应有如下的特征：

$$C_\varphi \in S_p(H^2) \Leftrightarrow \int_D \left(\frac{1-|z|^2}{1-|\varphi(z)|^2} \right)^{\frac{p}{2}} \mathrm{d}\lambda(z) < +\infty,$$

其中 $\mathrm{d}\lambda(z)=(1-|z|^2)^{-2}\mathrm{d}A(z)$，当 $p=2$ 时这结论是成立的. 最近，朱克和在北京召开的98'ICCM 上报告，他已证明此结论成立[Zh98].

由上述的判别法可得启发：似乎应有紧算子 C_φ 不在任意 $S_p(H^2)$ 中. 这例子并不是显然的. T. Carrdl 和 C. C. Cowen 在[CaC91]构造了这样的例子.

第四章　加权 Hardy 空间上的复合算子

单位圆盘 D 的 Hardy 空间 $H^2(D)$上的复合算子的研究已被众多作者推广到 Bergman 空间、Dirichlet 空间及各种加权的函数 Hilbert 空间；单位圆盘 D 也被更一般的区域，如复平面中的上半平面、有界多连通区域，C^n 中的单位球或有界对称域等所代替，并得到许多相应的结果. 这里，我们不考虑对于单位圆盘 D 的一般化问题. 本章将在一类包含经典的 Hardy 空间、Bergman 空间、Dirichlet 空间及其常见的加权空间的所谓加权 Hardy 空间 $H^2(\beta)$ 上讨论复合算子. 复合算子在多种常见解析函数空间上的性质可在 $H^2(\beta)$中得到统一的处理.

§4.1　加权 Hardy 空间

从以前的讨论已知，单项式 $z^n(n=0,1,2,\cdots)$是经典的 Hardy 空间 $H^2(D)$、加权 Bergman 空间 $L_a^2(dA_a)$及加权 Dirichlet 空间 D_a 中的正交基. 由此得到启发，我们可引进更一般的解析函数的空间.

定义 4.1.1　设 H 为 D 上的解析函数组成的向量空间，如果单项式 $z^n(n=0,1,2,\cdots)$构成 H 中非零向量的完全正交集，则称 H 为加权 Hardy 空间.

4.1.1　加权 Hardy 空间的简单性质

在加权 Hardy 空间 H 的定义中，单项式组成的正交集的完备性等价于多项式在 H 中的稠密性，我们常规范范数使得 $\|1\|=1$，如果设 $\beta(j)=\|z^j\|$，则 H 中的范数可用下式给出：

$$\left\| \sum_{j=0}^{\infty} a_j z^j \right\| = \sum_{j=0}^{\infty} |a_j|^2 \beta(j)^2,$$

H 中的内积为

$$\left\langle \sum_{j=0}^{\infty} a_j z^j, \sum_{j=0}^{\infty} c_j z^j \right\rangle = \sum_{j=0}^{\infty} a_j \overline{c_j} \beta(j)^2,$$

权序列为$\{\beta(j)\}$的加权 Hardy 空间记为 $H^2(\beta)$.

经典的 Hardy 空间、Bergman 空间和 Dirichlet 空间，在等价范数的意义下，是权序列分别为 $\beta(j)\equiv 1$、$\beta(j)=(j+1)^{-1/2}$及 $\beta(j)=(j+1)^{1/2}$的加权 Hardy 空间. 如果要求 $\|1\|=1$，则加权 Bergman 空间 $L_a^2(dA_a)$和加权 Dirichlet 空间 $D_a(\alpha>-1)$也为加权 Hardy 空间. 由关于 f 和 f'的 Cauchy 积分公式可知，加权 Bergman 空间可表示为加以不同权的加权 Dirichlet 空间. 目前，在各种文献中，对这些加权空间没有一种标准的名称. 一般地，如果强调其范数是由函数的系数给出的，则称其为加权 Hardy 空间；如果强调其范数是由关于$|f|^2$ 的积分给出的，则称这为加权 Bergman 空间；如果强调其范数是以$|f'|^2$ 的积分给出的，则称之为加权 Dirichlet 空间.

加权 Hardy 空间 $H^2(\beta)$的性质显然依赖于权序列$\{\beta(j)\}$，$H^2(\beta)$的许多性质可用其生成函数来刻画.

定义 4.1.2 加权 Hardy 空间 $H^2(\beta)$的生成函数为

$$k(z) = \sum_{j=0}^{\infty} \frac{z^j}{\beta(j)^2}.$$

我们首先证明 $H^2(\beta)$的生成函数为解析函数.

引理 4.1.1 如果 $k(z)$为加权 Hardy 空间的生成函数，那么 $k(z)$在开单位圆盘 D 中解析.

证明 设 $k(z)$为加权 Hardy 空间 $H^2(\beta)$的生成函数. 因为 $H^2(\beta)$是完备的，故 Taylor 级数$\sum a_j z^j$ 表示 $H^2(\beta)$中的一个解析函数当且仅当$\sum|a_j|^2\beta(j)^2<+\infty$，设 $a_0=0, a_j=1/(j\beta(j))(j>0)$，记 $f(z)=\sum a_j z^j$，则

$$\sum_{j=0}^{\infty}|a_j|^2\beta(j)^2=\sum_{j=1}^{\infty}\frac{1}{(j\beta(j))^2}\beta(j)^2=\sum_{j=1}^{\infty}\frac{1}{j^2}<\infty,$$

故 $f\in H^2(\beta)$.

由定义,$H^2(\beta)$ 中的每个函数在 D 中都是解析的,由于 $f\in H^2(\beta)$,故 f 的收敛半径大于等于 1,因此

$$\limsup_{j\to\infty}\left(\frac{1}{\beta(j)^2}\right)^{\frac{1}{j}}=\left(\limsup_{j\to\infty}\left(\frac{1}{j\beta(j)}\right)^{\frac{1}{j}}\right)^2\leqslant 1,$$

由此可知 $k(z)=\sum_{j=0}^{\infty}\frac{z^j}{\beta(j)^2}$ 在 D 内解析,证毕.

生成函数的重要作用之一是由它可知 $H^2(\beta)$ 的计值泛函是有界的,而且可利用 $H^2(\beta)$ 的生成函数求得 $H^2(\beta)$ 的核函数及计值泛函的范数.

定理 4.1.1 设 $H^2(\beta)$ 是加权 Hardy 空间. 对任意 $w\in D$, $H^2(\beta)$ 上的在 w 处的计值泛函 $K_w(z)$ 为有界线性泛函,满足

$$f(w)=\langle f,K_w\rangle\quad(f\in H^2(\beta)),$$

其中 $K_w(z)=k(\overline{w}z)$. 而且 $\|K_w\|^2=k(|w|^2)$.

证明 对 $w\in D$,由 K 在 D 中的解析性可知 $k\in H^2(\beta)$,事实上

$$\|K_w\|^2=\left\|\sum_{j=0}^{\infty}\frac{\overline{w}^j}{\beta(j)^2}z^j\right\|^2=\sum_{j=0}^{\infty}\left|\frac{\overline{w}^j}{\beta(j)^2}\right|^2\beta(j)^2$$

$$=\sum_{j=0}^{\infty}\frac{|w|^{2j}}{\beta(j)^2}=k(|w|^2)<\infty.$$

对 $f\in H^2(\beta)$,若记 $f(z)=\sum a_jz^j$,则

$$\langle f,K_w\rangle=\sum_{j=0}^{\infty}a_j\frac{w^j}{\beta(j)^2}\beta(j)^2=\sum_{j=0}^{\infty}a_jw^j=f(w).$$

证毕.

由 $H^2(\beta)$ 的生成函数容易看到许多函数 Hilbert 空间是 D 上的解析函数的代数一致 Hilbert 空间.

定理 4.1.2 如果加权 Hardy 空间 $H^2(\beta)$ 的生成函数 k 在开单位圆盘 D 上是解析的,且 $k(1)=\infty$,则 $H^2(\beta)$ 为 D 上的解析函

数的代数一致 Hilbert 空间.

证明 设 h 为 $H^2(\beta)$上的有界线性泛函,且当 f,g 及 $fg\in H^2(\beta)$时,

$$\langle fg,h\rangle = \langle f,h\rangle\langle g,h\rangle.$$

因为多项式都在 $H^2(\beta)$中,故 f,g 为多项式时,上式成立.设 $w=\langle z,h\rangle$,则$\langle z^2,h\rangle=\langle z,h\rangle\langle z,h\rangle=w^2$,一般地,对 $j=1,2,\cdots,\langle z^j,h\rangle=w^j$,而

$$w = \langle z,h\rangle = \langle 1z,h\rangle = \langle 1,h\rangle\langle z,h\rangle = \langle 1,h\rangle w,$$

故 $w=0$ 或$\langle 1,h\rangle=1$,又因

$$\langle 1,h\rangle = \langle 1^2,h\rangle = \langle 1,h\rangle\langle 1,h\rangle = \langle 1,h\rangle^2,$$

故$\langle 1,h\rangle=0$ 或$\langle 1,h\rangle=1$.

如果$\langle 1,h\rangle=0,w=0$,那么$\langle z^j,h\rangle=w^j=0,j=1,2,\cdots$,因而对一切多项式 $p,\langle p,h\rangle=0$,因为多项式全体在 $H^2(\beta)$中稠密,故 $h=0$,这在考虑代数一致性时是平凡的.

于是$\langle 1,h\rangle=1$.因为 $1,z/\beta(1),z^2/\beta(2),\cdots$构成 $H^2(\beta)$的规范正交基,故有

$$h(z) = \langle 1,h\rangle 1 + \sum_{j=1}^{\infty}\left\langle h,\frac{z^j}{\beta(j)}\right\rangle\frac{z^j}{\beta(j)} = 1 + \sum_{j=1}^{\infty}\frac{\overline{w}^j}{\beta(j)^2}z^j.$$

对 $|w|<1$,有 $h(z)=k(\overline{w}z)=K_w(z)$,即 h 为在 w 处的计值泛函.如果$|w|\geqslant 1$,那么

$$\|h\|^2 = \sum_{j=0}^{\infty}\frac{|w|^{2j}}{\beta(j)^4}\beta(j)^2 = \sum_{j=0}^{\infty}\frac{|w|^{2j}}{\beta(j)^2}\geqslant k(1) = \infty,$$

这与由 h 确定的线性泛函的有界性矛盾.故 h 不可能是可乘线性泛函.证毕.

在经典的函数空间中,计值泛函的有界性可利用 Cauchy 积分公式证明,而函数的导数也可用相似的 Cauchy 积分公式表示,故不难想像某点处的关于各阶导数的计值泛函也是有界线性泛函.

定理 4.1.3 设 $H^2(\beta)$为加权 Hardy 空间,对任意正整数 m 及任意 $w\in D,H^2(\beta)$中的函数的 m 阶导数在 w 处的计值泛函是有界线性泛函,且

$$f^{(m)}(w) = \left\langle f, K_w^{(m)} \right\rangle,$$

其中

$$K_w^{(m)}(z) = \sum_{j=m}^{\infty} \frac{j!}{(j-m)!} \overline{w}^{j-m} \frac{z^j}{\beta(j)^2}.$$

证明 由于

$$f(w) = \langle f, K_w \rangle,$$

$$f'(w) = \lim_{\zeta \to w} \frac{f(\zeta) - f(w)}{\zeta - w} = \left\langle f, \lim_{\zeta \to w} \frac{K_\zeta - K_w}{\overline{\zeta} - \overline{w}} \right\rangle$$

$$= \left\langle f, \frac{d}{d\overline{w}} k(\overline{w}z) \right\rangle = \langle f, K'_w \rangle,$$

由此及归纳法即可知定理成立. 证毕.

由上述证明易知

$$K_w^{(m)}(z) = \frac{d^m}{d\overline{w}^m} k(\overline{w}z).$$

在单位圆周附近的点的再生核的性态，在复合算子的研究中起着重要作用. 下面定理描述的性质是再生核的重要性质之一.

定理 4.1.4 设 $H^2(\beta)$ 为加权 Hardy 空间，且满足条件 $\sum\beta(j)^2 = +\infty$，则当 $|w| \to 1^-$ 时，规范再生核

$$\frac{K_w}{\| K_w \|}$$

弱收敛于零.

证明 $w_j \in D$，且 $|w_j| \to 1$. 由定理 4.1.1 知 $\| K_{w_j} \|^2 = k(|w_j|^2)$. 因为

$$\lim_{j \to \infty} k(|w|^2) = \sum_n \frac{1}{\beta(n)^2} = \infty,$$

故 $\lim\limits_{j \to \infty} \| K_{w_j} \|^2 = \infty$，对任意多项式 p，

$$\lim_{j \to \infty} \left| \left\langle p, \frac{K_{w_j}}{\| K_{w_j} \|} \right\rangle \right| = \lim_{j \to \infty} \frac{|p(w_j)|}{\| K_{w_j} \|} = 0.$$

因为 Hilbert 空间中的闭单位球是弱紧的，故 D 中每一个趋于 ∂D 的序列，都存在子序列，使得相应的规范再生核 $K_{w_j} / \| K_{w_j} \|$ 弱收

敛. 由于多项式在 $H^2(\beta)$ 中稠密，故可知仅有可能的极限为 0，由所取序列的任意性即知结论成立，证毕.

由定理 4.1.1，$H^2(\beta)$ 的核函数

$$K_w(z) = k(\overline{w}z) = \sum_{j=0}^{\infty} \frac{1}{\beta(j)^2} \overline{w}^j z^j,$$

且

$$\| K_w \|^2 = k(|w|^2) = \sum_{j=0}^{\infty} \frac{|w|^{2j}}{\beta(j)^2}.$$

对于常见的权序列，我们可得到经典解析函数空间的再生核.

推论 4.1.1 在 Hardy 空间 $H^2(D)$ 中，在 $w \in D$ 处的计值泛函可表示为 $f(w) = \langle f, K_w \rangle$，其中

$$K_w(z) = \frac{1}{1 - \overline{w}z}, \ \| K_w \| = \frac{1}{\sqrt{1 - |w|^2}}.$$

证明 取 $\beta(j) = 1$，故 $K_w(z) = \sum_{j=0}^{\infty} \overline{w}^j z^j = \frac{1}{1 - \overline{w}z}$.

推论 4.1.2 在 Bergman 空间 $A^2(D)$ 中，在 $w \in D$ 处的计值泛函可表示为 $f(w) = \langle f, K_w \rangle$，其中

$$K_w(z) = \frac{1}{(1 - \overline{w}z)^2}, \ \| K_w \| = \frac{1}{1 - |w|^2}.$$

证明 取 $\beta(j) = (j+1)^{-1/2}$，则

$$K_w(z) = \sum_{j=0}^{\infty} (j+1) \overline{w}^j z^j = \frac{1}{(1 - \overline{w}z)^2},$$

从而 $\| K_w \|^2 = |K_w(w)|^2 = \frac{1}{(1 - |w|^2)^2}$，即 $\| K_w \| = \frac{1}{1 - |w|^2}$.

推论 4.1.3 在 Dirichlet 空间 D_0 中，在 $w \in D$ 处的计值泛函可表示为

$$f(w) = \langle f, K_w \rangle,$$

其中

$$K_w(z) = \frac{1}{\overline{w}z} \log\left(\frac{1}{1 - \overline{w}z} \right), \ \| K_w \|^2 = \frac{1}{|w|^2} \log\left(\frac{1}{1 - |w|^2} \right).$$

证明 取 $\beta(j) = (j+1)^{1/2}$，则 $K_w(z) = \sum_{j=0}^{\infty} \frac{1}{j+1} \overline{w}^j z^j$. 由

于当 $|z|<1$ 时，$\log\frac{1}{1-z}=\sum_{j=1}^{\infty}\frac{1}{j}z^j$，故 $\frac{1}{z}\log\frac{1}{1-z}=\sum_{j=0}^{\infty}\frac{1}{j+1}z^j$. 所以

$$K_w(z)=\sum_{j=0}^{\infty}\frac{1}{j+1}(\overline{w}z)^j=\frac{1}{\overline{w}z}\log\left(\frac{1}{1-\overline{w}z}\right).$$

证毕.

推论 4.1.4 在加权 Bergman 空间 $L_a^2(dA_\alpha)(\alpha>-1)$ 中，在 $w\in D$ 的计值泛函可表示为 $f(w)=\langle f,K_w\rangle$，其中

$$K_w(z)=\frac{1+\alpha}{(1-\overline{w}z)^{\alpha+2}},\ \|K_w\|^2=\frac{1+\alpha}{(1-|w|^2)^{1+\frac{\alpha}{2}}}.$$

证明 由于当 $\alpha>-1$ 时，

$$\begin{aligned}\frac{1+\alpha}{(1-z)^{2+\alpha}}&=\sum_{j=0}^{\infty}\frac{(j+1+\alpha)\cdots(1+\alpha)}{j!}z^j\\&=\sum_{j=0}^{\infty}\frac{\Gamma(j+2+\alpha)}{\Gamma(j+1)\Gamma(1+\alpha)}z^j\\&=\sum_{j=0}^{\infty}\frac{z^j}{B(j+1,1+\alpha)},\end{aligned}$$

故取 $\beta(j)=\sqrt{B(j+1,1+\alpha)}\ (j=0,1,2,\cdots)$ 时，$K_w(z)=\frac{1+\alpha}{(1-\overline{w}z)^{\alpha+1}}$，这时，若 $f\in H^2(\beta)$，且 $f(z)=\sum a_jz^j$，则

$$\begin{aligned}\langle f,K_w\rangle&=\left\langle\sum_{j=0}^{\infty}a_jz^j,\sum_{j=0}^{\infty}\frac{\overline{w}^jz^j}{B(j+1,1+\alpha)}\right\rangle\\&=\sum_{j=0}^{\infty}a_j\frac{1}{B(j+1,1+\alpha)}w^j\langle z^j,z^j\rangle\\&=\sum_{j=0}^{\infty}a_j\frac{1}{B(j+1,1+\alpha)}w^j\int_0^{2\pi}\int_0^1|z|^{2j}(1-|z|^2)^\alpha\frac{r\mathrm{d}r\mathrm{d}\theta}{\pi}\\&=\sum_{j=0}^{\infty}a_j\frac{1}{B(j+1,1+\alpha)}w^j\int_0^1r^{2j}(1-r^2)^\alpha\mathrm{d}r^2\\&=\sum_{j=0}^{\infty}a_j\frac{1}{B(j+1,1+\alpha)}w^j\int_0^1t^j(1-t)^\alpha\mathrm{d}t\end{aligned}$$

$$= \sum_{j=0}^{\infty} a_j w^j = f(w).$$

4.1.2 小加权 Hardy 空间

加权 Hardy 空间的大小由其权序列决定. 在研究复合算子时,有时要考虑 D 上的有界解析函数组成的各种 Banach 空间.

定义 4.1.3 如果$(Y, \|\cdot\|_y)$是 D 上的解析函数组成的 Banach 空间,且满足

(1)任意 $f\in Y$,f 在 D 上有界;

(2)Y 包含一切多项式;

(3)对任意 $w\in D$,在 w 处的计值泛函为线性有界泛函;

(4)Y 是酉不变的;即:若 $f\in Y$,φ 是 D 上的酉变换,则 $f\circ\varphi\in Y$,

则称$(Y, \|\cdot\|_y)$为小空间.

由条件(1)和(2)可知,对于小空间来说,依 Y 中范数收敛必是依上确界范数收敛. 事实上,由闭图像定理可知从$(Y, \|\cdot\|_y)$到$(Y, \|\cdot\|_\infty)$的恒等映射是连续的. 于是存在常数 $c>0$,使得

$$\|f\|_\infty \leqslant C\|f\|_Y \qquad (f\in Y),$$

由此得(3),应用闭图像定理可知,当 φ 为 D 的酉变换(Möbius 变换)时,C_φ 为 Y 上的有界算子.

如果 $H^2(\beta)$的权序列满足

$$\sum_{n=1}^{\infty} \frac{1}{\beta(n)^2} < \infty,$$

则 $H^2(\beta)$为小空间. 这时,我们称 $H^2(\beta)$为小加权 Hardy 空间. 这时如果 $f\in H^2(\beta)$,$f(z)=\sum_{j=0}^{\infty} a_j z^j$,则

$$\|f\|^2 = \sum_{j=0}^{\infty} |a_j|^2\beta(j)^2 < +\infty.$$

因为

$$\|f\|_\infty = \sup_{|z|<D} \left|\sum_{j=0}^{\infty} a_j z^j\right| \leqslant \sum_{j=0}^{\infty} |a_j|$$

$$= \sum_{j=0}^{\infty} |a_j| \beta(j) \cdot \frac{1}{\beta(j)}$$

$$\leqslant \left(\sum_{j=0}^{\infty} |a_j|^2 \beta(j)^2 \right)^{\frac{1}{2}} \left(\sum_{j=0}^{\infty} \frac{1}{\beta(j)^2} \right)^{\frac{1}{2}} < \infty,$$

故 f 为 D 上的有界解析函数. 对 $w \in D$ 及任意 $f \in H^2(\beta)$,

$$|f(w)| = |\langle f, K_w \rangle| \leqslant \| f \| \, \| K_w \| = \| f \| \left(\sum_{j=0}^{\infty} \frac{|w|^{2j}}{\beta(j)^2} \right)^{\frac{1}{2}}$$

$$\leqslant \left(\sum_{j=0}^{\infty} \frac{1}{\beta(j)^2} \right)^{\frac{1}{2}} \| f \| = M \| f \|,$$

即在 w 处的计值泛函是有界的. 显然任意多项式在 $H^2(\beta)$ 内, 故 $H^2(\beta)$ 满足定义 4.1.3 的条件(1),(2),(3),从而由闭图像定理知(4) 也满足. 所以当权序列满足 $\sum\limits_{n=0}^{\infty} \frac{1}{\beta(n)^2} < \infty$ 时, $H^2(\beta)$ 是个"小空间". 这时, 任意 $f \in H^2(\beta)$, f 都可连续地延拓到 $\overline{D}$ 上. 如果每个元素都可连续地延拓到 $\overline{D}$ 上, 则称此小空间为"边界正则" 小空间. 因此当 $\sum\limits_{n=0}^{\infty} \frac{1}{\beta(n)^2} < \infty$ 时, $H^2(\beta)$ 为"边界正则" 小空间.

由于 $\sum\limits_{n=0}^{\infty} (n+1)^{1-\alpha} |a_n|^2 = \| f(z) \|^2$ 为加权 Dirichlet 空间 D_α 中的等价范数, 若令 $\beta(n)^2 = (n+1)^{1-\alpha}$, 则 $H^2(\beta)$ 与 D_α 等价, 由于当 $\alpha < 0$ 时, $\sum\limits_{n=0}^{\infty} \frac{1}{\beta(n)^2} < \infty$, 故 D_α 当 $\alpha < 0$ 时为小加权 Hardy 空间, 因而对于 $-1 < \alpha < 0$, 加权 Dirichlet 空间 D_α, 由 D 上的有界解析函数组成. 由小空间的定义可知, $D_\alpha(-1 < \alpha < 0)$ 到 $(D_\alpha, \|\cdot\|_\infty)$ 中的恒等算子是连续的.

由"小空间"的定义, 可知 $H^\infty(D)$ 和 $A(D)$(圆盘代数)按上确界范数成为小空间; 解析 Lipschitz 空间: $\mathrm{Lip}_\alpha(D) = \{f: f$ 在 D 内解析, $|f(z) - f(w)| = O(|z-w|^\alpha), \forall\, z, w \in D\}$ $(0 < \alpha \leqslant 1)$, 按范数

$$\| f \|_\alpha = |f(0)| + \sup \left\{ \frac{|f(z) - f(w)|}{|z-w|^\alpha} : z \neq w \in \partial D \right\}$$

成为小空间；$S^p(D)=\{f:f$ 在 D 内解析，$f'\in H^p(D)\}$（$p\geqslant 1$），若装备范数

$$\|f\|_{S_p}=|f(0)|+\|f'\|_p$$

也成为小空间；在这些小空间上的复合算子的研究也都取得了许多很好的结果，本书不作详细介绍，有兴趣的读者可参阅有关文献.

4.1.3 大加权 Hardy 空间

这里考虑由那些加以比标准权 $G(r)=(1-r^2)^\alpha$（$\alpha>0$）衰减得更快的权函数 $G(r)$ 相应的加权 Hardy 空间.

设 $G(r)$ 为 $(0,1)$ 上不增的正值连续函数，且使得 $\int_0^1 G(r)r\mathrm{d}r<\infty$，于是 $G(|z|)\mathrm{d}A$ 为 D 上的正有限测度. 令

$$A_G^2(D)=\left\{f:f\in H(D),\int_D|f(z)|^2G(|z|)\mathrm{d}A(z)<\infty\right\},$$

$$\|f\|_G^2=\int_D|f(z)|^2G(|z|)\mathrm{d}A(z),$$

其中 $\mathrm{d}A$ 为 D 上的规范面积测度. 显然，$A^2(D)$ 为 Hilbert 函数空间.

如果记

$$p_n=\int_0^1 r^{2n+1}G(r)\mathrm{d}r,$$

$$c=2\int_0^1 G(r)r\mathrm{d}r,$$

$$\beta(n)^2=\frac{2}{c}p_n,$$

则 $A_G^2(D)$ 等价于 $H^2(\beta)$. 事实上，对于 D 上的解析函数 $f(z)=\sum\limits_{j=0}^{\infty}a_jz^j$，

$$\begin{aligned}\|f\|_G^2&=\int_D|f(z)|^2G(|z|)\mathrm{d}A(z)\\&=\int_0^{2\pi}\int_0^1\Big(\sum_{j,l=0}^{\infty}a_j\overline{a_l}e^{i(j-l)\theta}r^{j+l}\Big)G(r)\frac{r\mathrm{d}r\mathrm{d}\theta}{\pi}\end{aligned}$$

$$
\begin{aligned}
&= \sum_{j=0}^{\infty} 2\int_0^1 |a_j|^2 r^{2j+1} G(r)\mathrm{d}r \\
&= \sum_{j=0}^{\infty} |a_j|^2 2\int_0^1 r^{2j+1} G(r)\mathrm{d}r \\
&= \sum_{j=0}^{\infty} |a_j|^2 2p_n = C\sum_{j=0}^{\infty} |a_j|^2 \beta(j)^2 \\
&= C\| f \|_{\beta}^2.
\end{aligned}
$$

如果 $G(r)=(1-r)^{\alpha}(\alpha>-1)$，或 $G(r)=(-\log r)^{\alpha}(\alpha>-1)$，则在等价范数意义下，$A_G^2$ 等价于 $L_{\alpha}^2(\mathrm{d}A_{\alpha})$，所谓大加权 Hardy 空间(或称大加权 Bergman 空间)，主要是指那些比 $(1-r)$ 的任意幂都减小得快的权函数 $G(r)$ 相应的空间.

定义 4.1.4 如果对一切 $\alpha>0$，

$$
\lim_{r\to 1}\frac{G(r)}{(1-r)^{\alpha}} = 0, \tag{1}
$$

则称 $G(r)$ 为快速权函数. 又若对任意 $\alpha>0$，$G(r)/(1-r)^{\alpha}$ 关于靠近 1 的 r 是递减的，则称 G 为快速正则权.

很容易知道下面两个权函数都为快速正则的：

(a) 对 $c>0,\beta>1$，$G(r)=\exp\left\{-c\left(\log\frac{1}{1-r}\right)\beta\right\}$；

(b) 对 $c>0,\beta>0$，$G(r)=\exp\left\{-c\left(\frac{1}{1-r}\right)\beta\right\}$.

$\left\{z^n/\sqrt{2p_n}\right\}_{n=0}^{\infty}$ 为 $A_G^2(D)$ 的一组规范正交基. 由此可知 $A_G^2(D)$ 的再生核函数为

$$
K_w(z) = \frac{1}{2}\sum_{n=0}^{\infty}\frac{1}{p_n}\overline{w}^n z^n.
$$

因为矩量序列 $\{p_n\}$ 有界的，故可知当 $|w|\to 1$ 时 $\|K_w\|\to+\infty$.

在加标准权的情形，我们有时将加权 Bergman 空间作为加权 Dirichlet 空间来处理更为方便，而且有如下关系：对 $\alpha>-1$，$L_{\alpha}^2(\mathrm{d}A_{\alpha})=A_{\alpha}^2(D)=D_{\alpha+2}$，在加快速正则权的情形，我们也可作类似的处理. 对 $0\leqslant r<1$，令

$$
H(r) = \int_r^1\int_x^1 G(s)\mathrm{d}s\mathrm{d}x,
$$

对 D 中的解析函数 f,记

$$\|f\|_D^2 = |f(0)|^2 + \int_D |f'(z)|^2 H(|z|)\,\mathrm{d}A(z)$$

则此范数与 $\|\cdot\|_G$ 是等价的.

引理 4.1.2 设 f 为 D 中的解析函数,$f(0)=0$,那么

$$\int_D |f'(z)|^2 H(|z|)\,\mathrm{d}A(z) \leqslant \int_D |f(z)|^2 G(z)\,\mathrm{d}A(z)$$

$$\leqslant 6\int_D |f'(z)|^2 H(|z|)\,\mathrm{d}A(z),$$

其中各积分允许为$+\infty$.

证明 令

$$p_n = \int_0^1 r^{2n+1} G(r)\,\mathrm{d}r,$$

$$q_n = \int_0^1 r^{2n+1} H(r)\,\mathrm{d}r,$$

由分部积分两次可知

$$\begin{aligned}
q_{n-1} &= \int_0^1 r^{2n-1} H(r)\,\mathrm{d}r = \int_0^1 r^{2n-1}\left(\int_r^1\int_x^1 G(s)\,\mathrm{d}s\mathrm{d}x\right)\mathrm{d}r \\
&= \int_0^1 \frac{1}{2n}\left(\int_r^1\int_x^1 G(s)\,\mathrm{d}s\mathrm{d}x\right)\mathrm{d}(r^{2n}) \\
&= \frac{1}{2n} r^{2n}\left(\int_r^1\int_x^1 G(s)\,\mathrm{d}s\mathrm{d}x\right)\Bigg|_0^1 + \frac{1}{2n}\int_0^1 r^{2n}\left(\int_r^1 G(s)\,\mathrm{d}s\right)\mathrm{d}r \\
&= \frac{1}{(2n)(2n+1)}\int_0^1\left(\int_r^1 G(s)\,\mathrm{d}s\right)\mathrm{d}(r^{2n+1}) \\
&= \frac{1}{(2n)(2n+1)} r^{2n+1}\left(\int_r^1 G(s)\,\mathrm{d}s\right)\Bigg|_0^1 \\
&\quad + \frac{1}{(2n)(2n+1)}\int_0^1 r^{2n+1} G(r)\,\mathrm{d}r \\
&= \frac{1}{(2n)(2n+1)} p_n,
\end{aligned}$$

于是有 $p_n = (2n)(2n+1)q_{n-1} \leqslant 6n^2 q_{n-1}$,如果 $f(z) = \sum_{n=1}^{\infty} a_n z^n$,则有

$$\int_D |f(z)|^2 G(|z|)\mathrm{d}A(z) = 2\sum_{n=1}^{\infty} |a_n|^2 p_n \leqslant 2\sum_{n=1}^{\infty} 6n^2 |a_n|^2 q_{n-1}.$$

由于

$$\begin{aligned}
&\int_D |f'(z)|^2 H(|z|)\mathrm{d}A(z) \\
&= \sum_{m,n=1}^{\infty} \int_0^1\int_0^{2\pi} nma_n \overline{a_m} r^{n+m-2} e^{i\theta(n-m)} H(r)\frac{r\mathrm{d}r\mathrm{d}\theta}{\pi} \\
&= 2\sum_{n=1}^{\infty}\int_0^1 n^2 |a_n|^2 r^{2n-1} H(r)\mathrm{d}r \\
&= 2\sum_{n=1}^{\infty} n^2 |a_n|^2 q_{n-1},
\end{aligned}$$

于是有

$$\int_D |f(z)|^2 G(|z|)\mathrm{d}A(z) \leqslant 6\int_D |f'(z)|^2 H(|z|)\mathrm{d}A(z).$$

而

$$\begin{aligned}
\int_D |f(z)|^2 G(|z|)\mathrm{d}A(z) &= 2\sum_{n=1}^{\infty} n^2 |a_n|^2 q_{n-1} \\
&\leqslant 2\sum_{n=1}^{\infty} |a_n|^2 p_n = \int_D |f|^2 G\mathrm{d}A.
\end{aligned}$$

证毕.

由此引理可知 $\|\cdot\|_G^2$ 与 $\|\cdot\|_D^2$ 等价. 我们记

$$\|f\|_0^2 = \int_D |f'(z)|^2 H(|z|)\mathrm{d}A,$$

则 $\|\cdot\|_0$ 为 A_G^2 上的半范数.

下面两引理的证明留给读者.

引理 4.1.3 设 $R=\{z\in D: |z|\geqslant r_0\}$, 其中 $0<r_0<1$, 那么存在仅与 G 和 r_0 有关的常数 C, 使得对一切 D 中的解析函数 f,

$$\int_D |f|^2 G\mathrm{d}A \leqslant C\int_R |f|^2 G\mathrm{d}A.$$

引理 4.1.4 设 G_1 和 G_2 为权函数. 如果存在 $r_0(0<r_0<1)$ 及 $0<m<M<\infty$, 使得当 $r_0\leqslant r<1$ 时,

$$m \leqslant \frac{G_1(r)}{G_2(r)} \leqslant M,$$

则集合 $A^2_{G_1}(D)=A^2_{G_2}(D)$，且相应的范数等价.

下面的结果反映了权函数 $G(r)$ 在 $r\to1$ 时的衰变速率与核函数的范数 $\|K_w\|$ 当 $|w|\to1$ 时的增长速度间的关系.

引理 4.1.5 设 G_1 和 G_2 为权函数，K^1_w 和 K^2_w 分别为 $A^2_{G_1}(D)$ 和 $A^2_{G_2}(D)$ 的再生核. 如果对靠近 1 的 r，$G_1(r)/G_2(D)$ 有界，则 $\|K^2_w\|_{G2}/\|K^1_w\|_{G1}$ 在 D 上有界.

证明 设当 $r_0\leqslant r<1$ 时 $G_1(r)/G_2(r)\leqslant a$，$R=\{z\in D:r_0\leqslant|z|<1\}$，由引理 4.1.2，存在仅与 r_0 和 G_1 有关的常数 C，使得对任意 $w\in D$ 及多项式 p，

$$
\begin{aligned}
|p(w)| &= \left|\int_D p\,\overline{K^1_w}G_1\mathrm{d}A\right| \\
&\leqslant \left(\int_D|p|^2G_1\mathrm{d}A\right)^{\frac{1}{2}}\|K^1_w\|_{G_1} \\
&\leqslant \left(c\int_R|p|^2G_1\mathrm{d}A\right)^{\frac{1}{2}}\|K^1_w\|_{G_1} \\
&\leqslant \sqrt{ac}\left(\int_D|p|^2G_2\mathrm{d}A\right)^{\frac{1}{2}}\|K^1_w\|_{G_1} \\
&= \sqrt{ac}\,\|p\|_{G_2}\|K^1_w\|_{G_1}.
\end{aligned}
$$

由于 p 是任意的，故对任意 $w\in D$，

$$\|K^2_w\|_{G_2}\leqslant\sqrt{ac}\,\|K^1_w\|_{G_1}.$$

证毕.

4.1.4 加标准权的 Hardy 空间

若有 $\alpha>-1$ 及正常数 C，使得

$$\lim_{r\to1}\frac{G(r)}{(1-r)^\alpha}=C,$$

则称 $G(r)$ 为标准权，这时 $A^2_G(D)$ 与 $A^2_\alpha(D)$ 等价，故加标准权的 Hardy 空间的研究只要以加标准权 $(1-r)^\alpha$ 的 Bergman 空间 $A^2_\alpha(D)$ 为模型即可.

由于当 $r \to 1$ 时 $\frac{1-r}{-\log r} \to 1$，故对任意 $\alpha > -1$，$(1-r)^\alpha \sim (-\log r)^\alpha$. 若令

$$d\lambda_\alpha(z) = (-2\log|z|)^\alpha dA(z)/\Gamma(\alpha+1),$$

对 D 上的解析函数 $f(z) = \sum a_n z^n$，令

$$\|f\|_\alpha^2 = \int_D |f(z)|^2 d\lambda_\alpha(z) = \sum_{n=0}^{\infty} \frac{|a_n|^2}{(n+1)^{\alpha+1}},$$

$$\|f\|_{(\alpha)}^2 = \int_D |f(z)|^2 (1-|z|^2)^\alpha dA(z),$$

记

$$L_\alpha^2(d\lambda_\alpha) = \{f \in H(D): \|f\|_\alpha < \infty\},$$

$$A_\alpha^2(D) = \{f \in H(D): \|f\|_{(\alpha)} < \infty\},$$

则在上述相应的范数下，$L_\alpha^2(d\lambda\alpha) \sim A_\alpha^2(D)$.

在加权 Bergman 空间中，$H^2(D)$ 中成立的 Littlewood-Paley 恒等式不再成立，但有如下的估计：

定理 4.1.5 设 $f \in H(D)$，对任意 $\alpha > -1$，则有

$$\frac{1}{2^{\alpha+1}} \|f'\|_{\alpha+2}^2 + |f(0)|^2 \leqslant \|f\|_\alpha^2 \leqslant |f(0)|^2 + \|f'\|_{\alpha+2}^2.$$

证明 对 $\alpha > -1$，因为 $\int_0^1 |\log t|^\alpha dt$ 是有限的，故对 $0 < \beta < 1$，$f(z) = \sum a_j z^j$，有

$$f'(z) = \sum_{j=1}^{\infty} j a_j z^{j-1} = \sum_{j=0}^{\infty} (j+1) a_{j+1} z^j,$$

$$\|f'\|_{\alpha+2}^2 = \sum_{n=0}^{\infty} \frac{(n+1)^2 |a_{n+1}|^2}{(n+1)^{\alpha+3}} = \sum_{n=0}^{\infty} \frac{|a_{n+1}|^2}{(n+1)^{\alpha+1}}$$

$$= \sum_{n=1}^{\infty} \frac{|a_n|^2}{n^{\alpha+1}} = \sum_{n=1}^{\infty} \frac{|a_n|^2}{(n+1)^{\alpha+1}} \left(1 + \frac{1}{n}\right)^{\alpha+1},$$

所以

$$\|f\|_\alpha^2 - |f(0)|^2 \leqslant \|f'\|_{\alpha+2}^2 \leqslant 2^{\alpha+1}(\|f\|_\alpha^2 - |f(0)|^2),$$

即有

$$\frac{1}{2^{\alpha+1}} \|f'\|_{\alpha+2}^2 + |f(0)|^2 \leqslant \|f\|_\alpha^2 \leqslant |f(0)|^2 + \|f'\|_{\alpha+2}^2.$$

证毕.

当 $\alpha\to-1$ 时，由 $A_\alpha^2(D)$ 的系数范数的定义即可知，上述定理中的不等式成为等式. 故由此也可知，在 $H^2(D)$ 中 Littlewood-Paley 恒等式成立.

对 $w\in D\setminus\{\varphi(0)\}$，$0\leqslant r<1$ 及 $\sigma\geqslant0$，记

$$N_{\varphi,\sigma}(r,w)=\sum_{j=1}^{n(r,w)}\log\left(\frac{r}{z_j(w)}\right)\sigma,$$

$$N_{\varphi,\sigma}(w)=N_{\varphi,\sigma}(1,w)=\sum_j\left[\log\frac{1}{|z_j(w)|}\right]^\sigma,$$

这是 Nevanlinna 计数函数的推广，对此有相应的 Littlewood 不等式：

引理 4.1.6 对任意 $\sigma\geqslant1$，有

$$N_{\varphi,\sigma}(w)\leqslant\left(\log\left|\frac{1-\overline{\varphi(0)}w}{\varphi(0)-w}\right|\right)^\sigma\quad(w\in D\setminus\{\varphi(0)\}).$$

证明 当 $\sigma=1$ 时，即为通常的 Littlewood 不等式，如果 $\sigma\geqslant1$，则对任意正数列 $\{t_j\}$，有 $\Sigma t_j^\sigma\leqslant(\Sigma t_j)^\sigma$，于是对任意 $w\in D$，$N_{\varphi,\sigma}(w)\leqslant N_\varphi(w)^\sigma$，即当 $w\in D-\{\varphi(0)\}$ 时，

$$N_{\varphi,\sigma}(w)\leqslant(N_\varphi(w))^\sigma\leqslant\left(\log\left|\frac{1-\overline{\varphi(0)}w}{\varphi(0)-w}\right|\right)^\sigma$$

证毕.

用证明定理 2.4.3 类似的方法可证得推广形式的变量替换公式.

定理 4.1.6 如果 g 为 D 上的正可测函数，则有

$$\int_D(g\circ\varphi)|\varphi'|^2\mathrm{d}\lambda_\alpha=c(\alpha)\int_D gN_{\varphi,\sigma}\mathrm{d}A,$$

其中 $c(\alpha)=2^\alpha/\Gamma(\alpha+1)$

在上定理中令 $g(z)=|f(z)|^2$，并注意到定理 4.1.5 可得如下的推论.

推论 4.1.5 如果 $f\in A_\alpha^2(D)$，则

$$\|f\circ\varphi\|_\alpha^2\leqslant c(\alpha+2)\int_D|f'|^2N_{\varphi,\alpha+2}\mathrm{d}A+|f(\varphi(0))|^2.$$

证明

$$\|f\circ\varphi\|_{\alpha}^{2}\leqslant|f(\varphi(0))|^{2}+\|(f\circ\varphi)'\|_{\alpha+2}^{2}$$
$$=|f(\varphi(0))|^{2}+\int_{D}|f'\circ\varphi(z)|^{2}|\varphi'(z)|^{2}\mathrm{d}\lambda_{\alpha+2}$$
$$=|f(\varphi(0))|^{2}+c(\alpha+2)\int_{D}|f'(z)|^{2}N_{\varphi,\alpha+2}(z)\mathrm{d}A(z).$$

证毕.

§4.2 加权 Hardy 空间上复合算子的有界性

复合算子的有界性问题是复合算子理论中最基本的问题. 利用 Littlewood 从属定理,我们已知 C_φ 为 $H^2(D)$中的有界算子. 对于一般的加权 Hardy 空间,C_φ 的有界性并不是显而易见的,性质很好的 D 到 D 中的解析函数 φ,由于所考虑的空间太小或太大,C_φ 可能是无界的. 在加权 Hardy 空间上,C_φ 的有界性不仅与 φ 的性质有关而且与空间所加的权紧密相关.

若 $\varphi: D\to D$ 解析,且 $\varphi(0)=0$,则由 Littlewood 从属原理可证明,在许多函数空间中 C_φ 是有界的. 如果空间关于 Möbius 变换是不变的,即所有符号为 Möbius 变换的复合算子是有界的,那么对一般的 D 到 D 中的解析函数 φ,C_φ 是有界的. 假若 $\varphi_1: D\to D$ 解析,ψ 为 D 到 D 上的共形自同构,$\varphi_2=\psi\circ\varphi_1$,那么 $C_{\varphi_2}=C_{\varphi_1}C_\psi$,或 $C_{\varphi_1}=C_{\varphi_2}C_\psi^{-1}=C_{\varphi_2}C_{\psi^{-1}}$,如果共形自同构导出有界算子,那么 C_{φ_2} 有界当且仅当 C_{φ_1} 有界,选取自同构 ψ,使得 $\psi(\varphi_1(0))=0$,那么 $\varphi_2(0)=0$,由 Littlewood 从属原理可知 C_{φ_2} 有界,从而可知 C_{φ_1} 也有界. 于是,我们常将复合算子的有界性问题分为两步:证明 $\varphi(0)=0$ 时 C_φ 有界和证明对 D 到 D 上的共形自同构 ψ,C_ψ 是有界的.

4.2.1 加标准权 Bergman 空间 $A_\alpha^2(D)$上复合算子的有界性

先证明一个较为一般的有界性定理.

定理 4.2.1 对 $0<p<\infty$,设 μ 为[0,1]上的有限正测度,Y

是 D 上满足下述条件的解析函数 f 组成的函数空间：

$$\| f \|^p \equiv \int_0^1 \int_0^{2\pi} |f(re^{i\theta})|^p \frac{d\theta}{2\pi} d\mu(r) < +\infty,$$

如果 $\varphi: D \to D$ 解析且 $\varphi(0)=0$，则 C_φ 在 Y 上有界且 $\| C_\varphi \| = 1$.

证明 因为 $|f|^p$ 是次调和函数，由 Littlewood 从属原理可知对任意 $0<r<1$，

$$\int_0^{2\pi} |f(\varphi(re^{i\theta}))|^p \frac{d\theta}{2\pi} \leqslant \int_0^{2\pi} |f(re^{i\theta})|^p \frac{d\theta}{2\pi},$$

因而

$$\begin{aligned}\| C_\varphi f \|^p &= \int_0^1 \int_0^{2\pi} |f(\varphi(re^{i\theta}))|^p \frac{d\theta}{2\pi} d\mu(r) \\ &\leqslant \int_0^1 \int_0^{2\pi} |f(re^{i\theta})|^p \frac{d\theta}{2\pi} d\mu(r) = \| f \|^p,\end{aligned}$$

即 $\| C_\varphi \| \leqslant 1$. 另一方面，常数函数 $1 \in Y$，且 $C_\varphi 1 = 1$. 故可知 $\| C_\varphi \| = 1$. 证毕.

由此定理可知，当 $\varphi: D \to D$ 解析且 $\varphi(0)=0$ 时，C_φ 为 Hardy 空间 $H^2(D)$、Bergman 空间 A^2 及加权 Bergman 空间 $A_\alpha^2(D)$ $(\alpha>-1)$ 上的有界算子，也为一般的加快速正则权的 Bergman 空间 $A_G^2(D)$ 上的有界算子. 但在 Dirichlet 空间 D_0 上，并不是所有复合算子都是有界的. 事实上，$f(z) \equiv z$ 在 Dirichlet 空间中，如果 C_φ 有界，则 $C_\varphi(z) = \varphi(z) \in D_0$，由于 $\varphi(0)=0$ 时，

$$\| C_\varphi(z) \|^2 = \| \varphi \|_{D_0}^2 = \int_D |\varphi'(z)|^2 dA(z),$$

即为 φ 的像计及重数的面积，容易构造 $\varphi: D \to D$，使得 $\varphi(0)=0$，但 $\varphi \notin D_0$，即知 D_0 上的复合算子未必都是有界的.

下面考虑在自同构变换下空间的不变性.

定理 4.2.2 设 v 为 $[0,1]$ 上的正函数，且使得 $\int_D v(1-|z|^2) dA(z) < \infty$，使得对任意 $q>1$，存在常数 $k=k(q)$，满足

$$v(s) \leqslant k v(t), \text{当 } s \leqslant qt \text{ 时}.$$

对 $1 \leqslant p < \infty$，假若 Y 是 D 上满足下述条件的解析函数 f 组成的函数 Banach 空间：

$$\|f\|^p = |f(0)|^p + \int_D |f'(z)|^p v(1-|z|^2)\mathrm{d}A(z) < +\infty,$$

如果 ψ 为 D 的自同构，那么 C_ψ 是 Y 上的有界算子.

证明 设 ψ 为 D 的自同构，记

$$\psi(z) \equiv \lambda \frac{z+a}{1+\bar{a}z},$$

其中 $|\lambda|=1$，$|a|<1$. 因为在 a 点的计值泛函是连续的，故存在常数 k_0，使得 $|f(\psi(0))|^p \leqslant k_0^p \|f\|^p$，于是

$$\begin{aligned}
&\int_D |(f\circ\psi)'(z)|^p v(1-|z|^2)\mathrm{d}A(z) \\
&= \int_D |f'(\psi(z))|^p |\psi'(z)|^{p-2} v(1-|z|^2)|\psi'(z)|^2 \mathrm{d}A(z) \\
&\leqslant \max_{|z|<1} |\psi'(z)|^{p-2} \int_D |f'(\psi(z))|^p v(1-|z|^2)|\psi'(z)|^2 \mathrm{d}A(z).
\end{aligned}$$

由于

$$|\psi'(z)| = \frac{1-|a|^2}{|1+\bar{a}z|^2} \leqslant \frac{1+|a|}{1-|a|},$$

且当 $|z|\leqslant 1$ 时，

$$|\psi'(z)| \geqslant \frac{1-|a|}{1+|a|},$$

在积分中作变量替换，令 $w=\psi(z)$，因为

$$\mathrm{d}A(w) = |\psi'(z)|\mathrm{d}A(z),$$

且 $\psi(D)=D$，故有

$$\begin{aligned}
&\int_D |f'(\psi(z))|^p v(1-|z|^2)|\psi'(z)|^2 \mathrm{d}A(z) \\
&= \int_D |f'(w)|^p v(1-|\psi^{-1}(w)|^2)\mathrm{d}A(w).
\end{aligned}$$

因为 $\psi^{-1}(w)=\bar{\lambda}(w-\lambda a)/(1-\overline{\lambda a}w)$，故可得

$$\frac{1-|\psi^{-1}(w)|^2}{1-|w|^2} = \frac{1-|a|^2}{|1-\overline{\lambda a}w|^2} \leqslant \frac{1+|a|}{1-|a|},$$

即有 $(1-|\psi^{-1}(w)|^2) \leqslant q(1-|w|^2)$，其中 $q=(1+|a|)/(1-|a|)$. 由假设可知 $v(1-|\psi^{-1}(w)|^2) \leqslant kv(1-|w|^2)$，所以

$$\int_D |f'(w)|^p v(1-|\psi^{-1}(w)|^2)\mathrm{d}A(w)$$
$$\leqslant k\int_D |f'(w)|^p v(1-|w|^2)\mathrm{d}A(w),$$

于是有

$$\|f\circ\psi\|^p = |f(\psi(0))|^p + \int_D |(f\circ\psi)'(z)|^p v(1-|z|^2)\mathrm{d}A(z)$$
$$\leqslant k_0^p\|f\|^p + k\left(\frac{1+|a|}{1-|a|}\right)^{|p-2|}\int_D |f'(z)|^p$$
$$\times v(1-|z|^2)\mathrm{d}A(z)$$
$$\leqslant \left(k^p + k\left(\frac{1+|a|}{1-|aa|}\right)^{|p-2|}\right)\|f\|^p.$$

证毕.

在定理中取 $p=2, k=q^\beta, v(t)=t^\beta(\beta\geqslant 0)$，则当 $s<qt$ 时，

$$v(s)\leqslant q^\beta t^\beta = q^\beta v(t),$$

所以，在经典的 Hardy 空间 $H^2(D)$，Dirichlet 空间 D_0（取 $\beta=0$）和加权 Bergman 空间 A_α^2（取 $\beta=\alpha+2$）中，符号为自同构的复合算子都是有界的.

由上两定理即可知，在 $H^2(D)$ 及 $A_\alpha^2(D)(\alpha>-1)$ 上由 D 到 D 中的解析函数诱导的复合算子 C_φ 都是有界的.

若 $\varphi(0)=0, \varphi: D\to D$ 解析，则 C_φ 在 $A_\alpha^2(D)$ 上的有界性由引理 4.1.5 和推论 4.1.5 立即可得，由推论 4.1.5 知，对任意 $f\in A_\alpha^2(D)$，

$$\|C_\varphi f\|_\alpha^2 \leqslant |f(0)|^2 + c(\alpha+2)\int_D |f'(z)|^2 N_{\varphi,\alpha+2}(w)\mathrm{d}A(z).$$

由引理 4.1.5 知

$$N_{\varphi,\alpha+2}(w)\leqslant\left(\log\frac{1}{|w|}\right)^{\alpha+2},$$

于是由定理 4.1.5 得

$$\|C_\varphi f\|_\alpha^2 \leqslant |f(0)|^2 + c(\alpha+2)\int_D |f'(z)|^2\left(\log\frac{1}{|z|}\right)^{\alpha+2}\mathrm{d}A$$
$$\leqslant |f(0)|^2 + \frac{c(\alpha+2)}{2^{\alpha+2}}\int_D |f'(z)|^2$$

$$\times (-2\log|z|)^{\alpha+2}\mathrm{d}A(z)$$
$$\leqslant |f(0)|^2 + c(\alpha+2)[|f(0)|^2 + \|f\|_\alpha^2]$$
$$\leqslant C\|f\|_\alpha^2,$$

其中 C 为正常数,即 C_φ 有界.

对于一般的加权 Hardy 空间 $H^2(\beta)$,解析函数 $\varphi: D\to D(\varphi(0)=0)$ 导出的复合算子未必是有界的,从定理 4.2.1 可知 C_φ 在 $H^2(\beta)$ 上有界当且仅当 $\beta(j)$ 为矩量序列,而且 C_φ 在 $H^2(\beta)$ 上的有界性与权序列 $\beta(j)$ 有关.

定理 4.2.3 设 $H^2(\beta_1)$ 和 $H^2(\beta_2)$ 为加权 Hardy 空间,且对 $j=0,1,2,\cdots$,

$$\frac{\beta_1(j+1)}{\beta_1(j)} \geqslant \frac{\beta_2(j+1)}{\beta_2(j)},$$

如果 $\varphi(0)=0$ 且 C_φ 在 $H^2(\beta_1)$ 上有界,则 C_φ 在 $H^2(\beta_2)$ 上有界,且 $\|C_\varphi\|_{\beta_1} \geqslant \|C_\varphi\|_{\beta_2}$.

此定理的证明参见[Co90].

如果记 $H^2(\beta_1)=H^2(D)$,即 $\beta_1(j)\equiv 1$,因为已知 C_φ 在 $H^2(D)$ 上有界,故由定理 4.2.3 立即可得如下推论.

推论 4.2.1 如果 $H^2(\beta)$ 为加权 Hardy 空间,其权序列满足: $\beta(0)\geqslant\beta(1)\geqslant\beta(2)\geqslant\cdots$,且 $\varphi(0)=0$,则 C_φ 在 $H^2(\beta)$ 上有界,且 $\|C_\varphi\|=1$.

在上述推论中,权序列的单调性是很重要的,下面例子说明了这一点:

例 4.2.1 设 $\beta(0)=\beta(1)=1$,如果 $\beta(j-1)$ 已确定,且 j 满足 $2^{2k}<j\leqslant 2^{2k+1}$,设 $\beta(j)=\beta(j-1)/2$,如果 $\beta(j-1)$ 已确定且有某整数 k,使得 $2^{2k+1}<j\leqslant 2^{2k+2}$,则设 $\beta(j)=\sqrt{2}\,\beta(j-1)$,容易验证对一切正整数 j,$\beta(j)\leqslant 1$. 对一切正整数 k,$\beta(2^{2k})=1$,$\beta(2^{2k+1})=2^{-4^k}$. 以此序列为权的加权 Hardy 空间 $H^2(\beta)$ 并不是完全病态的. 乘以 z 的乘法算子 M_z 是有界的($\|zf\|\leqslant\sqrt{2}\,\|f\|$),且为有下界的($\|zf\|\geqslant 1/2\,\|f\|$). 但是由 $\varphi(z)=z^2$ 导出的复合算子 C_φ

在 $H^2(\beta)$上是无界的. 因为 $C_\varphi(z^j)=z^{2j}$，可验证 $\| C_\varphi(z^{2^{2k+1}}) \| = \| z^{4^{k+1}} \| =1$，但 $\| z^{2^{2k+1}} \| =2^{-4^k}$，因而 $\| C_\varphi \| \geqslant 2^{4^k}$，故 C_φ 是无界的.

4.2.2 加快速权 Bergman 空间 $A_G^2(D)$上的有界性

对于加快速正则权的 Bergman 空间 $A_G^2(D)$，由定理 4.2.1 知，如果 $\varphi(0)=0$，则 C_φ 在 $A_G^2(D)$上有界且 $\| C_\varphi \| =1$，但是当 $\varphi(0)\neq 0$时，则 C_φ 未必都是 $A_G^2(D)$上的有界算子，即使 φ是 D 上的自同构(除旋转变换外)，也可导出 $A_G^2(D)$上的无界算子.

引理 4.2.1 设G为快速正则的，那么 $A_G^2(D)$等价于$H^2(\beta)$，其中权序列$\{\beta(n)\}$满足条件：对任意 $\alpha>0$，$\lim_{n\to\infty}n^\alpha\beta(n)=0$.

此引理的证明留作为习题.

定理 4.2.4 设 $H^2(\beta)$为加权 Hardy 空间，其权序列满足条件：对任意 $\alpha>0$，

$$\lim_{n\to\infty} n^\alpha\beta(n) = 0,$$

如果 $\varphi: D\to D$ 解析且在某点 $\zeta\in\partial D$ 处有 $|\varphi'(\zeta)|<1$，则 C_φ 不是 $H^2(\beta)$上的有界算子.

证明 我们首先利用关于 $\beta(n)$的假设得到关于 $H^2(\beta)$的核函数 K_w 的范数的一个下界估计. 对 $w\in D$，$H^2(\beta)$的核函数为

$$K_w(z) = \sum_{n=0}^{\infty} \frac{1}{\beta(n)^2}\overline{w}^n z^n,$$

于是

$$\| K_w \|^2 = \sum_{n=0}^{\infty} \frac{|w|^{2n}}{\beta(n)^2}.$$

考虑加权 Bergman 空间 $A_W^2(D)$，其中

$$W(r) = \frac{2^\alpha}{\Gamma(\alpha+1)}(-\log r)^\alpha \quad (\alpha>0).$$

以 K_w^α 表示 $A_W^2(D)$的核函数，则有

$$\| K_w^\alpha \|^2 = \sum_{n=0}^{\infty}(n+1)^{\alpha+1}|w|^{2n},$$

它在 D 上与 $(1-|w|)^{-(\alpha+2)}$ 可比较(即存在 $0<m<M<+\infty$，使得对任意 $w\in D, m\leqslant \|K_w^\alpha\|^2/(1-|w|)^{-(\alpha+2)}\leqslant M$)，对任意 $\alpha>0$，由定理的条件可知 $(n+1)^{\alpha+1}\beta(n)^2$ 是有界的，因而存在正常数 $C<\infty$，使得对 $w\in D$，

$$\frac{1}{(1-|w|)^{\alpha+2}}\sim \|K_w^\alpha\|^2\leqslant C\|K_w\|^2. \qquad (*)$$

假若 $\zeta\in\partial D$ 且 $|\varphi'(\zeta)|<1$，如果 C_φ 在 $H^2(\beta)$ 上有界，记 $\|C_\varphi\|=M$，

$$M\geqslant\frac{\|C_\varphi^* K_{r\zeta}\|}{\|K_{r\zeta}\|}=\frac{\|K_{\varphi(r\zeta)}\|}{\|K_{r\zeta}\|}=\frac{\|K_{|\varphi(r\zeta)|}\|}{\|K_r\|}.$$

由于 $|\varphi'(\zeta)|<1$，由 Julia-Carathéodory 定理，存在 $\zeta<1$ 和 $r_0<1$，使得当 $r\geqslant r_0$ 时，$1-|\varphi(r\zeta)|<\zeta(1-r)$.

记 $g(t)=\|k_{1-t}\|$，由于 $\|k_z\|$ 随 $|z|$ 的增加而增加，故 g 为减函数，于是当 $r\geqslant r_0$ 时，

$$g(\delta(1-r))\leqslant Mg(1-r)$$

或对一切 $t\leqslant t_0=1-r_0$，

$$g(\delta t)\leqslant Mg(t).$$

由归纳法可知 $g(\delta^n t_0)\leqslant M^n g(t_0)$. 对于 $0<s\leqslant t_0$，可取 n，使得 $\delta^{n+1}t_0<s\leqslant\delta^n t_0$，因而

$$g(s)\leqslant g(\delta^{n+1}t_0)\leqslant M^{n+1}g(t_0).$$

因为 $0<M<+\infty, \delta<1$，故存在 $A\geqslant 0$，使得 $M=\delta^{-A}$，于是，对 $0<\delta\leqslant t_0$，

$$g(s)\leqslant\delta^{-An}Mg(t_0)\leqslant Mg(t_0)\left(\frac{t_0}{s}\right)^A$$

或

$$\|K_{1-s}\|\leqslant C'(1/s)\quad(s\leqslant t_0),$$

其中 $C'=Mg(t_0)^A$. 这就证明了：对一切 $w(|w|\geqslant 1-t_0)$，有

$$\|K_w\|\leqslant C'\left(\frac{1}{1-|w|}\right)^A\|K_w\|\leqslant C'\left(\frac{1}{1-|w|}\right)^A.$$

对 C' 作适当的放大，可使上式对 D 中一切 w 成立. 若取 α 使得 $\alpha+2>2A$，这与 $(*)$ 式矛盾. 这矛盾说明 C_φ 在 $H^2(\beta)$ 上无界. 证

毕.

为研究 C_φ 在 $A_G^2(D)$上的有界性,在正实轴上定义 F 为

$$F(-\log r) = H(r)$$

并记 $E(t)=F(t)/t$.

引理 4.2.2 对于 $0<t<1/2$,$E(t)$为增函数,且$\lim\limits_{t\to 0}E(t)=0$.

证明 因为 G 是不增函数,故有

$$\begin{aligned} H(r) &= \int_r^1\int_x^1 G(s)\mathrm{d}s\mathrm{d}x \\ &\leqslant \int_r^1(1-r)G(x)\mathrm{d}x \\ &= (1-r)\int_r^1 G(x)\mathrm{d}x - H(r). \end{aligned}$$

于是

$$F(-\log r) = H(r) \leqslant \frac{1-r}{2}\int_r^1 G(x)\mathrm{d}x,$$

所以$\lim\limits_{t\to 0}E(t)=0$.

由于 $E'(t)=[tF'(t)-F(t)]/t^2$,要证在$(0,1/2)$上 $E(t)$为增函数,只要证明对 $t<1/2$,$F(t)<tF'(t)$. 因为 $F(t)=H(e^{-t})$,故

$$F'(t) = e^{-t}\int_{e^{-t}}^1 G(x)\mathrm{d}x,$$

$$F(t) \leqslant \frac{1-e^{-t}}{2}\int_{e^{-t}}^1 G(x)\mathrm{d}x.$$

因为当 $0<t<1/2$ 时,$e^t-1<2t$,故可知 $F(t)<tF'(t)$. 证毕.

为寻求在 $H^2(\beta)$上的复合算子有界的条件,我们还需要几个引理及一些术语. 记

$$\beta(\varphi) = \inf_{\zeta\in\partial D}|\varphi'(\zeta)| = \liminf_{|z|\to 1}\frac{1-|\varphi(z)|}{1-|z|}.$$

由 Julia 引理可知 $0<\beta(\varphi)\leqslant+\infty$,如果记

$$M(r) = \max_\theta|\varphi(re^{i\theta})| \quad (0<r<1),$$

显然有

$$\beta(\varphi) = \liminf_{r\to 1}\frac{1-M(r)}{1-r}.$$

事实上有更为深刻的结论：

引理 4.2.3

$$\lim_{r\to1}\frac{1-M(r)}{1-r},\lim_{r\to1}\frac{\log\dfrac{1}{M(r)}}{\log\dfrac{1}{r}}$$

都存在且等于 $\beta(\varphi)$.

证明 如果极限之一存在，则两者都存在且相等. 如果 $\beta(\varphi)=+\infty$，则引理显然成立. 如果存在 $\zeta\in\partial D$，使得 $|\varphi'(\zeta)|<\infty$，那么其径向极限 $\varphi(\zeta)$ 存在，$|\varphi(\zeta)|=1$ 且有

$$\begin{aligned}|\varphi'(\zeta)|&=\lim_{r\to1}\left|\frac{\varphi(\zeta)-\varphi(r\zeta)}{\zeta-r\zeta}\right|\\&\geqslant\limsup_{r\to1}\frac{1-|\varphi(r\zeta)|}{1-r}\\&\geqslant\limsup_{r\to1}\frac{1-M(r)}{1-r}\\&\geqslant\liminf_{r\to1}\frac{1-M(r)}{1-r}=\beta(\varphi).\end{aligned}$$

关于 $\zeta\in\partial D$ 取下确界即得

$$\beta(\varphi)=\limsup_{r\to1}\frac{1-M(r)}{1-r}\geqslant\liminf_{r\to1}\frac{1-M(r)}{1-r}=\beta(\varphi),$$

故有

$$\beta(\varphi)=\lim_{r\to1}\frac{1-M(r)}{1-r}=\lim_{r\to1}\frac{\log\dfrac{1}{M(r)}}{\log\dfrac{1}{r}}.$$

证毕.

引理 4.2.4 设 $0<r_0<1$，φ 非常数，那么存在 $C>0$，使得对于 $r_0\leqslant s<r<1$，

$$M(r)-M(s)\geqslant C(r-s),$$

而且，如果 $\beta(\varphi)=\infty$，则可取 r_0，使得 $C=\beta(\varphi)/2$.

证明 因为 φ 为非常数函数，故 $M(r)$ 为严格增函数. 不妨设 $\|\varphi\|_\infty=1$，假设 $0<\rho_0<r_0\leqslant s<r<1$，由 Hadamard 三圆定理

$$\log M(s) \leqslant \frac{\log r - \log s}{\log r - \log r_0}\log M(\rho_0) + \frac{\log s - \log\rho_0}{\log r - \log r_0}\log M(r),$$

将 ρ_0, r_0 看作为固定的，则上述不等式的右端可看作为 r 和 s 的函数，记之为 $f_r(s)$，函数 $f_r(s)$ 为严格增的凹函数，因而对 $r_0 \leqslant s \leqslant r$，

$$f_r(s) \leqslant l_r(s),$$

其中 l_r 为仿射函数，其图像在 $s=r$ 处与 f_r 的图像相切. 于是

$$\log M(s) \leqslant f_r(s) \leqslant l_r(s) = \log M(r) + f_r'(r)(s-r),$$

从而有

$$f_r'(r)(r-s) \leqslant \int_{M(s)}^{M(r)} \frac{1}{t}\, \mathrm{d}t \leqslant \frac{1}{M(r_0)}(M(r) - M(s)).$$

易知

$$f_r'(r) = \frac{1}{r}\left\{\frac{\log M(r) - \log M(\rho_0)}{\log r - \log\rho_0}\right\},$$

且当 $r_0 \leqslant r < 1$ 时，$f_r'(s)$ 显然有非零下界，于是存在 $C>0$，使得 $M(r) - M(s) \geqslant C(r-s)(r_0 \leqslant s < r < 1)$.

如果 $\beta(\varphi) < \infty$，由引理 3.2.3，可取 ρ_0，使得

$$\frac{\log M(\rho_0)}{\log\rho_0} > \frac{3}{4}\beta(\varphi).$$

因为 $\beta(\varphi) < \infty$，当 $r \to 1$ 时 $M(r) \to 1$，故可取 $r_0(\rho_0 < r_0 < 1)$，使得 $M(r_0) > 3/4$ 且当 $r_0 \leqslant r < 1$ 时，$f_r'(r) > 3/4\beta(\varphi)$，于是可得

$$\begin{aligned}\frac{4}{3}(M(r) - M(s)) &\geqslant \frac{1}{M(r_0)}(M(r) - M(s)) \\ &\geqslant f_r'(r)(r-s) \geqslant \frac{3}{4}\beta(\varphi)(r-s).\end{aligned}$$

证毕.

引理 4.2.5 设

$$\limsup_{|z|\to 1} \frac{G(|z|)}{G(|\varphi(z)|)} < \infty,$$

则存在 $C>0$ 及 $r_0(0<r_0<1)$，使得当 $r_0 \leqslant |z| < 1$ 且 $r_0 \leqslant |\varphi(z)| < 1$ 时，

$$E\left(\log\frac{1}{|z|}\right) \leqslant CE\left(\log\frac{1}{|\varphi(z)|}\right),$$

而且，如果 $\beta(\varphi)<\infty$，则存在 $\rho_0(\rho_0<r_0<1)$，使得只要取 $r_0\geqslant\rho_0$，上述不等式中的常数 C 可取为

$$C=\frac{8}{\beta(\varphi)}\left\{\sup_{r_0\leqslant|z|<1}\frac{G(|z|)}{G(|\varphi(z)|)}\right\}.$$

证明 如果 $\beta(\varphi)=+\infty$，由引理 4.2.3，对靠近于 1 的 r 和 $|z|=r$，显然有

$$\log\frac{1}{r}\leqslant\log\frac{1}{M(r)}\leqslant\log\frac{1}{|\varphi(z)|}.$$

因为在 $(0,1/2)$ 上 $E(t)$ 为增函数，故当 $|\varphi(z)|>1/\sqrt{e}$ 时，取 $C=1$，即知引理成立.

如果 $\beta(\varphi)<+\infty$，由引理 4.2.4 可取 ρ_0，使得

$$M(r)-M(s)\geqslant\frac{\beta(\varphi)}{2}(r-s)\quad(\rho_0\leqslant s<r<1).$$

利用引理 4.2.3，可取 ρ_0 充分靠近 1，使得当 $\rho_0\leqslant r<1$ 时，

$$\log\frac{1}{M(r)}\leqslant 2\beta(\varphi)\log\frac{1}{r}.$$

考虑 $(M(\rho_0),1)$ 上由 $v([s,t])=M^{-1}(t)-M^{-1}(s)$ 定义的测度 v，显然 $v([s,t])\leqslant 2(t-s)/\beta(\varphi)$，故 v 是绝对连续的，其 Radon-Nikodym 导数在 $(M(\rho_0),1)$ 上一致地有

$$\frac{\mathrm{d}v}{\mathrm{d}x}\leqslant\frac{2}{\beta(\varphi)}.$$

设 $L(r)=\int_r^1 G(x)\mathrm{d}x$，固定 $r_0(\rho_0\leqslant r_0<1)$，记

$$a=\sup_{r_0\leqslant|z|<1}\frac{G(|z|)}{G(|\varphi(z)|)},$$

那么当 $r_0\leqslant r<1$ 时，$G(R)\leqslant aG(M(r))$，故

$$\begin{aligned}L(r)&\leqslant a\int_r^1 G(M(s))\mathrm{d}s\\&=a\int_{M(r)}^1 G(x)\frac{\mathrm{d}v}{\mathrm{d}x}\mathrm{d}x\\&\leqslant\frac{2a}{\beta(\varphi)}L(M(r))\quad(r_0\leqslant r<1).\end{aligned}$$

同理可得$\left(\text{对 } H(r)=\int_r^1 L(x)\mathrm{d}x \text{ 重复上述论证}\right)$

$$H(r)\leqslant \frac{4a}{\beta(\varphi)^2}H(M(r)),\quad r_0\leqslant r<1.$$

因此，我们有

$$E\left(\log\frac{1}{r}\right)=\frac{H(r)}{\log\frac{1}{r}}\leqslant\frac{8a}{\beta(\varphi)}\frac{H(M(r))}{\log\frac{1}{M(r)}}$$

$$=\frac{8a}{\beta(\varphi)}E\left(\log\frac{1}{M(r)}\right)\quad(r_0\leqslant r<1).$$

由引理 4.2.2，只要取 $\rho_0\geqslant 1/\sqrt{e}$，即可知引理的后一结论成立，证毕.

定理 4.2.5 如果 G 为非增的权函数，且

$$\limsup_{r\to 1}\frac{G(r)}{G(M(r))}<\infty,$$

则 C_φ 为 $A_G^2(D)$上的有界算子.

证明 由于加权 Bergman 空间可看作为加权 Dirichlet 空间，我们在 $A_G^2(D)$上采用其等价范数

$$\|f\|^2=|f(0)|^2+\int_D|f'(z)|^2H(|z|)\mathrm{d}A(z),$$

于是

$$\|f\circ\varphi\|^2=|f(\varphi(0))|^2+\int_D|f'(\varphi(z))|^2|\varphi'(z)|^2H(|z|)\mathrm{d}A(z)$$

因为计值泛函的有界性，$|f(\varphi(0))|\leqslant\|K_{\varphi(0)}\|\|f\|$，故只要证明第二项有界. 设 C 和 r_0 如同引理 4.2.5，且记 $R=\{z:r_0\leqslant|z|<1\}$，根据引理 4.1.2，存在常数 C_1，使得

$$\int_D|f'(\varphi(z))|^2|\varphi'(z)|^2H(|z|)\mathrm{d}A(z)$$

$$\leqslant C_1\int_R|f'(\varphi'(z))|^2H(|z|)\mathrm{d}A(z).$$

由定理 2.4.4(面积公式)，取 $W(z)$为

$$W(z)=\chi_R(z)H(|z|)=\chi_R(z)E\left(\log\frac{1}{|z|}\right)\log\frac{1}{|z|},$$

其中 χ_R 为 R 的特征函数，于是

$$\int_R |f'(\varphi(z))|^2 |\varphi'(z)|^2 H(|z|) \mathrm{d}A(z)$$

$$= \int_{\varphi(R)} |f'(w)|^2 \left\{ \sum_{j\geqslant 1} \chi_R(z_j(w)) E\left(\log \frac{1}{|z_j(w)|}\right) \log \frac{1}{|z_j(w)|} \right\}$$

$$\cdot \mathrm{d}A(w)$$

$$= \int_{\varphi(D)\cap r_0 D} + \int_{\varphi(D)\cap R} = \mathrm{I} + \mathrm{II}.$$

显然，由引理 3.3.4，存在常数 C_2（仅与 r_0 与 G 有关），

$$\mathrm{I} \leqslant \left(\sup_{|w|<r_0} |f'(w)|^2 \right) \int_{\varphi(D)} H(z_j(w)) \mathrm{d}A(w)$$

$$\leqslant C_2 \|f\|^2 \int_D |\varphi'(z)|^2 H(|z|) \mathrm{d}A(z).$$

因为 $\varphi \in A_G^2(D)$，上面的积分有限.

下面估计 II. 因为 $\varphi(z_j(w)) = w$，由引理 3.2.5 知，如果 w 和 $z_j(w)$ 在 R 中，则

$$E\left(\log \frac{1}{|z_j(w)|}\right) \leqslant CE\left(\log \frac{1}{|w|}\right).$$

由此及 Littlewood 不等式，

$$\sum_{j\geqslant 1} \log \frac{1}{|z_j(w)|} \leqslant \log \left| \frac{1 - \overline{\varphi(0)} w}{w - \varphi(0)} \right|,$$

即有

$$\mathrm{II} \leqslant C \int_D |f'(w)|^2 E\left(\log \frac{1}{|w|}\right) \log \left| \frac{1 - \overline{\varphi(0)} w}{w - \varphi(0)} \right| \mathrm{d}A(w).$$

由 L'Hospital 法则可知

$$\limsup_{|w|\to 1} \frac{\log \left| \dfrac{1 - \overline{\varphi(0)} w}{w - \varphi(0)} \right|}{\log \dfrac{1}{|w|}} = \frac{1 + |\varphi(0)|}{1 - |\varphi(0)|},$$

故有 $0<r<1$，使得当 $r\leqslant |w| <1$ 时，

$$\log \left| \frac{1 - \overline{\varphi(0)} w}{w - \varphi(0)} \right| \leqslant 2 \frac{1 + |\varphi(0)|}{1 - |\varphi(0)|} \log \frac{1}{|w|},$$

对此 r，由引理 3.3.4，有常数 C_3，使得

$$\int_{rD} |f'(w)|^2 E\left(\log\frac{1}{|w|}\right)\log\left|\frac{1-\overline{\varphi(0)}w}{w-\varphi(0)}\right| dA(w)$$

$$\leqslant \left(\sup_{|w|<r} |f'(w)|^2\right)\int_{rD}\frac{H(|w|)}{\log\frac{1}{|w|}}\log\left|\frac{1-\overline{\varphi(0)}w}{w-\varphi(0)}\right| dA(w)$$

$$\leqslant C_3' \| f \|^2,$$

因为此积分是有限的，而在 $D\backslash rD$ 上的积分

$$\int_{D\backslash rD} |f'(w)|^2 E\left(\log\frac{1}{|w|}\right)\log\left|\frac{1-\overline{\varphi(0)}w}{w-\varphi(0)}\right| dA(w)$$

$$\leqslant 2\,\frac{1+|\varphi(0)|}{1-|\varphi(0)|}\int_D |f'(w)|^2 H(|w|) dA(w) \leqslant C_4 \| f \|^2.$$

综合上述即知，存在 $M>0$，使得

$$\| C_\varphi f \| \leqslant M \| f \|,$$

即 C_φ 在 $A_G^2(D)$ 上有界，证毕.

在一般的 $A_G^2(D)$ 中上述定理的逆定理未必成立，但对一类相当广泛的 G，则是成立的.

定理 4.2.6 设 G 为非增权函数，且有

$$\liminf_{r\to 1}\frac{G(r)}{G(M(r))}=\infty,$$

则

$$\limsup_{r\to 1}\frac{\| K_{M(r)} \|}{\| K_r \|}=\infty.$$

证明 如果对一切 $\zeta\in\partial D$，$|\varphi'(\zeta)|>1$，那么对充分靠近 1 的 r，$M(r)\leqslant r$，因为 G 是非增的，故有

$$\limsup_{r\to 1}\frac{G(r)}{G(M(r))}\leqslant 1,$$

故必有 $\zeta_0\in\partial D$，使得 $|\varphi'(\zeta)|\leqslant 1$，根据 Julia 引理，对 $0<r<1$，

$$M(r)\geqslant|\varphi(r\zeta_0)|\geqslant r. \tag{1}$$

记

$$B=\limsup_{r\to 1}\frac{\| K_{M(r)} \|^2}{\| K_r \|^2},$$

若 B 为有限值，则有 $r_1<1$，使得当 $r_1\leqslant r<1$ 时，

$$\frac{\| K_{M(r)} \|^2}{\| K_r \|^2} \leqslant 2B.$$

取 $A>2B$，由定理的条件可取 $r_2<1$，使得当 $r_2 \leqslant r<1$ 时，

$$\frac{G(r)}{G(M(r))} \geqslant A.$$

记 $r_0=\max\{r_1, r_2\}$.

设 $h(r)=\| K_r \|^2 G(r)$，因为恒等映射 $\varphi(z) \equiv z$ 不能诱导出 Hilbert-Schmidt 算子(见习题)，故

$$\int_D \| K_z \|^2 G(|z|) \mathrm{d}A(z)=\infty,$$

故当 $r \to 1^-$ 时 $h(r)$ 是无界的. 因为对 $r_0 \leqslant r<1$，

$$A>2B \geqslant \frac{\| K_{M(r)} \|^2}{\| K_r \|^2}=\frac{h(M(r))}{h(r)} \frac{G(r)}{G(M(r))} \geqslant \frac{h(M(r))}{h(r)} A,$$

因此对 $r_0 \leqslant r<1$，

$$\frac{h(M(r))}{h(r)} \leqslant 1. \tag{2}$$

另一方面，对 $N>\sup\{h(r): 0 \leqslant r \leqslant M(r_0)\}$，设 $t_1=\inf\{t: h(t) \geqslant N\}$，那么 $h(t_1)=N$，且对一切 $s<t_1$，$h(s)<N$，设 r^* 满足 $M(r^*)=t_1$；由 t_1 的定义知 $r^*>r_0$. 由(1)式可知 $r^* \leqslant M(r^*)$，如果 $r^*=M(r^*)$，那么

$$\frac{h(M(r^*))}{h(r^*)}=1.$$

这与(2)式矛盾. 如果 $r^*<M(r^*)$，那么由 t_1 的定义，$h(r^*)<N$，而 $h(M(r^*))=h(t_1)=N$，从而有

$$\frac{h(M(r^*))}{h(r^*)}>1.$$

这也与(2)式矛盾. 因此 $B=\infty$，证毕.

由此定理立即可得一个几乎为定理 4.2.5 的逆定理的推论：

推论 4.2.2 如果 G 为非增的权函数，且

$$\liminf_{r \to 1} \frac{G(r)}{G(M(r))}=\infty,$$

则 C_φ 在 $A_G^2(D)$ 上无界.

证明 因为存在$\{z_n\}\subset D, r_n=|z_n|$，使得

$$\liminf_{r\to\infty}\frac{G(r_n)}{G(M(r_n))}=\infty.$$

取 w_n，使得$|w_n|=r_n$，且$|\varphi(w_n)|=M(r_n)$，那么

$$\|C_\varphi\|^2\geqslant\frac{\|C_\varphi^*(K_{w_n})\|^2}{\|K_{w_n}\|^2}=\frac{\|K_{\varphi(w_n)}\|^2}{\|K_{w_n}\|^2}$$

$$=\frac{\|K_{M(r_n)}\|^2}{\|K_{r_n}\|^2}\geqslant\liminf_{r\to1}\frac{\|K_{M(r)}\|^2}{\|K_r\|^2}.$$

由定理 4.2.6 即可知 C_φ 在 $A_G{}^2(D)$上无界，证毕.

定理 4.2.6 给出了一个权函数 $G(r)$和 $A_G{}^2$ 的再生核之间的关系，虽然对标准权 $G(r)=(1-r)^\alpha$ 的加权 Bergman 空间 $A_\alpha^2(D)$是显然成立的(从而可知当 $\varphi(0)=0$ 时，C_φ 为 $A_\alpha^2(D)$上的有界算子)，但对一般的权函数 $G(r)$，这种关系并不明显.

定理 4.2.5 及推论 4.2.2 可直接用来判别 C_φ 的有界性.

例 4.2.1 设 $A>0, B\geqslant0$，

$$G(r)=(1-r)^B\exp\left(\frac{-A}{1-r}\right),$$

$$\varphi(z)=\varphi_\gamma(z)=z+t(1-z)^\gamma,$$

其中 $0<t<2^{1-\gamma}, 1<\gamma<2, \varphi_\gamma(z)$理解为取幂函数的主值，直接计算可知 $\varphi_\gamma(D)\subset D$，且除 $\zeta=1$ 外对任意 $\zeta\in\partial D, \lim_{r\to1}|\varphi_\gamma(r\zeta)|=1$. 易知 $\varphi_\gamma(1)=1, \varphi'_\gamma(1)=1$，且当 $\zeta\neq1$ 时，$|\varphi'_\gamma(\zeta)|=\infty$，但 $C_\varphi=C_{\varphi_\gamma}$在 $A_G{}^2(D)$上无界.

事实上，对 $z=r(0<r<1)$，

$$\frac{G(|z|)}{G(|\varphi(z)|)}=\left(\frac{1-r}{1-\varphi(r)}\right)^B\exp\left\{A\frac{\varphi(r)-r}{(1-r)(1-\varphi(r))}\right\}.$$

由于$\lim_{r\to1}(1-\varphi(r))/(1-r)=\varphi'_\gamma(1)=1$，及 $1<\gamma<2$，

$$\lim_{r\to1}\frac{\varphi(r)-r}{(1-r)(1-\varphi(r))}=\lim_{r\to1}\frac{\varphi(r)-r}{(1-r)^2}\frac{1-r}{1-\varphi(r)}=+\infty.$$

由推论 4.2.2 即知 G_φ 在 $A_G{}^2(D)$上无界.

例 4.2.2 设 $G(r)$如同例 4.2.1，又设

$$\psi(z) = z + \frac{1}{2}(1-z)^2 = \frac{1}{2} + \frac{1}{2}z^2,$$

易知 $\psi(D)\subset D, \psi(1)=\psi(-1)=1, \psi'(1)=1, \psi'(-1)=-1$，且当 $\zeta\in\partial D, \zeta\neq\pm1$ 时，$|\psi'(\zeta)|=\infty$，我们利用定理 4.2.5 证明 C_φ 在 $A_G{}^2(D)$ 上有界.

因为

$$\frac{G(|z|)}{G(|\psi(z)|)} = \left(\frac{1-|z|}{1-|\psi(z)|}\right)^B \exp\left\{A\frac{|\psi(r)|-r}{(1-|z|)(1-|\psi(z)|)}\right\},$$

但是当 $|z|\to1$ 时，

$$\frac{|\psi(z)|-|z|}{(1-|z|)(1-|\psi(z)|)} \sim \frac{|\psi(z)|^2-|z|^2}{(1-|z|)(1-|\psi(z)|)}.$$

直接计算可知上式由 $(1-|z|)/(1-|\psi(z)|)$ 所控制，而

$$\limsup_{|z|\to1}\frac{1-|z|}{1-|\psi(z)|} = \frac{1}{\beta(\varphi)} = 1,$$

因此

$$\limsup_{|z|\to1}\frac{G(|z|)}{G(|\psi(z)|)} < \infty.$$

由定理 4.2.5 知 C_φ 为 $A_G{}^2(D)$ 上有界算子.

对于例中的指数型权函数 $G(r)$，由于对其相应的加权 Bergman 空间 $A_G{}^2(D)$ 的核函数有较好的估计，我们可给出 C_φ 有界的充要条件.

引理 4.2.6 对 $B\geqslant0, A>0$，设

$$G(r) = (1-r)^B\exp\left(\frac{-A}{1-r}\right),$$

则有

$$\|K_w\|^2 \sim \left(\frac{1}{1-|w|}\right)^{3+B}\exp\left(\frac{A}{1-|w|}\right).$$

定理 4.2.7 设 $G(r)$ 如同引理 4.2.6，则 C_φ 在 $A_G{}^2(D)$ 上有界当且仅当

$$\limsup_{|z|\to1}\frac{G(|z|)}{G(|\psi(z)|)} < \infty.$$

证明 充分性由定理 4.2.5 即知，故只要证必要性.

若存在$\{z_n\}\subset D$，使得

$$\lim_{n\to\infty}\frac{G(|z_n|)}{G(|\varphi(z_n)|)}=\infty,$$

那么有

$$\lim_{n\to\infty}\frac{G(r_n)}{G(M(r_n))}=\infty,$$

其中$r_n=|z_n|$. 取$w_n\in D$，使得$|w_n|=r_n$且$|\varphi(w_n)|=M(r_n)$，那么由引理 4.2.6 可得

$$\begin{aligned}\|C_\varphi\|^2&\geqslant\frac{\|C_\varphi^*K_{w_n}\|^2}{\|K_{w_n}\|^2}\\&=\frac{\|K_{\varphi(w_n)}\|^2}{\|K_{w_n}\|^2}\sim\left(\frac{1-r_n}{1-M(r_n)}\right)^3\frac{G(r_n)}{G(M(r_n))}.\end{aligned}$$

由于当 n 充分大时$(1-r_n)/(1-M(r_n))\geqslant1$，故可知$C_\varphi$在$A_G^2(D)$上无界. 从而可知如果$C_\varphi$在$A_G^2(D)$上有界，则必有

$$\limsup_{|z|\to1}\frac{G(|z|)}{G(|\varphi(z)|)}<\infty.$$

证毕.

4.2.3 小加权空间上的有界性

对于小加权 Hardy 空间$H^2(\beta)$，其中的任一元素都是D上的有界解析函数. $H^2(\beta)$可能“很小”，使得符号为共形自同构的复合算子也可能是无界的；而$\|\varphi\|_\infty=1$且在∂D的某点有角导数的符号φ，C_φ可能是$H^2(\beta)$上的紧算子.

我们仅对权序列为$\beta(n)=(n+1)^\lambda(1/2<\lambda<1)$的边界正则空间$H^2(\beta)$上的复合算子有界性作些讨论. 这类空间暂且以$H_\lambda^2(\beta)$表示. 注意到$H_\lambda^2(\beta)$即为$\alpha=1-2\lambda$的加权 Dirichlet 空间$D_\alpha(-1<\alpha<0)$.

定理 4.2.8 如果C_φ为$H_\lambda^2(\beta)(1/2<\lambda<1)$上的有界算子，则$\varphi$在$\partial D$中的任意使得$|\varphi(\zeta)|=1$的点$\zeta$处有有限角导数.

证明　首先证明如果 $\|\varphi\|_\infty=1$，则 φ 必在 ∂D 的某点处有有限角导数. 事实上，取 γ 使得 $1/2<\gamma<\lambda$，如果 φ 在 ∂D 的任一点处不存在有限角导数，则 C_φ 在 $H_\gamma^2(\beta)$ 上为紧算子，可知 $\|\varphi\|_\infty<1$.

若 $\|\varphi(\zeta)|=1$，设 $\psi(z)=(\zeta+z)/2$，因为 $H_\gamma^2(\beta)=D_{1-2\lambda}=D_\alpha$ $(-1<\alpha<0)$，易知 C_ψ 在 $H_\gamma^2(\beta)$ 上有界. 故 $C_{\varphi\cdot\psi}=C_\psi C_\varphi$ 也是有界的. 因为 $\|\varphi\circ\psi\|_\infty=1$，故由第一段的证明可知 $\varphi\circ\psi$ 在 ∂D 的某点处有有限角导数，由 $\varphi(z)$ 的定义可知，仅有可能的点为 ζ，因而 $(\varphi\circ\psi)'$ 在 ζ 必有有限径向极限. 但是，$(\varphi\circ\psi)'(r\zeta)=\varphi'(\psi(r\zeta))/2$，因此 φ' 在 ζ 有有限径向极限，从而 φ 在 ζ 有有限角导数，证毕.

推论 4.2.3　如果 C_φ 是加权 Dirichlet 空间 $D_\alpha(-1<\alpha<0)$ 上的有界算子，则 φ 在 ∂D 中任意使得 $|\varphi(\zeta)|=1$ 的点 ζ 有有限有导数.

§4.3　加权 Hardy 空间上复合算子的紧性

在 Hardy 空间 $H_2(D)$ 中，我们考虑了复合算子 C_φ 的紧性与 φ 的角导数、不动点之间的关系，并利用 φ 的角导数、Nevanlinna 计数函数以及 Carleson 测度等给出了紧复合算子的一些特征性质. 对于加权 Hardy 空间 $H^2(\beta)$，由于所加权的性质有很大的变化，同一个函数 φ 在加不同权的加权 Hardy 空间 $H^2(\beta)$ 中的有界性和紧性都有很大的差异. 特别是在小加权 Hardy 空间和加快速权的空间 $A_G^2(D)$ 中，有着非常大的差异. 在加快速权的 Hardy 空间中，大量的复合算子都是紧算子，其条件不像在加标准权 Hardy 空间时那么苛刻. 例如函数 $\varphi(z)=z^n(n=1,2,3,\cdots)$ 都可导出加快速权的空间 $A_G^2(D)$ 上的紧算子. 故对加权 Hardy 空间中复合算子的紧性的研究不是第二章中关于 $H^2(D)$ 上的复合算子的紧性研究的简单推广.

4.3.1　本性范数与紧性

算子的本性范数是该算子到全体紧算子集合在算子范数意义

下的距离.算子的本性范数为 0 当且仅当该算子为紧算子.故本性范数的研究对揭示算子的紧性有着同样重要的意义.

定理 4.3.1 设 $H^2(\beta)$ 为加权 Hardy 空间,其权序列满足 $\sum_{n=1}^{\infty}\beta(n)^2=+\infty$. 设 K_w 为在 w 处计值的核函数,则

$$\|C_\varphi\|_e\geqslant\limsup_{|w|\to1}\frac{\|K_{\varphi(w)}\|}{\|K_w\|}.$$

证明 设 $\{w_j\}\subset D$ 且 $|w_j|\to1(j\to\infty)$,记

$$k_j=\frac{K_{w_j}}{\|K_{w_j}\|}.$$

由定理 4.1.4 知,当 $j\to\infty$ 时,k_j 弱收敛于 0,如果 Q 为 $H^2(\beta)$上的紧算子,则 $Q^*(k_j)\to0(j\to\infty)$,因为 $\|C_\varphi\|_e=\inf\{\|C_\varphi-Q\|:Q$ 为紧算子$\}$,而对紧算子 Q 有

$$\begin{aligned}\|C_\varphi-Q\|&\geqslant\limsup_{j\to\infty}\|(C_\varphi-Q)^*k_j\|=\limsup_{j\to\infty}\|C_\varphi^*k_j\|\\&=\limsup_{j\to\infty}\frac{\|K_{\varphi(w_j)}\|}{\|K_{w_j}\|},\end{aligned}$$

由此即得定理的结论,证毕.

由于 $H^2(D)$和 $A_\alpha^2(D)$等价于权序列分别为 $\beta(n)\equiv1$ 和 $\beta(n)=(n+1)^{-1/2(1+\alpha)}$,故都满足定理 4.3.1 的条件.

推论 4.3.1 如果 C_φ 为 $H^p(D)$或 $A_\alpha^p(D)$上的紧算子,则 φ 在 ∂D 上无有限角导数.

证明 只要在 $p=2$ 情形证明.由定理 4.3.1,及 $H^2(D)$和 $A_\alpha^2(D)$的核函数的表示即可知

$$0=\|C_\varphi\|_e\geqslant\limsup_{|w|\to1}\left(\frac{1-|w|^2}{1-|\varphi(w)|^2}\right)^\sigma.$$

当考虑 $H^2(D)$时,$\sigma=1$,当考虑 $A_\alpha^2(D)$时,$\sigma=2+\alpha$,由此即可知,φ 在 ∂D 上不存在有限角导数,证毕.

下面我们要寻求 $\|C_\varphi\|_e$的上界.为此,设 R_n 是$H^2(\beta)$到 $z^nH^2(\beta)$上的正交投影,$Q_n=I-R_n$,即如果 $f(z)=\sum_{k=0}^{\infty}a_kz^k\in H^2(\beta)$,设

$$(R_n f)(z) = \sum_{k=n}^{\infty} a_k z^k,$$

$$(Q_n f)(z) = \sum_{k=0}^{n-1} a_k z^k,$$

我们需要两个简单的估计式:

引理 4.3.1 对 $0<r<1, f\in H^2(\beta)$,则有

(1) 对 $|w|\leqslant r, |(R_n f)(w)|\leqslant \|f\| \left(\sum_{k=n}^{\infty} r^{2k}\beta(k)^{-2}\right)^{1/2}$;

(2) 对 $|w|\leqslant r, |(R_n f)'(w)|\leqslant \|f\| \left(\sum_{k=n}^{\infty} k^2 r^{2k-2}\beta(k)^{-2}\right)^{1/2}$,

其中 $\beta(k)=\|z^k\|$ 为 $H^2(\beta)$的权序列.

证明 如果 K_w 为在 $w\in D$ 处计值的核函数,

$$\begin{aligned}|R_n f(w)| &= |\langle R_n f, K_w\rangle| = |\langle f, R_n K_w\rangle| \\ &\leqslant \|f\| \|R_n K_w\| \\ &\leqslant \|f\| \left(\sum_{k=n}^{\infty} \frac{r^{2k}}{\beta(k)^2}\right)^{\frac{1}{2}},\end{aligned}$$

即得(1)式.而由定理 4.1.3 知,

$$\begin{aligned}|(R_n f)'(w)| &= \left|\left\langle (R_n f), \frac{\mathrm{d}}{\mathrm{d}\overline{w}} K_w\right\rangle\right| = \left|\left\langle f, R_n\left(\frac{\mathrm{d}}{\mathrm{d}\overline{w}} K_w\right)\right\rangle\right| \\ &\leqslant \|f\| \left\| R_n\left(\frac{\mathrm{d}}{\mathrm{d}\overline{w}} K_w\right)\right\| \\ &\leqslant \|f\| \left(\sum_{k=n}^{\infty} k^2 r^{2k-2}\beta(k)^{-2}\right)^{\frac{1}{2}}.\end{aligned}$$

这是因为

$$\frac{\mathrm{d}}{\mathrm{d}\overline{w}} K_w(z) = \frac{\mathrm{d}}{\mathrm{d}\overline{w}} k(\overline{w}z) = \frac{\mathrm{d}}{\mathrm{d}\overline{w}}\left(\sum_{k=0}^{\infty} \frac{\overline{w}^k z^k}{\beta(k)^2}\right) = \sum_{k=0}^{\infty} \frac{k\overline{w}^{k-1}}{\beta(k)^2} z^k,$$

从而

$$R_n \frac{\mathrm{d}}{\mathrm{d}\overline{w}} K_w(z) = \sum_{k=n}^{\infty} k \frac{\overline{w}^{k-1}}{\beta(k)^2} z^k.$$

证毕.

引理 4.3.2 如果 C_φ 在 $H^2(\beta)$上有界,则

$$\|C_\varphi\|_e = \lim_{n\to\infty}\|C_\varphi R_n\|.$$

证明 首先注意到 $\|C_\varphi R_n\|$ 是非负的不增数列，因而 $\lim\limits_{n\to\infty}\|C_\varphi R_n\|$ 存在. 因为 $(R_n+Q_n)f=f$，且 Q_n 为有限秩算子，故为紧算子，故对任意 n，

$$\|C_\varphi\|_e \leqslant \|C_\varphi R_n + C_\varphi Q_n\|_e \leqslant \|C_\varphi R_n\|_e \leqslant \|C_\varphi R_n\|,$$

因此

$$\|C_\varphi\|_e \leqslant \lim_{n\to\infty}\|C_\varphi R_n\|.$$

另一方面，设 V 为 $H^2(\beta)$ 上的任意的紧算子，那么有

$$\begin{aligned}\|C_\varphi - V\| &\geqslant \|(C_\varphi - V)R_n\| = \|C_\varphi R_n - VR_n\| \\ &\geqslant \|C_\varphi R_n\| - \|VR_n\|.\end{aligned}$$

显然 $\|VR_n\| = \|(VR_n)^*\| = \|R_nV^*\|$，因为 V^* 为紧算子，故 $H^2(\beta)$ 中的单位球在 V^* 下的像是相对紧的. 又因 $\|R_n\|=1$ 且 R_nV^* 点点收敛于 0，故 R_nV^* 在 $H^2(\beta)$ 的单位球上一致收敛于 0，即当 $n\to\infty$ 时，$\|VR_n\|\to 0$，于是有

$$\|C_\varphi\|_e \geqslant \lim_{n\to\infty}\|C_\varphi R_n\|.$$

证毕.

引理 4.3.2 是求 $H^2(\beta)$ 上的复合算子 C_φ 的本性范数 $\|C_\varphi\|_e$ 上界的出发点. 由此引理可知

$$\|C_\varphi\|_e = \lim_{n\to\infty}\{\sup_{\|f\|\leqslant 1}\|C_\varphi R_n f\|\}.$$

定理 4.3.2 如果 C_φ 为 $H^2(\beta)$ 上的复合算子，

$$\gamma_r = \sup_{r\leqslant|w|<1}\frac{\sum\limits_{j\geqslant 1}H(|z_j(w)|)}{H(|w|)},$$

其中 $0<r<1$，$\{z_j(w)\}$ 为方程 $\varphi(z)=w$ 的根，并计及重数，则存在正常数 C，使得

$$\|C_\varphi\|_e^2 \leqslant C\lim_{r\to 1}\gamma_r.$$

证明 设 $\|f\|\leqslant 1$，则 $\|C_\varphi R_n f\|^2$ 与下式等价：

$$|R_nf\circ\varphi(0)|^2 + \int_D |(R_nf\circ\varphi)'(z)|^2 H(|z|)\,\mathrm{d}A(z).$$

由引理 4.3.1 知上式中的第一项不超过

$$\sum_{k=n}^{\infty} \frac{1}{\beta^2(k)} |\varphi(0)|^{2k},$$

故当 $n\to\infty$ 时，$|R_n f\circ\varphi(0)|^2\to 0$，由面积公式，

$$\int_D |(R_n f\circ\varphi)'(z)|^2 H(|z|)\mathrm{d}A$$

$$= \int_{\varphi(D)} |(R_n f)'(w)|^2 \Big(\sum_{j\geqslant 1} H(|z_j(w)|)\Big)\mathrm{d}A(w).$$

任取 $r\in(0,1)$，则有

$$\mathrm{I} = \int_{rD\cap\varphi(D)} + \int_{\varphi(D)\setminus rD} |(R_n f)'(w)|^2 \Big(\sum_{j\geqslant 1} H(|z_j(w)|)\Big)\mathrm{d}A(w)$$

$$= \mathrm{II} + \mathrm{III}.$$

由面积公式和引理 4.3.1，

$$\mathrm{II} \leqslant \sup_{|w|<r} |(R_n f)'(w)|^2 \int_{\varphi(D)} \Big(\sum_{j\geqslant 1} H(|z_j(w)|)\Big)\mathrm{d}A(w)$$

$$\leqslant \|f\|^2 \Big(\sum_{k=n}^{\infty} \frac{k^2}{\beta(k)^2} r^{2k-2}\Big) \int_D |\varphi'(z)|^2 H(|z|)\mathrm{d}A(z)$$

$$\leqslant C\|f\|^2 \Big(\sum_{k=n}^{\infty} \frac{k^2}{\beta(k)^2} r^{2k-2}\Big) \|\varphi\|^2,$$

故当 $n\to\infty$ 时，上式趋于 0，从而 $\mathrm{II}=0$. 由于

$$\mathrm{III} \leqslant \int_{\varphi(D)\setminus rD} |f'(w)|^2 \Big(\sum_{j\geqslant 1} H(|z_j(w)|)\Big)\mathrm{d}A(w)$$

$$\leqslant \int_{\varphi(D)\setminus rD} |f'(w)|^2 \frac{\sum_{j\geqslant 1} H(|z_j(w)|)}{H(|w|)} H(|w|)\mathrm{d}A(w)$$

$$\leqslant \gamma_r \int_{\varphi(D)\setminus rD} |f'(w)|^2 H(|w|)\mathrm{d}A(w)$$

$$\leqslant C\gamma_r \|f\|^2 \leqslant C\gamma_r,$$

于是对任意 n 及 $r\in(0,1)$，$\|f\|\leqslant 1$，有

$$\sup_{\|f\|\leqslant 1} \|C_\varphi R_n f\|^2$$

$$\leqslant \sum_{k=n}^{\infty} \frac{1}{\beta(k)^2} |\varphi(0)|^{2k} + C\Big(\sum_{k=n}^{\infty} \frac{k^2}{\beta(k)^2} r^{2k-2}\Big) \|\varphi\|^2 + C\gamma_r.$$

令 $n\to\infty$ 即有

$$\|C_\varphi\|_e^2 \leqslant C\gamma_r.$$

由于 γ_r 随 $r\to 1$ 而减小，故有

$$\|C_\varphi\|_e^2 \leqslant C\lim_{r\to 1}\gamma_r.$$

证毕.

当 $H^2(\beta)=H^2(D)$ 时，$H(r)=|\log r^2|$，$C=1$，由 Littlewood 恒等式（定理 3.1.6）和

$$\gamma_r = \sup_{r\leqslant|w|<1}\frac{\sum_{j\geqslant 1}\log\frac{1}{|z_j(w)|}}{\log\frac{1}{|w|}} = \sup_{r\leqslant|w|<1}\frac{N_\varphi(w)}{\log\frac{1}{|w|}},$$

有

$$\|C_\varphi\|_e^2 \leqslant \lim_{|w|\to 1}\frac{N_\varphi(w)}{\log\frac{1}{|w|}}.$$

当 $H^2(\beta)=A_\alpha^2(D)$ 时，$H(r)=|\log r^2|^{\alpha+2}$，对 $w\in\varphi(D)$，设 $z(w)$ 表示集 $\{z_j(w)\}$ 中模最小的点，选取 $\{w_n\}\subset D$，使得

$$\lim_{r\to 1}\gamma_r = \lim_{n\to\infty}\frac{\sum_{j\geqslant 1}H(|z_j(w)|)}{H(|w_n|)}.$$

对每个 j，

$$\begin{aligned} H(|z_j(w_n)|) &= 2^{\alpha+2}\left(\log\frac{1}{|z_j(w_n)|}\right)^{\alpha+1}\log\frac{1}{|z_j(w_n)|} \\ &\leqslant 2^{\alpha+2}\left(\log\frac{1}{|z(w_n)|}\right)^{\alpha+1}\log\frac{1}{|z_j(w_n)|}, \end{aligned}$$

因而

$$\begin{aligned} \sum_{j\geqslant 1}H(|z_j(w_n)|) &\leqslant 2^{\alpha+2}\left(\log\frac{1}{|z(w_n)|}\right)^{\alpha+1}\sum_{j\geqslant 1}\log\frac{1}{|z_j(w_n)|} \\ &= 2^{\alpha+2}\left(\log\frac{1}{|z(w_n)|}\right)^{\alpha+1}N_\varphi(w), \end{aligned}$$

所以

$$\frac{\sum_{j\geq 1} H(|z_j(w_n)|)}{H(|w_n|)} \leqslant \left(\frac{-\log(|z(w_n)|)}{-\log(|w_n|)}\right)^{\alpha+1} \frac{N_\varphi(w_n)}{\log \frac{1}{|w_n|}}.$$

由 Littlewood 不等式，

$$N_\varphi(w_n) \leqslant \log\left|\frac{1-\overline{\varphi(0)}w_n}{\varphi(0)-w_n}\right|,$$

再由 L'Hospital 法则可知

$$\limsup_{n\to\infty} \frac{N_\varphi(w_n)}{\log \frac{1}{|w_n|}} \leqslant \frac{1+|\varphi(0)|}{1-|\varphi(0)|}.$$

而当 $n\to\infty$时，因为当$|w_n|\to 1$ 时，$|z(w_n)|\to 1$，故

$$\left(\frac{-\log|z(w_n)|}{-\log(|w_n|)}\right)^{\alpha+1} \sim \left(\frac{1-|z(w_n)|}{1-|w_n|}\right)^{\alpha+1}.$$

设 $\beta(w)=\lim_{|z|\to 1}(1-|\varphi(z)|)/(1-|z|)$，则有

$$\limsup_{n\to\infty}\left(\frac{1-|z(w_n)|}{1-|w_n|}\right)^{\alpha+1} \leqslant \left(\frac{1}{\beta(\varphi)}\right)^{\alpha+1},$$

于是有

$$\|C_\varphi\|_e^2 \leqslant C(\alpha)\frac{1+|\varphi(0)|}{1-|\varphi(0)|}\left(\frac{1}{\beta(\varphi)}\right)^{\alpha+1},$$

由此即可得到 $A_\alpha^2(D)$上 C_φ 为紧算子的角导数特征.

定理 4.3.3 在 $A_\alpha^2(D)$上 C_φ 为紧算子的充要条件是 φ 在 ∂D 上不存在有限角导数.

证明 由推论 4.3.1 即得必要性，故只要证明充分性：若 φ 在 ∂D 上不存在有限角导数，则 $\beta(\varphi)=+\infty$，于是由上面的论证可知，$A_\alpha^2(D)$上的本性范数 $\|C_\varphi\|_e=0$. 故 C_φ 为 $A_\alpha^2(D)$上的紧算子. 证毕.

事实上，上定理中的 $A_\alpha^2(D)$改为 $A_\alpha^p(D)$ $(0<p<\infty)$，结论亦成立.

若记

$$N_{\varphi,\alpha+2}(w) = \sum_{j\geq 1}\left(\log\frac{1}{|z_j(w)|}\right)^{\alpha+2},$$

则有

$$\frac{\sum_{j\geqslant 1}H(|z_j(w)|)}{H(|w|)}=\frac{N_{\varphi,\alpha+2}(w)}{\left(\log\frac{1}{|w|}\right)^{\alpha+2}},$$

故有

$$\|C_\varphi\|_e\leqslant C\limsup_{|w|\to 1}\frac{N_{\varphi,\alpha+2}(w)}{\left(\log\frac{1}{|w|}\right)^{\alpha+2}}.$$

4.3.2 快速权 Hardy 空间上的紧复合算子

在定理 4.3.1 中，我们已知，在任意权序列满足 $\sum\beta(n)^{-2}=\infty$ 的加权 Hardy 空间 $H^2(\beta)$ 中，本性范数满足

$$\|C_\varphi\|_e\geqslant\limsup_{|w|\to 1}\frac{\|K_{\varphi(w)}\|}{\|K_w\|},$$

由此可得到 C_φ 为紧算子的必要条件.

定理 4.3.4 设 $H^2(\beta)$ 是满足 $\sum_{n=1}^{\infty}\beta(n)^{-2}=\infty$ 的加权 Hardy 空间，$\varphi:D\to D$ 解析，如果 C_φ 在 $H^2(\beta)$ 上有界且存在 $\zeta\in\partial D$，使得 $|\varphi'(\zeta)|\leqslant 1$，则 $\|C_\varphi\|_e\geqslant 1$；因此 C_φ 不是紧算子.

证明 假若存在 $\zeta\in\partial D$，使得 $|\varphi'(\zeta)|\leqslant 1$，记 $d=|\varphi'(\zeta)|$，则径向极限 $\varphi(\zeta)$ 的模为 1. 由 Julia 引理可知，对一切 $r>0$，$1-|\varphi(r\zeta)|\leqslant 1-r$，因而 $|\varphi(r\zeta)|\geqslant r$，由于 $\|K_z\|$ 随 $|z|$ 而增加，故

$$\|C_\varphi\|_e\geqslant\limsup_{|r|\to 1}\frac{\|K_{\varphi(r\zeta)}\|}{\|K_{r\zeta}\|}\geqslant 1.$$

证毕.

从上述定理可知，在满足条件 $\sum\beta(n)^{-2}=\infty$ 的加权 Hardy 空间 $H^2(\beta)$ 上，C_φ 为紧算子的必要条件是对一切 $\zeta\in\partial D$，$|\varphi'(\zeta)|>1$，显然，对于加快速权的 Bergman 空间，这结论成立. 自然的一个问题是：如果对一切 $\zeta\in\partial D$，$|\varphi'(\zeta)|>1$，C_φ 是否必为紧算子. 我们将证明对于加快速权的 Bergman 空间 $A_G^2(D)$ 上的复合算子，此问题的回答是肯定的.

在给出主要定理前，先证明几个引理.

引理 4.3.3 设 $\varphi: D\to D$ 解析，那么存在 $\zeta_0\in\partial D$，使得 $|\varphi'(\zeta_0)|=\beta(\varphi)$.

证明 若不然，则对一切 $\zeta\in\partial D$，$|\varphi'(\zeta)|>\beta(\varphi)$，因为

$$|\varphi'(\zeta)| = \liminf_{z\to\zeta}\frac{1-|\varphi(z)|}{1-|z|},$$

故对任意 $\zeta\in\partial D$，存在 $\varepsilon(\zeta)>0$ 及中心在 ζ 的开圆盘 $B(\zeta)$，使得

$$\frac{1-|\varphi(z)|}{1-|z|}>\beta(\varphi)+\varepsilon(\zeta)\quad (z\in B(\zeta)\cap D).$$

由有限覆盖定理，存在 $\{B(\zeta):\zeta\in\partial D\}$ 的有限个集 $B(\zeta_1),B(\zeta_2),\cdots,B(\zeta_n)$，使得

$$\partial D\subset\bigcup_{j=1}^{n}B(\zeta_j),$$

故存在 $0<r_0<1$，使得环域 $\{z:r_0<|z|<1\}\subset\bigcup\limits_{j=1}^{n}B(\zeta_j)$. 所以，如果 $\varepsilon=\min_{1\leqslant j\leqslant n}\{\varepsilon(\zeta_j)\}$，则有

$$\frac{1-|\varphi(z)|}{1-|z|}>\beta(\varphi)+\varepsilon,\quad r_0<|z|<1,$$

于是有

$$\beta(\varphi)=\liminf_{|z|\to1}\frac{1-|\varphi(z)|}{1-|z|}\geqslant\beta(\varphi)+\varepsilon,$$

得矛盾. 这就证明引理成立.

在定理 4.3.2 中，我们已证明：对于加权 Hardy 空间 $H^2(\beta)$上的复合算子 C_φ，

$$\|C_\varphi\|_e\leqslant C\lim_{r\to1}\gamma_r.$$

对于 $H^2(D)$及加权 Hardy 空间 $A_\alpha{}^2(D)$的情形，我们也给出了具体的上界估计. 现在，我们来探讨在一般情形的上界估计式.

由 γ_r 的定义，可取 $\{w_n\}\subset D$，使得 $|w_n|\to1$，且

$$\lim_{r\to1}\gamma_r=\lim_{n\to\infty}\frac{\sum\limits_{k\geqslant1}H(|z_k(w_n)|)}{H(|w_n|)},$$

其中 $\{z_k(w_n)\}$为 $\varphi(z)-w_n=0$ 的零点全体，且计及重数. 记 $z(w_n)$

为 $\{z_k(w_n): k=1,2,\cdots\}$ 中模最小的点，显然当 $|w_n|\to 1$ 时，$|z(w_n)|\to 1$，由于

$$E\left(\log\frac{1}{r}\right)\log\frac{1}{r}=1+O(r),\quad 0<r<1.$$

由引理 4.2.2，$E(t)$ 在 $(0,1/2)$ 上为 t 的增函数，因为当 n 充分大时，可使得 $0<-\log|z(w_n)|<1/2$，又因 $|z(w_n)|\leqslant|z_k(w_n)|$，故

$$H(|z_k(w_n)|)\leqslant E\left(\log\frac{1}{|z(w_n)|}\right)\log\frac{1}{|z_k(w_n)|},$$

于是

$$\lim_{r\to 1}\gamma_r\leqslant\limsup_{n\to\infty}\left\{\frac{E\left(\log\frac{1}{|z(w_n)|}\right)}{E\left(\log\frac{1}{|w_n|}\right)}\right\}\left\{\frac{\sum\limits_{k\geqslant 1}\log\frac{1}{|z_k(w_n)|}}{\log\frac{1}{|w_n|}}\right\}.$$

由洛必塔法则可知

$$\limsup_{|w|\to 1}\frac{\log\left|\frac{1-\overline{\varphi(0)}w}{w-\varphi(0)}\right|}{\log\frac{1}{|w|}}=\frac{1+|\varphi(0)|}{1-|\varphi(0)|}.$$

由 Littlewood 不等式可知

$$\limsup_{|w|\to 1}\frac{\sum\limits_{k\geqslant 1}\log\frac{1}{|z_k(w)|}}{\log\frac{1}{|w|}}\leqslant\limsup_{|w|\to 1}\frac{\log\left|\frac{1-\overline{\varphi(0)}w}{w-\varphi(0)}\right|}{\log\frac{1}{|w|}}$$

$$=\frac{1+|\varphi(0)|}{1-|\varphi(0)|}.$$

因此我们可得如下的引理：

引理 4.3.4 存在仅与 G 有关的正常数 C，使得对 $A_G^2(D)$ 上的任意有界复合算子 C_φ，有

$$\|C_\varphi\|_e^2\leqslant C\frac{1+|\varphi(0)|}{1-|\varphi(0)|}\limsup_{n\to\infty}\frac{E\left(\log\frac{1}{|z(w_n)|}\right)}{E\left(\log\frac{1}{|w_n|}\right)},$$

其中 $\{w_n\}\subset D$ 的取法满足前述要求.

下面的定理为本节的主要结果. 它给出了 $A_G^2(D)$上的复合算子为紧算子的特征.

定理 4.3.5 设 G 为正则快速权,$\varphi: D\to D$ 解析,那么下述命题等价:

(1) C_φ 为 $A_G^2(D)$上的紧算子;

(2) $\lim\limits_{|z|\to 1}\dfrac{G(|z|)}{G(|\varphi(z)|)}=0$;

(3) 对一切 $\zeta\in\partial D$, $|\varphi'(\zeta)|>1$;

(4) $\beta(\varphi)>1$;

(5) 存在 $0<r_0<1$ 及 $A>1$,使得当 $r_0\leqslant|z|<1$ 时,

$$|\varphi(z)|\leqslant|z|^A.$$

证明 (1)⇒(3) 由定理 4.3.4 即知.

(3)⇒(4) 由引理 4.3.3 立即可得.

(4)⇒(5) 设 $\beta(\varphi)>1$,取 A 使得 $\beta(\varphi)>A>1$,由引理 4.2.3,存在 $0<r_0<1$,使得

$$\frac{\log\dfrac{1}{M(r)}}{\log\dfrac{1}{r}}\geqslant A,\quad r_0\leqslant r<1,$$

由此即知 $|\varphi|(z)|\leqslant|z|^A\quad(r_0\leqslant|z|<1)$.

(5)⇒(1) 设(5)成立,则有

$$M(r)\leqslant r^A\quad(r_0\leqslant r<1),$$

即

$$\frac{\log\dfrac{1}{M(r)}}{\log\dfrac{1}{r}}\geqslant A,\quad r_0\leqslant r<1.$$

由引理 4.2.10,只要证明

$$\limsup_{n\to\infty}\frac{E\left(\log\dfrac{1}{|z(w_n)|}\right)}{E\left(\log\dfrac{1}{|w_n|}\right)}=0,$$

其中$\{w_n\}$如同引理 4.3.4 所述.

因为

$$|w_n| = |\varphi(z(w_n))| \leqslant M(|z(w_n)|),$$

故当 n 充分大时,

$$\log \frac{1}{|z(w_n)|} \leqslant \frac{1}{A}\log \frac{1}{|w_n|}.$$

由 $E(t)$的单增性可知,当 n 充分大时,

$$E\left(\log \frac{1}{|z(w_n)|}\right) \leqslant E\left(\frac{1}{A}\log \frac{1}{|w_n|}\right).$$

令 $\delta=1/A<1$,则有

$$\frac{E\left(\log \frac{1}{|z(w_n)|}\right)}{E\left(\log \frac{1}{|w_n|}\right)} \leqslant \frac{E\left(\delta\log \frac{1}{|w_n|}\right)}{E\left(\log \frac{1}{|w_n|}\right)},$$

故只要证

$$\lim_{t\to 0} \frac{E(\delta t)}{E(t)} = 0.$$

注意到 E,H 和 G 的关系,特别是

$$\frac{E(\delta t)}{E(t)} = \frac{H(e^{-\delta t})}{\delta t} \cdot \frac{t}{H(e^{-t})} = \frac{1}{\delta}\,\frac{H(e^{-\delta t})}{H(e^{-t})},$$

由于 $H''(t)=G(t)$,应用洛必塔法则两次即可得

$$\lim_{t\to 0} \frac{E(\delta t)}{E(t)} = \lim_{t\to 0} \frac{G(1-\delta t)}{G(1-t)}.$$

由于 G 是快速正则权,由正则性的定义,当 r 靠近于 1 时,$G(r)/(1-r)^\alpha$是减少的,由于 $0<\zeta<1$,令 $r=1-t$,故当 t 充分小时,

$$\frac{G(1-t)}{t^\alpha} \leqslant \frac{G(1-\delta t)}{(\delta t)^\alpha}$$

或

$$\delta^\alpha \geqslant \frac{G(1-\delta t)}{G(1-t)}.$$

由于 $0<\alpha<\infty$的任意性,故可知

$$\lim_{t\to 0} \frac{G(1-\delta t)}{G(1-t)} = 0,$$

从而可知 $\|C_\varphi\|_e=0$，即 C_φ 为 $A_G^2(D)$ 上的紧算子.

(5)⇒(2) 选取 $0<n<1$，使得当 $r_0\leqslant r<1$ 时，$M(r)\leqslant r^A$. 令 $r^A=1-t$，则 $r=(1-t)^{1/A}=(1-t)^\delta>1-\delta t$，其中 $\delta=1/A<1$. 于是由 G 在 $(0,1)$ 上非增，故

$$\frac{G(|z|)}{G(|\varphi(z)|)}\leqslant\frac{G(r)}{G(M(r))}\leqslant\frac{G(r)}{G(r^A)}=\frac{G((1-t)^\delta)}{G(1-t)}$$
$$\leqslant\frac{G(1-\delta t)}{G(1-t)}.$$

由前面所证知

$$\lim_{t\to 0}\frac{G(1-\delta t)}{G(1-t)}=0,$$

故(2)成立.

(2)⇒(1) 由于已证明如果 $\beta(\varphi)>1$，则 C_φ 是紧算子，由此可证明下面的定理 4.3.6. 由定理 4.3.6，我们就可以证得(2)⇒(1)，证毕.

由定理 4.3.4 和定理 4.3.5 立即可得推论：

推论 4.3.2 设 G 是正则快速权，如果 C_φ 为 $A_G^2(D)$ 上的有界算子但不是紧算子，则 $\|C_\varphi\|\geqslant 1$.

从上述结果，我们可看到，当从标准权过渡到快速权时，有界性变得越来越困难，而紧性则越来越容易，此现象由下面的推论充分地给以说明. 首先注意到(由定理 4.2.5，及 Schwarz 引理)当 $\varphi(0)=0$ 时，C_φ 在 $A_G^2(D)$ 上有界.

推论 4.3.3 设 $\varphi:D\to D$ 解析，且 $\varphi(0)=0$，G 为快速正则权，那么 C_φ 或是 A_G^2 上的紧算子，或是 $\varphi(z)=cz(|c|=1)$，当 $\varphi(z)=cz$ 时，C_φ 为酉算子.

证明 若 $\varphi(z)$ 不是旋转，则 φ 不是 D 上的自同构. 由 Schwarz 引理及定理 4.2.5 知 C_φ 有界，且对一切 $\zeta\in\partial D$，$|\varphi'(\zeta)|\geqslant 1$. 若有 $\zeta\in\partial D$，使得 $|\varphi'(\zeta)|=1$，由 Julia 引理可知对一切 $r\in(0,1)$，$|\varphi(r\zeta)|\geqslant r$，由 $\varphi(0)=0$，有 $|\varphi(z)|\leqslant|z|$，故有 $|\varphi(r\zeta)|=r$，由此可知 φ 为旋转，得矛盾. 于是对一切 $\zeta\in\partial D$，$|\varphi'(\zeta)|>1$，由定理 4.3.5 即知，C_φ 为紧算子. 证毕.

定理 4.3.6 设 G 为正则快速权，$\varphi: D \to D$ 解析，且

$$\limsup_{|z|\to 1} \frac{G(|z|)}{G(|\varphi(z)|)} < \infty,$$

则存在常数 $C>0$（仅与 G 有关），使得

$$\| C_\varphi \|_e^2 \leqslant c \frac{1+|\varphi(0)|}{1-|\varphi(0)|} \limsup_{|z|\to 1} \frac{G(|z|)}{G(|\varphi(z)|)}.$$

证明 若 C_φ 在 $A_G{}^2(D)$ 上有界，$\beta^2(\varphi)\geqslant 1$，且 C_φ 不是紧算子，故不可能有 $\beta(\varphi)>1$，故必是 $\beta(\varphi)=1$，设 $\{w_n\}$ 如同引理 4.3.4，由于当 $n\to\infty$ 时，$|z(w_n)|\to 1$，由引理 4.2.5 可知，当 n 充分大时，

$$\frac{E\left(\log \frac{1}{|z(w_n)|}\right)}{E\left(\log \frac{1}{|w_n|}\right)} \leqslant 8\left\{\sup_{|z(w_n)|\leqslant|\zeta|<1} \frac{G(|\zeta|)}{G(|\varphi(\zeta)|)}\right\}.$$

由此及引理 4.3.4，即有

$$\| C_\varphi \|_e^2 \leqslant 8C \frac{1+|\varphi(0)|}{1-|\varphi(0)|} \left\{\limsup_{|z|\to 1} \frac{G(|z|)}{G(|\varphi(z)|)}\right\}.$$

证毕.

4.3.3 小加权 Hardy 空间上的紧复合算子

在加快速权 Hardy 空间 $H^2(\beta)$ 中，复合算子很容易成为紧算子(由定理 4.3.5 知). 例如，很简单的幂函数 $\varphi(z)=z^n (n>1)$ 为符号的复合算子即为紧算子. 这与加标准权的 Bergman 空间 $A_G{}^2(D)$ 上的复合算子的紧性绝然不同. 在通常的 Bergman 空间中，由推论 4.3.1 知 C_φ 在 $A_\alpha{}^2(D)$ 上为紧算子当且仅当 φ 无有限角导数. 在小加权 Hardy 空间上，导出紧复合算子的 φ 有更苛刻的要求，也就是说，在小加权 Hardy 空间上的紧复合算子相对来说要少得多.

引理 4.3.5 设 $H^2(\beta)$ 满足 $\sum_{n=1}^{\infty}\beta(w)^{-2}<\infty$，$\varphi: D\to D$ 解析且 $\varphi(0)=0$，如果 C_φ 为 $H^2(\beta)$ 上的紧算子，则 $\|\varphi_n\|_\infty \to 0$.

证明 首先可知 φ 不可能是旋转变换 $\varphi(z)=\lambda z(|\lambda|=1)$，因为当 $\varphi(z)=\lambda z$ 时，C_φ 为可逆算子，与 C_φ 为紧算子的假设矛盾.

考虑子空间

$$H_0 = \{f \in H^2(\beta): f(0) = 0\},$$

这是 $H^2(\beta)$的闭子空间. 因为 $\varphi(0)=0$,故 H_0 在 C_φ 下是不变的. $T=C_\varphi|_{H_0}$,则 T 为 H_0 上的紧算子. 如果 $\lambda\neq0$ 在 T 的谱集中,则 λ 必为 T 的特征值,因此存在 $f\in H_0(f\neq0)$,使得 $Tf=\lambda f$;若 $\lambda=1$,则 $f\circ\varphi=f$,从有 $f\circ\varphi_n=f$ 对一切 n 成立,由此可知 $f\in H_0$ 为常数函数,从而 $f\equiv0$,得矛盾,故 $\lambda\neq1$. 由 Konigs 定理(定理 2.3.9)知 $\varphi'(0)\neq0$,而 $f\circ\varphi=\lambda f$ 有非零解,当且仅当 $\lambda=\varphi'(0)^n(n=1,2,\cdots)$. 由于 $\varphi(0)=0$,故 $|\varphi'(0)|<1$. 于是 $\sigma(T)=\{\varphi'(0)^n:n=1,2,\cdots\}\cup\{0\}$,从而可知 T 的谱半径 $\rho(T)<1$,但是

$$\rho(T) = \lim_{n\to\infty} \| T^n \|^{\frac{1}{n}},$$

故必有$\lim\limits_{n\to\infty} \| T^n \| = 0$,

$$\| \varphi_n \| = \| \varphi_n(z) \| = \| T^n z \| \leqslant \| T^n \| \ \| z \| = \| T^n \| \beta(1) \to 0.$$

由于在 $H^2(\beta)$中的范数强于上确界范数,故有$\lim_{n\to\infty} \| \varphi_n \|_\infty = 0$. 证毕.

由此引理直接可得到下述有点出乎意料的定理(与 $A_\alpha^2(D)$,$H^2(D)$不同,与加快速权的空间 $A_G^2(D)$的差异更为突出).

定理 4.3.7 设 $H^2(\beta)$为边界正则的小加权空间 $H^2(\beta)$ $\left(\sum_{n=1}^\infty \beta(n)^{-2}<\infty\right)$,$\varphi:D\to D$ 解析且 $\varphi(0)=0$,若 C_φ 为 $H^2(\beta)$上的紧算子,则 $\|\varphi\|_\infty<1$

证明 因为 $H^2(\beta)$是边界正则的,φ必可连续地延拓到 D 上. 如果 $\|\varphi\|_\infty=1$,由小空间定义中的条件(4)(即酉不变性),不妨设 $\varphi(1)=1$,从而有 $\varphi_n(1)=1$,从而得 $\|\varphi\|_\infty=1$. 这与引理 4.3.5 矛盾. 证毕.

在定理 4.3.7 中的条件"$\varphi(0)=0$"不能不加. 若取 $\beta(n)=2^n$,则 $\sum_{n=1}^\infty \beta(n)^{-2}=\sum_{n=1}^\infty 1/2^{-2n}$,故可知 $H^2(\beta)$为边界正则的小加权 Hardy 空间. 若设 $\varphi(z)=1/2(1+z)$,则 $\varphi:D\to D$ 解析,但 $\varphi(0)=1/2\neq0$,且 $\varphi(1)=1$,$\varphi'(1)=1/2$,故有 $\|\varphi\|_\infty=1$,易知 $\{z^n/\beta(n)\}$为 $H^2(\beta)$的规范正交基. 于是

$$\sum_{n=0}^{\infty}\left\|C_\varphi\left(\frac{z^n}{\beta(n)}\right)\right\| = \sum_{n=0}^{\infty}\frac{\|\varphi^n\|}{\beta(n)} = \sum_{n=0}^{\infty}\frac{\|(1+z)^n\|}{4^n}$$

$$\leqslant \sum_{n=0}^{\infty}\frac{1}{4^n}\left\|\sum_{k=0}^{\infty}C_n^k z^k\right\| \leqslant \sum_{n=0}^{\infty}\frac{1}{4^n}\sum_{k=0}^{n}C_n^k 2^k = \sum_{n=0}^{\infty}\left(\frac{3}{4}\right)^n < \infty,$$

因此 C_φ 为 $H^2(\beta)$上的迹算子，从而 C_φ 是紧算子.

定理 4.3.8 设 $H^2(\beta)$为自同构不变的边界正则小空间. 如果 C_φ 在 $H^2(\beta)$是紧的，则 $\|\varphi\|_\infty<1$.

证明 如果 $\varphi(0)=u$，设 $\varphi_u(z)=\dfrac{u-z}{1-\bar{u}z}\in \mathrm{Aut}(D)$，则 $\varphi_u^{-1}=\varphi_u$ 且 $\varphi_u(u)=0$，如果 C_φ 是紧算子，则 C_ψ 也是紧算子，其中 $\psi=\varphi_u\circ\varphi$，因为 $\psi(0)=0$，由定理 4.3.7，$\|\varphi\|_\infty<1$，由于 $\psi=\varphi_u\circ\varphi$，故 $\|\varphi\|_\infty<1$. 证毕.

注意到当 $\alpha>1/2$ 时，具有权序列 $\beta(n)=(n-1)^\alpha$ 的小加权 Hardy 空间 $H^2(\beta)$是边界正则的自同构不变空间. 但是定理中的“自同构不变性”对不存在满足 $\|\varphi\|_\infty=1$ 的紧复合算子 C_φ 只是个充分条件，而不是必要的条件，可举出不是自同构不变的边界正则小空间的例子，使得如果 C_φ 为紧算子，则必有 $\|\varphi\|_\infty<1$ [Alp60].

为进一步研究复合算子，我们考虑加权 Hardy 空间 $H^2(\beta)$，其中$\{\beta(n)\}$是增序列且有 $\alpha(1>\alpha>1/2)$，使得

$$\sum_{n=0}^{\infty}\frac{\beta([\alpha n])}{\beta(n)}<\infty. \tag{1}$$

上式中$[x]$表示 x 的整数部分. 如果 $\beta(n)=R^n(R>1)$，则 $\beta(n)$满足条件(1)，且一切在 $H^2(\beta)$中的函数实际上是在 R 为半径，原点为中心的圆盘内解析的. 如果 $\beta(n)=\exp(n^a)(0<a<1)$，那么条件(1)满足，但由关于随机级数的基本结果知 $H^2(\beta)$包含了那些不能越过 ∂D 上的任一点作延拓的函数[Kah85. p40]. 但后面我们将看到，对任意满足条件(1)的 $\beta(n)$，$H^2(\beta)\subset C^\infty(D)$. 对于权序列为 $\beta(n)=(n+1)^\alpha$ 的加权 Hardy 空间 $H^2(\beta)$，它是边界正则的小空间，但 $\beta(n)$不满足条件(1).

例 4.3.1 设 $\beta(n)$为增序列且满足条件(1)，$\varphi(z)=$

$1/2\,(1+z)$，则 C_φ 为 $H^2(\beta)$ 上的紧算子.

证明 事实上 C_φ 是 $H^2(\beta)$ 上的迹算子. 由于 $e_n(z)=z^n/\beta(n)$ 是 $H^2(\beta)$ 中的规范正交基，故

$$\begin{aligned}\|C_\varphi e_n\| &= \frac{\|\varphi^n\|}{\beta(n)} = \frac{1}{\beta(n)}\frac{1}{2^n}\|(1+z)^n\| \\ &= \frac{1}{\beta(n)}\frac{1}{2^n}\Big\|\sum_{k=0}^{\infty}C_n^k z^k\Big\| \\ &\leqslant \frac{1}{\beta(n)}\frac{1}{2^n}\sum_{k=0}^{n}C_n^k\beta(k).\end{aligned}$$

下面证明

$$\sum_{n=0}^{\infty}\frac{1}{\beta(n)}\frac{1}{2^n}\sum_{k=0}^{n}C_n^k\beta(k)<+\infty. \tag{2}$$

由于 $\beta(n)$ 是增序列，故对固定的 $\alpha<1/2$ 有

$$\begin{aligned}\sum_{n=0}^{\infty}C_n^k\beta(k) &= \sum_{k=0}^{[\alpha n]}C_n^k\beta(k)+\sum_{k=[\alpha n]+1}^{n}C_n^k\beta(k) \\ &\leqslant \beta([\alpha n])2^n+\sum_{k=[\alpha n]+1}^{n}C_n^k\beta(k).\end{aligned}$$

因为，根据条件

$$\sum_{n=0}^{\infty}\frac{1}{\beta(n)}\frac{1}{2^n}\sum_{k=0}^{[\alpha n]}C_n^k\beta(k)\leqslant\sum_{n=0}^{\infty}\frac{\beta([\alpha n])}{\beta(n)}<\infty,$$

故只要证明

$$\sum_{n=0}^{\infty}\frac{1}{\beta(n)}\frac{1}{2^n}\sum_{k=[\alpha n]+1}^{n}C_n^k\beta(k)<\infty.$$

因为 $\alpha<1/2$，C_n^k 关于 $k([\alpha_n]+1\leqslant k\leqslant n)$ 是不增的，于是

$$\sum_{k=[\alpha n]+1}^{n}C_n^k\beta(k)\leqslant nC_n^{[\alpha n]+1}\beta(n)\leqslant nC_n^{[\alpha n]}\beta(n).$$

由 Stirling 公式

$$\lim_{n\to\infty}\frac{\sqrt{2n\pi}\,(n/e)^n}{n!}=1,$$

并注意到 $[\alpha_n]>\alpha n-1$，$n-[\alpha_n]\geqslant n-\alpha n$，故存在 N_0 及仅与 α 有关的常数 $C(\alpha)$，使得当 $n\geqslant N_0$ 时，

$$C_n^{[\alpha n]} \leqslant \frac{C(\alpha)\ \sqrt{n}}{(\alpha^\alpha(1-\alpha)^{1-\alpha})^n}.$$

因为函数 $x^x(1-x)^{1-x}$在$(1/2,1)$中严格增加,且在 $x=1/2$ 处取值 $1/2$,由 $\alpha>1/2$ 即可得 $\alpha^\alpha(1-\alpha)^{1-\alpha}>1/2$,若记 $R=2\alpha^\alpha(1-\alpha)^{1-\alpha}>1$

$$\begin{aligned}\sum_{n=N_0}^{\infty}\frac{1}{\beta(n)}\frac{1}{2^n}\sum_{k=[\alpha]+1}^{n}C_n^k\beta(k) &\leqslant \sum_{n=N_0}^{\infty}\frac{1}{\beta(n)}\frac{1}{2^n}C_n^{[\alpha n]}\beta(n)\\ &\leqslant \sum_{n=N_0}^{\infty}\frac{nc(\alpha)\sqrt{n}}{2^n(\alpha^\alpha(1-\alpha)^{1-\alpha})^n}\\ &= c(\alpha)\sum_{n=N_0}^{\infty}\frac{n^{1+\frac{1}{2}}}{R^n}<\infty \quad (\because R>1),\end{aligned}$$

故 C_φ 为 $H^2(\beta)$上的迹算子,从而是紧算子,证毕.

由于 $\|\varphi\|_\infty=1$,而 C_φ 为 $H^2(\beta)$上的紧算子,故可知例中的 $H^2(\beta)$不是自同构不变的.而且显然 φ 在 $z=1$ 处有有限角导数.

下面考虑另一方面的问题:在小加权 Hardy 空间中,当 $\|\varphi\|_\infty<1$时,是否 C_φ 必为紧算子?

首先注意到,当取 $\beta(n)=R^n(R>1)$时,直接计算可知对正整数 $k\geqslant 2$,$\varphi(z)=z^k/R^{k-1}$,C_φ 为 $H^2(\beta)$上的等距算子,而 $\|\varphi\|_\infty=1/R^{k-1}<1$,故在这时问题的答案是否定的.但这例子中反映的情形似乎出自于空间 $H^2(\beta)$的病态.原因是该空间似乎太小了.事实上,确是如此.$H^2(\beta)$中的一切函数在 RD 中都解析.

看来,将 $H^2(\beta)$区分为两种不同的情形来考虑是合理的:

情形 1:$H^2(\beta)$包含一切在 $\overline{D}$ 的某个邻域中解析的函数;

情形 2:存在 $\overline{D}$ 的某邻域中解析的函数不在 $H^2(\beta)$中.

对于情形 1,我们有如下满意的结果:

定理 4.3.9 设 $H^2(\beta)$包含了一切在 $\overline{D}$ 的某邻域中解析的函数,φ 在 $\overline{D}$ 的某邻域中解析且 $\|\varphi\|_\infty<1$,则 C_φ 为 $H^2(\beta)$上的迹算子.从而 C_φ 为 $H^2(\beta)$上的紧算子.

证明 记 $\|\varphi\|_\infty=r$,并取 $\tilde{r}$ 使得 $r<\tilde{r}<1$,又记 $\psi(z)=\tilde{r}z$,则

可利用 $H^2(\beta)$ 的规范正交基 $e_n = z_n/\beta(n)$，并直接计算 $\sum \| C_\psi(e_n) \|$ 即可知 C_ψ 为 $H^2(\beta)$上的迹算子. 记 $\tilde{\varphi}(z)=\varphi(z)/\tilde{r}$，则显然$\varphi=\psi\circ\tilde{\varphi}$. 如果我们证得 $C_{\tilde{\varphi}}$为 $H^2(\beta)$上的有界算子，即可知 C_φ 为迹算子. 由 $\tilde{r}$ 的取法可知 $\|\tilde{\varphi}\|_\infty<1$，由于 φ 在 $\bar{D}$ 的某一邻域中解析，且 $\varphi(D)\subset D$，故可取得圆盘 $\tilde{D}\supset\bar{D}$，使得 $\tilde{\varphi}$ 在 $\tilde{D}$ 上解析且 $\tilde{\varphi}(\tilde{D})\subset D$，那么对任意的 $f\in H^2(\beta)$，$f\circ\tilde{\varphi}$ 为 $H^2(\beta)$的某邻域 $\tilde{D}$ 中解析的函数，由关于 $H^2(\beta)$的假设可知 $f\circ\tilde{\varphi}\in H^2(\beta)$，由闭图像定理即可知 $C_{\tilde{\varphi}}$为 $H^2(\beta)$上的有界算子，证毕.

从定理 4.3.9 可粗糙地作这样的叙述："对于好的空间及好的符号 φ，由 $\|\varphi\|_\infty<1$ 即可得 C_φ 为紧算子". 于是也就有这样的反面说法："如果 φ 是一个好的符号且 $\|\varphi\|_\infty<1$，但 C_φ 不是紧算子，那么 $H^2(\beta)$是个坏空间". 这些粗糙的说法，对一大类加权 Hardy 空间可作精确的表述.

对于加权 Hardy 空间 $H^2(\beta)$，如果$\lim\limits_{n\to\infty}\sqrt[n]{\beta(n)}$存在（有限或无穷），则称权序列 $\beta(n)$是正则的. 当取 $\beta(n)=n^a$，$\beta(n)=\exp(n^a)$，$\beta(n)=\exp((\log n)^q)$时，则 $\beta(n)$都为正则的，且正则序列的乘积和商仍为正则的. 但是若对于 $2^k\leqslant n<2^{k+1}$，$\beta(n)=2^{2^k}$，则 $\beta(n)$为单调序列，但它却不是正则的.

定理 4.3.10 如果 $\beta(n)$是正则的，φ 为 $\bar{D}$ 的某邻域中解析的函数，且 $\|\varphi\|_\infty<1$，但 C_φ 不是 $H^2(\beta)$上的紧复合算子，则存在 $R>1$，使得任意 $f\in H^2(\beta)$，f 在 RD 中解析.

证明 由于 C_φ 不是 $H^2(\beta)$上的紧算子，由定理 4.3.9，$H^2(\beta)$ 不可能包含一切在 $\bar{D}$ 的某邻域中解析的函数. 于是存在 $R>1$ 及 $f(z)=\sum\limits_{n=0}^{\infty}a_nz^n$ 使得 f 在 $R\bar{D}$ 的邻域中解析，但 $f\notin H^2(\beta)$，因此有 $\sum_{n=0}^{\infty}|a_n|^2\beta(n)^2=\infty$. 如果有无穷多个 n，使得$|a_n|\beta(n)\geqslant1$，则 $\sum|a_n|\beta(n)=\infty$，另一方面，如果对除去有限个 n 外的一切 n，$|a_n|\beta(n)<1$，由于除去有限个 n 外，$|a_n|^2\beta(n)^2<|a_n|\beta(n)$，由 $\sum_{n=0}^{\infty}|a_n|^2\beta(n)^2=\infty$即可知 $\sum|a_n|\beta(n)=+\infty$，再由 Cauchy 不

等式得

$$\infty = \sum_{n=0}^{\infty} |a_n| \beta(n) \leqslant \left(\sum_{n=0}^{\infty} |a_n|^2 R_n^{2n} \right)^{\frac{1}{2}} \left(\sum_{n=0}^{\infty} \frac{\beta(n)^2}{R^{2n}} \right)^{\frac{1}{2}}.$$

因为 f 在比 $R\overline{D}$ 更大的圆盘中解析，故级数 $\sum |a_n| R^n$ 收敛. 特别，除有限项外，$|a_n| R^n < 1$，故可知 $\sum |a_n| R^{2n}$ 收敛，于是必有

$$\sum_{n=0}^{\infty} \frac{\beta(n)^2}{R^{2n}} = \infty,$$

由此可知

$$\limsup_{n\to\infty} \frac{\sqrt[n]{\beta(n)^2}}{R^2} \geqslant 1.$$

由于 $\beta(n)$是正则的，故

$$\lim_{n\to\infty} \frac{\sqrt[n]{\beta(n)^2}}{R^2} = \limsup_{n\to\infty} \frac{\sqrt[n]{\beta(n)^2}}{R^2} \geqslant 1.$$

对任意的 $s(1<s<R)$，考虑核函数

$$K_w(z) = \sum_{n=0}^{\infty} \frac{\overline{w_n} z^n}{\beta(n)^2},$$

对 $z, w \in SD$

$$\sum_{n=0}^{\infty} \left| \frac{\overline{w}^n z^n}{\beta(n)^2} \right| \leqslant \sum_{n=0}^{\infty} \frac{S^{2n}}{\beta(n)^2}.$$

因为$\lim\limits_{n\to\infty} \sqrt[n]{\beta(n)^2} \geqslant R^2$，故有

$$\lim_{n\to\infty} \frac{S^2}{\sqrt[n]{\beta(n)^2}} \leqslant \frac{S^2}{R^2} < 1,$$

所以可知对任意 $w \in SD$，$K_w(z)$在 SD 中解析，从而可知 $H^2(\beta)$中的一切函数在 SD 中解析，由 $1<s<R$ 的任意性，即知 $H^2(\beta)$中的一切函数在 RD 中解析，证毕.

对于边界正则的小加权 Hardy 空间 $H^2(\beta)$上的复合算子的有界性，有着许多与加权标准的 Hardy 空间上不同的有趣的问题. 我们先考察权序列为 $\beta(n) = (n+1)^{\lambda}(1/2<\lambda<1)$的边界正则空间 $H^2(\beta)$，这类空间暂且以 $H^2_\lambda(\beta)$表示，注意到 $H^2_\lambda(\beta)$即为 $\alpha = 1-2\lambda$的加权 Dirichlet 空间 $D_\alpha(-1<\alpha<0)$.

定理 4.3.11 如果 C_φ 为 $H_\lambda^2(\beta)(1/2<\lambda<1)$ 上的有界复合算子，则 φ 在任意 $\zeta\in\partial D$ 且有 $|\varphi(\zeta)|=1$ 的 ζ 点处有有限角导数.

证明 首先证明：如果 $\|\varphi\|_\infty=1$，则 φ 必在 ∂D 的某点处有有限角导数. 取 γ 使得 $1/2<\gamma<\lambda$，如果 φ 在 ∂D 的任一点处不存在有限角导数，那么 C_φ 在 $H\gamma^2(\beta)=D_{1-2\gamma}$ 中是紧算子[McS86]. 由定理 4.3.7 可知 $\|\varphi\|_\infty<1$.

假设 $|\varphi(\zeta)|=1$，设 $\psi(z)=1/2(\zeta+z)$，因为 $H_\lambda^2(\beta)=D_{1-2\lambda}=D_\alpha(-1<\alpha<0)$，易知 C_ψ 在 $H_\lambda^2(\beta)$ 上有界；从而 $C_{\varphi\cdot\psi}=C_\psi C_\varphi$ 在 $H_\lambda^2(\beta)$ 上也有界，由于 $\|\varphi\circ\psi\|_\infty=1$，由前一段的证明可知 $\varphi\circ\psi$ 必在 ∂D 的某点处有有限角导数. 而这点仅有的可能是在 ζ，因而 $(\varphi\circ\psi)'$ 在 ζ 必有有限径向极限. 而 $(\varphi\circ\psi)'(r\zeta)=1/2\varphi'(\psi(r\zeta))$，因此 φ' 在 ζ 处有有限径向极限，即 φ 在 ζ 处有有限角导数. 由 ζ 有任意性，即知定理成立. 证毕.

4.3.4 紧性与不动点

复合算子 C_φ 的结构与其符号 φ 的不动点有密切的关系，这一点对于紧算子来说尤为突出. 为揭示它们之间的联系，我们要对加权 Hardy 空间 $H^2(\beta)$ 的核函数的性态作些推广.

定理 4.3.12 设 $H^2(\beta)$ 为单位圆盘中的加权 Hardy 空间. 如果有非负整数 k，使得

$$\sum_{n=0}^{\infty}\frac{n^{2k}}{\beta(n)^2}=\infty,$$

则 k 次导数在点 w 计值的核函数 $K_w^{(k)}$，当 $|w|\to1$ 时，$K_w^{(k)}/\|K_w^{(k)}\|$ 弱收敛于 0.

证明 当 $k=0$ 时，这定理即为定理 4.1.4，故不妨考虑 $k\geqslant1$，由定理 4.1.3，

$$K_w^{(k)}(z)=\sum_{n=k}^{\infty}\frac{n!}{(n-k)!}\frac{\overline{w}^{n-k}z^n}{\beta(n)^2},$$

故

$$\|K_w^{(k)}\|^2=\sum_{n=k}^{\infty}\left|\frac{n!}{(n-k)!}\frac{\overline{w}^{n-k}}{\beta(n)^2}\right|^2\beta(n)^2$$

$$= \frac{1}{|w|^{2k}} \sum_{n=k}^{\infty} \left(\frac{n!}{(n-k)!} \right)^2 \frac{|w|^{2n}}{\beta(n)^2}.$$

因为当 $n \geqslant 2k$ 时 $n^k/2^k \leqslant n!\ /(n-k)!\ \leqslant n^k$，注意到定理的条件 $\sum_{n=0}^{\infty} n^{2k}/\beta(n)^2 = \infty$，可知当 $|w| \to 1$ 时，上式右端求和式趋于∞.

现考虑 $\{K_w^{(k)}/\|K_w^{(k)}\|\}$ 的任一弱极限点 f，设 p 为任意多项式，则有

$$|\langle p, f\rangle| = \lim_{w \to \partial D} \left| \left\langle p, \frac{K_w^{(k)}}{\|K_w^{(k)}\|} \right\rangle \right| = \lim_{w \to \partial D} \frac{|p^{(k)}(w)|}{\|K_w^{(k)}\|} = 0.$$

因为多项式全体在 $H^2(\beta)$ 中稠，故可知 $f=0$，证毕.

定理 4.3.12 是定理 4.1.4 的推广. 在定理 4.3.12 的证明中，我们可看到如果有某个非负整数 j，使得

$$\sum_{n=0}^{\infty} \frac{n^{2j}}{\beta(n)^2} < \infty,$$

那么 $\{\|K_w^{(j)}\|\}$ 当 $|w| \to 1$ 时是有界的. 这事实在下面的主要定理证明中要用到.

定理 4.3.13 设 $H^2(\beta)$ 是单位圆盘 D 上的加权 Hardy 空间，且有某个非负整数 k，使得

$$\sum_{n=0}^{\infty} \frac{n^{2k}}{\beta(n)^2} = \infty,$$

那么如果 C_φ 为 $H^2(\beta)$ 上的紧算子，则 φ 在 D 内有不动点.

证明 设 k 为使得

$$\sum_{n=0}^{\infty} \frac{n^{2k}}{\beta(n)^2} = \infty$$

的最小的非负整数. 如果 $k=0$，我们采用常用的方法证之：若 φ 在 D 内无不动点，设 $\zeta \in \partial D$ 表示 φ 的 Denjoy-Wolff 不动点，由 Wolff 定理（定理 2.2.6），角导数 $|\varphi'(\zeta)| \leqslant 1$，由 Julia 引理（定理 2.2.1），$\varphi$ 将 ζ 处的极限圆

$$H(\zeta, c) = \{z \in D: |z-\zeta|^2 \leqslant C(1-|z|^2)\}$$

映到 $H(\zeta, c)$ 之中. 于是，对一切 $r \in (0,1)$，$|\varphi(r\zeta)| \geqslant r$，因此，由复合算子的本性范数的估计（定理 4.3.1）可知

$$\|C_\varphi\|_e \geqslant \limsup_{r\to 1} \frac{\|K_{\varphi(r\zeta)}\|}{\|K_r\|} \geqslant 1,$$

故 C_φ 不是紧算子，这与条件矛盾. 因为 φ 不是恒等映射，故内部不动点的唯一性是显然的.

如果 $k\geqslant 1$，先考察 $C_\varphi^*(K_w^{(k)})$ 的表达式. 当 $k=1$ 时，对任意 $f\in H^2(\beta)$，

$$\begin{aligned}\langle f, C_\varphi^*(K_w^{(k)})\rangle &= \langle C_\varphi f, K_w^{(k)}\rangle \\ &= \langle f\circ\varphi, K_w^{(k)}\rangle = f'(\varphi(w))\varphi'(w) \\ &= \langle f, \overline{\varphi'(w)}K_w^{(1)}\rangle,\end{aligned}$$

由 f 的任意性即知

$$C_\varphi^*(K_w^{(1)}) = \overline{\varphi'(w)}K_w^{(1)}.$$

当 $k>1$ 时，对任意 $f\in H^2(\beta)$，

$$\begin{aligned}&\langle f, C_\varphi^* K_w^{(k)}\rangle = \langle f\circ\varphi, K_w^{(k)}\rangle \\ &= (f\circ\varphi)^{(k)}(w) = f^{(k)}(\varphi(w))(\varphi'(w))^k + f'(\varphi(w))\varphi^{(k)}(w) \\ &\quad + (\text{低阶项}) \\ &= \langle f, [\overline{\varphi'(w)}]^k K_{\varphi(w)}^{(k)} + \overline{\varphi^{(k)}(w)}K_{\varphi(w)}^{(1)} \\ &\quad + (\text{低阶项})\rangle,\end{aligned}$$

故有

$$C_\varphi^* K_w^{(k)} = [\overline{\varphi'(w)}]^k K_{\varphi(w)}^{(k)} + \overline{\varphi^{(k)}(w)}K_{\varphi(w)}^{(1)} + (\text{低阶项}),$$

其中(低阶项)表示在 $\varphi(w)$ 计值的核函数小于 k 阶的导数以 φ 在 w 的小于 k 阶的导数的乘积为系数的线性组合. 如果 φ 在 D 内无不动点，于是在 ∂D 上有 Denjoy-Wolff 不动点 ζ，由于

$$\left\| C_\varphi^* \frac{K_{r\zeta}^{(k)}}{\|K_{r\zeta}^{(k)}\|}\right\| = \begin{cases} \dfrac{\|\overline{\varphi'(r\zeta)}K_{\varphi(r\zeta)}^{(1)}\|}{\|K_{r\zeta}^{(1)}\|}, & k=1, \\ \left\| \dfrac{\overline{\varphi'(r\zeta)}^k K_{\varphi(r\zeta)}^{(k)}}{\|K_{r\zeta}^{(k)}\|} + \dfrac{\varphi^k(r\zeta)K_{\varphi(r\zeta)}^{(1)}}{\|K_{r\zeta}^{(k)}\|} + \cdots \right\|, & k>1.\end{cases}$$

当 $k>1$ 时，因为 $\varphi\in H^2(\beta)$，故由定理 4.3.12 知，当 $r\to 1$ 时，

$$\frac{\varphi^k(r\zeta)}{\|K_{r\zeta}^{(k)}\|} = \left\langle \varphi, \frac{K_{r\zeta}^{(k)}}{\|K_{r\zeta}^{(k)}\|}\right\rangle \to 0.$$

又因当 $|w|\to 1$ 时，$\|K_k^{(1)}\|$ 有界，故当 $r\to 1$ 时，

$$\left\| \frac{\overline{\varphi^{(k)}(r\zeta)}K^{(1)}_{\varphi(r\zeta)}}{\| K^{(k)}_{r\zeta} \|} \right\| \to 0,$$

而且，由 k 的取法，对一切 $j<k$，

$$\sum_{n=0}^{\infty} \frac{n^{2j}}{\beta(n)^2} < \infty,$$

故当 $|w| \to 1$ 时，$\| K^{(j)}_w \|$ 有界，而 $\| K^{(k)}_w \| \to \infty$，又因 $|\varphi^{(j)}| = |\langle \varphi, K^{(j)}_w \rangle| \leqslant \|\varphi\| \, \| K^{(j)}_w \|$，因此，当 $r \to 1$ 时，在上式中省略的各项都以 0 为极限.

综上所述可知，如果 C^*_φ 是紧算子，且 k 为使得 $\sum n^{2k}/\beta(n)^2 = +\infty$ 的最小的正整数，则当 $r \to 1$ 时，

$$\frac{|\varphi'(r\zeta)|^k \| K^{(k)}_{\varphi(r\zeta)} \|}{\| K^{(k)}_{r\zeta} \|} \to 0.$$

因为 $\zeta \in \partial D$ 为 φ 的 Denjoy-Wolff 不动点，故有 $\varphi'(r\zeta) \to \varphi'(\zeta) \neq 0$ $(r \to 1)$，所以

$$\lim_{r \to 1} \frac{\| K^{(k)}_{\varphi(r\zeta)} \|}{\| K^{(k)}_{r\zeta} \|} = 0.$$

因为 $|\varphi(r\zeta)| \geqslant r$，这就得到矛盾. 因而 φ 在 D 内必有不动点. 不动点的唯一性是显然的，证毕.

定理的证明说明我们所用的加权 Hardy 空间的重要特征是仅依赖于点的模的核函数的范数及一些导数的核函数的范数当它们靠近边界时趋于 0. 上述定理说明了揭示紧复合算子与 φ 的不动点的存在性之间的关系问题中，较难的部分是在 $\sum \beta(n)^{-2} < \infty$ 且 $H^2(\beta)$ 不是自同构不变的情形. 如果 $\sum \beta(n)^{-2} < \alpha$ 且 $H^2(\beta)$ 是自同构不变的，则由定理 4.3.8 即知 $\|\varphi\|_\infty < 1$，从而可知 φ 在 D 内有唯一不动点. 如果 $\sum \beta(n)^{-2} = \infty$，则定理 4.3.13 指出 φ 在 D 中必有唯一不动点.

利用定理 4.3.13，我们还可证明一类加权 Hardy 空间仅含光滑函数.

推论 4.3.4 设 $\{\beta(n)\}$ 是增序列且有 $\alpha(1/3<\alpha<1)$，使得

$$\sum_{n=0}^{\infty} \frac{\beta([\alpha n])}{\beta(n)} < \infty,$$

其中$[x]$表示 x 的整数部分. 如果 $H^2(\beta)$是加上述权的 Hardy 空间,那么 $H^2(\beta)\subset C^\infty(D)$.

证明 在例 4.3.1 中,我们已证明在定理的条件下,$\varphi(z)=1/2(z+1)$诱导的复合算子 C_φ 为 $H^2(\beta)$上的紧算子. 由于 $a=1$ 为 φ 在 $\bar{D}$ 中的唯一不动点,由定理 4.3.13 即知对一切正整数 k,

$$\sum_{n=0}^{\infty}\frac{n^{2k}}{\beta(n)^2}<\infty.$$

对任意 $f\in H^2(\beta)$,记 $f(z)=\sum a_nz^n$. 由 Cauchy-Schwarz 不等式知,对一切正整数 k,

$$\begin{aligned}\sum n^k|a_n|^2&\leqslant\left(\sum\frac{n^{2k}}{\beta(n)^2}\right)(|a_n|^2\beta(n)^2)\\&=\left(\sum\frac{n^{2k}}{\beta(n)^2}\right)\|f\|^2<\infty.\end{aligned}$$

因为$|f^{(k)}(z)|\leqslant\sum n^k|a_n|\,(z\in\bar{D})$,故知 $f\in C^\infty(\bar{D})$,证毕.

§4.4 Schatten 类复合算子

我们在上一节中看到,在加权 Hardy 空间上的复合算子的紧性,随着所加的权从标准权向快速权跃迁,将发生很大的变化. 对于 Schatten 类复合算子 $S_p(p>0)$也有着戏剧性的变化. 在快速权情形,原先在标准权情形成立的各种关于 Schatten 类算子的判别法将不再成立. 故加权 Hardy 空间上 Schatten 类复合算子的研究,无论是方法上还是内容方面都不是加标准权情形的简单推广.

4.4.1 指数型权函数及 Legender 变换

对于一般的快速权 $G(r)$,虽然我们设 G 为$(0,1)$上的正值连续函数,即使 $G(r)$为正则的快速权,对 $G(r)/(1-r)^\epsilon$ 加以在 $r=1$ 附近单调减少的要求,对于研究 Schatten 类复合算子来说似乎仍过于一般,使得我们难以处理. 我们这里仅对一类指数型的权函数进行讨论. 设

$$G(r)=\exp\left\{-h\left(\log\frac{1}{r}\right)\right\},\tag{1}$$

其中当 $t>0$ 时，$h(t)$ 为 C^1 类的正值函数，严格减少严格凸，且当 $t\to0$ 时，$h(t)\to\infty$.

对于上述定义的权函数 $G(r)$，我们可用 $t\to0$ 时 $-th'(t)$ 的变化来考察 $G(r)$ 是否为快速权.

(i)如果当 t 充分小时 $-th'(t)$ 是有界的，则 $G(r)$ 不是快速权. 事实上，如果 $\lim\limits_{t\to0}(-th'(t))=\alpha\in(0,\infty)$，则 $G(r)$ 为标准权. 因为，当 $t\to0$ 时，若 $h'(t)\sim\dfrac{-\alpha}{t}$，则 $h(t)\sim-\alpha\log t$，$\exp\{-h(t)\}\sim t^\alpha$，令 $t=\log(1/r)$，则当 $r\to1$ 时，$\exp\{-h(\log(1/r))\}\sim\log(1/r)^\alpha$，所以

$$\lim_{r\to1}\frac{G(r)}{(1-r)^\alpha}=b\in(0,\infty).$$

(ii)若当 $t\to0$ 时 $-th'(t)\to\infty$，则 $G(r)$ 为慢速正则权. 因对任意 $\alpha>0$，当 $t>0$ 充分小时，

$$-th'(t)\geqslant\alpha\quad 或\ -h'(t)\geqslant\alpha/t,$$

$$\int_1^x-h'(t)\mathrm{d}t\geqslant\int_1^x\frac{\alpha}{t}\mathrm{d}t,$$

$$-h(x)+h(1)\geqslant\alpha\log x.$$

令 $x=\log(1/r)$，则有 $-h(\log(1/r))+h(1)\geqslant\alpha\log(\log(1/r))$，

$$\exp\left\{-h\left(\log\frac{1}{r}\right)\right\}\cdot\exp(h(1))\geqslant\left(\log\frac{1}{r}\right)^\alpha.$$

当 r 充分靠近 1 时，

$$\frac{\exp\left\{-h\left(\log\frac{1}{r}\right)\right\}}{(1-r)^\alpha}\geqslant\frac{1}{2}\exp(h(1)),$$

于是，对任意 $\alpha>0$

$$\lim_{r\to1}\frac{G(r)}{(1-r)^\alpha}=+\infty.$$

(iii)若 $t\to0$ 时，$-th'(t)\to0$ 则为快速正则权，事实上，任意 $\alpha>0$，当 t 充分小时，

$$-th'(t)\leqslant\alpha\quad 或\quad -h'(t)\leqslant\alpha/t.$$

由前面的讨论可知，当 r 充分靠近 1 时，

$$\frac{\exp\left\{-h\left(\log\frac{1}{r}\right)\right\}}{(1-r)^{\alpha}}\leqslant\frac{1}{2}\exp(h(1)),$$

由 $\alpha>0$ 的任意性可知：对一切 $\alpha>0$

$$\lim_{r\to 1}\frac{G(r)}{(1-r)^{\alpha}}=0,$$

即 $G(r)$ 为快速权.

对于上述的函数 $h(t)$，令

$$M(x)=\inf_{t>0}(h(t)+xt)\quad(x>0),$$

称 $M(x)$ 为 h 的 Legendre 变换，显然，M 是$(0,\infty)$上严格增加，可微的凹函数. 而且有

$$h(t)=\sup_{x>0}(M(x)-tx)\quad(t>0),$$

$$M'(-h'(t))=t\quad(t>0).$$

对(1)中的权函数 G，设

$$P(x)=\int_0^1 r^{2x+1}G(r)\mathrm{d}r\quad(x>0),$$

显然 $P(n)=P_n(n=0,1,2,\cdots)$.

对于函数 $M(x)$ 有下面的估计：

引理 4.4.1(Dynkin 引理)　存在 $C>0$，使得

$$\frac{C}{x}e^{-M(2x)}\leqslant P(x)\leqslant e^{-M(2x)}\quad(x>0).$$

对此引理的证明，读者可参阅[Dyn72].

4.4.2　加权 Hardy 空间上的 Hilbert-Schmidt 复合算子

在 3.4.3 节中，我们在 $H^2(D)$的框架下给出了不在 Schmidt 类中的紧算子的例子. 在 $H^2(D)$中给出这样的例并不是件容易的事情. 但在加快速权的 Hardy 空间中，情形则完全不同. 本小节中，我们着重讨论 Hilbert-Schmidt 复合算子类 S_2. 首先我们要证明，对于加快速权的 Hardy 空间，所有紧复合算子实际上都是 Hilbert-Schmidt 算子.

由本章习题 6 可知，在加权 Hardy 空间 $A_G^2(D)$上，若记 C_φ 的 Hilbert-Schmidt 范数为

$$\| C_\varphi \|_{HS}^2 = \int_D \| K_{\varphi(z)} \|^2 G(|z|) \frac{\mathrm{d}A(z)}{\pi},$$

则 C_φ 为 $A_G^2(D)$上的 Hilbert-Schmidt 算子当且仅当对任意 $r_0(0< r_0<1)$，

$$\int_{r_0<|z|<1} \| K_{\varphi(z)} \|^2 G(|z|)\mathrm{d}A < \infty.$$

下面的引理给出了关于 $\| K_z \|$ 的一个估计.

引理 4.4.2 设 $G(r)$为(0,1)上非增的连续正值函数，任意给出 $b\in(0,1)$，则对任意 $z\in D$，有

$$\| K_z \|^2 \leqslant \frac{1}{\pi(1-b)^2(1-|z|^2)G(1-b(1-|z|))}.$$

证明 设 $z\in D$，记以 z 为中心，$\delta=(1-b)(1-|z|)$为半径的欧几里得圆盘为 $D(z,\zeta)$，那么

$$\begin{aligned}|K_z(z)| &= \left| \frac{1}{\pi\delta^2}\int_{D(z,\delta)} K_z(w)\mathrm{d}A(w) \right| \\ &\leqslant \frac{1}{\sqrt{G(|z|+\delta)}}\int_{D(z,\delta)} |K_z(w)| \sqrt{G(|z|)+\delta} \frac{\mathrm{d}A(w)}{\pi\delta^2}.\end{aligned}$$

因为 G 是非增的，对一切 $w\in D(z,\zeta)$，$G(|z|+\zeta)\leqslant G(|w|)$，而且

$$|K_z(z)| \leqslant \frac{1}{\sqrt{G(|z|+\delta)}}\int_{D(z,\delta)} |K_z(w)| \sqrt{G(|w|)} \frac{\mathrm{d}A(w)}{\pi\delta^2}.$$

因为 $\mathrm{d}A/(\pi\delta^2)$为 $D(z,\delta)$上的概率测度，

$$\begin{aligned}|K_z(z)| &\leqslant \frac{1}{\sqrt{G(|z|+\delta)}}\left(\int_{D(z,\delta)} |K_z(w)|^2 \sqrt{G(|w|)} \frac{\mathrm{d}A(w)}{\pi\delta^2}\right)^{\frac{1}{2}} \\ &\leqslant \frac{1}{\sqrt{\pi}\delta} \frac{1}{\sqrt{G(|z|+\delta)}}\left(\int_D |K_z(w)|^2 G(|w|)\mathrm{d}A(w)\right)^{\frac{1}{2}},\end{aligned}$$

于是

$$\| K_z \|^4 = |K_z(z)|^2 \leqslant \frac{1}{\pi\delta^2} \frac{1}{G(|z|+\delta)} \| K_z \|^2.$$

因为 $G(|z|+\delta)=G(1-b(1-|z|))$，由此即可知引理成立，证毕.

定理 4.4.1 设

$$G(r)=\exp(-h(r)\log^2(1-r)),$$

其中 $h(r)$ 为在 1 近旁非减的函数，且当 $r\to 1$ 时，$h(r)\to\infty$，那么 $A_G^2(D)$ 上的每个紧复合算子都是 Hilbert-Schmidt 算子.

证明 设 C_φ 为 $A_G^2(D)$ 的紧算子，由关于 G 的条件可知 $G(r)$ 是快速正则权，由定理 4.3.5 知，对一切 $\zeta\in\partial D$，$|\varphi'(\zeta)|>1$. 由此可知存在 $r_0<1$ 及 $A>1$，使得对一切 $r_0<|z|<1$ 有

$$\frac{1-|\varphi(z)|}{1-|z|}\geqslant A.$$

选取 $0<b<1$，使得 $bA>1$，对 $|z|\geqslant r_0$，有 $1-|\varphi(z)|\geqslant A(1-|z|)$，因此由引理 4.4.2，

$$\begin{aligned}\|K_{\varphi(z)}\|^2&=\|K_{|\varphi(z)|}\|^2\leqslant\|K_{1-A(1-|z|)}\|^2\\&\leqslant\frac{1}{\pi(1-b)^2A^2(1-|z|)^2G(1-bA(1-|z|))}.\end{aligned}$$

记 $a=bA$，由于当 r 靠近 1 时 h 是非减的，故当 $|z|$ 充分靠近 1 时，

$$\begin{aligned}G(1-bA(1-|z|))&=\exp(-h(1-a(1-|z|))\\&\quad\times\log^2(a(1-|z|)))\\&\geqslant\exp(-h(|z|)\log^2(a(1-|z|))).\end{aligned}$$

于是

$$\begin{aligned}&\int_{r_0\leqslant|z|<1}\|K_{\varphi(z)}\|^2G(|z|)\mathrm{d}A\\&\leqslant\int_{r_0\leqslant|z|<1}\frac{\exp(-h(|z|)\log^2(1-|z|))\mathrm{d}A}{\pi(1-b)^2A^2(1-|z|)^2\exp(-h(|z|)\log^2(a(1-|z|)))}\\&=C(b)\int_{r_0\leqslant|z|<1}\frac{\exp\{h(|z|)(\log^2(1-|z|)-\log^2(a(1-|z|)))}{(1-|z|)^2}\mathrm{d}A,\end{aligned}$$

其中 $C(b)=1/(A^2\pi(1-b)^2)$，因为

$$\begin{aligned}&\log^2[a(1-r)]-\log^2(1-r)\\&=[\log[a(1-r)]+\log(1-r)][\log[a(1-r)]-\log(1-r)]\\&=(\log a+2\log(1-r))\log a\\&=2\log(1-r)\log a+\log^2 a,\end{aligned}$$

故

$$\int_{r_0\leqslant|z|<1}\|K_{\varphi(z)}\|^2G(|z|)\mathrm{d}A$$

$$\leqslant C(b)\int_{r_0\leqslant|z|<1}\frac{\exp(h(|z|)(2\log a\log(1-|z|)+\log^2 a))}{(1-|z|)^2}\mathrm{d}A.$$

由于 $a>0$,且当 $r\to1$ 时,$h(r)\to\infty$,故上式中的被积函数,当 $|z|\to1$ 时趋于零,由此可知引理成立. 证毕.

下面我们考察那些比定理 4.4.1 衰减更慢的权函数. 如果 $\varphi(z)=z$,那么 C_φ 为 $A_G^2(\beta)$ 中的恒等算子,故不可能为紧算子,更不可能是 Hilbert-Schmidt 算子,于是

$$\int_0^1\|K_r(z)\|G(r)r\mathrm{d}r=+\infty.$$

对标准权来说,$G(r)=(1-r)^a$,有 $(1-r)\|K_r\|^2G(r)r\sim r/(1-r)$,故有

$$\int_0^1(1-r)\|K_r\|^2G(r)r\mathrm{d}r=+\infty.$$

下面引理将此推广到一般的非增权函数 $G(r)$.

引理 4.4.3 如果 $0<r<1$,K_r 是 $A_G^2(\beta)$ 中在 r 处的核函数,其中 G 是非增的正值连续的权函数,那么

$$\int_0^1(1-r)\|K_r\|^2G(r)r\mathrm{d}r=\infty.$$

证明 因为

$$\|K_z\|^2=\frac{1}{2}\sum_{n=0}^{\infty}\frac{|z|^{2n}}{p_n},$$

其中

$$p_n=\int_0^1 r^{2n+1}G(r)\mathrm{d}r,$$

故对任意 $\rho\in(0,1)$,

$$\|K_{\rho z}\|^2=\frac{1}{2}\sum_{n=0}^{\infty}\frac{\rho^{2n}}{p_n}|z|^{2n},$$

因此

$$\int_0^1\|K_r\|^2G(r)r\mathrm{d}r=\frac{1}{2}\sum_{n=0}^{\infty}\frac{\rho^{2n}}{p_n}\int_0^1 r^{2n+1}G(r)\mathrm{d}r$$

$$= \frac{1}{2}\sum_{n=0}^{\infty}\rho^{2n} = \frac{1}{2(1-\rho^2)}.$$

因为 G 是非增函数，故

$$\int_0^1 \| K_{\rho r} \|^2 G(\rho r) r \mathrm{d}r \geqslant \int_0^1 \| K_{\rho r} \|^2 G(r) r \mathrm{d}r = \frac{1}{2(1-\rho^2)}.$$

令 $t=\rho r$，即可得

$$\int_0^\rho \| K_t \|^2 G(t) t \mathrm{d}t \geqslant \frac{\rho^2}{2(1-\rho^2)} .$$

由分部积分可得

$$\begin{aligned}
&\int_0^\rho (1-r) \| K_r \|^2 G(r) \mathrm{d}r \\
&= (1-\rho)\int_0^\rho \| K_t \|^2 G(t) \mathrm{d}t + \int_0^\rho \left(\int_0^r \| K_t \|^2 G(t) t \mathrm{d}t \right) \mathrm{d}r \\
&\geqslant \int_0^\rho \left(\int_0^r \| K_t \|^2 G(t) t \mathrm{d}t \right) \mathrm{d}r \\
&\geqslant \int_0^\rho \frac{r^2}{2(1-r^2)} \mathrm{d}r,
\end{aligned}$$

令 $\rho \to 1^-$，即证得引理. 证毕.

由此引理，我们可对一类衰减较慢的权函数给出的加权 Hardy 空间上的复合算子作深入的研究. 我们考虑满足下列条件的情形：

$$\lim_{r\to 1} h(r) = \lim_{r\to 1} \frac{\log G(r)}{\log^2(1-r)} = 0 .$$

定理 4.4.2 设

$$G(r) = \exp\{-h(r)\log^2(1-r)\},$$

其中 $h(r)$ 在 $z=1$ 近旁非增，且当 $r\to 1$ 时 $h(r)\to 0$. 如果 C_φ 为 $A_G^2(D)$ 上的 Hilbert-Schmidt 算子，则对几乎所有的 $\zeta \in \partial D$，$|\varphi'(\zeta)| = \infty$.

证明 设 C_φ 为 $A_G^2(D)$ 上的 Hilbert-Schmidt 算子，且存在 $Q \subset \partial D$ 及 $A < \infty$，使得 Q 有正 Lebesgue 测度且对任意 $\zeta \in Q$，$|\varphi'(\zeta)| < A$.

由 Julia 引理，如果 $|\varphi'(\zeta)| = d < \infty$，$\varphi$ 将 D 中在 ζ 点内切于

∂D 的圆盘 $E(\zeta,k)=\{z\in D:|\zeta-z|^2\leqslant k(1-|z|^2)\}$映入 $E(\varphi(\zeta),dk)$. 特别有 $\varphi(r\zeta)\in E(\varphi(\zeta),d(1-r)/(1+r))$. 因此当 r 充分靠近 1,使得 $2d(1-r)/(1+r+d(1-r))<1$,即 $d<(1+r)/(1-r)$时,

$$1-|\varphi(r\zeta)|\leqslant\frac{2d(1-r)}{1+r+d(1-r)}.$$

不失一般性,我们可设 $A>1$,令 $r_0=1-1/A$,故有 $A<(1+r_0)/(1-r_0)$,于是对 $\xi\in Q$ 及 $r_0<r<1$,有

$$1-|\varphi(r\zeta)|\leqslant\frac{2A(1-r)}{1+r+A(1-r)}=\frac{A(1-r)}{1+(A-1)(1-r)/2}\leqslant A(1-r),$$

于是当 $r>r_0$ 时,$|\varphi(r\zeta)|>1-A(1-r)$,因为 C_φ 为 Hilbert-Schmidt 算子,故有

$$\begin{aligned}\infty>\|C_\varphi\|_{HS}^2&\geqslant\int_{D\setminus r_0D}\|K_{\varphi(z)}\|^2G(|z|)\frac{\mathrm{d}A(z)}{\pi}\\&\geqslant\int_Q\int_{r_0}^1\|K_{1-A(1-r)}\|^2G(r)r\frac{\mathrm{d}r\mathrm{d}\theta}{\pi}\\&\geqslant C\int_{r_0}^1\|K_{1-A(1-r)}\|^2G(r)\mathrm{d}r,\end{aligned}$$

其中 C 为正常数. 作变量替换 $t=1-A(1-r)$,可得

$$\begin{aligned}\infty&>\frac{C}{A}\int_0^1\|K_t\|^2G\left(1-\frac{1-t}{A}\right)\mathrm{d}t\\&\geqslant\frac{C}{A}\int_0^1\|K_t\|^2\frac{G\left(1-\frac{1-t}{A}\right)}{G(t)}G(t)\mathrm{d}t.\end{aligned}$$

由引理 4.4.3 知,如果当 t 充分靠近 1 时,

$$\frac{G\left(1-\frac{1-t}{A}\right)}{G(t)}\geqslant 1-t,$$

则可知上式中的积分发散. 这就得到矛盾,从而证得引理. 下面证明上面的不等式当 t 充分靠近 1 时成立. 因为 $G(t)=\{-h(t)\times\log^2(1-t)\}$,故

$$\frac{G\left(1-\frac{1-t}{A}\right)}{G(t)}=\exp\left\{-h\left(1-\frac{1-t}{A}\right)\log^2\left(\frac{1-t}{A}\right)\right.$$

$$+ h(t)\log^2(1-t)\Big\}.$$

因为 h 非增，当 t 趋近 1 时，$h(1-(1-t)/A)\leqslant h(t)$，因而有

$$\begin{aligned}\frac{G\left(1-\frac{1-t}{A}\right)}{G(t)} &\geqslant \exp\left\{-h(t)\left(\log^2\frac{1-t}{A}-\log^2(1-t)\right)\right\}\\ &= \exp\{-h(t)(\log^2 A-2\log(1-t)\log A)\}\\ &= (1-t)^{2\alpha h(t)}\exp(-\alpha^2 h(t)),\end{aligned}$$

其中 $\alpha=\log A$，因为当 $t\to 1$ 时，$h(t)\to 0$，故上面不等式右端当 t 充分靠近 1 时大于 $1-t$，证毕.

满足定理 4.4.2 中条件的权函数不一定是快速权. 例如取 $h(r)=\dfrac{\alpha}{-\log(1-r)}$，则 $r\to 1$ 时，$h(r)\to\infty$，而这时 $G(r)=\exp\{\log(1-r)^\alpha\}=(1-r)^\alpha$ 为标准权. 而在标准权的情形，我们已知 C_φ 为紧算子的充要条件是 $\forall\ \xi\in\partial D$, $|\varphi'(\xi)|=\infty$. 我们感兴趣的是快速权的情形.

作为定理 4.3.5 和 4.4.2 的推论，当 $G(r)$ 为满足定理 4.4.2 的快速正则权时，我们即可很容易地给出是紧算子但不是 Hilbert-Schmidt 复合算子的例子. 例如 $\varphi(z)=z^n$，由定理 4.3.5 知 C_φ 为紧复合算子，由定理 4.4.2 又可知 C_φ 不是 Hilbert-Schmidt 算子.

4.4.3 加指数型权 Hardy 空间上的 Schatten 类复合算子

对于由(1)给出的指数型函数 $G(r)$，相应的矩量序列 $\{p_n\}$ 的增长性与 $h(t)$ 的变化率密切相关，下面的引理反映了它们之间的关系.

引理 4.4.4 设 $G(r)=\exp\left\{-h\left(\log\dfrac{1}{r}\right)\right\}$，则

(i) 如果 $\lim\limits_{t\to 0}\dfrac{-th'(t)}{\log\dfrac{1}{t}}=+\infty$，则对任意 $B>1$ 及 $\alpha>0$，有

$$\sum_{n=0}^{\infty}\left\{\frac{P(Bn)}{P(n)}\right\}^\alpha<+\infty; \tag{2}$$

(ii)如果$\lim\limits_{t\to 0}\dfrac{-th'(t)}{\log\dfrac{1}{t}}=0$,则对任意 $B>1$ 及 $\alpha>0$,有

$$\sum_{n=0}^{\infty}\left\{\frac{P(Bn)}{P(n)}\right\}^{\alpha}=+\infty. \tag{3}$$

证明 (i)由引理 4.4.1,可得

$$\begin{aligned}\frac{P(Bn)}{P(n)}&\leqslant cn\exp\{-M(2Bn)-M(2n)\}\\&\leqslant cn\exp\{-2(B-1)nM(2Bn)\}.\end{aligned} \tag{4}$$

故只要证明(4)的右端的 α 次幂是可求和的. 由(i)中的假设,对任意充分大的 $C>0$,当 t 充分小时,有

$$C\frac{1}{t}\log\frac{1}{t}\leqslant -h'(t). \tag{5}$$

设 $Q(x)$为 $C\dfrac{1}{t}\log\dfrac{1}{t}$的逆函数. 因为 $M'(x)$为$-h'(t)$的逆函数,故(5)式可写成 $Q(x)\leqslant M'(x)$(当 x 充分大时),因而只要证明

$$\sum_{n=1}^{\infty}n^{\alpha}\exp\{-2\alpha(B-1)nQ(2Bn)\}<+\infty.$$

由 $Q(x)$的定义,作变量替换

$$x=C\frac{1}{t}\log\frac{1}{t},\quad Q(x)=t, \tag{6}$$

可知,当 x 充分大时,

$$x^{\alpha}\exp\left\{-\frac{\alpha(B-1)}{B}xQ(x)\right\} \tag{7}$$

是递减的. 于是我们可将求和的问题转变为一个积分问题:证明(7)在某区间$[a,\infty)$上可积. 作变量替换(6)可得

$$\begin{aligned}&\int_a^{\infty}x^{\alpha}\exp\left\{-\frac{\alpha(B-1)}{B}xQ(x)\right\}\mathrm{d}x\\&=c^{\alpha}\int_{Q(a)}^{0}\frac{1}{t^{\alpha}}\left(\log\frac{1}{t}\right)^{\alpha}\exp\left\{-\frac{\alpha(B-1)c}{B}\frac{1}{t}\log\frac{1}{t}\cdot t\right\}\\&\quad\times\left(-c\frac{1}{t^2}\left(\log\frac{1}{t}+1\right)\right)\mathrm{d}t\\&=c^{\alpha+1}\int_0^{t_0}t^{(\alpha(B-1)/B)c-(2+\alpha)}\left(\log\frac{1}{t}\right)^{\alpha}\left(1+\log\frac{1}{t}\right)\mathrm{d}t,\end{aligned}$$

其中 $t_0=Q(a)>0$，故只要取 C 满足

$$C>\frac{B}{B-1}\left(1+\frac{1}{\alpha}\right)$$

即可知上面的积分收敛. 故(i)成立.

(ii) 为证(ii)，选取 $m\geqslant 2$，考虑 A_G^2 上的复合算子 C_{z^m}，容易看到，$((C_{z^m})^*C_{z^m})^{\frac{1}{2}}$是具有非零特征值(计及重数)

$$\left\{\frac{\| z^{mn} \|}{\| z^n \|}\right\}_{n=0}^{\infty}=\left\{\sqrt{\frac{P(mn)}{P(n)}}\right\}_{n=0}^{\infty}$$

的对角矩阵.

首先证明：当 $p<2$ 时，$C_{z^m}\notin S_p$，等价地，即证明：当 $p<2$ 时，

$$\sum_{n=0}^{\infty}\left\{\frac{P(mn)}{P(n)}\right\}^{\frac{p}{2}}=\infty.$$

由引理 4.4.1，有

$$\begin{aligned}\frac{P(mn)}{P(n)}&\geqslant\frac{c}{mn}e^{-M(2mn)}e^{-M(2n)}\\&=\frac{c}{mn}\exp\{-(M(2mn)-M(2n))\}\\&\geqslant\frac{c}{mn}\exp\{-2n(m-1)M'(2n)\}.\end{aligned}\tag{8}$$

故只要证明 $\sum\limits_{n=1}^{\infty}\frac{1}{n^{\frac{p}{2}}}\exp\{-pn(m-1)M'(2n)\}=+\infty$.

由(ii)的假设，对任意小的正数 C，当 t 充分小时，

$$C\frac{1}{t}\log\frac{1}{t}\geqslant -h'(t).$$

再设 $Q(x)$ 为 $C\frac{1}{t}\log\frac{1}{t}$ 的逆函数，这时当 x 充分大时有 $Q(x)\geqslant M'(x)$，故只要证明

$$\sum_{n=1}^{\infty}\frac{1}{n^{\frac{p}{2}}}\exp\{-pn(m-1)Q(2n)\}=+\infty.$$

同理作变量替换(6)，将求和的问题转变为求积分的问题，即求和的收敛问题等价于考虑积分

$$\int_0^{t_0} t^{\frac{p}{2}(1+c(m-1)-2)} \left\{ \frac{1+\log\frac{1}{t}}{\left(\log\frac{1}{t}\right)^{\frac{p}{2}}} \right\} \mathrm{d}t$$

的可积性问题. 显然,当

$$p < \frac{2}{1+c(m-1)}$$

时上面的积分发散. 因为 $p<2$,由于 c 可任意小,对任意的 $p<2$,可取 c 充分小,使得上面不等式成立. 因此当 $p<2$ 时,

$$\sum_{n=0}^{\infty}\left\{\frac{P(mn)}{P(n)}\right\}^{\frac{p}{2}} = \infty.$$

对于 $p\geqslant 2$,若 $C_{z^m}\in S_p$,那么

$$C_{z^{m^k}} = (C_{z^m})^k \in S_{\frac{p}{k}} \quad (k=2,3,\cdots).$$

选取 $k\geqslant 2$,使得 $p/k<2$,这与上面所证的结论矛盾. 故对任意 $p>0$,$C_{z^m}\notin S_p$,即对任意 $p>0$ 及 $m=2,3,4,\cdots$

$$\sum_{n=0}^{\infty}\left\{\frac{P(mn)}{P(n)}\right\}^{\frac{p}{2}} = \infty.$$

令 $\alpha=p/2$,并注意到 $P(Bn)$随 B 增加而减少,则可知对任意$\alpha>0$,$B>1$,有

$$\sum_{n=0}^{\infty}\left\{\frac{P(Bn)}{P(n)}\right\}^{\alpha} = \infty.$$

证毕.

为证本节的主要结论,我们还需要下述关于角导数的引理.

引理 4.4.5 设 $0<A<B<\infty$,那么当 $\varphi: D\to D$ 解析,$\xi\in\partial D$ 且 φ 在 ξ 有角导数使得$|\varphi'(\xi)|\leqslant A$ 时,存在 $r_0(0<r_0<1)$,使得对一切 $r(r_0<r<1)$有,

$$|\varphi(r\xi)| \geqslant r^B.$$

证明 令 $d=d(\xi)\leqslant A$,设 $0<r<1$,由$\frac{2a}{1+a}=1-r$ 确定正数 a,显然 $r\xi$ 是 Julia 圆盘 $J(\xi,a)$的边界上离原点最近的点(其中 $J(\xi,a)=\{z\in D: |\xi-z|^2<a(1-|z|^2)\}$). 由 Julia 引理可知

$$1-|\varphi(r\xi)|\leqslant\frac{2da}{1+da}\leqslant\frac{2Aa}{1+Aa}=\frac{A(1-r)}{1+\left(\frac{A-1}{2}\right)(1-r)}.$$

任取 $\varepsilon>0$,使得 $(1+\varepsilon)^2A\leqslant B$,由上式可知,存在 $\rho_0(0<\rho_0<1$,ρ_0 仅与 A 和 ε 有关),使得当 $\rho_0<r<1$ 时,

$$1-|\varphi(r\xi)|\leqslant(1+\varepsilon)A(1-r). \tag{9}$$

可取 ρ_1,使得当 $\rho_1\leqslant x<1$ 时,

$$\log\frac{1}{x}<(1+\varepsilon)(1-x).$$

由(9)式可知,我们可取 $r_0\geqslant\rho_0$,使得当 $r_0<r<1$ 时,$|\varphi(r\xi)|\geqslant\rho_1$,于是,若 $r_0<r<1$,则有

$$\frac{\log\frac{1}{|\varphi(r\xi)|}}{\log\frac{1}{r}}\leqslant\frac{(1+\varepsilon)(1-|\varphi(r\xi)|)}{1-r}$$

$$\leqslant(1+\varepsilon)^2A\leqslant B,$$

即 $|\varphi(r\xi)|\geqslant r^B$,证毕.

引理 4.4.6 设 $\{e_n\}_{n=0}^{\infty}$ 为 Hilbert 空间 H 中的标准正交基,T 为 H 上的有界线性算子.如果 $0<p\leqslant2$,且 $\sum\|Te_n\|^p<\infty$,则 $T\in S_p$,如果 $p\geqslant2$,且 $T\in S_p$,则 $\sum\|Te_n\|^p<\infty$.

此引理的证明可见[GoK69].

定理 4.4.3 设 $G(r)$ 由(1)式给出,$\varphi:D\to D$ 解析,则

(i) 如果 $\lim\limits_{t\to0}\frac{-th'(t)}{\log\frac{1}{t}}=0$ 且集 $\{\xi\in\partial D:|\varphi'(\xi)|<\infty)$ 有正 Lebesgue 测度,则 A_G^2 上的复合算子 $C_\varphi\notin S_p(p>0)$;

(ii) 如果 $\lim\limits_{t\to0}\frac{-th'(t)}{\log\frac{1}{t}}=+\infty$,那么 A_G^2 上的任意紧复合算子 C_φ 属于所有 $S_p(p>0)$.

证明 (i) 由(i)的条件知存在 $A>0$,使得集合

$$E=\{\xi\in\partial D:|\varphi'(\xi)|\leqslant A\}$$

有正 Lebesgue 测度,取 $B>A$,且 $B>1$,又取 r_0 满足引理 4.4.3 的

要求. 若 C_φ 属于某个 S_p，我们将可得到矛盾.

不妨设 $p\geqslant 2$，使得 $C_\varphi\in S_p$，由引理 4.4.6，有

$$\sum_{n=0}^{\infty}\|C_\varphi e_n\|^p<\infty,$$

其中 $e_n=\frac{z^n}{\|z^n\|}=\frac{z^n}{\sqrt{2\pi P(n)}}$，但由引理 4.4.5 有

$$\begin{aligned}\|C_\varphi e_n\|^2&=\frac{1}{2\pi P(n)}\int_D|\varphi|^{2n}G\mathrm{d}A\\&\geqslant\frac{1}{2\pi P(n)}\int_E\int_{r_0}^1|\varphi(re^{i\theta})|^{2n}G(r)r\mathrm{d}r\mathrm{d}\theta\\&\geqslant\frac{1}{2\pi P(n)}\int_E\int_{r_0}^1 r^{2nB+1}G(r)\mathrm{d}r\mathrm{d}\theta.\end{aligned}$$

因为 E 有正 Lebesgue 测度，且

$$\lim_{n\to\infty}\frac{1}{P(Bn)}\int_{r_0}^1 r^{2nB+1}G(r)\mathrm{d}r=1,$$

故有 N，使得当 $n\geqslant N$ 时，

$$\int_{r_0}^1 r^{2nB+1}G(r)\mathrm{d}r\geqslant\frac{1}{2}P(Bn),$$

即有

$$\|C_\varphi e_n\|^2\geqslant\frac{|E|}{4\pi}\frac{P(Bn)}{P(n)}$$

或

$$\|C_\varphi e_n\|^p\geqslant\left(\frac{|E|}{4\pi}\right)^{\frac{p}{2}}\left(\frac{P(Bn)}{P(n)}\right)^{\frac{p}{2}},$$

故有

$$\sum_{n=0}^{\infty}\left\{\frac{P(Bn)}{P(n)}\right\}^{\frac{p}{2}}\leqslant\left(\frac{4\pi}{|E|}\right)^{\frac{p}{2}}\sum_{n=0}^{\infty}\|C_\varphi e_n\|^p<\infty.$$

这与引理 4.4.4 的(ii)矛盾.

(ii) 设 C_φ 为 A_G^2 上的紧复合算子，欲证对一切 $p>0$，$C_\varphi\in S_p$，因为 C_φ 为紧算子，由定理 4.3.5，存在 $A>1$ 及 $0<r_0<1$，使得当 $r_0\leqslant|z|<1$ 时，

$$|\varphi(z)| \leqslant |z|^A.$$

令 $R=\{z: r_0\leqslant |z|<1\}$，那么由引理 4.1.2 可知

$$\begin{aligned}\|C_\varphi e_n\|^2 &= \frac{1}{2\pi P(n)}\int_D |\varphi|^{2n} G\mathrm{d}A \\ &\leqslant \frac{C}{2\pi P(n)}\int_R |\varphi|^{2n} G\mathrm{d}A \\ &\leqslant \frac{C}{2\pi P(n)}\int_D |z|^{2An} G\mathrm{d}A \\ &= C\frac{P(An)}{P(n)}.\end{aligned}$$

于是，对 $p\leqslant 2$，

$$\sum \|C_\varphi e_n\|^p \leqslant C^{\frac{p}{2}} \sum \left\{\frac{P(An)}{P(n)}\right\}^{\frac{p}{2}}.$$

引理 4.4.4 的(i)知 $\sum \|C_\varphi e_n\|^p<\infty$，故由引理 4.4.6 知 $C_\varphi\in S_p$.

习 题 四

1. 设 $\beta(j)=2^j$，$H^2(\beta)$ 为以 $\{\beta(j)\}$ 为权序列的加权 Hardy 空间. 证明 $H^2(\beta)$ 不是自同构不变的. 并给出它为什么不是自同构不变的几何解释.

2. 证明 $f(z)=\sum_{n=0}^{\infty} a_n z^n$ 在 Bergman 空间 A_α^2 中的范数为

$$\|f\| = \sum_{n=0}^{\infty} |a_n|^2 \beta(n)^2,$$

其中 $\beta(n)^2=\dfrac{n!}{(\alpha+1)(\alpha+2)\cdots(\alpha+n+1)}$.

3. 设 $H^2(\beta)$ 为加权 Hardy 空间，$\varphi: D\to D$ 解析，证明：C_φ 为 $H^2(\beta)$ 上的紧算子当且仅当如果 $\{f_n\}\subset H^2(\beta)$ 为有界序列且在 D 的任意紧子集上一致收敛于零，则 $\|C_\varphi f_n\|\to 0$.

4. 如果 C_φ 为 $H^p(D)$，$A_\alpha^p(D)$ 或 $H^2(\beta)$（其中 $\sum \beta(n)^2=\infty$）上的紧算子，则 φ 在 D 内有唯一不动点.

5. 证明：加权 Bergman 空间 $A_G^2(D)$ 可表示为权函数为 $H(r)=\int_r^1\left(\int_x^1 G(s)\mathrm{d}s\right)\mathrm{d}x$ 的加权 Dirichlet 空间.

6. 设 $G(r)$是$(0,1)$上的正连续函数，且 $\int_0^1 G(r)\mathrm{d}r<\infty$，定义 Bergman 空间 $A_G^2(D)$为

$$A_G^2(D)=\left\{f\in H(D):\|f\|_G^2\equiv\int_D|f|^2G(|z|)\frac{\mathrm{d}A(z)}{\pi}<\infty\right\},$$

其核函数为

$$K_w(z)=\sum_{n=0}^{\infty}\frac{\overline{w}^n z^n}{\beta(n)^2},$$

其中 $\beta(n)^2=\|z^n\|_G^2$，证明：C_φ 为 $A_G^2(D)$上的 Hilbert-Schmidt 算子当且仅当

$$\int_D\|K_{\varphi(z)}\|G(|z|)\mathrm{d}A<\infty.$$

7. 证明：C_φ 为 $A_G^2(D)$上的 Hilbert-Schmidt 算子的充要条件是

$$\left(\frac{1-|z|^2}{1-|\varphi(z)|^2}\right)^{\alpha+2}\in L^1((1-|z|^2)^{-2}\mathrm{d}A).$$

8. 设 $\beta(n)=\exp(n^b)(0<b<1)$，证明：对一切 $\alpha(0<\alpha<1)$有

$$\sum_{n=0}^{\infty}\frac{\beta([\alpha n])}{\beta(n)}<\infty.$$

9. 设 $\beta(n)=(n+1)^a$. 证明：(i)如果 $a>1/2$，则 $H^2(\beta)$是边界正则的；(ii)对一切 a，$H^2(\beta)$是自同构不变的；(iii)对一切 $a>1/2$，如果 C_φ 为 $H^2(\beta)$上的紧算子，则 $\|\varphi\|_\infty<1$.

10. 如果在 $H^2(\beta)$上有非紧算子 C_φ，且 $\|\varphi\|_\infty<1$，则在 $H^2(\beta)$上存在无界算子 C_φ，使得 $\varphi\in H^2(\beta)$，$\|\varphi\|_\infty<1$.

11. 证明：如果存在 $\overline{D}$ 的某邻域中解析的函数 f，使得 $f\notin H^2(\beta)$，则 $H^2(\beta)$不是自同构不变的.

12. 设 $\varphi(z)=z^2$，证明 C_φ 在 $H^2(\beta)$上无界，其中 $\beta(n)=\exp(n^a)$，$a>0$.

13. 证明：如果 G 为快速正则权，则 $A_G^2(D)$等价于 $H^2(\beta)$，其中$\{\beta(n)\}$满足条件：对任意 $\alpha>0$，

$$\lim_{n\to\infty}n^\alpha\beta(n)=0\ .$$

14. 设 $G(r)$为$(0,1)$上的正连续函数，且 $\int_0^1 G(r)r\mathrm{d}r<\infty$，设 $R=\{z\in D:r_0\leqslant|z|<1\}$，其中 $0<r_0<1$，证明：存在仅与 G 和 r_0 有关的正常数 c，使得对一切在 D 内解析的函数 f，

$$\int_D|f|^2G\mathrm{d}A\leqslant c\int_R|f|^2G\mathrm{d}A.$$

15. 设 G_1 和 G_2 为权函数. 如果存在 $r_0(0<r_0<1)$及 $0<m<M<\infty$，使得当 $r_0\leqslant r<1$ 时，

$$m \leqslant \frac{G_1(r)}{G_2(r)} \leqslant M,$$

则集合 $A^2_{G_1}(D)=A^2_{G_2}(D)$,且相应的范数等价.

16. 假设对一切 $\alpha>0$,$\lim\limits_{n\to\infty} n^\alpha \beta(n)=0$.

(i)证明:对 $k=1,2,3,\cdots,f_k(z)=\left(\frac{1+z}{1-z}\right)^k \in H^2(\beta)$;

(ii)验证对 $r\in(0,1)$,$\varphi(z)=\frac{z+r}{1+rz}$,则

$$f_k\circ\varphi=\left(\frac{1+r}{1-r}\right)^k f_k.$$

证明 C_φ 在 $H^2(\beta)$上无界.

17. 设 $\varphi(z)=z+t(1-z)^\beta$,$G(r)=\exp\left[-B\frac{1}{(1-r)^\alpha}\right]$,其中 $\alpha>0$,$B>0$,且 $1<\beta<3$,$0<t<2^{1-\beta}$.

(i)证明 $\varphi(D)\subset D$,$\varphi(1)=1$ 且 φ 在 $z=1$ 有角导数 1,并证明:如果 $e^{i\theta}\neq 1$,则 $|\varphi(e^{i\theta})|<1$,因此 φ 仅在 $z=1$ 有角导数.

(ii)如果 $\{z^n\}\subset D$,且切向趋于 1,那么当 n 充分大时,$|\varphi(z^n)|<|z^n|$.

(iii)利用定理 4.2.5 和推论 4.2.2 证明:C_φ 在 $A^2_G(D)$上有界当且仅当 $\beta\geqslant\alpha+1$.

18. 证明:如果 $\varphi: D\to D$ 解析,且 $\varphi(0)=0$ 但 φ 不是 D 上的旋转变换,那么 C_φ 为 $A^2_G(D)$上的紧算子,其中 G 为快速正则权.

19. 证明:如果 G 为快速正则权,那么对任意 $0<\delta<1$,

$$\lim_{t\to 0}\frac{G(1-\delta t)}{G(1-t)}=0.$$

20. 证明:如果 G 是快速正则权,且对一切 $\xi\in\partial D$,$|\varphi'(\xi)|>1$,那么

$$\lim_{r\to 1}\frac{G(r)}{G(M(r))}=0.$$

21. 假设 $G(r)$为非增权函数. 证明:如果 C_φ 在 $A^2_G(D)$上有界,那么

$$\liminf_{r\to 1}\frac{G(r)}{G(M(r))}\leqslant \|C_\varphi\|_e^2.$$

22. 设 $G(r)=\exp[-B/(1-r)]$,其中 $B>0$,令 $\varphi(z)=z^n/n+(n-1)/n$,证明 C_φ 在 $A^2_G(D)$上有界并求 $\|C_\varphi\|_e$ 的下界.

23. 假设 $G(r)=\exp[-c\log^2(1-r)](c>0)$,证明:如果对一切 $\xi\in\partial D$,$|\varphi'(\xi)|>e^{1/2c}$,则 C_φ 为 $A^2_G(D)$上的 Hilbert-Schmidt 算子.

24. 假设 $G(r)=\exp[-c\log^2(1-r)](c>0)$,证明:如果 C_φ 为 $A^2_G(D)$上的

Hilbert-Schmidt 算子,则对几乎所有的 $\xi\in\partial D$,有 $|\varphi'(\xi)|>e^{\frac{1}{2c}}$.

注　　记

1974 年,A. L. Shields 研究了加权 Hardy 空间和单向加权平移间的关系,单向加权平移算子可看作为加权 Hardy 空间上乘以 z 的乘法算子. 并用 $H^2(\beta)$表示加权 Hardy 空间(Shi74),对于加权 Hardy 空间上的复合算子的研究,N. Zorboska 做了许多有价值的工作. 在[Zo89a]中他研究了包含 $\overline{D}$ 上解析函数的小加权 Hardy 空间上的复合算子,定理 4. 3. 9 本质上属于他. Zorboska 也对权序列为 $\beta(n)=(n+1)^a$ 的空间 $H^2(\beta)$作了研究,在[Zo90a]中,对于 $1<a\leqslant1.5$ 和 $a>1.5$ 相应的空间,给出了关于 C_φ 的有界性的各种 Carleson 测度的结果. J. H. Shapiro 在[Sho87b]中研究了小加权 Hardy 空间上复合算了的有界性.

在大加权 Hardy 空间上复合算子的研究由 T. L. Kriete 和 B. D. MacCluer 开始的[KrM92],本章中的关于加权 Hardy 空间上的紧复合算子,Schatten 类复合算子结果的大部分以及许多习题都来自这篇文章. 在大加权 Hardy 空间中,复合算子研究是近年来才开始的,还有大量的问题未解决. 有许多问题与通常的加权 Bergman 空间,经典的 Hardy 空间中的相应问题有着本质上的差异,所用的方法也很不相同.

第五章　复合算子的谱分析

本章我们研究复合算子的谱. 从前面的讨论,我们已经领略到这样一个事实:复合算子 C_φ 的结构与 φ 的不动点的性质和位置有密切的关系. 复合算子的谱的研究更加清楚地说明了这一点. 即使是对相当简单的函数 φ,C_φ 的谱的结构也可能是由于 φ 的不动点的位置及性质的不同而变得多种多样,具有相当的复杂性. 在本章的开始,我们将不加证明地给出 $H^2(D)$ 上以分式线性变换为符号的复合算子的谱的一些例子. 设

$$\varphi(z)=\frac{\alpha z+\beta}{\gamma z+\delta},$$

其中 α,β,γ 及 δ 的选取使得 φ 为 D 到 D 内的解析函数. 在下面的各节中,我们将研究复合算子的符号的特征与谱之间的关系,这些结果将涵盖例子中的各种情形.

在下面的表格中,我们列举一些典型的映射,它们最重要的性质以及与其相应的复合算子的谱. 其中用 a 表示 φ 的 Denjoy-Wolff 点(或 φ 在 D 中的不动点).

例	性质	C_φ 在 $H^2(D)$ 上的谱
$\varphi(z)=\zeta z$ 其中 $\|\zeta\|=1$	$a=0$ 椭圆型,内函数	$\mathrm{Cl}\{\zeta^k: k=0,1,2,\cdots\}$
$\varphi(z)=\frac{3z+1}{z+3}$	$a=1,\varphi'(1)=1/2$ 双曲型,内函数	$\{\lambda: 1/\sqrt{2}\leqslant\|\lambda\|\leqslant\sqrt{2}\}$
$\varphi(z)=\frac{(1+i)z-1}{z+i-1}$	$a=1,\varphi'(1)=1$ 抛物型,内函数	$\{\lambda: \|\lambda\|=1\}$
$\varphi(z)=sz+1-s$ 其中 $0<s<1$	$a=1,\varphi'(1)=s$	$\{\lambda: \|\lambda\|\leqslant 1/\sqrt{s}\}$
$\varphi(z)=\frac{rz}{1-(1-r)z}$ 其中 $0<r<1$	$a=1,\varphi'(1)=r$ $\varphi''(1)=1$	$\{\lambda: \|\lambda\|\leqslant\sqrt{r}\}\cup\{1\}$

续表

例	性质	C_φ 在 $H^2(D)$ 上的谱
$\varphi(z)=\frac{(2-t)z+t}{-tz+2+t}$ 其中 $\mathrm{Re}t>0$	$a=1,\varphi'(1)=1$ $\varphi''(1)=t$	$\{e^{\beta t}:\beta\leqslant 0\}\cup\{0\}$ (一条螺旋线)
$\varphi(z)=-\frac{1}{2}z$	$a=0,\varphi'(0)=1/2$ C_φ 为紧算子	$\{(1/2)^k:k=0,1,2,\cdots\}\cup\{0\}$
$\varphi(z)=-\frac{1}{2}z+\frac{1}{2}$	$a=1/3,\varphi'(1/3)=1/2$ C_φ^2 紧,C_φ 不紧	$\{(1/2)^k:k=0,1,2,\cdots\}\cup\{0\}$

下面各节对复合算子的谱的讨论与上表中列出的线性分式复合算子有密切的联系,涉及与这些线性分式复合算子相似的类型. 复合算子的谱的研究远未完备,只是对极少数复合算子的谱有了些了解,这里介绍的只是现阶段有一定进展,相对来说较为成功的部分.

§5.1 加权 Hardy 空间上可逆复合算子的谱

目前,谱的性质有较深刻了解的复合算子是经典 Hardy 空间及加权 Bergman 空间上的可逆复合算子. 正如前面所述,复合算子 C_φ 的谱的刻画涉及到 φ 的不动点特征. 对于可逆的 $C_\varphi\neq I$,我们已知 φ 是 D 的自同构(即 D 到 D 上的 Möbius 变换). φ 相对于 $\overline{D}$ 的不动点可分为三种情形:

(i)在 ∂D 上有两个不动点;

(ii)在 ∂D 上有一个不动点;

(iii)在 D 内有一个不动点.

对于 D 上的自同构 φ 导出的复合算子的谱,我们的方法适用于权序列为 $\beta(n)^2=(n+1)^{1-\gamma}(\gamma\geqslant 1)$ 的加权 $H^2(\beta)$ 空间,而经典的 Hardy 空间和通常的加标准权的 Bergman 空间都是这类加权 Hardy 空间的特例(如当 $\gamma=1$ 时为 $H^2(D)$,当 $\gamma>1$ 时为 $A^2_{\gamma-2}(D)$).

从第二章的讨论，我们知道如果 φ 为 D 的自同构，则存在自同构 ψ，使得

(i) 如果 φ 在 ∂D 上有两个不动点，则可使

$$\psi^{-1}\circ\varphi\circ\psi(z)=\frac{z+r}{1+rz}\quad(0<r<1);$$

(ii) 如果 φ 在 ∂D 上有一个不动点，则可使

$$\psi^{-1}\circ\varphi\circ\psi(z)=\frac{(1\pm i)z-1}{z\pm i-1};$$

(iii) 如果 φ 在 D 内有一个不动点，则可使

$$\psi^{-1}\circ\varphi\circ\psi(z)=\lambda z\quad(|\lambda|=1).$$

我们所要考虑的空间是自同构不变的，故在这些空间上 C_φ 相似于 $C_{\psi^{-1}\cdot\varphi\cdot\psi}=C_\psi C_\varphi C_{\psi-1}$，因为相似算子有相同的谱，故我们只要对上述三种特殊形式的分式线性变换来证明我们的结果.

5.1.1 在 D 内有不动点的情形

由于椭圆型圆盘自同构 φ 共形等价于 $\Phi(z)=\lambda z$（其中 $\lambda=\varphi'(a)$，a 为 φ 在 D 内的不动点），故这时 C_φ 的谱分析最为简单.

定理 5.1.1 设 $\varphi(\varphi(z)\neq z)$ 为 D 的自同构且在 D 中有不动点. 如果 $H^2(\beta)$ 是自同构不变的加权 Hardy 空间，那么 $\sigma(C_\varphi)$ 为 $\varphi'(a)$ 的正整数次幂的闭包；如果有某个正整数 n，使得 $\varphi'(a)^n=1$，则 $\sigma(C_\varphi)\subset\partial D$ 是有限子群；否则 $\sigma(C_\varphi)=\partial D$.

证明 如果 φ 是 D 上的椭圆型自同构，那么 C_φ 相似于 $C_{\lambda z}$，其中 $\lambda=\varphi'(a)$ 且 $|\lambda|=1$. 因为 $C_{\lambda z}(z^k)=\lambda^k z^k$ 且 $\{z^k/\beta(k)\}$ 为 $H^2(\beta)$ 的规范正交基，故 $C_{\lambda z}$ 关于此正交基的矩阵是对角矩阵，而且对角元素为 $\lambda^k(k=0,1,2,\cdots)$，因此 C_φ 的谱是对角元素全体组成的集的闭包，即 $\{\varphi'(a)^k:k=0,1,2,\cdots\}$ 的闭包. 如果有 n 使得 $\lambda^n=1$，则 $\sigma(C_\varphi)=\{\lambda^k:k=0,1,2,\cdots,n\}$；如果对任意 n，$\lambda^n\neq1$，则 $\sigma(C_\varphi)=\{z:|z|=1\}$. 证毕.

5.1.2 在 ∂D 上有两个不动点的情形

若 φ 在 D 内无不动点，确定 $\sigma(C_\varphi)$ 要更困难些. 下面的结果给

出经典 Hardy 空间及加标准权的 Bergman 空间上 C_φ 的谱半径 $\rho(C_\varphi)$的一个估计.

引理5.1.1 如果 φ 是抛物或双曲型的自同构，$\beta(n)^2=(n+1)^{1-\gamma}(\gamma\geqslant 1)$，那么在 $H^2(\beta)$上的复合算子 C_φ 的谱半径满足 $\rho(C_\varphi)\leqslant\varphi'(a)^{-\gamma/2}$，其中 a 为 φ 的 Denjoy-Wolff 不动点.

证明 设 $\varphi(z)=\lambda(u-z)/(1-\bar{u}z)$（其中 $|\lambda|=1$，$|u|<1$）为 D 到 D 上的抛物型或双曲型自同构.

当 $\gamma=1$时，$H^2(\beta)=H^2(D)$，由推论3.2.2知

$$\frac{1}{1-|\varphi(0)|^2}\leqslant\|C_\varphi\|^2\leqslant\frac{1+|\varphi(0)|}{1-|\varphi(0)|}.$$

由于 $\rho(C_\varphi)=\lim\|C_\varphi^k\|^{1/k}=\lim\|C_{\varphi_k}\|^{1/k}$，而

$$\frac{1}{1-|\varphi_k(0)|^2}\leqslant\|C_{\varphi_k}\|^2\leqslant\frac{1+|\varphi_k(0)|}{1-|\varphi_k(0)|}\leqslant\frac{2}{1-|\varphi_k(0)|^2},$$

故如果

$$\lim_{j\to\infty}\frac{1-|\varphi_{j-1}(0)|^2}{1-|\varphi_j(0)|^2}$$

存在的话，则有

$$\rho(C_\varphi)=\lim_{k\to\infty}\left(\left(\frac{1}{1-|\varphi_k(0)|^2}\right)^{\frac{1}{2}}\right)^{\frac{1}{k}}=\left[\lim_{k\to\infty}\left(\prod_{j=2}^{k}\frac{1-|\varphi_{j-1}(0)|^2}{1-|\varphi_j(0)|^2}\right)^{\frac{1}{k}}\right]^{\frac{1}{2}}.$$

因为 a 为 Denjoy-Wolff 点，由于 φ 是抛物或双曲型的，则 $|a|=1$. 如果 $\varphi'(a)<1$则由定理2.2.5知，$\{\varphi_j(0)\}$非切向趋于 a，由 Julia-Carathéodory 定理（定理2.2.2）知

$$\lim_{j\to\infty}\frac{1-|\varphi_j(0)|^2}{1-|\varphi_{j-1}(0)|^2}=\lim_{j\to\infty}\frac{|a-\varphi_j(0)|}{|a-\varphi_{j-1}(0)|^2}=\varphi'(a).$$

如果 $\varphi'(a)=1$，设 $\{z_j\}\subset D$，且 $z_j\to a$，使得 $\varphi(z_j)\to a$ 且 $S=\lim(1-|\varphi(z_j)|/(1-|z_j|)$存在，由 Julia-Carathéodory 定理，$S\geqslant\varphi'(a)=1$，故有

$$\limsup_{j\to\infty}\frac{1-|\varphi_{j-1}(0)|^2}{1-|\varphi_j(0)|^2}\leqslant 1\ .$$

另一方面，因为$1-|\varphi_k(0)|^2\leqslant 1(n=0,1,2,\cdots)$，故

$$\lim_{k\to\infty}\left(\frac{1}{1-|\varphi_k(0)|^2}\right)^{\frac{1}{k}}\geqslant 1,$$

因此

$$\lim_{k\to\infty}\left(\frac{1}{1-|\varphi_k(0)|^2}\right)^{\frac{1}{k}}=1=\frac{1}{\varphi'(a)},$$

即有

$$\rho(C_\varphi)=\frac{1}{\varphi'(a)}.$$

当 $\gamma>1$时，$H^2(\beta)=A^2_{\alpha-2}(D)$为加权 Bergman 空间(在等价范数的意义下相等)$f\in H^2(\beta)$当且仅当

$$\int_D|f(z)|^2(1-|z|^2)^{\gamma-2}\mathrm{d}A(z)<\infty.$$

由于 $\varphi(z)=\lambda(u-z)/(1-\bar{u}z)$，故有

$$1-|\varphi^{-1}(w)|^2=\frac{(1-|w|^2)(1-|u|^2)}{|1-\overline{\lambda u}w|^2}.$$

作变量替换可得

$$\begin{aligned}
&\int_D|f(\varphi(z))|^2(1-|z|^2)^{\gamma-2}\mathrm{d}A(z)\\
=&\int_{\varphi(D)}|f(w)|^2(1-|\varphi^{-1}(w)|^2)^{\gamma-2}\mathrm{d}A(\varphi^{-1}(w))\\
=&\int_D|f(w)|^2\frac{(1-|w|^2)^{\gamma-2}(1-|u|^2)^{\gamma-1}}{|1-\overline{\lambda u}w|^{2(\gamma-2)}}|(\varphi^{-1})'(w)|^2\mathrm{d}A(w)\\
=&\int_D|f(w)|^2\frac{(1-|w|^2)^{\gamma-2}(1-|u|^2)^{\gamma}}{|1-\overline{\lambda u}w|^{2(\gamma-2)}|1-\overline{\lambda u}w|^4}\mathrm{d}A(w)\\
\leqslant&\frac{(1-|u|^2)^\gamma}{(1-|u|)^{2\gamma}}\int_D|f(w)|^2(1-|w|^2)^{\gamma-2}\mathrm{d}A(w)\\
=&\left(\frac{1+|u|}{1-|u|}\right)^\gamma\int_D|f(w)|^2(1-|w|^2)^{\gamma-2}\mathrm{d}A(w),
\end{aligned}$$

故由范数的等价性，存在 M，使得

$$\|C_\varphi\|\leqslant M\left(\frac{1+|\varphi(0)|}{1-|\varphi(0)|}\right)^{\frac{\gamma}{2}}.$$

由直接计算及由 Julia-Carathéodory 定理知，当 φ 为抛物型或

双曲型共形自同构时，$\varphi'(a)=\lim(1-|\varphi(z)|)/(1-|z|)$于是

$$\begin{aligned}\rho(C_\varphi)&=\lim_{n\to\infty}\|C_{\varphi_n}\|^{\frac{1}{n}}\leqslant\lim_{n\to\infty}M^{\frac{1}{n}}\left(\frac{1+|\varphi_n(0)|}{1-|\varphi_n(0)|}\right)^{\frac{\gamma}{2n}}\\&=\lim_{n\to\infty}(1-|\varphi_n(0)|)^{\frac{\gamma}{2n}}\\&=\lim_{n\to\infty}\left(\prod_{k=0}^{n-1}\frac{1-|\varphi_k(0)|}{1-|\varphi_{k+1}(0)|}\right)^{\frac{\gamma}{2n}}\\&=\lim_{n\to\infty}\left(\frac{1-|\varphi_n(0)|}{1-|\varphi_{n+1}(0)|}\right)^{\frac{\gamma}{2}}=\varphi'(a)^{-\frac{\gamma}{2}}.\end{aligned}$$

在最后一步，我们利用了当 φ 为双曲型自同构时，迭代序列 $\{\varphi_n(0)\}$非切向趋于 a（定理2.2.8），当 φ 为抛物型时，$\{\varphi_n(0)\}$沿极限圆(oricycle)趋于 a 的事实. 证毕.

为求得双曲型自同构导出的复合算子的谱，确定对哪些实数 s 可使函数

$$f(z)=\left(\frac{1+z}{1-z}\right)^s$$

属于 $H^2(\beta)$十分重要. 下面的引理给出明确的答案.

引理5.1.2 设 $\gamma\geqslant1,\beta(n)^2=(n+1)^{\gamma-1}$，$s$ 为实数. 函数 $f(z)=((1+z)/(1-z))^s$ 属于 $H^2(\beta)$当且仅当$|s|<\gamma/2$.

证明 因为当 s 为正实数时$(1+z)^s$和$(1-z)^s$在 $H^2(\beta)$中都是有界的，故均为 $H^2(\beta)$上的乘子，因此只要确定哪些正实数 s 可使得函数$(1/(1-z))^s$和$(1/(1+z))^s$在 $H^2(\beta)$中. 因为

$$\frac{1}{(1-z)^s}=\sum_{n=0}^{\infty}\frac{\Gamma(n+s)}{\Gamma(n+1)\Gamma(s)}z^n,$$

如果

$$\sum_{n=0}^{\infty}\frac{\Gamma(n+s)^2}{\Gamma(n+1)^2}(n+1)^{1-\gamma}<\infty,\tag{1}$$

则可知$1/(1-z)^s\in H^2(\beta)$，由 Stirling 公式

$$\lim_{n\to\infty}\frac{\sqrt{2n\pi}\left(\frac{n}{e}\right)^n}{n!}=1$$

可知

$$\frac{\Gamma(n+s)^2}{\Gamma(n+1)^2}(n+1)^{1-\gamma} \sim n^{2s-\gamma-1},$$

故(1)式对于 $s>0$ 收敛当且仅当 $s<\gamma/2$,同样地对函数 $1/(1+z)^s$ 作如上的论证,即可证得引理. 证毕.

易知函数 $\varphi(z)=(z+r)/(1+rz)(0<r<1)$ 是双曲型的共形自同构,而且 $z=1$ 为 φ 的 Denjoy-Wolff 点,下面关于双曲型自同构导出的复合算子谱定理的证明中,关键是证明上述引理中的函数 $((1+z)/(1-z))^s$ 实际上是 $H^2(\beta)$ 上由 φ 导出的复合算子 C_φ 的特征函数.

定理5.1.2 设 φ 为双曲型的圆盘自同构,a 为 φ 的 Denjoy-Wolff 点,$\beta(n)^2 \stackrel{t}{=} (n+1)^{1-\gamma}(\gamma \geqslant 1)$,那么圆环

$$R_\varphi = \{\lambda : \varphi'(a)^{\frac{\gamma}{2}} < |\lambda| < \varphi'(a)^{\frac{\gamma}{2}}\}$$

中的任一点都是 $H^2(\beta)$ 上的复合算子 C_φ 的重数为无穷的特征值. 而且 C_φ 的谱和本性谱均为此圆环,即

$$\sigma(C_\varphi)=\sigma_e(C_\varphi)=\{\lambda \in D : \varphi'(a)^{\frac{\gamma}{2}} \leqslant |\lambda| \leqslant \varphi'(a)\}^{\frac{\gamma}{2}}.$$

证明 由于相似的算子有相同的谱,故只要对 $\varphi=(z+r)/(1+rz)(0<r<1)$ 证明此定理.

固定实数 t 和 $s\in(-\gamma/2,\gamma/2)$,设

$$f(z)=\exp\left((s+it)\log\frac{1+z}{1-z}\right),$$

其中 log 为自然对数函数的主支,即 f 为函数

$$\left(\frac{1+z}{1-z}\right)^s\left(\frac{1+z}{1-z}\right)^{it}$$

的主支,由引理5.1.2知 $((1+z)/(1-z))^s \in H^2(\beta)$,又因 $((1+z)/(1-z))^{it}$ 是有界的,因此是 $H^2(\beta)$ 上的乘子,从而可知 $f\in H^2(\beta)$,而且

$$f\circ\varphi(z)=\left(\frac{1+r}{1-r}\right)^{s+it} f(z)=(\varphi'(1)^{-1})^{s+it} f(z).$$

由于 $\varphi(1)=1$ 且 $\varphi'(1)^{-1}=(1+r)/(1-r)$,故由 s 可在 $(-\gamma/2,$

$\gamma/2)$中变化，t 可在实轴上变化可知圆环 R_φ 中的任一点 λ 都是 C_φ 的无限重的特征值.

由引理5.1.1知 $\sigma(C_\varphi)\subset\{\lambda: |\lambda|\leqslant\varphi'(1)^{-\gamma/2}\}$. 由于 $C_\varphi^{-1}=C_{\varphi^{-1}}$，对 $C_\varphi^{-1}=C_{\varphi^{-1}}$应用引理5.1.1可知 $\sigma(C_\varphi^{-1})\subset\{\lambda: |\lambda|\leqslant\varphi'(1)^{-\gamma/2}\}$. 因为 φ^{-1}也以 $z=1$为 Denjoy-Wolff 点，且$(\varphi^{-1})'(1)=1/\varphi'(-1)=\varphi'(1)$，于是可知 $\sigma(C_\varphi)\subset\{\lambda: |\lambda|\geqslant\varphi'(1)^{-\gamma/2}\}$.

$$\sigma(C_\varphi)\subset\{\lambda:\varphi'(1)^{\frac{\gamma}{2}}\leqslant|\lambda|\leqslant\varphi'(1)\}^{-\frac{\gamma}{2}}.$$

因为算子的谱集是闭集，又知 C_φ 的谱在 $\overline{R}_\varphi$ 中稠密，故 $\sigma(C_\varphi)=\overline{R}_\varphi$.

因为 C_φ 的无限重特征值必为 C_φ 的本性谱点，而且 C_φ 的本性谱是闭集，故 $R_\varphi\subset\sigma(C_\varphi)$，从而可知

$$\sigma(C_\varphi)=\sigma_e(C_\varphi)=\overline{R_\varphi}.$$

证毕.

对于 D 上的双曲自同构 φ，我们可证明：如果任意 D 上的有界函数都是 $H^2(\beta)$上的乘子，则作为 $H^2(\beta)$上的算子，对于任意实数 θ，$e^{i\theta}C_\varphi$ 与 C_φ 相似. 于是在这些条件下，$\sigma(C_\varphi)$是圆周对称的，即：若 $\lambda\in\sigma(C_\varphi)$，则对任意实数 θ，$e^{i\theta}\lambda\in\sigma(C_\varphi)$，这性质是加权平移算子所特有的. 已有许多作者发表文章，建立复合算子与加权平移算子间的密切联系. 给出许多有用的结果[Co83][NORW87].

对于在 ∂D 上有一个不动点的情形(即 φ 为抛物型共形自同构)，有类似的定理.

定理5.1.3 设 φ为抛物型自同构，$\beta(n)^2=(n+1)^{1-\gamma}(\gamma\geqslant1)$，那么任意 $\zeta\in\partial D$，都是 $H^2(\beta)$上的复合算子 C_φ 的无穷重的特征值. 而且

$$\sigma(C_\varphi)=\sigma_e(C_\varphi)=\{\lambda: |\lambda|=1\}.$$

证明 如果 a 为 φ的 Denjoy-Wolff 点，则 $\varphi'(a)=1$，由引理5.1.1知，$\sigma(C_\varphi)\subset\{\lambda: |\lambda|\leqslant1\}$. 因为 $C_\varphi^{-1}=C_{\varphi^{-1}}$，故 $\sigma(C_\varphi^{-1})\subset\overline{D}$，于是

$$\sigma(C_\varphi)\subset\partial D.$$

不失一般性，可设 $\varphi(z)=((1+i)z-1)/(z+i-1)$或 $\varphi(z)=$

$((1-i)z-1)/(z-i-1)$，这是因为任意由 D 上的抛物型自同构 φ 诱导的复合算子 C_φ 都与这些函数导出的复合算子相似. 设

$$f(z)=\exp\left(s\frac{z+1}{z-1}\right).$$

当 $s\geqslant 0$时，f 为 $H^2(\beta)$中的有界解析函数. 若 $\varphi(z)=[(1+i)z-1]/(z+i-1)$，则 $C_\varphi f(z)=f(\varphi(z))=e^{-2is}f(z)$，故当 $s\geqslant 0$时，f 为 C_φ 的以 e^{2is}为特征值的特征向量，由于对任意 $\zeta\in\partial D$，存在 $\theta_0\geqslant 0$，使得 $\zeta=e^{2i(\theta+k\pi)}(k\in\mathrm{N}_+)$，故 ζ 为 C_φ 的无穷重的特征值. 由此即可知

$$\sigma(C_\varphi)=\sigma_e(C_\varphi)=\partial D.$$

证毕.

由本小节的讨论，如果 C_φ 为 $H^2(\beta)$上的可逆算子，则 φ 为 D 上的共形自同构. 由于相似的算子具有相同的谱，故要研究可逆复合算子的谱，只要研究三种典型的共形自同构的复合算子的谱. 定理5.1.1、5.1.2和5.1.3分别给出了椭圆型、双曲型和抛物型三种情形下复合算子的谱. 由这些定理，本章开头所列的表中的有关自同构映射的结论立即可得：若 $\varphi(z)=\zeta z$，$|\zeta|=1$，由定理5.1.1即知 $\sigma(C_\varphi)=\overline{\{\zeta^k:k=0,1,2,\cdots\}}$；若 $\varphi(z)=(3z+1)/(z+3)$，则 $\varphi(-1)=-1$，$\varphi(1)=1$且 $\varphi'(1)=1/2$，$\varphi'(-1)=2$，故 $z=1$为 Denjoy-Wolff 点，故由定理5.1.2知，$\sigma(C_\varphi)=\sigma_e(C_\varphi)=\{\lambda\in C:1/\sqrt{2}\leqslant|\lambda|\geqslant\sqrt{2}\}$；若 $\varphi(z)=((1+i)z-1)/(z+i-1)$，则 $\varphi(1)=1$且 $\varphi'(1)=1$，故由定理5.1.3知 $\sigma(C_\varphi)=\sigma_e(C_\varphi)=\partial D$.

§5.2 紧复合算子的谱

在4.3.4节中，我们讨论了 C_φ 的紧性与 φ 的不动点的关系. C_φ 的结构与 φ 的不动点的更进一步的关系由紧算子的谱得到反映. 为求出紧复合算子的谱，我们需要关于算子的谱的一个常用引理.

引理5.2.1 设 H 是 Hilbert 空间，$H=K\oplus L$，其中 K 为有限维子空间，C 是 H 上保持 K 和 L 不变的有界线性算子. 如果关于

上述分解，C 有如下的矩阵表示：

$$C=\begin{pmatrix} X & Y \\ 0 & Z \end{pmatrix} \quad 或 \quad C=\begin{pmatrix} X & 0 \\ Y & Z \end{pmatrix},$$

那么 $\sigma(C)=\sigma(X)\cup\sigma(L)$.

证明 显然，只要证明：C 可逆当且仅当 X 和 Z 可逆. 而且，由取算子的共轭，我们又可知，只要对

$$C=\begin{pmatrix} X & Y \\ 0 & Z \end{pmatrix}$$

情形进行证明即可.

若 C 是可逆的，且 C^{-1}有如下块矩阵表示：

$$C^{-1}=\begin{pmatrix} P & Q \\ R & S \end{pmatrix},$$

那么由

$$\begin{pmatrix} P & Q \\ R & S \end{pmatrix}\begin{pmatrix} X & Y \\ 0 & Z \end{pmatrix}=\begin{pmatrix} I & 0 \\ 0 & I \end{pmatrix}$$

可知 $PX=I$，由于 P 和 X 都为有限维空间 K 上的算子，故可知 X 是可逆的，又因 $RX=0$可知 $R=0$，因此，由矩阵的右下角可知 $I=RY+SZ=SZ$. 交换上述分块矩阵的位置可得知 $I=ZS$，故 Z 可逆.

反之，如果 X 和 Z 是可逆算子，易知 C 也可逆，事实上

$$C^{-1}=\begin{pmatrix} X & Y \\ 0 & Z \end{pmatrix}^{-1}=\begin{pmatrix} X^{-1} & -X^{-1}YZ^{-1} \\ 0 & Z^{-1} \end{pmatrix}.$$

证毕.

定义5.2.1 如果 H 是区域 Ω 上的解析函数组成的空间，$a\in\Omega$，如果所有各阶导数在 a 的计值泛函都是 H 上的有界线性泛函，且当 $f\in H$，$f(a)$和 f 的各阶导数在 a 的值均为0时有 $f(z)\equiv 0$，则称 a 为 H 的强计值点.

定理5.2.1 设 $\varphi:D\to D$ 解析，a 为 φ的 Denjoy-Wolff 点，且 a 为加权 Hardy 空间 $H^2(\beta)$的强计值点. 如果 C_φ 为 $H^2(\beta)$上的紧算

子，那么

$$\sigma(C_\varphi) = \{\varphi'(a)^n; n = 1,2,\cdots\} \cup \{0,1\}.$$

证明 因为 C_φ 为紧算子，故 C_φ^* 也为紧算子，故 $0\in\sigma(C_\varphi)$；设

$$U_m = \mathrm{span}\{K_a, K_a^{(1)}, \cdots, K_a^{(m)}\},$$

V_m 为 U_m 在 $H^2(\beta)$ 中的直交补空间，记相应于分解 $H^2(\beta)=U_m\oplus V_m$ 的分块矩阵为

$$C_\varphi^* = \begin{pmatrix} X_m & Y_m \\ 0 & Z_m \end{pmatrix},$$

由于 $C_\varphi^*(K_a)=K_{\varphi(a)}=K_a$，故 U_0 是 C_φ^* 不变的，故 C_φ^* 在 U_0 上的限制的矩阵是(1)，又因 a 为强计值点，且对任意 $f\in H^2(\beta)$，

$$\begin{aligned}\langle f, C_\varphi^* K_a^{(j)}\rangle &= \langle f\circ\varphi, K_a^{(j)}\rangle = (f\circ\varphi)^{(j)}(a) \\ &= f^{(j)}(\varphi(a))\varphi^{(j)}(a) \\ &= f^{(j)}(a)\varphi^{(j)}(a) = \langle f, \overline{\varphi^{(j)}(a)}K_a^{(j)}\rangle,\end{aligned}$$

即 $C_\varphi^* K_a^{(j)} = \bar{\varphi}^{(j)}(a)K_a^{(j)}$，故可知 U_1 对于 C_φ^* 也是不变的，而且 C_φ^* 在 U_1 上的限制关于"基"$\{K_a, K_a^{(1)}\}$ 的矩阵为

$$\begin{pmatrix} 1 & 0 \\ D & \overline{\varphi'(a)} \end{pmatrix}.$$

类似地可知 U_m 关于 C_φ^* 是不变的子空间，而且 C_φ^* 在 U_m 上的限制关于 $K_a, K_a^{(1)}, \cdots, K_a^{(m)}$ 的矩阵是上三角矩阵，且对角元为 $1, \bar{\varphi}'(a), \cdots, \bar{\varphi}'(a)^m$.

但是 $\{K_a, K_a^{(1)}, \cdots, K_a^{(m)}\}$ 仅仅是 U_m 的张成集，并不一定是 U_m 的正交基. 令 $T_m: U_m \to U_m$，使得对任意 $j=0,1,2,\cdots,m$，

$$T_m K_a^{(j)} = \sum_{i=0}^{m} a_{ij} K_a^{(i)},$$

则 T_m 为线性变换，记 $A_m = (a_{ij})_{i,j=0}^m$，称 A_m 为 T_m 的冗余(redundant)矩阵，虽然这样的 A_m 不是唯一的.

再作线性变换 $R_m: C^{m+1} \to U_m$：

$$R_m\begin{pmatrix}d_0\\d_1\\d_2\\\vdots\\d_m\end{pmatrix}=\sum_{j=0}^{m}d_jK_a^{(j)},$$

因为$\{K_a,K_a^{(1)},\cdots,K_a^{(m)}\}$张成$U_m$，$R_m$的秩为$U_m$的维数，故$R_m$有右逆$S_m$，即$R_mS_m=I_{U_m}$，其中$I_{U_m}$为$U_m$上的恒等映射. 于是有

$$\begin{aligned}T_m\Big(\sum_{j=0}^{m}d_jK_a^{(j)}\Big)&=\sum_{j=0}^{m}d_jT(K_a^{(j)})=\sum_{j=0}^{m}d_j\Big(\sum_{i=0}^{m}a_{ij}K_a^{(i)}\Big)\\&=\sum_{i=0}^{m}\Big(\sum_{j=0}^{m}a_{ij}d_j\Big)K_a^{(i)},\end{aligned}$$

即对$d=(d_0,d_1,\cdots,d_m)\in C^{m+1}$，有

$$T_mR_md=R_mA_md\ .$$

由此可知，虽然以A_m表示线性变换T_m不是唯一的，但它对我们的讨论很有帮助. 这是因为如果f为U_m中的一个向量，$f=\sum d_jK_a^{(j)}=R_md$，那么T_mf可利用A_m表示为

$$T_mf=R_m(A_md).$$

下面我们证明$\sigma(T_m)\subset\sigma(A_m)$，记$I_m$为$C^{m+1}$中的恒等映射，若$A_m-\lambda I_m$是可逆的，即$\lambda$不是$A_m$的谱，设$B_m$满足$(A_m-\lambda I_n)B_m=I_m$那么

$$\begin{aligned}(T-\lambda I_{K_m})R_mB_mS_m&=(T_mR_m-\lambda R_m)B_mS_m=(R_mA_m-\lambda R_m)B_mS_m\\&=R_m(A_m-\lambda I_m)B_mS_m=R_mI_mS_m=I_{K_m}.\end{aligned}$$

因为U_m为有限维空间，故$R_mB_mS_m$也为$(T_m-\lambda I_{k_m})$的左逆，故$\lambda\notin\sigma(T)$，故有$\sigma(T)\subset\sigma(A)$.

反之，d为A_m相应于特征值λ的特征向量，即$A_md=\lambda d$，那么

$$T_m(R_md)=R_m(A_md)=\lambda(R_md),$$

故或是$R_md=0$，或是R_md为T的特征向量.

由于$C_\varphi^*|_{U_m}:U_m\to U_m$的冗余矩阵的特征值为$1,\varphi'(a),\cdots,\bar{\varphi}'(a)^m$，故

$$\sigma(C_\varphi^*|_{K_m})\subset\{1,\overline{\varphi'(a)},\ \cdots,\ \overline{\varphi'(a)^m}\}.$$

为证明上式的反向包含式，我们要证明：对冗余矩阵的每个特征值，存在特征向量，使得 $R_m d\neq 0$，由于 $K_a,K_a^{(1)},\cdots,K_a^{(m)}$ 是线性无关的，故有非零元 $d\in C^{m+1}$，$d=(d_0,d_1,\cdots,d_m)$，使得 $R_m d=\sum d_j K_a^{(j)}\neq 0$，于是 $R_m d$ 即为 T_m 相应于 λ 的特征向量，从而 λ 为 T_m 的特征值，于是有

$$\sigma(C_\varphi^*|_{K_m})\subset\{1,\overline{\varphi'(a)},\cdots,\overline{\varphi'(a)^n}\}.$$

由于 C_φ^* 为 $H^2(\beta)$ 中的紧算子，而 $\mathrm{span}\{K_a^{(j)}:j=0,1,2,\cdots\}$ 在 $H^2(\beta)$ 中稠密，故当 $m\to\infty$，$\|Z_m\|\to 0$，特别地，对 $\forall\ \varepsilon>0$，取 m 充分大，使得 $\|Z_m\|<\varepsilon$，由引理5.2.1知 $\sigma(C_\varphi^*)=\sigma(X_m)\cup\sigma(Z_m)$，而

$$\sigma(X_m)\subset\{1,\overline{\varphi'(a)},\cdots,\overline{\varphi'(a)^m}\},$$

$\sigma(Z_m)\subset\{z:|z|\leqslant\varepsilon\}$，由 ε 的任意性即知 $\sigma(C_\varphi^*)=\{1,0\}\cup\{\bar{\varphi}'(a),\bar{\varphi}'(a)^2,\cdots,\bar{\varphi}'(a)^n,\cdots\}$. 从而证得

$$\sigma(C_\varphi)=\{0\}\cup\{[\varphi'(a)]^n:n=0,1,2,\cdots\}.$$

证毕.

定理5.2.1几乎完全回答了加权 Hardy 空间上紧复合算子的谱的问题. 这里我们是对单位圆盘上的空间 $H^2(\beta)$ 给出结论及证明的，但其证明只要作适当的修改即可知，对于 C^N 中的单位球 B_N 而言，相应的结论也成立[Mc84a][Zo89b]. 如果空间 $H^2(\beta)$ 足够大，使得存在 $k>0$，$\sum n^{2k}\beta(n)^{-2}=\infty$，则由定理4.3.13知，$\varphi$ 在 D 内有不动点，故定理5.2.1条件满足. 在对于任意 k，$\sum n^{2k}\beta(n)^{-2}<\infty$ 的情形，定理对一些 $H^2(\beta)$ 也可应用. 例如，若权序列 $\beta(n)=\exp(n^a)(1/2<a<1)$，在第四章中例4.3.1说明 $\varphi(z)=1/2(1+z)$ 给出这些空间 $H^2(\beta)$ 上的紧算子，注意到 $\varphi(z)$ 有 Denjoy-Wolff 点 $z=1$，在这些空间中可知 $z=1$ 是强计值点[Cal62, p. 331]，这说明定理5.2.1对这些空间上的由 $\varphi(z)=1/2(1+z)$ 给出的复合算子成立.

由此定理，在本章开头所列表格中的两种紧算子情形的特例，

关于谱的结论可得到证实.

§5.3 Hardy 空间 $H^2(D)$上复合算子的谱

对于加权 Hardy 空间上的可逆复合算子(即由 D 上的共形自同构导出的复合算子)和紧复合算子的谱,现已基本上清楚. 对于一般的情形,复合算子的谱的结构相当复杂. 研究表明,复合算子的谱不仅与 φ 的 Denjoy-Wolff 点 a 的位置有关,也与值 $\varphi'(a)$有关. 我们将在 $H^2(D)$中就不同的情形,分类研究 C_φ 的谱.

5.3.1 边界不动点($\varphi'(a)<1$)情形

我们先考虑 φ 的 Denjoy-Wolff 不动点 $a\in\partial D$, 且 $\varphi'(a)<1$的情形. 由§2.3知,这时存在 D 中的解析函数 σ,使得 $\sigma(D)\subset D$ 且 $\Phi\circ\sigma=\sigma\circ\varphi$, 其中 $\Phi(z)=\{(1+s)z+(1-s)\}/\{(1-s)z+(1+s)\}$, $s=\varphi'(a)$. 首先注意到这时 C_φ 的谱具有圆周对称性.

定理5.3.1 设 $\varphi: D\to D$ 解析, $a\in\partial D$ 为 φ 的 Denjoy-Wolff 点且 $\varphi'(a)<1$, 那么对任意实数 θ, $H^2(D)$上的算子 C_φ 相似于 $e^{i\theta}C_\varphi$, 特别地,如果 $\lambda\in\sigma(C_\varphi)$, 则对任意实数 θ, $e^{i\theta}\lambda\in\sigma(C_\varphi)$.

证明 设 $S=\varphi'(a)<1$, 由迭代模型定理(定理2.3.1)及推论2.3.1知,存在 D 中解析的函数 σ,使得 $\sigma(D)\subset D$, $\Phi\circ\sigma=\sigma\circ\varphi$, 其中

$$\Phi(z)=\frac{(1+s)z+(1-s)}{(1-s)z+(1+s)}.$$

对任意给定的实数 θ, 令 $\beta=\theta(\log\varphi'(a)^{-1})^{-1}$, $F(z)=\exp(i\beta\log[(1+z)(1-z)^{-1}])$, 于是

$$\begin{aligned}F(\Phi(z))&=\exp(i\beta\log[(1+\Phi(z))(1-\Phi(z))^{-1}]\\&=e^{i\theta}F(z)\qquad(z\in D)\end{aligned}$$

且

$$e^{-\beta\frac{\pi}{2}}\leqslant|f(z)|\leqslant e^{\theta\frac{\pi}{2}}.$$

设 $f=F\circ\sigma$, 因 $f\circ\varphi=F\circ\sigma\circ\varphi=F\circ\Phi\circ\sigma=e^{i\theta}F\circ\sigma=e^{i\theta}f$, 且

f 和 $1/f$ 在 $H^\infty(D)$ 中，由此可知，解析 Toeplitz 算子 $T_f(T_f(h)(z) = f(z)h(z))$ 是有界且为可逆的算子. 对 $h \in H^2(D)$，

$$
\begin{aligned}
(T_f^{-1}C_\varphi T_f)(h) &= (T_f)^{-1}((f \circ \varphi)(h \circ \varphi)) \\
&= e^{i\theta}(T_f)^{-1}T_f C_\varphi h \\
&= e^{i\theta}(C_\varphi h) = (e^{i\theta}C_\varphi)(h),
\end{aligned}
$$

即 C_φ 与 $e^{i\theta}C_\varphi$ 相似.

由于相似算子有相同的谱，再由谱映射定理，$e^{i\theta}C_\varphi$ 的谱为 $e^{i\theta}$ 乘以 C_φ 的谱，若 $\lambda \in \sigma(C_\varphi)$，则 $e^{i\theta}\lambda \in \sigma(C_\varphi)$，证毕.

本节主要定理证明基于一个类似于加权平移的结果，先引进 φ 的迭代序列的概念：

定义5.3.1 设 $\{z_k\}_{k=K}^{M} \subset D$，如果 $K<k<M$ 时 $\varphi(z_k)=z_{k+1}$，则称该序列为 φ 的迭代序列，其中 K 和 M 可以取 $\pm\infty$ 或有限整数.

下面我们将看到 φ 的迭代序列所起的作用：当 φ 的迭代序列分离时，由此迭代序列产生的核函数列像一组"正交基"，关于这组"基"，C_φ^* 的作用就像一个加权平移算子. 而且，由这些核函数张成的空间为 C_φ^* 的不变子空间，因此，关于 C_φ 的谱的信息可由加权平移的谱信息得到.

如果 $\{z_k\}_{k=-\infty}^{0}$ 是由互不相同点组成的关于 φ 的迭代序列（φ 不是 D 到 D 上的自同构），那么 $\lim|z_k|=1$. 事实上，若 b 为此序列的极限点且 $|b|<1$. 如果 a 为 φ 的 Denjoy-Wolff 点且 $b=a$，那么 b 到 z_{k_1} 的伪双曲距离大于 b 到 $z_{k_2}=\varphi_n(z_{k_1})$ $(n=k_2-k_1>0)$ 的伪双曲距离. 但这与迭代序列的子序列 $\{z_{k_j}\}$ 当 $k_j \to -\infty$ 时收敛于 b 矛盾. 另一方面，如果 $b \neq a$，则存在 $\varepsilon>0$，使得 $D_\varepsilon=\{z: |z-b|<\varepsilon\} \subset D$，但 $a \notin D_\varepsilon$，这时，D_ε 的迭代收敛于 a，于是存在 n，使得 $\varphi_n(D_\varepsilon) \cap D_\varepsilon = \varnothing$，这也与当 $k_j \to -\infty$ 时 $z_{k_j} \to b$ 矛盾.

如果 φ 不是 D 的椭圆自同构，$z_0 \in D$，令 $z_k=\varphi_k(z_0)$，则 $\{z_k\}_{k=0}^{\infty}$ 或是为由不同点组成的迭代序列，或是存在一个最小的 M，使得 $\varphi_M(z_0)=a$（a 为 φ 在 D 中的 Denjoy-Wolff 点），从而是一个（对 $0 \leqslant k \leqslant M$）由不同的点组成的迭代序列. 而且或是不存在 $w \in D$，使得

$\varphi(w)=z_0$，或是存在 $z_{-1}\in D$，使得 $\varphi(z_{-1})=z_0$. 因此，D 中的任一点都至少在一个由不同点组成的迭代序列 $\{z_k\}_{k=K}^{M}$ 之中，对这迭代序列，若 $M=\infty$，则 $\lim z_k=a$；若 $M<\infty$，则 $\varphi_M(z_0)=a$；若 $K=-\infty$，则 $\lim|z_k|=a$；若 $K>-\infty$，则不存在 $w\in D$，使得 $\varphi(w)=z_K$.

对于 $K=-\infty$，$M=0$ 情形，我们最感兴趣. 这时 $\lim\limits_{k\to-\infty} z_k=b$，$\lim\limits_{r\to1}\varphi(rb)=b\in\partial D$. 如果 b 不是 φ 的 Denjoy-Wolff 不动点（这时 φ 的 Denjoy-Wolff 点 $a\in D$），那么由 Wolff 定理，可知 $\varphi'(b)>1$；如果 φ 在 b 的某邻域中解析，那么存在 $\varepsilon>0$，使得 φ 在 $D_\varepsilon=\{z:|z-b|\leqslant\varepsilon\}$ 中单叶，而且 φ^{-1} 将 D_ε 映入 D_ε，利用迭代模型可知存在 D_ε 到半平面的解析映射 ψ，使得 $\psi(b)=0$ 且

$$\psi(\varphi^{-1}(z))=\frac{1}{\varphi'(b)}\psi(z)\qquad(z\in D_\varepsilon).$$

因为 φ^{-1} 在 b 近旁单叶，故 ψ 也为单叶，而且在相差一个单位模常数因子的意义下是唯一的. 我们可设 ψ 将 $\{rb:1-\varepsilon<r<1\}$ 映成在 0 点与正实轴相切的曲线. 由 ψ 的共形性可知，如果 $\delta>0$ 充分小，使得 $(0,\delta)\subset\psi(D_\varepsilon)$，则 $\psi^{-1}([0,\delta))\subset D$ 为与 $\{rb:0<r<1\}$ 相切的曲线. 对 $w\in(0,\delta)$，令 $z_{-k}=\psi^{-1}(\varphi'(b)^{-k}w)$ $(k=0,1,2,\cdots)$，则得 φ 的迭代序列 $\{z_k\}_{j=-\infty}^{0}$，使得当 $j\to-\infty$ 时 z_j 非切向收敛于 b. 由此可知，这样的序列是很多的，事实上，存在不可数个这样的迭代序列.

定理5.3.2 设 $\varphi:D\to D$ 解析，φ 不是 D 的自同构，C_φ 为由 φ 导出的 $H^2(D)$ 上的复合算子. 如果 $b\in\partial D$，b 为 φ 的不动点且 $\varphi'(b)>1$，而且 φ 在 b 的邻域中解析，那么对任意 $0<\rho<\varphi'(b)^{-1/2}$，$\{\lambda:|\lambda|=\rho\}\cap\sigma(C_\varphi)\neq\varnothing$.

证明 前面的讨论说明，由 φ 在不动点 b 的邻域的解析性可知，存在不可数个迭代序列 $\{z_k\}_{j=-\infty}^{0}$，使得当 $j\to-\infty$ 时，z_j 非切向地趋于 b，取定这样的一个迭代序列 $\{z_k\}_{j=-\infty}^{0}$，令

$$k_j(z)=\frac{(1-|z_j|^2)^{\frac12}}{1-\overline{z_j}z}$$

为点 z_j 的规范再生核.

设 $\rho<\rho_1<\varphi'(b)^{-1/2}$, $|\lambda|=\rho$,令

$$h_\lambda(z)=\sum_{j=-\infty}^{-1}\lambda^{-j-1}\left(\frac{1-|z_0|^2}{1-|z_j|^2}\right)^{\frac{1}{2}}k_j(z).$$

因为

$$\lim_{j\to-\infty}\frac{1-|z_{j+1}|^2}{1-|z_j|^2}=\varphi'(b),$$

存在常数 C,使得

$$|\lambda|^{-j-1}\left(\frac{1-|z_0|^2}{1-|z_j|^2}\right)^{\frac{1}{2}}=|\lambda|^{-j-1}\left(\prod_{l=j}^{-1}\frac{1-|z_{l+1}|^2}{1-|z_l|^2}\right)^{\frac{1}{2}}$$

$$\leqslant C\left(\frac{|\lambda|}{\rho_1}\right)^{-j}=C\left(\frac{\rho}{\rho_1}\right)^{-j}.$$

因为$\|k_j\|=1$,故 h_λ 的级数是绝对收敛的,从而是在 $H^2(D)$中收敛的,且

$$(C_\varphi^*-\lambda)h_\lambda=\sum_{j=-\infty}^{-1}\lambda^{-j-1}\left(\frac{1-|z_0|^2}{1-|z_{j+1}|^2}\right)^{\frac{1}{2}}k_{j+1}$$

$$-\sum_{j=-\infty}^{-1}\lambda^{-1}\left(\frac{1-|z_0|^2}{1-|z_j|^2}\right)^{\frac{1}{2}}k_j=k_0.$$

如果 $\sigma(C_\varphi)\cap\{\lambda:|\lambda|=\rho\}=\varnothing$,那么对任意实数 θ,$(C_\varphi^*-\rho e^{i\theta})^{-1}$存在,令

$$Q=\frac{1}{2\pi}\int_0^{2\pi}(C_\varphi^*-\rho e^{i\theta})^{-1}\mathrm{d}\theta,$$

则

$$Qk_0=\frac{1}{2\pi}\int_0^{2\pi}(C_\varphi^*-\rho e^{i\theta})^{-1}k_0\mathrm{d}\theta=\frac{1}{2\pi}\int_0^{2\pi}h_{\rho e^{i\theta}}\mathrm{d}\theta$$

$$=\sum_{j=-\infty}^{-1}\frac{1}{2\pi}\int_0^{2\pi}\rho^{-j-1}e^{i(-j-1)\theta}\left(\frac{1-|z_0|^2}{1-|z_j|^2}\right)^{\frac{1}{2}}k_j\mathrm{d}\theta$$

$$=\left(\frac{1-|z_0|^2}{1-|z_{-1}|^2}\right)^{\frac{1}{2}}k_{-1}.$$

于是,记 $K_w(z)=1/(1-\overline{w}z)$,则有 $QK_{z_0}=K_{z_{-1}}$,这说明 $C_\varphi^*QK_{z_0}=$

K_{z_0},因为 Q 为 C_φ^* 的有理函数,故它们可交换,从而有 $QC_\varphi^* K_{z_0} = K_{z_0}$.

对每个这样的迭代序列 $\{z_k\}_{K=-\infty}^{0}$,上述论证说明 $C_\varphi^* QK_{z_0} = QC_\varphi^* K_{z_0} = K_{z_0}$,因为存在不可数个这样的 z_0,它们的核函数张成 $H^2(D)$,因此我们有 $C_\varphi^* Q = QC_\varphi^* = I$,又因为 φ 不是自同构,C_φ^* 不能为可逆算子,从而得矛盾. 证毕.

推论5.3.1 如果 φ 如同定理5.3.2所设,则 C_φ 的每个特征值的重数皆为无穷.

证明 由定理5.3.1的证明可知,有无穷多个线性独立的有界解析函数 f_k,使得 $f_k \circ \varphi = f_k$,如果 $h \in \ker(C_\varphi - \lambda I)$,且 $h \neq 0$,那么 $(C_\varphi - \lambda) f_k h = f_k (h \circ \varphi - \lambda h) = 0$,故 $\ker(C_\varphi - \lambda I)$ 是无限维的. 证毕.

我们可利用函数 Φ 和 σ 去求出 C_φ 的特征值的一个圆环.

定理5.3.3 设 $\varphi: D \to D$ 解析,$a \in \partial D$ 为 φ 的 Denjoy-Wolff 点,$\varphi'(a) < 1$,如果

$$\varphi'(a)^{\frac{1}{2}} < |\lambda| < \varphi'(a)^{\frac{1}{2}},$$

那么 λ 是 C_φ 的特征值,而且重数为无穷.

证明 对 $-1/2 < r < 1/2$,函数

$$g_0(z) = \left(\frac{1+z}{1-z}\right)^r$$

为 $H^2(D)$ 中的函数,对实数 β,令

$$F(z) = \exp((r - i\beta)\log[(1+z)(1-z)^{-1}]),$$

由 $e^{-\beta\pi/2}|g_0(z)| \leqslant |F(z)| \leqslant e^{\pi\beta/2}|g_0(z)|$,可知 $F \in H^2(D)$,由于 σ 在 D 内解析,且 $\sigma(D) \subset D$,故 σ 可导出 $H^2(D)$ 上的有界复合算子,故 $F \circ \sigma \in H^2(D)$,容易验证,

$$\begin{aligned} C_\varphi(F \circ \sigma) &= F \circ \sigma \circ \varphi = F \circ \Phi \circ \sigma \\ &= \exp(-(r - i\beta)\log\varphi'(a))F \circ \sigma, \end{aligned}$$

因此,对于复数 λ,若

$$\varphi'(a)^{\frac{1}{2}} < |\lambda| < \varphi'(a)^{-\frac{1}{2}},$$

则存在无穷多个 $r - i\beta$,使得 $\lambda = \exp(-(r - i\beta)\log\varphi'(a))$,因而 λ

是 C_φ 的重数为无穷的特征值. 证毕.

上面定理指出圆环

$$\left\{\lambda: \varphi'(a)^{\frac{1}{2}} < |\lambda| < \varphi'(a)^{-\frac{1}{2}}\right\}$$

中的点都为 C_φ 的无穷重的特征值, 在此圆环外可能还会有许多特征值或其他类型的谱, 这与 φ 的不动点有关. 下面的定理指出, 当 φ 在 ∂D 上有一些(有限个)不动点时, 圆环的内边界还可再缩小些.

定理5.3.4 设 $\varphi: D \to D$ 解析, 且 φ' 可延拓到 $\overline{D}$ 上, 又设 $\{e^{i\theta}: |\varphi(e^{i\theta})|=1\} = \{a, b_1, b_2, \cdots, b_k\}$, 其中 a 为 φ 的 Denjoy-Wolff 不动点, $b_1, b_2, \cdots, b_k$ 为 φ 的其他不动点, 且 $\varphi'(a) < 1$. 如果

$$\max\left\{\varphi'(b_j)^{-\frac{1}{2}}: j = 1, 2, \cdots, k\right\} < |\lambda| < \varphi'(a)^{\frac{1}{2}},$$

则 λ 为 C_φ 的特征值, 且重数为无穷.

证明 设 $r_0 = \max\{\varphi'(b_j): j=1,2,\cdots,k\}$, $S=\varphi'(a)$. 设 Φ 和 σ 如前面所述. 由定理5.3.1的证明可知, 对每个单位复数 μ, 存在无穷多个有界解析函数 f_μ, 使得 $f_\mu \circ \varphi = \mu f_\mu$, 由此及推论5.3.1可知, 只要证明每个正实数 $\lambda (r_0{}^{-1/2} < \lambda < s^{-1/2})$ 是特征值即可.

对上述实数 λ, 令 $x = \log\lambda/\log s$, 即 $\lambda = s^x$, 故由 $\Phi \circ \sigma = \sigma \circ \varphi$, $\Phi(z) = [(1+s)z + (1-s)]/[(1-s)z + (1+s)]$ 可得知

$$\left(\frac{1-\sigma(\varphi(z))}{1+\sigma(\varphi(z))}\right)^x = \left(\frac{1-\Phi(\sigma(x))}{1+\Phi(\sigma(x))}\right)^x = s^x\left(\frac{1-\sigma(z)}{1+\sigma(z)}\right)^x.$$

记 $f = [(1-\sigma(z))/(1+\sigma(z))]^x$, 则有

$$C_\varphi f = \lambda f,$$

因此, 若证得 $f \in H^2(D)$, 则定理即得证. 事实上, 我们可证明

$$\left|\frac{1-\sigma(z)}{1+\sigma(z)}\right|^x \leqslant M \prod_{j=1}^{k} |b_j - z|^{-p},$$

其中 $p < 1/2$, 于是上边不等式右端函数属于 $H^2(D)$, 从而证得 $f \in H^2(D)$. 由于当 $z \to a$ 时, $\sigma(z) \to 1$, 故由 $\sigma \circ \varphi = \Phi \circ \sigma$ 可知, 如果 $|\varphi(e^{i\theta})| < 1$, 则 $|\sigma(e^{i\theta})| < 1$, 故只要考虑当 z 趋于每个不动点 $b \in \{b_1, b_2, \cdots, b_k\}$ 时 $|1+\sigma(z)|^{-x}$ 的增长速度.

取 r_0 使得 $r_0{}^{-1/2} < r^{-1/2} < \lambda = s^x$ 且 $(x(\log 1/s))/\log r < 1/2$, 取 δ

使得当$|b-z|<\delta$时有$|\varphi'(b)-\varphi'(z)|<r_0-r$,且当$0<|b-e^{i\theta}|\leqslant\delta$时,$|\varphi(e^{i\theta})|<1$. 设

$$K=\{\zeta:|b-\zeta|\leqslant\delta \text{ 且存在满足 } |w-b|\leqslant\delta \text{ 的 } w\in\overline{D}\text{,使得 } \zeta=\varphi(w)\}$$
$$=\varphi(\{w\in\overline{D}:|w-b|\leqslant\delta\})\cap\{\zeta:|b-\zeta|\geqslant\delta\},$$

则K为D的紧子集,而且使得如果$z\in D$且$|b-z|<\delta$,那么或是$|b-\varphi(z)|<\delta$,或是$\varphi(z)\in K$,即有某正整数n,使得$\varphi_n(z)\in K$. 设$\delta'=\sup\{|b-\zeta|:\zeta\in K\}$.

若n为正整数,使得$\varphi_n(z)\in K$,那么$\sigma(\varphi_n(z))=\Phi_n(\sigma(z))$. 因为$\Phi(z)$是单叶的,故$\sigma(z)=\Phi_{-n}(\sigma(\varphi_n(z)))\in\Phi_{-n}(\sigma(K))$,因为$\sigma(K)$是$D$的紧子集,由此可知$|1+\sigma(z)|\leqslant M_1S^{-n}$,其中$M_1$为常数. 下面估计使得$\varphi_n(z)\in K$的正整数$n$.

如果$|b-z|<\delta$,则

$$\begin{aligned}|b-\varphi(z)|&=\left|\int_0^1\varphi'(tb-(1-t)z)(b-z)dt\right|\\&=|b-t|\\&\quad\cdot\left|\varphi'(b)-\int_0^1(\varphi'(b)-\varphi'(tb-(1-t)z)dt\right|\\&\geqslant|b-z|(\varphi'(b)-(r_0-r))\geqslant r|b-z|.\end{aligned}$$

类似地,如果$|b-\varphi(z)|<\delta$,那么

$$|b-\varphi(\varphi(z))|\geqslant r|b-\varphi(z)|\geqslant r^2|b-z|,$$

于是,如果n是使得$|b-\varphi_n(z)|\geqslant\delta$的最小正整数,它是使得$\varphi_n(z)\in K$的最小正整数,那么有$\delta'\geqslant|b-\varphi_n(z)|\geqslant r^n|b-z|$,改写之可得$n\leqslant\log(\delta'|b-z|^{-1})/\log r$. 最后可得

$$\begin{aligned}\left|\frac{1-\sigma(z)}{1+\sigma(z)}\right|&\leqslant 2^x|1+\sigma(z)|^{-x}\leqslant M_2s^{-nx}=M_2\exp\left(nx\log\frac{1}{s}\right)\\&\leqslant M_2\exp\left(x\log\frac{1}{s}\log(\delta'|b-z|^{-1})/\log r\right)\\&=M_2|b-z|^{-x\log\frac{1}{s}/\log r},\end{aligned}$$

其中M_2和M_3为常数. 因为$x\log(1/s)/\log r<1/2$,b为$\{b_1,b_2,\cdots,$

$b_k\}$中的任一元素，由此可知定理成立. 证毕.

这个结果可作进一步的推广. 如果 $\varphi: D\to D$ 解析，φ 的 Denjoy-Wolff 点 $a\in\partial D$，$\varphi'(a)<1$且有 $\delta>0$，使得 φ' 在$\{z\in\overline{D}: |z-a|<\delta\}$上连续，且$\{\varphi(z): z\in D, |z-a|\geqslant\delta\}$包含于 D 的某紧子集之中，那么，当$0<|\lambda|<\varphi'(a)^{-1/2}$时，$\lambda$ 为 C_φ 重数为无穷的特征值. 因为这时对任意 $x>0$，$((1-\sigma(z))/(1+\sigma(z)))^x$ 为有界函数.

综合上述定理及定理5.3.2，我们可确定一类复合算子的谱.

定理5.3.5 设 $\varphi: D\to D$ 解析，$a\in\partial D$ 为 φ 的 Denjoy-Wolff 点，$\varphi'(a)<1$，如果存在正整数 N，使得 φ_N' 在 $\overline{D}$ 上连续，集$\{e^{i\theta}: |\varphi(e^{i\theta})|=1\}=\{a,b_1,b_2,\cdots,b_k\}$，其中 $b_1,b_2,\cdots,b_k$ 是 φ_N 的不动点，且 φ_N 在每个 $b_j\{j=1,2,\cdots,k\}$的邻域中解析，那么

$$\sigma(C_\varphi)=\left\{\lambda: |\lambda|\leqslant\varphi'(a)^{-\frac{1}{2}}\right\}.$$

证明 因为函数 φ_N 满足定理5.3.2和定理5.3.4要求的条件，由定理5.3.2知，对于$0<\rho<\max\limits_{1\leqslant j\leqslant k}\varphi_N'(b_j)^{-1/2}$，$\{\lambda: |\lambda|=\rho\}\cap\sigma(C_{\varphi_N})\neq\varnothing$. 由定理5.3.4知，对$\max\limits_{1\leqslant j\leqslant k}\varphi_N'(b_j)^{-1/2}<\rho<\varphi_N'(a)^{-1/2}=\varphi'(a)^{-N/2}$，$\{\lambda: |\lambda|=\rho\}\cap\sigma(C_{\varphi_N})\neq\varnothing$. 因为 $C_{\varphi_N}=C_\varphi^N$，由谱映射定理可知：对任意$0<\rho<\varphi_N'(a)^{-1/2}$，$\{\lambda: |\lambda|=\rho\}\cap\sigma(C_\varphi)\neq\varnothing$，再由定理5.3.1即可知

$$\sigma(C_\varphi)=\left\{\lambda: |\lambda|\leqslant\varphi'(a)^{\frac{1}{2}}\right\}.$$

证毕

推论5.3.2 设 φ 不是有限 Blaschke 乘积，且在 $\overline{D}$ 的某邻域中解析，及 $\varphi(D)\subset D$，如果 φ 的 Denjoy-Wolff 点 $a\in\partial D$ 且 $\varphi'(a)<1$，则

$$\sigma(C_\varphi)=\left\{\lambda: |\lambda|\leqslant\varphi'(a)^{-\frac{1}{2}}\right\}.$$

证明 因为 φ 在 D 上解析，且不是有限 Blaschke 乘积，故$\{e^{i\theta}: |\varphi(e^{i\theta})|=1\}$是有限集. 对某个 N，可使$\{e^{i\theta}: |\varphi_N(e^{i\theta})|=1\}$恰由 φ_N 的有限个不动点组成，故由定理5.3.4即知结论成立. 证毕.

复合算子 C_φ 的谱的许多信息可从其共轭算子 C_φ^* 的谱得到，由于 $C_\varphi^*=(K_w)=K_{\varphi(w)}$，$C_\varphi^*$ 的谱与加权平移算子有着密切的关

系.

先回顾插值序列的概念：设$\{z_j\}\subset D$，如果对任意给定的有界序列$\{c_j\}$，存在D上的有界解析函数f，使得$f(z_j)=c_j$，则称$\{z_j\}$为插值序列. 插值序列是 Blaschke 序列，它比较分散，以致于存在$\delta>0$，使得对每个$z_k\in\{z_j\}$，当$k\neq j$时$|B(z_k)|>\delta$，其中B是以$z_j(j\neq k)$为零点的 Blaschke 乘积.

定理5.3.6 如果$\varphi: D\to D$且在$\overline{D}$上解析，φ的 Denjoy-Wolff 点$a\in\partial D$，且$\varphi'(a)<1$. 设$\{z_j\}\subset D$且对所有j，$\varphi(z_j)=z_{j+1}$. 以$\{z_j\}$为零点的 Blaschke 乘积记为B，以$\{e_j\}$表示l^2中通常的规范正交基. 如果算子S如下定义：

$$S\left(\frac{\sqrt{1-|z_j|^2}}{1-\overline{z}_j z}\right)=e_j,$$

那么S是$(BH^2)^\perp$到l^2上的有界映射，而且S有有界逆映射.

证明 设$\{z_j\}$为φ的迭代序列，B为以$\{z_j\}$为零点的 Blaschke 乘积. 不失一般性，我们可设$j=0$为该序列的最小足标，或j可为任意整数. 设

$$k_j(z)=\frac{\sqrt{1-|z_j|^2}}{1-\overline{z}_j z}$$

为关于点z_j的规范再生核. 因为z_j为B的零点，故对任意$f\in H^2(D)$，

$$\langle Bf,k_j\rangle=\sqrt{1-|z_j|^2}B(z_j)f(z_j)=0,$$

故$k_j\in(BH^2)^\perp$. 另一方面，如果$g\in H^2(D)$，且$\langle g,k_j\rangle=0(\forall\ j)$，则对任意$j$，$g(z_j)=0$，由$H^2$函数的分解定理，存在$f\in H^2(D)$，使得$g=Bf$，于是$\overline{\operatorname{span}\{K_j\}}=(BH^2)^\perp$.

如果$\{z_j\}$的足标是所有整数，$b=\lim_{j\to-\infty}z_j$为不动点，由于假设φ在$\overline{D}$上解析，故当$j\to-\infty$时，z_j非切向地超于b，故有$\lim_{j\to-\infty}(1-|z_j|)/(1-|z_{j+1}|)=1/\varphi'(b)$，因为$a\in\partial D$为 Denjoy-Wolff 不动点，故可知$1/\varphi'(b)\leqslant\varphi'(a)$，故存在$\rho$和正整数$J$，使得当$j\geqslant J$时有

$$\frac{1-|z_{j+1}|}{1-|z_j|}<\rho<1;$$

当 $j<-J$ 时，

$$\frac{1-|z_j|}{1-|z_{j+1}|}<\rho<1.$$

对正整数 m，相应于以模为 m 对$\{j\}$分成 m 个等价类，将$\{z_j\}$分成 m 个子序列. 注意到当 m 充分大时，可选取比上述的 ρ 稍大一点的 ρ，使得对 $r=0,1,2,\cdots,m-1$及 $j\geqslant 1$，

$$\frac{1-|z_{m(j+1)+r}|}{1-|z_{mj+r}|}<\rho^m.$$

类似地对 $j<0$，也有上述估计.

对 $r=0,1,2,\cdots,m-1$，设 B_r 是以 $z_{jm+p}(p=r,\cdots,m-1)$为零点的 Blaschke 乘积. 并设 $B_m=1$(注意到 $B_0=B$)，对 $r=0,1,2,\cdots,m-1$，j 为整数(若 z_j 的足标从 $j=0$始，则 j 为非负整数). 设 $e_{r,j}$为$(BH^2)^{\perp}$中如下给定的向量：

$$e_{r,j}(z)=k_{mj+r}(z)B_{r+1}(z)\prod_{l=j+1}^{\infty}\frac{|z_{ml+r}|}{z_{ml+r}}\frac{z_{ml+r}-z}{1-\overline{z_{ml+r}}z},$$

向量组$\{e_{r,j}\}$构成$(BH^2)^{\perp}$的一组规范正交基. 如果当 $r_1<r_2$或 $r_1=r_2$，$j_1<j_2$时，记$(r_1,j_1)<(r_2,j_2)$，则当$(r_1,j_1)<(r_2,j_2)$时，

$$\begin{aligned}
&\langle e_{r_1,j_1},e_{r_2,j_2}\rangle\\
&=\left\langle k_{mj_1+r_1}\prod_{(r_1,j_1)<(p,l)\leqslant(r_2,j_2)}\frac{|z_{ml+p}|}{z_{ml+p}}\frac{z_{ml+p}-z}{1-\overline{z_{ml+p}}z},k_{mj_2+r_2}\right\rangle\\
&=(1-|z_{mj_2+r_2}|^2)^{\frac{1}{2}}k_{mj_1+r_1}(z_{mj_2+r_2})\prod_{(r_1,j_1)<(p,l)\leqslant(r_2,j_2)}\\
&\quad\cdot\frac{|z_{ml+p}|}{z_{ml+p}}\frac{z_{ml+p}-z_{mj_2+r_2}}{1-\overline{z_{ml+p}}z_{mj_2+r_2}}.
\end{aligned}$$

因为上述乘积中的最后一项为0，故上式为0，而

$$\langle e_{r,j},e_{r,j}\rangle=\langle k_{mj+r},k_{mj+r}\rangle=1.$$

在$(BH^2)^{\perp}$上定义算子 A 为

$$A(e_{r,j})=k_{mj+r}.$$

以上面给定的字典序将$\{e_{r,j}\}$排序，则 A 关于这组基的矩阵的元素为

$$\langle Ae_{r_1,j_1}, e_{r_2,j_2}\rangle = \langle k_{mj_1+r_1}, e_{r_2,j_2}\rangle$$
$$= \sqrt{1-|z_{mj_1+r_1}|^2}\, e_{r_2,j_2}(z_{mj_1+r_1}).$$

因为当$(r_1,j_1)>(r_2,j_2)$时，$e_{r_2,j_2}(z_{mj_1+r_1})=0$，故此矩阵是下三角矩阵. 我们视此矩阵为关于相应于向量$\{e_{r,j}\}$(对固定的 r)的块的 $m\times m$ 分块矩阵，即相应于空间的分解$(B_{r+1}H^2)\ominus(B_rH^2)$ $(r=0,1,2,\cdots,m-1)$的分块矩阵. 对$(r_1,j_1)<(r_2,j_2)$，矩阵元满足

$$|\langle Ae_{r_1,j_1}, e_{r_2,j_2}\rangle| \leqslant \sqrt{1-|z_{mj_1+r_1}|^2}\,|k_{mj_2+r_2}(z_{mj_1+r_1})|$$
$$= \frac{\sqrt{(1-|z_{mj_1+r_1}|^2)(1-|z_{mj_2+r_2}|^2)}}{|1-\overline{z_{mj_2+r_2}}z_{mj_1+r_1}|}.$$

对于$0<|w|<1$及$|z|<1$，

$$\frac{\sqrt{(1-|z|^2)(1-|w|^2)}}{|1-\overline{w}z|} \leqslant \frac{\sqrt{(1-|z|^2)(1-|w|^2)}}{1-|w||z|}$$
$$\leqslant \frac{\sqrt{(1-|z|^2)(1-|w|^2)}}{|w|^2-|w||z|} = \frac{\sqrt{(1+|z|)(1+|w|)}}{|w|}$$
$$\cdot\sqrt{\frac{1-|w|}{1-|z|}}.$$

因为仅有有限个序列的点在半径为1/2的圆盘内，故存在常数 C，使得如果$0\leqslant j_1\leqslant j_2$，

$$|\langle Ae_{r_1,j_1}, e_{r_2,j_2}\rangle| \leqslant C\sqrt{\frac{1-|z_{mj_2+r_2}|}{1-|z_{mj_1+r_1}|}} \leqslant C\rho^{m|j_2-j_1|/2}.$$

类似地，如果$0\leqslant j_2\leqslant j_1$，则

$$|\langle Ae_{r_1,j_1}, e_{r_2,j_2}\rangle| \leqslant C\sqrt{\frac{1-|z_{mj_1+r_1}|}{1-|z_{mj_2+r_2}|}} \leqslant C\rho^{m|j_2-j_1|/2}.$$

同样，如果 j_1和 j_2都为非负，则有

$$|\langle Ae_{r_1,j_1}, e_{r_2,j_2}\rangle| \leqslant C\rho^{m|j_2-j_1|/2}.$$

另一方面，若 j_1和 j_2异号，因为 $\lim_{j\to-\infty}z_j=a$ 和 $\lim_{j\to-\infty}z_j=b$，故

$$\frac{\sqrt{(1-|z_{mj_1+r_1}|^2)(1-|z_{mj_2+r_2}|^2)}}{|1-\overline{z_{mj_2+r_2}}z_{mj_1+r_1}|}$$

$$\approx\frac{\sqrt{(1-|z_{mj_1+r_1}|^2)(1-|z_{mj_2+r_2}|^2)}}{|1-\bar{b}a|}.$$

这时，我们也有

$$|\langle Ae_{r_1,j_1},e_{r_2,j_2}\rangle|\leqslant C\sqrt{(1-|z_{mj_1+r_1}|)(1-|z_{mj_2+r_2}|)}$$
$$\leqslant C\rho^{m|j_2-j_1|/2}.$$

因此，A 的每一个分块矩阵都由元素为 $C\rho^{m|j_2-j_1|/2}$的 Toeplitz 矩阵控制，而这样的 Toeplitz 矩阵定义了一个有界算子，从而 A 的每个分块矩阵都是有界算子，因为仅有有限块，故 A 为有界的.

为证明 A 的可逆性，注意到这样的分类：如果 A 有(有限)分块下三角形式，而且在主对角线上的每块都是可逆的，那么 A 是可逆的(见引理5.2.1). 在对角线上的每个块矩阵都是下三角的，且块的对角元满足

$$|\langle Ae_{r,j},e_{r,j}\rangle|=|\langle k_{mj+r},e_{r,j}\rangle|=\sqrt{1-|z_{mj+r}|^2}|e_{r,j}(z_{mj+r})|$$
$$=|B_{r+1}(z_{mj+r})|\prod_{l=j+1}^{\infty}\left|\frac{z_{ml+r}-z_{mj+r}}{1-\overline{z_{ml+r}}z_{mj+r}}\right|.$$

由于迭代序列是一个插值序列意味着在对角线元的表达式中的 Blaschke 乘积有仅与 m,r 和 j 有关的下界 $\delta>0$. 若设 D_r 表示元为 $\langle Ae_{r,j},e_{r,j}\rangle$的对角矩阵，$A_r$ 表示 A 的对角线上相应于等价类$[r]$的块矩阵，那么 A_r 可逆当且仅当 $D_r^{-1}A_r$ 可逆. $D_r^{-1}A_r$ 的对角元都为 1. 由上述的估计，对角线下面的元满足

$$|\langle D_r^{-1}A_re_{r,j_1},e_{r,j_2}\rangle|\leqslant C\frac{\rho^{m(j_1-j_2)/2}}{\delta},$$

这说明 $D_r^{-1}A_r-I$ 由元素为 $C\rho^{\frac{m(j_1-j_2)}{2}}/\delta$ 的严格下三角 Toeplitz 矩阵控制，而此 Toeplitz 矩阵的范数为 $C\rho^{\frac{m}{2}}/(\delta(1-\rho^{\frac{m}{2}}))$，选取 M，使

得此值小于1；那么对每个 r，$\|D_r^{-1}A_r-I\|<1$，这说明 $D_r^{-1}A_r$ 是可逆的，于是每个 A_r 可逆，从而 A 可逆.

这就说明了规范再生核与 $(BH^2)^{\perp}$ 的一规范正交基的等价性. 因为一切无限维可分 Hilbert 空间是酉等价的，结合 A 与一个 $(BH^2)^{\perp}$ 到 l^2 上的酉算子就可得到所要求的算子 S，证毕.

如果 $\{z_j\}$ 为 φ 的迭代序列，则 C_φ^* 平移这组基 k_j：

$$C_\varphi^*(k_j)=C_\varphi^*(\sqrt{1-|z_j|^2}K_{z_j})=\sqrt{1-|z_j|^2}K_{\varphi(z_j)}$$

$$=\sqrt{1-|z_j|^2}K_{z_{j+1}}=\sqrt{\frac{1-|z_j|^2}{1-|z_{j+1}|^2}}k_{j+1}.$$

注意到如果 $\lim\limits_{j\to-\infty}z_j=a$ 和 $\lim\limits_{j\to-\infty}z_j=b$，那么关于权序列 $\left\{\sqrt{(1-|z_j|^2)/(1-|z_{j+1}|^2)}\right\}$ 的加权平移算子的谱为

$$\{\lambda:\varphi'(b)^{-\frac{1}{2}}\leqslant|\lambda|\leqslant\varphi'(a)^{\frac{1}{2}}\}.$$

于是利用加权平移可知复合算子谱的外圆部分，而其中心部分似乎与加权平移没多大关系.

推论5.3.3 如果 $\varphi:D\to D$ 在 $\overline{D}$ 上解析，φ 的 Denjoy-Wolff 点 $a\in\partial D$ 且 $\varphi'(a)<1$，那么存在 $H^2(D)$ 的子空间 M，使得在 C_φ^* 映射下是不变的，而且 $C_\varphi^*|_M$ 相应于一个加权平移算子.

5.3.2 内部不动点的情形

在本小节中，我们考虑其符号 φ 在 D 内有一个不动点的非紧复合算子的谱. 在这种情形，若 φ 不是 D 的自同构，则 $\sigma(C_\varphi)$ 除其特征值外还包含有一个圆盘.

由 Schröder 函数方程的讨论可知，对一些特殊的值 λ，满足函数方程 $f(\varphi(z))=\lambda f(z)$ 的解析函数 F 是存在的，但它们未必在 $H^2(D)$ 中. 为清楚起见，我们只对其符号为 D 到 D 中的单叶解析函数的复合算子进行讨论. 对于一些其他已知的结果的证明与这里叙述的或相似或有紧密联系，但要克服更多的技巧性方面的困难. 为节约篇幅，我们有时述而不证.

本节的主要结果基于上节提到的平移算子的类似结果. 在上节中我们知道对于一个迭代序列的核函数起着类似于规范正交基的作用. 而复合算子的共轭 C_φ^* 对此组基来说起着加权平移算子的作用. 但对 Denjoy-Wolff 点 $a\in\partial D$ 情形，由于任意点的迭代序列都收敛于 $a\in D$，相对这序列的核函数序列变得极不像规范正交基.

在定理4.3.1中给出的关于复合算子的本性范数的简单估计，在 φ 为单叶的情形是精确的，且可求出本性谱半径.

定理5.3.7 如果 $\varphi:D\to D$ 为单叶解析函数，则 $H^2(D)$ 上的复合算子 C_φ 的本性范数为

$$\|C_\varphi\|_e=\limsup_{|w|\to 1}\frac{\|K_{\varphi(w)}\|}{\|K_w\|},$$

本性谱半径为

$$\rho=\lim_{k\to\infty}\left(\limsup_{|w|\to 1}\frac{\|K_{\varphi_k(w)}\|}{\|K_w\|}\right)^{\frac{1}{k}},$$

其中 φ_k 表示 φ 的第 k 次迭代.

证明 因为 φ 是单叶的，故对于 $u\in\varphi(D)$，$N_\varphi(u)=-\log|\varphi^{-1}(u)|$，因为 $\lim\limits_{x\to 1}(1-x^2)/\log x=-2$，由 § 4.3.1节的讨论，令 $\varphi(w)=u$，即有

$$\|C_\varphi\|_e^2=\limsup_{|u|\to 1}\frac{N_\varphi(u)}{-\log|u|}=\limsup_{|w|\to 1}\frac{\|K_{\varphi(w)}\|^2}{\|K_w\|^2},$$

而本性谱半径为

$$\begin{aligned}\rho&=\lim_{n\to\infty}(\|C_\varphi^n\|_e)^{\frac{1}{n}}=\lim_{n\to\infty}(\|C_{\varphi_n}\|_e)^{\frac{1}{n}}\\&=\lim_{n\to\infty}\left(\limsup_{|w|\to 1}\frac{\|K_{\varphi_n(w)}\|}{\|K_w\|}\right)^{\frac{1}{n}}.\end{aligned}$$

证毕.

下面定理指出，在我们考虑的情形，$\sigma(C_\varphi)$ 包含了 $\varphi'(a)^n(n=0,1,2,\cdots)$.

定理5.3.8 如果 $\varphi:D\to D$ 解析，$\varphi(a)=a$ 且 $a\in D$，那么

$$\sigma(C_\varphi) \supset \{1\} \cup \{\varphi'(a)^n : n = 1,2,\cdots\}.$$

证明 因为$\varphi(a)=a\in D$，设ψ为D中交换0与a的自同构，那么C_φ与$C_{\psi^{-1}\circ\varphi\circ\psi}$相似且$\psi^{-1}\circ\varphi\circ\psi(0)=0$，故不失一般性，我们可设$\varphi(0)=0$. 于是有$\varphi(z)=\varphi'(0)z+C_2z^2+\cdots$，$C_\varphi$关于$H^2(D)$中的规范正交基$\{z^k\}$的矩阵是下三角的，而且其对角元素为$1,\varphi'(0)$，$\varphi'(0)^2,\cdots$. 在引理5.2.1中取$L$为$H_m$，其中$H_m$是由次数大于等于$m$的单项式构成的子空间，$X$为对角元素为$1,\varphi'(0),\varphi'(0)^2$，$\cdots,\varphi'(0)^{m-1}$的$m\times m$下三角矩阵. 因此这些数是$X$的谱，由引理5.2.1知. 这些数都为$C_\varphi$的谱，由$m$的任意性即知定理5.3.8成立，证毕.

在我们的主要定理的证明中，最主要的技巧是对视为平移基的核函数的大小的控制. 在考虑通常的加权平移算子时，平移基是正交基，故特征向量可表示成为一个无穷级数，其范数易于计算，而现在，在级数中的核函数不是正交的，级数的范数也难以求出. 因为这些核函数计值点是φ的迭代序列，这要求我们去了解各次迭代离原点有多远(这时，对每个$z\in D$，原点为$\{\varphi_n(z)\}$的极限). 下面引理给出一个点离开D的边界的速度的估计.

引理5.3.1 如果$\varphi: D\to D$解析，$\varphi(0)=0$且φ不是自同构. 则对$0<r<1$，存在$A>1$，使得对一切$|z|\geqslant r$有

$$\frac{1-|\varphi(z)|}{1-|z|} > A.$$

证明 由 Schwarz 引理并注意到φ不是自同构的事实，可知对一切$z\in D(z\neq 0)$，有$|\varphi(z)|<|z|$. 故对$z\in D(z\neq 0)$，有

$$\frac{1-|\varphi(z)|}{1-|z|} > 1.$$

另一方面，存在$\zeta_0\in\partial D$，使得

$$\inf_{\zeta\in\partial D}|\varphi'(\zeta)| = \liminf_{|z|\to 1}\frac{1-|\varphi(z)|}{1-|z|} = \varphi'(\zeta_0).$$

事实上，令$\beta=\inf\limits_{\zeta\in\partial D}|\varphi'(\zeta)|$，若对一切$\zeta\in\partial D$，有$|\varphi'(\zeta)|>\beta$，则对每个$\zeta\in\partial D$有开圆盘$\Delta(\zeta)=\{z: |z-\zeta|<\varepsilon(\zeta)\}$，使得对一切$z\in$

$\Delta(\zeta)\cap D$,

$$\frac{1-|\varphi(z)|}{1-|z|}>\beta+\varepsilon(\zeta).$$

由有限覆盖定理，存在有限子覆盖 $\Delta(\zeta_1),\Delta(\zeta_2),\cdots,\Delta(\zeta_m)$，使得 $\partial D\subset\bigcup_{j=1}^{m}\Delta(\zeta_j)$，故存在$0<r_0<1$，使得$\{z:r_0<|z|<1\}\subset\bigcup_{j=1}^{m}\Delta(\zeta_j)$，令 $\varepsilon=\min\{\varepsilon(\zeta_j):j=1,2,\cdots,m\}$，那么在此圆环上

$$\frac{1-|\varphi(z)|}{1-|z|}>\beta+\varepsilon,$$

这与 β 的定义矛盾. 故可知$|\varphi'(\zeta_0)|\geqslant 1$. 如果$|\varphi'(\zeta_0)|=1$，由 Julia 引理，对任意 $k>0$，φ将圆盘

$$\{z\in D:|z-\zeta|^2\leqslant k(1-|z|^2)\}$$

映入此圆盘在一个旋转变换下的像之中. 因为$(1-k)\zeta_0/(1+k)$是此圆盘最靠近原点的点，因此可知，对$0<k<1$，

$$\left|\varphi\left(\frac{1-k}{1+k}\zeta_0\right)\right|\geqslant 1-\frac{2k}{1+k}=\frac{1-k}{1+k},$$

这与$|\varphi(z)|<|z|$矛盾. 于是，$|\varphi'(\zeta_0)|>1$，故存在 $r\in(0,1)$，使得 $r\leqslant|z|\leqslant 1$时，

$$\frac{1-|\varphi(z)|}{1-|z|}>\frac{|\varphi'(\zeta)|+1}{2}\equiv A>1.$$

证毕.

我们已知对序列$\{z_k\}\subset D$，如果 $h\to\{h(z_k)\}$是 $H^\infty(D)$到 l^∞上的映射，则称之为插值序列. 由闭图像定理知，对任意有界序列，存在 $h\in H^\infty(D)$，使得 h 的范数与序列的范数等价. 而且这相关范数的等价常数仅与$\{z_k\}$的点之间的相对距离有关，与点的精确位置无关. 例如，如果存在 $a<1$，使得

$$\frac{1-|z_k|}{1-|z_{k+1}|}<a<1,$$

那么$\{|z_k|\}$是关于 $H^\infty(D)$的插值序列[Hof62, p. 203]，且插值常数仅与 a 有关. 对于上引理中给出的 A，取 $a=1/A$，我们可得如下引理：

引理5.3.2 设 φ和 r 如引理5.3.1，如果$\{z_k\}_{-k}^{\infty}$是一个迭代序

列且对某个整数 $n\geqslant 0$，$|z_n|\geqslant r$，$\{w_k\}_{-K}^{n}$是任意的数组，那么存在 $M<\infty$和 $h\in H^\infty(D)$，使得对$-K\leqslant k\leqslant n$，

$$h(z_k) = w_k,$$

且$\|h\|_\infty\leqslant M\sup\{|w_k|:-K\leqslant k\leqslant n\}$.

下述引理说明一个迭代序列中的点向不动点运动的速率也是有一定的控制的.

引理5.3.3 设 $\varphi:D\to D$ 解析，$\varphi(0)=0$且不是自同构；$\{z_k\}$是一迭代序列，那么存在 $c<1$，使得$|z_k|\leqslant 1/2$时，

$$\frac{|z_{k+1}|}{|z_k|}\leqslant C.$$

证明 因为$\varphi(0)=0$且 φ 不是 D 的自同构，由 Schwarz 引理知$|\varphi'(0)|<1$，且当$|z|<1$时$|\varphi(z)|<|z|$，从而 $\varphi(z)/z$(补充定义 $z=0$时，取值 $\varphi'(0)$)成为 D 上的连续函数，而且在 D 上$|\varphi(z)/z|<1$，故在紧集$|z|\leqslant 1/2$上$|\varphi(z)/z|$的最大值小于1，由此即知结论成立，证毕.

现在给出本节的主要定理.

定理5.3.9 设 $\varphi:D\to D$ 单叶解析，$\varphi(a)=\in D$ 且 φ 不是 D 的自同构. C_φ 为 $H^2(D)$上相应的复合算子，那么

$$\sigma(C_\varphi) = \{\lambda:|\lambda|\leqslant\rho\}\cup\{\varphi'(a)^k:k=1,2,\cdots\}\cup\{1\},$$

其中 ρ 为 C_φ 的本性谱半径.

证明 如果 $\rho=0$，因为 φ 不是自同构，故 C_φ 不可逆，于是 $0\in\sigma(C_\varphi)$，从而 $\sigma(C_\varphi)=\{\varphi'(a)^n:n=1,2,\cdots,\}\cup[0,1]$.

若 $\rho>0$，且$0<|\lambda|<\rho$，我们将要证明：对充分大的 m，$(C_m-\lambda I)^*$ 是下无界的，其中 C_m 为 C_φ 在 H_m 上的限制，这里 $H_m=\operatorname{span}(z^m,z^{m+1},\cdots)$，由引理5.2.1，$\bar\lambda\in\sigma(C_\varphi)$，注意到 $\sigma(C_\varphi)$是闭集即可知定理的结论成立.

如果$\{z_k\}_{-K}^{\infty}$是一迭代序列，且$|z_0|>1/2$. 设

$$n = \max\{k:|z_k|>1/4\},$$

因为$\{|z_k|\}$为递减序列且收敛于0，可知 $n\geqslant 0$，且当 $k>n$ 时$|z_k|<1/4$，$k\leqslant n$ 时$|z_k|\geqslant 1/4$. 如果$|z_n|>1/2$，那么$|z_{n+1}|<1/4$蕴含

$|z_{n+1}|\leqslant 1/2|z_n|$，结合引理5.3.3可知存在$1/2\leqslant c<1$，使得当 $k\geqslant n$ 时，$|z_{n+1}|\leqslant c|z_n|$，反复应用此不等式可知，对 $k\geqslant n$，

$$|z_k| = |z_n|\left(\frac{|z_{n+1}|}{|z_n|}\right)\cdots\left(\frac{|z_k|}{|z_{k-1}|}\right)\leqslant |z_n|C^{k-n}. \tag{1}$$

在引理5.3.2中取 $r=1/4$，并设 M 为引理5.3.2中的插值常数（当然 $M\geqslant 1$），选取整数 m 充分大，使得

$$\frac{C^m}{|\lambda|} < \frac{1}{7M}. \tag{2}$$

我们欲证明 $C_m^* - \lambda I$ 在 H_m 上无下界.

如果$\{z_k\}_{-k}^{\infty}$是 φ 的迭代序列，其中$|z_0|>1/2$，那么级数

$$\sum_{k=-K}^{\infty}\lambda^{-k}K_{z_k}^m$$

绝对收敛，其中 K_w^m 表示 H_m 中在 $w\in D$ 处的计值泛函，

$$K_w^m(z) = \sum_{j=m}^{\infty}(\overline{w}z)^j = \frac{(\overline{w}z)^m}{1-\overline{w}z},$$

特别地有$\|K_w^m\|^2=|w|^{2m}/(1-|w|^2)$. 事实上，对 $k>n$，由于$|z_k|<1/4$，故有

$$\|K_{z_k}^m\| = \frac{|z_k|^m}{\sqrt{1-|z_k|^2}}\leqslant 2|z_k|^m,$$

于是有

$$\sum_{k=n+1}^{\infty}|\lambda|^{-k}\|K_{z_k}^m\|\leqslant 2\sum_{k=n+1}^{\infty}\frac{|z_k|^m}{|\lambda|^k}\leqslant\frac{|z_n|^m}{|\lambda|^n}\sum_{k=n+1}^{\infty}\left(\frac{C^m}{|\lambda|}\right)^{k-n}<\infty.$$

我们还需要$\|\sum\lambda^{-k}K_{z_k}^m\|$的下界，根据引理5.3.2，可找到 $f\in H^{\infty}(D)$，使得$\|f\|_{\infty}\leqslant M$ 且对 $k\leqslant n$，

$$|f(z_k)| = 1,\quad \frac{z_k^m f(z_k)}{\lambda^k(1-z_0\overline{z_k})}>0, \tag{3}$$

于是有

$$\left\langle\sum_{-K}^{\infty}\lambda^{-k}K_{z_k}^m,\frac{z^m f}{1-\overline{z_0}z}\right\rangle$$
$$=\sum_{-K}^{n}\frac{|z_k|^m}{|\lambda|^k|1-\overline{z_0}z_k|}+\frac{|z_n|^m}{|\lambda|^n|1-\overline{z_0}z_n|}+\sum_{k=n+1}^{\infty}\frac{\overline{z_n}^m\,\overline{f(z_k)}}{\lambda^k(1-z_0\overline{z_k})}.$$

由(2)式、引理5.3.3及$|1-z_0\overline{z_k}|\geqslant 3/4$可知

$$\left|\sum_{k=n+1}^{\infty}\frac{\overline{z_k}^m\overline{f(z_k)}}{\lambda^k(1-z_0\overline{z_k})}\right|\leqslant\sum_{k=n+1}^{\infty}\frac{|z_k|^m|f(z_k)|}{|\lambda|^k|1-z_0\overline{z_k}|}$$

$$\leqslant\frac{4M|z_n|^m}{3|\lambda|^n}\sum_{k=n+1}^{\infty}\left(\frac{C^m}{|\lambda|}\right)^{k-n}=\frac{4M|z_n|^m}{3|\lambda|^n}\frac{\frac{C^m}{|\lambda|}}{1-\frac{C^m}{|\lambda|}}$$

$$\leqslant\frac{4M|z_n|^m}{3|\lambda|^n}\frac{\frac{1}{7M}}{1-\frac{1}{7M}}\leqslant\frac{4M|z_n|^m}{3|\lambda|^n}\frac{1}{6M}$$

$$=\frac{2|z_n|^m}{9|\lambda|^n}.$$

于是有

$$\left|\left\langle\sum_{-K}^{\infty}\lambda^{-k}K_{z_k}^m,\frac{z^mf}{1-\overline{z_0}z}\right\rangle\right|$$

$$\geqslant\sum_{-K}^{n-1}\frac{|z_k|^m}{|\lambda|^k|1-\overline{z_0}z_k|}+\frac{|z_n|^m}{|\lambda|^n|1-\overline{z_0}z_n|}-\left|\sum_{k=n+1}^{\infty}\frac{\overline{z_k}^m\overline{f(z_k)}}{\lambda^k(1-z_0\overline{z_k})}\right|$$

$$=\sum_{-K}^{n-1}\frac{|z_k|^m}{|\lambda|^k|1-\overline{z_0}z_k|}+\frac{1}{2}\frac{|z_n|^m}{|\lambda|^n|1-\overline{z_0}z_n|}+\left(\frac{1}{2}\frac{|z_n|^m}{|\lambda|^n|1-\overline{z_0}z_n|}\right.$$

$$\left.-\left|\sum_{k=n+1}^{\infty}\frac{\overline{z_k}^m\overline{f(z_k)}}{\lambda^k(1-z_0\overline{z_k})}\right|\right)$$

$$\geqslant\sum_{-K}^{n-1}\frac{|z_k|^m}{|\lambda|^k|1-\overline{z_0}z_k|}+\frac{1}{2}\frac{|z_n|^m}{|\lambda|^n|1-\overline{z_0}z_n|}+\frac{|z_n|^m}{|\lambda|^n}\left(\frac{1}{4}-\frac{2}{9}\right)$$

$$\geqslant\sum_{-K}^{n-1}\frac{|z_k|^m}{|\lambda|^k|1-\overline{z_0}z_k|}+\frac{1}{2}\frac{|z_n|^m}{|\lambda|^n|1-\overline{z_0}z_n|}\geqslant\frac{1}{2}\frac{|z_0|^m}{1-|z_0|^2}.$$

因为

$$\left\|\frac{z^mf}{1-\overline{z_0}z}\right\|\leqslant\frac{M}{\sqrt{1-|z_0|^2}},$$

由 Cauchy 不等式可得

$$\left\|\sum_{-K}^{\infty}\lambda^{-k}K_{z_k}^m\right\| \geqslant \frac{\left|\left\langle\sum_{-k}^{\infty}\lambda^{-k}K_{z_k}^m, \frac{z^m f}{1-\overline{z_0}z}\right\rangle\right|}{\left\|\frac{z^m f}{1-\overline{z_0}z}\right\|} \geqslant \frac{|z_0|^m}{2M\sqrt{1-|z_0|^2}}$$

$$= \frac{1}{2M}\|K_{z_0}^m\|.$$

注意到 $H_m = z^m H^2(D)$ 是 C_φ 的不变子空间，故对 $g \in H_m$,

$$\langle g, C_\varphi^* K_w^m\rangle = \langle C_\varphi g, K_w^m\rangle = \langle g\circ\varphi, K_w^m\rangle$$
$$= g(\varphi(w)) = \langle g, K_{\varphi(w)}^m\rangle,$$

故可得

$$(C_m^* - \lambda I)\left(\sum_{-k}^{\infty}\lambda^{-k}K_{z_k}^m\right) = -\lambda^{k+1}K_{z_{-K}}^m,$$

且

$$\frac{\left\|(C_m^* - \lambda I)\left(\sum_{-K}^{\infty}\lambda^{-k}K_{z_k}^m\right)\right\|}{\left\|\sum_{-K}^{\infty}\lambda^{-k}K_{z_k}^m\right\|} \leqslant 2M|\lambda|^{k+1}\frac{\|K_{z_{-K}}^m\|}{\|K_{z_0}^m\|}.$$

最后，我们对迭代序列作适当的选择. 因为

$$\rho = \lim_{k\to\infty}\left(\limsup_{|w|\to 1}\frac{\|K_{\varphi_k(w)}\|}{\|K_w\|}\right)^{\frac{1}{k}},$$

设 $\rho > 0$，则对每个 k，必有

$$\limsup_{|w|\to 1}\|K_{\varphi_k(w)}\| = \infty.$$

因为 m 是固定的，对一切 $u \in D$,

$$\|K_u^m\| \leqslant \|K_u\| \leqslant \|K_u^m\| + m,$$

对靠近 ∂D 的 w，有

$$\frac{\|K_{\varphi_k(w)}^m\|}{\|K_w^m\|} \approx \frac{\|K_{\varphi_k(w)}\|}{\|K_w\|},$$

故有

$$\rho = \lim_{k\to\infty}\left(\limsup_{|w|\to 1}\frac{\|K_{\varphi_k(w)}^m\|}{\|K_w^m\|}\right)^{\frac{1}{k}}.$$

取 ρ' 使得 $|\lambda| < \rho' < \rho$，对任意正整数 K，存在靠近 ∂D 的点 W，使

得 $|\varphi_K(w)|>1/2$ 且

$$\frac{\|K^m_{\varphi_K(w)}\|}{\|K^m_w\|}>(\rho')^K.$$

设 $z_{-K}=w,z_{k+1}=\varphi(z_k)(k\geqslant -K)$，于是迭代序列 $\{z_k\}_{-K}^{\infty}$ 有 $|z_0|>1/2$，而且对此迭代序列有

$$\frac{\left\|(C_m^*-\lambda I)\left(\sum_{-K}^{\infty}\lambda^{-k}K^m_{z_k}\right)\right\|}{\left\|\sum_{-K}^{\infty}\lambda^{-k}K^m_{z_k}\right\|}\leqslant 2M|\lambda|^{K+1}\frac{\|K^m_{z_{-K}}\|}{\|K^m_{z_0}\|}$$

$$\leqslant 2M|\lambda|\left(\frac{|\lambda|}{\rho'}\right)^K.$$

因为 $|\lambda|<\rho'$，可取 K 充分大，使得上式右端充分小. 于是 $C_m^*-\lambda I$ 不是下有界的，故 $\bar{\lambda}\in\sigma(C_\varphi)$，证毕.

Kamowitz[Kam75]在1975年首先研究了符号 φ 不是内函数且在 D 内有不动点的复合算子的谱. 在他的主要定理中，假设 φ 在 $\overline{D}$ 上解析. 从定理5.3.9的证明中可知，Kamowitz 关于 φ 的假设目的是使得他可通过 φ 在 ∂D 上的不动点去求本性谱半径，及求 φ 的迭代序列，使得在定理5.3.9的证明中的那些估计仍然有效.

特别是，如果 φ 在 $\overline{D}$ 上解析且不是内函数，则可知，存在整数 n，使得 $S_n=\{w:|w|=1$ 且 $|\varphi_n(w)|=1\}$ 为空集或仅由有限个 φ_n 在 ∂D 的不动点组成，如果 φ 在 D 内有一个不动点，那么，对这样的 n，φ_n 在 ∂D 上的每个不动点处的导数大于1，C_φ^n 的本性谱半径为

$$\max\{\varphi'_n(w)^{-\frac{1}{2}}:w\in S_n\}.$$

应用谱映射定理可知，C_φ 的本性谱半径为

$$\rho=\max\{\varphi'_n(w)^{-\frac{1}{2n}}:w\in S_n\}.$$

Kamowitz 在假设 φ 在 $\overline{D}$ 上解析的前提下(但不假设 φ 是单叶的)证明了定理5.3.9的结论仍然成立.

定理5.3.10 设 φ 在 $\overline{D}$ 上解析，φ 不是内函数且 $\varphi(D)\subset D$，又设 φ 在 D 内有不动点，那么 $H^2(D)$ 上的复合算子 C_φ 的谱为

$$\sigma(C_\varphi)=\{\lambda:|\lambda|\leqslant\rho\}\cup\{\varphi'(a)^k:k=1,2,\cdots\}\cup\{1\},$$

其中 ρ 是 C_φ 的本性谱半径.

我们将内函数从上述定理中排除掉，并不是说当 φ 为内函数时更难得到 C_φ 的谱. 事实上，它们是在 D 内有不动点的函数中最简单的一类，我们将在§5.3.4节中看到，如果 φ 是在 D 内有不动点的内函数，但不是自同构，那么 C_φ 相似于重数为无穷的单向平移算子，从而 C_φ 的谱和本性谱皆为闭单位圆盘.

5.3.3 边界不动点($\varphi'(a)=1$)的情形

对于 Denjoy-Wolff 点 $a\in\partial D$ 且 $\varphi'(a)=1$ 的解析函数 $\varphi: D\to D$，C_φ 的谱的研究更为复杂. 事实上，这时有两种不同的情形. 这可由 φ 满足的迭代模型的缠绕关系加以区别.

第一种情形是：存在 D 中的解析函数 σ，使得 $\sigma(D)\subset D$，且 $\Phi\circ\sigma=\sigma\circ\varphi$，其中

$$\Phi(z)=\frac{(1\pm 2i)z-1}{z-1\pm 2i}.$$

第二种情形是：存在 D 中的解析函数 σ，使得 $\sigma\circ\varphi=\sigma+1$ 且

$$\bigcup_{n=-\infty}^{\infty}(\sigma(D)+n)=\mathrm{C},$$

这里 C 表示复平面，见[Co81]. 一般来说，对于我们现在讨论的情形，有 $\sigma(C_\varphi)\subset\overline{D}$，这可由下述定理得知：

定理5.3.11 设 $\varphi: D\to D$ 解析，a 为 φ 的 Denjoy-Wolff 点，则当 $|a|<1$ 时，C_φ 的谱半径为1；当 $|a|=1$ 时，C_φ 的谱半径为 $\varphi'(a)^{-1/2}$.

证明 由推论3.2.2知

$$\frac{1}{\sqrt{1-|\varphi(0)|}}\leqslant\|C_\varphi\|\leqslant\sqrt{\frac{1+|\varphi(0)|}{1-|\varphi(0)|}},$$

而 C_φ 的谱半径 $r=\lim\limits_{n\to\infty}\|C_\varphi^n\|^{1/n}=\lim\limits_{n\to\infty}\|C_{\varphi_n}\|^{1/n}$，由上述的范数估计，可得

$$\limsup_{n\to\infty}(1-|\varphi_n(0)|^2)^{-\frac{1}{2n}}\leqslant\lim_{n\to\infty}\|C_\varphi\|^{\frac{1}{n}}$$

$$\leqslant \liminf_{n\to\infty}\left(\frac{1+|\varphi_n(0)|}{1-|\varphi_n(0)|}\right)^{\frac{1}{2n}}$$

$$=\liminf_{n\to\infty}\frac{(1+|\varphi_n(0)|)^{\frac{1}{n}}}{(1-|\varphi_n(0)|^2)^{\frac{1}{2n}}}$$

$$=\liminf_{n\to\infty}(1-|\varphi_n(0)|)^{-\frac{1}{2n}},$$

因为$\lim\limits_{n\to\infty}(1+|\varphi_n(0)|)^{1/n}=1$，于是 C_φ 的谱半径为

$$\rho=\lim_{n\to\infty}(1-|\varphi_n(0)|^2)^{-\frac{1}{2n}}=\lim_{n\to\infty}(1-|\varphi_n(0)|)^{-\frac{1}{2n}}.$$

因为 $a=\lim\limits_{n\to\infty}\varphi_n(0)$，故当 $|a|<1$时，$\rho=1$.

当 $|a|=1$且 $\varphi'(a)<1$时，则由定理2.2.5知$\{\varphi_n(0)\}$非切向趋于 a，则由 Julia-Carathéodory 定理知

$$\lim_{n\to\infty}\frac{1-|\varphi_n(0)|}{1-|\varphi_{n-1}(0)|}=\varphi'(a),$$

于是

$$\lim_{n\to\infty}(1-|\varphi_n(0)|)^{-\frac{1}{2n}}=\lim_{n\to\infty}\left(\prod_{k=0}^{n-1}\frac{1-|\varphi_k(0)|}{1-|\varphi_{k+1}(0)|}\right)^{-\frac{1}{2n}}$$

$$=\lim_{n\to\infty}\left(\frac{1-|\varphi_{n-1}(0)|}{1-|\varphi_n(0)|}\right)^{\frac{1}{2}}=\varphi'(a)^{-\frac{1}{2}}.$$

当 $|a|=1$且 $\varphi'(a)=1$时，如果$\{z_n\}\subset D$ 且使得 $z_n\to a,\varphi(z_n)\to a$，且

$$\alpha=\lim_{n\to\infty}\frac{1-|\varphi(z_n)|}{1-|z_n|}$$

存在，那么 $\alpha\geqslant\varphi'(a)=1$，由此可知

$$\liminf_{n\to\infty}\left(\frac{1-|\varphi_n(0)|}{1-|\varphi_{n-1}(0)|}\right)\geqslant 1.$$

于是

$$\lim_{n\to\infty}(1-|\varphi_n(0)|)^{-\frac{1}{2n}}=\lim_{n\to\infty}\left(\prod_{k=0}^{n-1}\frac{1-|\varphi_k(0)|}{1-|\varphi_{k+1}(0)|}\right)^{\frac{1}{2n}}$$

$$\leqslant\limsup_{n\to\infty}\left(\frac{1-|\varphi_{n-1}(0)|}{1-|\varphi_n(0)|}\right)^{\frac{1}{2}}\leqslant 1.$$

另一方面，因为 $1-|\varphi_n(0)|\leqslant 1$（对任意 n），故有 $\lim\limits_{n\to\infty}(1-|\varphi(0)|)^{-1/(2n)}\geqslant 1$，所以，$\lim\limits_{n\to\infty}(1-|\varphi(0)|)^{-1/(2n)}=1=\varphi'(a)^{-1/2}$，证毕.

在定理5.3.5中，我们可知 C_φ 的谱半径为 $\varphi'(a)^{-1/2}$，但那里加了 φ' 在 $\overline{D}$ 上连续的条件，而在上述定理中，我们仅设 $\varphi: D\to D$ 解析，a 为 φ 的 Denjoy-Wolff 点. 不过这时，我们只知道 C_φ 的谱半径，但不知道 $\{\lambda: |\lambda|\leqslant\varphi'(a)^{-1/2}\}$ 是否即为 C_φ 的谱. 事实上，仅在 $\varphi: D\to D$ 解析，φ 的 Denjoy-Wolff 点 $a\in\partial D$，$\varphi'(a)=1$ 的条件下 $\sigma(C_\varphi)$ 可为 $\overline{D}$ 的真子集.

下面定理给出了区别上面提及的两个不同情形的一种方法.

定理5.3.12 设 $\varphi: D\to D$ 解析，$a\in\partial D$ 为 φ 的 Denjoy-Wolff 点，且 $\varphi'(a)=1$，则下列条件等价：

(1)存在 D 上的解析函数 σ，使得 $\sigma(D)\subset D$，$\Phi\circ\sigma=\sigma\circ\varphi$，其中 $\Phi(z)=[(1\pm 2i)z-1][z-1\pm 2i]^{-1}$；

(2)φ 的每个迭代序列为插值序列；

(3)对 φ 的某迭代序列 $\{z_k\}$，有

$$\inf\left\{\left|\frac{z_k-z_{k+1}}{1-\overline{z_k}\,z_{k+1}}\right|; k=0,1,2,3,\cdots\right\}>0.$$

证明 (1)⇒(2) 如果(1)成立，则有 $\Phi\circ\sigma=\sigma\circ\varphi$，其中 σ 和 Φ 如同条件(1)中所述，直接计算可知

$$\Phi_n(z)=\frac{\left(1\pm\dfrac{2}{n}i\right)z-1}{z-1\pm\dfrac{2}{n}i}.$$

先证明：$\{\Phi_n(0)\}_{-\infty}^{+\infty}=\{(1-(2i/n))^{-1}\}_{-\infty}^{+\infty}$ 为插值序列. 由[Hof62]知：$\{w_k\}$ 为插值序列当且仅当对任意 k，$\prod\limits_{j\neq k}|(w_k-w_j)/(1-\overline{w_j}w_k)|\geqslant\delta>0$. 我们称之为插值序列的 Carleson 条件. 由于

$$\left|\frac{\left(1-\dfrac{2}{k}i\right)^{-1}\left(1-\dfrac{2}{j}i\right)^{-1}}{1-\left(1-\dfrac{2}{k}i\right)^{-1}\left(1+\dfrac{2}{k}i\right)^{-1}}\right|^2=\frac{(k-j)^2}{4+(k-j)^2}$$

$$= 1 - \frac{4}{4 + (k-j)^2},$$

于是对每个整数 k,由 $\sum_{n=0}^{\infty} 4/(4+n^2) < \infty$ 知

$$\sqrt{\prod_{j\neq k}\left(1 - \frac{4}{4+(k-j)^2}\right)} = \sqrt{\prod_{n\neq 0}\left(1 + \frac{4}{4-n^2}\right)} > 0,$$

故 $\{\Phi_n(0)\}_{-\infty}^{+\infty}$ 为插值序列.

对任意 $w_0 \in D$, $\{\Phi_n(w_0)\}_{-\infty}^{+\infty}$ 是 $\{\Phi_n(0)\}_{-\infty}^{+\infty}$ 在某 Möbius 变换下的像. 故 $\{\Phi_n(0)\}_{-\infty}^{+\infty}$ 也是插值序列.

设 $\{a_k\}$ 为任意有界序列,由于 $\{\Phi_n(w_0)\}_{-\infty}^{+\infty}$ 为插值序列,故有有界解析函数 F,使得 $F(\Phi_k(w_0)) = a_k$,又因 $\Phi_k(w_0) = \Phi_k(\sigma(z_0)) = \Phi_{k-1}(\Phi\circ\sigma(z_0)) = \Phi_{k-1}(\sigma(z_0)) = \cdots = \Phi(\sigma(z_{k-1})) = \sigma(z_k)$,于是 $F\circ\sigma(z_k) = a_k$. 因为 $F\circ\sigma$ 为有界解析函数,故 $\{z_k\}$ 为插值序列.

(2)⇒(3) 因为

$$\inf\left\{\left|\frac{z_k - z_{k+1}}{1 - z_k \overline{z_{k+1}}}\right|\right\} \geqslant \inf\left\{\prod_{j\neq k}\left|\frac{z_k - z_j}{1 - z_k \overline{z_j}}\right|\right\}$$

由 Carleson 条件即得(3)成立.

(3)⇒(1) 由定理的条件,我们这时可分为两种情形. 故我们只要证明定理5.3.11前所述的第二种情形不可能发生即可.

若第二种情形发生,即有 D 上的解析函数 $\sigma: D\to D$, $\Phi: D\to D$ $(\Phi(w) = w+1)$,使得 $\sigma\circ\varphi = \sigma + 1$,设 $\{z_k\}$ 为 φ 的迭代序列,$\delta > 0$, $V\subset D$ 为 φ 的基本集. 因为 $\sigma(V)$ 为 $\Phi(w) = w+1$ 的基本集,故当 n 充分大时,$\sigma(D)$ 含有以 $\sigma(z_n)$ 为中心,$\delta/2$ 为半径的双曲圆盘. 现记 $f(w) = \sigma^{-1}(2\delta^{-1}w - \sigma(z_n))$,则 $f(D)\subset D$. 因为 $\sigma(z_{n+1}) = \sigma(\varphi(z_n)) = \sigma(z_n) + 1$,由 Pick 不等式即知

$$\left|\frac{z_n - z_{n+1}}{1 - z_n \overline{z_{n+1}}}\right| = \left|\frac{f(0) - f\left(\frac{\delta}{2}\right)}{1 - f(0)f\left(\frac{\delta}{2}\right)}\right| \leqslant \frac{\delta}{2} < \delta,$$

由于 $\delta > 0$ 任取,故 $\inf|(z_n - z_{n+1})/(1 - z_n \overline{z_{n+1}})| = 0$,这与条件(3)矛盾. 证毕.

利用 φ 的迭代序列,我们可给出 $|\lambda| = 1$ 为 C_φ 的特征值的条

件.

定理5.3.13 设 $\varphi: D\to D$ 解析，$a\in\partial D$ 为 φ 的 Denjoy-Wolff 点，且 $\varphi'(a)=1$，如果存在 φ 的迭代序列 $\{z_k\}$ 满足条件

$$\inf\left\{\left|\frac{z_k - z_{k+1}}{1 - \overline{z_k} z_{k+1}}\right| ; k = 0,1,2,\cdots\right\} > 0,$$

则任意单位复数 λ 都为 C_φ 的重数为无穷的特征值.

证明 由定理5.3.12知，存在解析映射 $\sigma: D\to D$，使得 $\Phi\circ\varphi=\sigma\circ\varphi$，其中

$$\Phi(z) = \frac{(1+2i)z-1}{z-1+2i}$$

(若 $\Phi(z)=((1-2i)z-1)/(z-1-2i)$，情形类似)，对任意实数 θ，设

$$f(z) = \exp(-\theta(\sigma(z)+1)(\sigma(z)-1)^{-1}),$$

易验证对一切 $z\in D$，$|f(z)|\leqslant 1$. 故 $f\in H^2(D)$，利用缠绕关系 $\Phi\circ\varphi=\sigma\circ\varphi$ 可知

$$\begin{aligned}
f(\varphi(z)) &= \exp(-\theta(\sigma\circ\varphi(z)+1)(\sigma\circ\varphi(z)-1)^{-1}) \\
&= \exp\left[-\theta\left(\frac{(1+2i)\sigma(z)-1}{\sigma(z)-1+2i}+1\right)\left(\frac{(1+2i)\sigma(z)-1}{\sigma(z)-1+2i}-1\right)^{-1}\right] \\
&= \exp\left[-\theta\,\frac{(1+2i)\sigma(z)-1+\sigma(z)-1+2i}{(1+2i)\sigma(z)-1-\sigma(z)+1-2i}\right] \\
&= \exp\left[-\theta\left(\frac{\sigma(z)+1}{\sigma(z)-1}-i\right)\right] \\
&= \exp(-\theta(\Phi\circ\sigma(z)+1)(\Phi\circ\varphi(z)-1)^{-1}) \\
&= e^{i\theta}f(z),
\end{aligned}$$

故 f 为特征值 $e^{i\theta}$ 的特征向量. 由 θ 可取任意实数，故可知任意单位复数都为 C_φ 的重数为无穷的特征值. 证毕.

推论5.3.4 设 φ 和 a 如同定理5.3.13，如果 D 中关于 φ 的任意迭代序列都是插值序列，则任意单位复数均为 C_φ 的重数为无穷的特征值.

推论5.3.5 设 φ 和 a 如同定理5.3.14，如果存在 D 上的解析函数 $\sigma: D\to D$，使得 $\Phi\circ\varphi=\sigma\circ\varphi$，其中 $\Phi(z)=[(1\pm 2i)z-1][z-1\pm 2i]^{-1}$，则任意单位复数均为 C_φ 的重数为无穷的特征值.

当第二种情形发生时，我们有如下的结果：

定理5.3.14 设 $\varphi: D \to D$ 解析，$a \in \partial D$ 为 φ 的 Denjoy-Wolff 点且 $\varphi'(a)=1$. 如果存在 D 到上半平面的解析映射 σ，使得对一切 $z \in D$，$\sigma \circ \varphi(z) = \sigma(z)+1$，那么对任意正实数 θ，函数

$$f_\theta(z) = \exp(i\theta\sigma(z))$$

满足 $|f_\theta(z)|<1(z \in D)$ 且 $f_\theta \circ \varphi = e^{i\theta} f_\theta$.

证明 因为 $\sigma(D)$ 为上半平面中的子集，故对任意 $z \in D$，$i\theta\sigma(z)$ 在左半平面中，从而 $|f_\theta(z)|<1$，而且

$$f_\theta(\varphi(z)) = \exp(i\theta\sigma(\varphi(z))) = \exp(i\theta(\sigma(z)+1)) = e^{i\theta} f_\theta(z).$$

证毕.

显然，存在 D 到上半平面的解析函数，使得 $\sigma \circ \varphi(z) = \sigma(z) - 1$，类似的定理成立，只不过是 $f_\theta \circ \varphi = e^{i\theta} f_\theta$ 被 $f_\theta \circ \varphi = e^{-i\theta} f_\theta$ 代替.

推论5.3.6 如果第二种情形发生，则 $H^2(D)$ 上的复合算子 C_φ 的谱和本性谱含有单位圆周. 而且，如果 λ 为 C_φ 的特征值，则对任意正实数 θ，$e^{i\theta}\lambda$ 也为 C_φ 的特征值.

证明 如果 g 为 C_φ 的相应于特征值 λ 的特征向量，因为 $f_\theta \in H^\infty(D)$，故 $f_\theta g \in H^2(D)$ 且

$$\begin{aligned} C_\varphi(f_\theta g)(z) &= f_\theta(\varphi(z)) g(\varphi(z)) = e^{i\theta} f_\theta(z) \lambda g(z) \\ &= (e^{i\theta}\lambda)(f_\theta g)(z), \end{aligned}$$

故 $f_\theta g \in H^2(D)$ 为 C_φ 相应于特征值 $e^{i\theta}\lambda$ 的特征向量.

由于常数1为 C_φ 的特征值，故单位圆周上的任一点都为 C_φ 的重数为无穷的特征值，因而单位圆周含于 C_φ 的谱和本性谱之中. 证毕.

从上面的讨论知：当 φ 的 Denjoy-Wolff 点 $a \in \partial D$，且 $\varphi'(a)=1$ 时，C_φ 的谱半径及本性谱半径均为1，即 $\sigma(C_\varphi) \subset \overline{D}$，Kamowitz 在1975年曾提问：如果 $|a|=1$ 且 $\varphi'(a)=1$，是否有 $\sigma(C_\varphi)=\overline{D}$?在一般情形，Kamowitz 的问题的回答是否定的. 我们可给出例子，说明 $\sigma(C_\varphi)$ 是 $\overline{D}$ 的真子集.

定义5.3.1 如果对任意 $t \geqslant 0$，φ_t 为 D 到 D 中的解析映射，且满足 $\varphi_0(z) \equiv z$，$\varphi_t \circ \varphi_s = \varphi_{t+s}$，$(z,t) \to \varphi_t(z)$ 为二元连续，则称集合

$\{\varphi_t: t\geqslant 0\}$为 D 上解析函数的单参数半群. 如果半群的指标 t 是复数，且存在 $\tau>0$，使得对于 $|\arg t|<\tau$，半群性质成立，且对任意 $z\in D$，映射 $t\to\varphi_t(z)$ 在扇形域 $|\arg t|<\tau$ 上解析，则称此半群为解析函数的全纯半群.

例 $\{r^t z: t\geqslant 0\}$（其中 $|r|\leqslant 1$）为解析函数的单参数半群. 而且此单参数半群可延拓成为全纯半群 $\{r^t z: \operatorname{Re} t>0\}$.

第二章中介绍的迭代模型给我们提供了理解解析函数半群的很好的途径. 由于 D 到 D 的自同构，或全平面到全平面的自同构 $\Phi(z)$ 都可构成半群. 满足 $\Phi_{n+k}(z)=\Phi_n\circ\Phi_k(z)$，由缠绕关系 $\Phi\circ\varphi=\sigma\circ\varphi$，可知对任意正整数 n，$\Phi_n\circ\varphi=\sigma\circ\varphi_n$，对此作形式上的推广 $\Phi_t\circ\varphi=\sigma\circ\varphi_t$. 可以证明在解析函数半群中的每个函数都是单叶的. 故缠绕映射 σ 是单叶的. 于是有 $\varphi_t=\sigma^{-1}\circ\Phi_t\circ\sigma$，由此可看出，只要对任意 $t\geqslant 0$，$\sigma(D)$ 在 Φ_t 映射下是不变的，上述关系式可用来构造一个半群 $\{\varphi_t: t\geqslant 0\}$.

如果 φ_t 是解析函数的半群，那么我们可利用算子半群的理论 [Hip57] 来研究强连续算子半群 $\{C_{\varphi_t}\}$，设 $\{T_t\}$ 为一族有界算子，如果满足 $T_{s+t}=T_sT_t$，$T_0=I$，且对空间中的任意 x，$t\to T_t x$ 是连续的，则称 $\{T_t\}$ 为强连续算子半群. 我们要寻求的关于复合算子谱的例子作为以这种方式给出的半群的一部分而得到.

对于给定的 $\theta(0<\theta\leqslant\pi)$，设 G 为扇形域 $G=\{\zeta: |\arg\zeta|<\theta\}$，令

$$\sigma(z)=\left(\frac{1+z}{1-z}\right)^{\frac{2\theta}{\pi}},$$

则 σ 为 D 到 G 上的共形映射. 如果 $0<\theta\leqslant\pi/2$，记 $\tau(G)=G$，如果 $\pi/2<\theta\leqslant\pi$，记 $\tau(G)=\{t: |\arg t|<\pi-\theta\}$，无论在哪种情形，当 $\zeta\in G$，$t\in\tau(G)$ 时，$\zeta+t\in G$. 对 $t\in\tau(G)$，令

$$\varphi_t(z)=\sigma^{-1}(\sigma(z)+t),$$

则 φ_t 在 D 中解析，且 $\varphi_t(D)\subset D$，函数 φ_t 有 Denjoy-Wolff 点 1，且 $\varphi_t'(1)=1$. 我们将复合算子 C_{φ_t} 记为 C_t，若 $\theta=\pi/2$（因此 G 为右半平面），对 $\operatorname{Re} t>0$，由于这时 $\sigma(z)=(1+z)/(1-z)$，$\sigma^{-1}(w)=(w-$

1)/(w+1)，故有

$$\varphi_t(z)=\sigma^{-1}\left(\frac{1+z}{1-z}+t\right)=\sigma^{-1}\left(\frac{1+z+t(1-z)}{1-z}\right)$$
$$=\frac{1+z+t(1-z)-1+z}{1+z+t(1-z)+1-z}=\frac{t+(2-t)z}{(2+t)-tz}.$$

如果 $\theta=\pi/4$，则对 $|\arg t|<\pi/4$，有

$$\varphi_t(z)=\frac{t^2+2t+\sqrt{1-z^2+(2-t^2)z}}{(2+t^2)+2t\sqrt{1-z^2}-t^2z}.$$

定理5.3.15 设 $\theta,G,\tau(G)$ 及 C_t 如上述. 那么在 $H^2(D)$ 上

$$\sigma(C_t)\subset\left\{e^{-\beta t}:|\arg\beta|\leqslant\left|\frac{\pi}{2}-\theta\right|\right\}\cup\{0\}$$

对一切 $t\in\tau(G)$ 成立.

证明 集合 $\{C_t:t\in\tau(G)\}$ 为全纯算子半群. 事实上，因为算子值函数按范数拓扑是解析的当且仅当按弱算子拓扑是解析的. 故只要验证对任意 $f\in H^2(D)$，任意 $z\in D$，映射 $t\to\langle C_t(f),K_z\rangle$ 为 $\tau(G)$ 上的解析函数. 由于 σ^{-1} 和 f 均为 D 上的解析函数，故 $\langle C_t(f),K_z\rangle=f(\sigma^{-1}(\sigma(z)+t))$ 是 $\tau(G)$ 上的解析函数. 特别是，$t\to C_t$ 是连续的，且为 $\tau(G)$ 上的全纯函数.

设 A 是由 $\{I\}\cup\{C_t:t\in\tau(G)\}$ 生成的按范数闭的算子代数，则 A 是一个具有单位元的可交换 Banach 代数，由 Gelfand 理论知：C_t 作为 A 中元素的谱为

$$\sigma_A(C_t)=\{\Lambda(C_t):\Lambda\text{ 为 }A\text{ 上的可乘线性泛函}\}.$$

对于 A 上的可乘线性泛函，设 $\lambda(t)=\Lambda(C_t)(t\in\tau(G))$. 因为 Λ 是可乘的，由 Gelfand 理论知 $\|\Lambda\|=1$，且又因 C_t 是按范数全纯半群，故 $\lambda(t)$ 为 $\tau(G)$ 上的解析函数，且满足

$$\lambda(t_1+t_2)=\Lambda(C_{t_1+t_2})=\Lambda(C_{t_1})\Lambda(C_{t_2})=\lambda(t_1)\lambda(t_2),$$

由此可知 $\lambda(t)\equiv0$ 或存在复数 β，使得 $\lambda(t)=e^{-\beta t}$，而且，对任意 $t\in\tau(G)$，利用 $\|\Lambda\|=1$ 可知

$$|e^{-\beta t}|=\lim_{n\to\infty}|e^{-\beta nt}|^{\frac{1}{n}}=\lim_{n\to\infty}|\Lambda(C_t^n)|^{\frac{1}{n}}$$

$$\leqslant \lim_{n\to\infty}\|C_t^n\|^{\frac{1}{n}} = \varphi_t'(1)^{-\frac{1}{2}} = 1,$$

由此及 $\tau(G)$ 的定义即可知 $|\arg\beta|\leqslant|\pi/2-\theta|$，于是有

$$\sigma(C_t)\subset\sigma_A(C_t) = \{\Lambda(C_t):\Lambda \text{ 为 } A \text{ 上的可乘线性泛函}\}$$

$$\subset\left\{e^{-\beta t}:|\arg\beta|\leqslant\left|\frac{\pi}{2}-\theta\right|\right\}\cup\{0\}.$$

证毕.

推论5.3.7 设 $0<\theta\leqslant\pi/2$，G，$\tau(G)$ 及 C_t 如前所述，那么在 $H^2(D)$ 上

$$\sigma(C_t) = \left\{e^{-\beta t}:|\arg\beta|\leqslant\frac{\pi}{2}-\theta\right\}\cup\{0\}$$

对一切 $t\in\tau(G)$ 成立.

证明 当 $|\arg\beta|\leqslant\left|\frac{\pi}{2}-\theta\right|$ 时，$\beta\sigma(z)$ 的实部是正值，故 $f(z)=\exp(-\beta\sigma(z))$ 在 $H^\infty(D)$ 之中. 因为 $f(\varphi_t(z))=\exp(-\beta\sigma(z)-\beta t)=e^{-\beta t}f(z)$，故 $e^{-\beta t}$ 为 C_t 的特征值，故有

$$\sigma(C_t)\supset\left\{e^{-\beta t}:|\arg\beta|\leqslant\frac{\pi}{2}-\theta\right\}.$$

由定理5.3.16及 $\sigma(C_t)$ 是闭集的事实即可知推论成立. 证毕.

当 $\theta=\pi/2$ 时，对任意 $t\in\tau(G)$，$\sigma(C_t)$ 为从1到0的一条对数螺旋线. 特别地，当 $\theta=\pi/2$，$t=2$ 时，$\varphi(z)=\varphi_2(t)=(2-z)^{-1}$，而 $\sigma(C_\varphi)=[0,1]$.

当 $\theta=\pi/4$，$t=1$ 时，

$$\varphi(z)=\varphi_1(z)=\frac{1+z+\sqrt{1-z^2}}{3-z+\sqrt{1-z^2}},$$

则

$$\sigma(C_\varphi) = \left\{e^{-\beta}:|\arg\beta|\leqslant\frac{\pi}{4}\right\}\cup\{0\}$$

为 D 内的一心型区域.

5.3.4 符号为内函数的复合算子的谱

在本节中，我们考虑符号为内函数的复合算子的谱. 对于内函

数 φ，当 φ 的 Denjoy-Wolff 点 $a\in D$ 时，Nordgren 早在1968年就证明了 C_φ 相似于一等距算子，而且给出了此等距算子的 Wold 分解([No68](见定理3.28))，特别是，当 φ 不是 Möbius 变换时，$\sigma(C_\varphi)=\overline{D}$；当 φ 是 Möbius 变换时，$\sigma(C_\varphi)=\{\varphi'(a)^n: n=1,2,\cdots\}$. 当 φ 为 Möbius 变换，且 φ 的 Denjoy-Wolff 点 $a\in\partial D$ 时，则有 $\sigma(C_\varphi)=\{\lambda: \varphi'(a)^{1/2}\leqslant|\lambda|\leqslant\varphi'(a)^{-1/2}\}$(见定理5.1.2)，对于不是 D 的自同构的内函数 φ，且其 Denjoy-Wolff 点 $a\in\partial D$ 时，C_φ 的谱是本节讨论的主要内容.

定理5.3.16 设 $\varphi: D\to D$ 为内函数，φ 不是自同构且在 D 内有不动点，那么 $H^2(D)$ 上的复合算子 C_φ 相似于一个等距算子，其酉部分为一个一维子空间上的恒等算子，真等距部分为重数为无穷的单向平移算子. 而且

$$\sigma(C_\varphi)=\sigma_e(C_\varphi)=\{\lambda: |\lambda|\leqslant 1\}.$$

证明 如果 $\varphi(a)=a$，$|a|<1$，设

$$\psi(z)=\frac{a-z}{1-\bar{a}z},$$

则 ψ 为 D 到 D 上的自同构，$\psi(a)=0$，$\psi(0)=a$ 且 $\psi^{-1}=\psi$. 那么 $\psi\circ\varphi\circ\psi$ 为以0为不动点的内函数，而 $C_{\psi\circ\varphi\circ\psi}=C_\psi^{-1}C_\varphi C_\psi$ 相似于 C_φ，故不妨设 φ 为使得 $\varphi(0)=0$ 的内函数.

由 C_φ 的范数估计可知，当 $\varphi(a)=0$ 时，$\|C_\varphi f\|=\|f\|$ $(f\in H^2(D))$. 即 C_φ 为等距算子. 下面考虑等距算子 C_φ 的 Wold 分解. 因为 $C_\varphi 1=1$，$C_\varphi^* 1=C_\varphi^* K_0=K_{\varphi(0)}=K_0=1$. 于是由1张成的一维子空间是 C_φ 的约化子空间. 而且 C_φ 在此子空间上的限制为恒等算子. 如果 $g\in[1]^\perp=zH^2(D)$，那么对一切 n，

$$\|C_\varphi^n f\|=\|f\|=\|g\|=\|C_\varphi^n g\|.$$

如果 $h\in\bigcap_n C_\varphi^n(zH^2(D))$，那么对任意 n，存在 $f=zg\in zH^2(D)$，使得 $h=C_\varphi^n f$ 且 $\|h\|=\|f\|=\|g\|$，另一方面，对 $w\in D$，

$$\begin{aligned}|h(w)|&=|(C_\varphi^n f)(w)|=|\varphi_n(w)||(C_\varphi^n g)(w)|\\&\leqslant|\varphi_n(w)|\|C_\varphi^n g\|\|K_w\|=|\varphi_n(w)|\|h\|\|K_w\|.\end{aligned}$$

因 φ 不是共形自同构，且 φ 的 Denjoy-Wolff 点为0，故 $|\varphi_n(w)|$ 收敛

于0,从而 $h=0$,于是 $\bigcap_n C_\varphi^n(zH^2(D))=\{0\}$. 这说明 C_φ 的酉部分是 C_φ 在[1]上的限制,而 C_φ 的真等距部分是 C_φ 在 $zH^2(D)$上的限制.

因为 C_φ 是等距算子,C_φ 的值域为闭集且其真等距部分的重数即为 $C_\varphi(H^2(D))^\perp$ 的维数. 由假设,φ 不是自同构,可知 $C_\varphi(H^2(D))^\perp$ 是无限维的.

最后,因为 C_φ 的真等距部分是重数为无穷的单向平移,故可知 C_φ 的谱及本性谱都是闭单位圆盘. 证毕.

对于 Denjoy-Wolff 点在 ∂D 上的内函数 φ,如果 φ 为 Möbius 变换,定理5.1.2和定理5.1.3给出了 C_φ 的谱和本性谱. 如果 φ 不是 Möbius 变换,C_φ 的谱和本性谱有着较好的结构. 先考虑 C_φ 及 C_φ^* 的点谱.

定理5.3.17 设 $\varphi: D\to D$ 为内函数,φ 不是自同构,且 φ 的 Denjoy-Wolff 点 $a\in\partial D$,如果 $|\lambda|<\varphi'(a)^{1/2}$,则 λ 为 C_φ^* 的重数为无穷的特征值.

证明 我们将要证明:如果 $|\lambda|=r<\varphi'(a)^{1/2}$,则 $C_\varphi-\bar{\lambda}I$ 是左可逆的,但不是 Fredholm 算子. 这说明 $C_\varphi^*-\lambda I$ 是右可逆的,但不是 Fredholm 算子,即 λ 是 C_φ^* 的重数为无穷的特征值.

当 $|a|=1$时,利用 Julia-Carathéodory 定理可知

$$\varphi'(a)^{\frac{1}{2}}=\lim_{n\to\infty}\left(\frac{1-|\varphi_n(0)|}{1+|\varphi_n(0)|}\right)^{\frac{1}{2n}}.$$

因为 $r<\varphi'(a)^{1/2}$,故当 n 充分大后有

$$r^n<\left(\frac{1-|\varphi_n(0)|}{1+|\varphi_n(0)|}\right)^{\frac{1}{2}}.$$

因为 φ_n 为内函数,由关于 C_φ 的范数估计可知

$$\left(\frac{1-|\varphi_n(0)|}{1+|\varphi_n(0)|}\right)^{\frac{1}{2}}\|f\|\leqslant\|C_{\varphi_n}f\|=\|C_\varphi^n f\|,$$

而且 C_φ^n 是一对一的,C_φ^n 的值域 R 为闭集. 设 P 为 $H^2(D)$到 R 上的正交投影,又设 A 是 C_φ^n 作为 $H^2(D)$到 R 上的映射的逆,即 AC_φ^n

$=I$ 且 $C_\varphi^n A=I_R$，由上面的估计式可知

$$\|AP\| \leqslant \|A\| \leqslant \left(\frac{1+|\varphi_n(0)|}{1-|\varphi_n(0)|}\right)^{\frac{1}{2}}.$$

故对任意实数 θ，级数

$$L_\theta = \sum_{k=0}^{\infty} r^{nk} e^{ink\theta} (AP)^{k+1}$$

绝对收敛.

因为 $APC_\varphi^n = AC_\varphi^n = I$，直接验证可知 $C_\varphi^n - r^n e^{in\theta}$ 为 L_θ 的左逆. 因为 $\ker(C_\varphi^n)=\{0\}$ 且 C_φ^n 有闭值域，但 C_φ^n 不可逆，于是 $\ker C_\varphi^{*n}=R^\perp$ 是无限维的. 如果 $v\in R^\perp$，那么 $Pv=0$，因而 $L_\theta v=0$，因为 L_θ 为 $C_\varphi^n - r^n e^{in\theta}$ 的左逆，由此可知 L_θ 也是左本性逆，故若 $C_\varphi^n - r^n e^{in\theta}$ 在模去紧算子后是可逆的(即在 Calkin 代数中可逆)，则 L_θ 即为其逆算子. 因为 L_θ 有无限维的核空间，它不能在模去紧算子后可逆(即 L_θ 不是 Calkin 代数中的可逆元)，故 $C_\varphi^n - r^n e^{in\theta}$ 不是 Fredholm 算子. 这说明 C_φ^n 的本性谱 $\sigma_e(C_\varphi^n)$ 包含圆周 $\{\mu: |\mu|=r^n\}$.

设

$$\tilde{L}_\theta = L_\theta \prod_{k=1}^{n-1} \left(C_\varphi - re^{i\left(\theta+\frac{2k\pi}{n}\right)}\right),$$

由恒等式

$$\prod_{k=1}^{\infty} \left(C_\varphi - re^{i\left(\theta+\frac{2k\pi}{n}\right)}\right) = C_\varphi^n - r^n e^{in\theta}$$

可知算子 $\tilde{L}_\theta$ 是 $C_\varphi - re^{i\theta}$ 的左逆. 因为 $\sigma_e(C_\varphi^n)$ 包含半径为 r^n 的圆周，由 Calkin 代数的谱映射定理说明 $\sigma_e(C_\varphi^n)$ 与原点为中心，r 为半径的圆周相交. 如果 $\sigma_e(C_\varphi^n)$ 不包含整个圆周，则存在 λ_0 位于 $\sigma_e(C_\varphi^n)$ 的边界且 $|\lambda_0|=r$，但由此可知当 λ 沿着圆周 $|\lambda|=r$ 在 C_φ 的本性豫解集中趋于 λ_0 时，$C_\varphi-\lambda I$ 的本性逆的范数要趋于无穷. 对适当的 θ，因为 $\tilde{L}_\theta$ 为 $C_\varphi-\lambda I$ 的左逆，它必定是 $C_\varphi-\lambda I$ 的本性逆，但对一切实数 θ，

$$\|\tilde{L}_\theta\|_e \leqslant \|\tilde{L}_\theta\| \leqslant \|A\|(1-r^n\|A\|)^{-1}(\|C_\varphi\|+r)^{n-1},$$

即 $\sigma_e(C_\varphi^n)$ 的边界不与半径为 r 的圆周相交. 但已证 $\sigma_e(C_\varphi^n)$ 与该圆

周相交，得矛盾．于是 $\sigma_e(C_\varphi^n)$ 包含以原点为中心，r 为半径的圆周.

至此，我们已证 $C_\varphi-\lambda I$ 是左可逆的，但对一切 $\lambda(|\lambda|=r<\varphi'(a)^{1/2})$，$C_\varphi-\lambda I$ 不是 Fredholm 算子．证毕.

结合定理5.3.17和定理5.3.3，可得如下的结果：

定理5.3.18 设 $\varphi: D\to D$ 为内函数，φ 不是 Möbius 变换，φ 的 Denjoy-Wolff 点 $a\in\partial D$，则对 $H^2(D)$ 上的复合算子 C_φ 有

$$\sigma(C_\varphi)=\sigma_e(C_\varphi)=\{\lambda: |\lambda|\leqslant\varphi'(a)^{-\frac{1}{2}}\}.$$

证明 由定理5.3.17，$\{\lambda: |\lambda|=r<\varphi'(a)^{1/2}\}$ 为 C_φ^* 的特征值组成的集合，再由定理5.3.3知 $\{\lambda: \varphi'(a)^{1/2}<|\lambda|<\varphi'(a)^{-1/2}\}$ 是 C_φ 的重数为无穷的特征值组成的集合，故这些集合都含于 C_φ 的本性谱集之中，又因 C_φ 的谱半径为 $\varphi'(a)^{-1/2}$，且 C_φ 的谱和本性 都为紧集，故可知定理的结论成立．证毕.

由上定理知，如果 φ 为内函数且不是自同构，则 C_φ 的 和本性谱都为以原点为中心，$\varphi'(a)^{-1/2}$ 为半径的圆盘，有着很 的结构.

习题五

1. 设 φ 为抛物型自同构，φ 的 Denjoy-Wolff 点为 a，证明：当 z 沿着极限圈 $|a-z|^2=k(1-|z|^2)$ 趋于 a 时，

$$\lim_{z\to a}\frac{1-|\varphi(z)|}{1-|z|}=\varphi'(a).$$

2. 设 $0<s<1$，$\varphi(z)=[(1+s)z+(1-s)]/[(1-s)z+(1+s)]$，$\varphi$ 为 D 的自同构，$\varphi(\pm1)=\pm1$ 且 $\varphi'(1)=s$.

(a) 给定 $\lambda(|\lambda|=1)$，求无限多个在 D 上解析的函数 f，使得 f 和 $1/f$ 有界，而且 $f(\varphi(z))=\lambda f(z)$；

(b) 设 $H^2(\beta)$ 是加权 Hardy 空间，使得有界解析函数都为它的乘子(例如 $\beta(n)^2=(n+1)^{1-\gamma}$，$\gamma\geqslant1$)．证明：在 $H^2(\beta)$ 上，

$$M_f^{-1}C_\varphi M_f=\lambda C_\varphi.$$

3. 设 $\varphi(0)=0$ 且 C_φ 为 $H^2(D)$ 上的紧算子，求 C_φ 的特征函数的系数的递推公式，并证明：如果 f 为 C_φ 的特征函数，则对任意正整数 k，$f^k\in H^2(D)$.

4. 证明 $H^2(D)$ 上的紧复合算子的每一个特征空间的维数均为1.

5. 举出一个 $H^2(D)$ 上的紧复合算子的例子，使其符号 φ 在 $\bar{D}$ 上的不动点多于一个.

6. 证明：如果 $H^2(\beta)$ 是加权 Hardy 空间，满足 $\sum \beta(k)^{-2}<\infty$，而且 C_φ 是 $H^2(\beta)$ 上的紧复合算子，那么 φ 在 D 中仅有一个不动点.

7. 证明：如果 φ 是在 D 上解析的函数，且 φ 不为内函数，那么存在正整数 n，使得 $\{e^{i\theta}:|\varphi_n(e^{i\theta})|=1\}$ 为空集或仅由 φ_n 的有限个不动点组成.

8. 设 φ 在 $\bar{D}$ 上解析，$\varphi(D)\subset D$，φ 的 Denjoy-Wolff 点 $a\in\partial D$ 且 $\varphi'(a)<1$，证明：如果 $b\in\partial D$ 为 φ 的另一个不动点，$|\lambda|<(\varphi'(b))^{-1/2}$，那么 λ 不是 C_φ 的特征值.

9. 设 $\varphi: D\to D$ 解析，φ 的 Denjoy-Wolff 点 $a\in\partial D$ 且 $\varphi'(a)<1$，证明 C_φ^* 的任意特征值都是无限重的.

10. 设 B 为 D 上的内函数，记 $H=BH^2(D)$，对 $w\in\{w\in D: B(w)\neq 0\}$，求 H 中在 w 处计值的核函数 K_w^B，即求 $K_w^B\in H$，使得对任意 $f\in H$，$\langle f,K_w^B\rangle=f(w)$. 你能对解析函数的 Hilbert 空间的任意子空间解类似的问题吗？

11. 对 $\varphi(z)=-(z^3+z)/2$，求 $H^2(D)$ 上的算子 C_φ 的谱.

12. 求一个解析函数的单参数半群，使之含有自同构 $\varphi(z)=(2z+1)/(2+z)$.

13. 证明在一个解析函数的单参数半群中的任意函数都是单叶的.

14. 举例说明：存在 D 到 D 内的单叶解析函数 $\varphi(z)$，它不在某解析函数的半群之中.

15. 设 ψ 是非平凡的内函数，$\varphi(z)=z\psi(z)$，设 $k(z)$ 是垂直于 $\psi H^2(D)$ 的函数. 证明：对任意非负整数 n，$zk\varphi^n$ 垂直于 C_φ 的值域 R. 于是，$R^\perp$ 是无限维的.

注　记

1968年 E. Nordgren 在[No68]中首先考虑了可逆复合算子的谱，由于 C_φ 可逆的充要条件是 φ 为 Möbius 变换，他分三种不同的类型求出了可逆复合算子的谱. 对于 $H^p(B_N)$ 上的复合算子，当 φ 为 $\mathbb{C}^n$ 中的单位球 $B_N(N>1)$ 的自同构时，C_φ 的谱有着与 $H^2(D)$ 情形类似的结构，这结构由 B. D. MacCluer 在1984年[Mc84b]得到证实. 1975年，J. Caughran 和 H. Schwarz[CaS75]开始研究 $H^2(D)$ 上的紧复合算子的谱. 1984年 B. D. MacCluer 在 $H^2(B_N)$ 情形得

到了与 $H^2(D)$ 上复合算子相应的结果. 1989年, N. Zorboska[Zo89a]将部分结果推广到加权 Hardy 空间 $H^2(\beta)$ 的情形.

一般情形, $H^2(D)$ 上的复合算子 C_φ 的谱的研究始于 H. Kamowitz 于1975年发表的论文[Kam75], 他在假设 φ 在 $\bar{D}$ 上解析的条件下, 得到了许多漂亮的结果. 1983年 C. C. Cowen 在他的论文[Co83]中将 Kamowitz 的结果作更具一般性的推广, 在仅设 φ 在 D 内解析的条件下, 利用他的 Schröder 函数方程的解的研究及由他给出的迭代模型[Co81]研究 C_φ 的谱. 本节的许多定理及其证明都源于[Co81]. 1994年, C. C. Cowen 和 B. D. MacCluer [CoM94]又将其主要结果推广到 $H^2(B_N)$ 上框架之中.

A. Siskakis([Sis85]—[Sis94b])对复合算子半群, 复合算子半群的无穷小生成元, 及其它们的谱进行了广泛的研究. 而本章 § 5. 3. 3中利用复合算子半群给出在 $|a|=1, \varphi'(a)=1$ 情形, $\sigma(C_\varphi)$ 可为 $\bar{D}$ 的真子集的例子, 则来自 Cowen 的文章[Co83].

复合算子的谱的研究中, 解决得较好的是可逆算子, 紧算子及符号为内函数的复合算子, 对于 Denjoy-Wolff 点在 D 内的符号 φ, 我们介绍的结果多数是在假设 φ 在 D 上解析或 φ' 在 D 上连续等较强条件下给出的, 这里有许多未解决的问题. 解决得较为理想的是 $|a|=1$ 且 $\varphi'(a)<1$ 的情形. 这时, 我们利用加权平移这有力的工具, 利用了核函数 K_z 可张成一个 C_φ^* 的不变子空间, 而且 C_φ^* 在此不变子空间上像一个加权平移这一事实. 对于 $|a|=1$ 且 $\varphi'(a)=1$ 的情形, 就更难处理. 由 Cowen 的迭代模型可知, 这时可分为两种情形, 对每种情形, 关于 C_φ 的谱的信息我们知道得都不多. 从本章介绍的结果看到, 对于几乎处处有 $|\varphi(e^{i\theta})|<1$ 的情形(如定理5. 3. 4, 定理5. 3. 5), 及几乎处处有 $|\varphi(e^{i\theta})|=1$ 的情形(如 C_φ 为可逆的情形及符号为内函数的情形), 我们得到了一些较深刻的结果. 但是对于 $\{e^{i\theta}: |\varphi(e^{i\theta})|<1\}$ 和 $\{e^{i\theta}: |\varphi(e^{i\theta})|=1\}$ 都有正测度的情形, 关于 C_φ 的谱, 至今未见有用的结果. 因此, 关于复合算子的谱的研究还刚刚开始. 许多关于复合算子谱的问题的解决还有待于引入一些特殊的方法和工具.

参 考 文 献

[Ab89a] M. Abate, Common fixed points of commuting holomorphic maps, Math. Ann. 283(1989),645—655. (MR 90k#32074)

[Ab89b] M. Abate, Iteration Theory of Holomorphic Maps on Taut Manifolds, Research Notes in Mathematics, Maditerranean Press, Rende, Italy, 1989. (MR 92I#32032)

[ABT96] M. J. Appel, P. S. Bourdon and J. J. Thrall , Norms of composition operators on the Hardy space , Experiment Math. 5 (1996), No. 2, 111—117. (MR 97h#47022)

[Ab92] M. Abate, The infinitesimal generators of semi-groups of holomorphic maps , Ann. Math. Pura. Appl. 161(1992), 167—180. (MR93I # 32029)

[AhC74] P. R.. Ahern and D. N. Clark, On inner functions with H^p derivative, Michigan J. Math. 21(1974), 115—127. (MR49 # 9218)

[Alv82] A. B. Aleksandrov, Existence of inner functions in the unit ball, Math. USSR Sbornik 46(1983),143—159. (MR83I#32002)

[Aln88] A. Aleman, On the codimension of the range of a composition operator, Rend. Swm. Math. Univ. Politec. Torino 46(1988),323—326. (MR 92d#47062)

[Aln90] A. Aleman, Compactness of resolvent operators generated by a class of composition semigroups on H^p, J. Math. Anal. Appl. 147(1990), 171—179. (MR91b# 47062)

[Aln93] A. Aleman, Compact composition operators and iteration J. Math. Anal. Appl. 173(1993),550—556. (MR 94a #47051)

[Alp60] L. Alpar, Egyes hatvanysorok asolut konvergen-ciaa a konvergencia kor keruleten, Matematikai Lapok 11(1960).

[ArF84] J. Arazy and S. D. Fisher, Some aspects of the minimal, Mōbius-invariant space of analytic functions on the unit disc, Interpolation

Spaces and Allied Topics in Analysis (Lund 1983), Springer-Verlag, Berlin, 1984, 24—44. (MR 86m # 46024)

[ArF85] J. Arazy and S. D. Gisher, The uniqueness of the Dirichlet space among Möbius-invariant Hilbert spaces, Illinois J. Math. 29 (1985), 449—462. (MR 86j # 30072)

[ArfP85] J. Arazy, S. D. Fisher and J. Peetre, Möbius invariant function spaces, J. reine angew. Math. 363 (1985), 110—145. (MR 87f # 30104)

[AHHK84] W. Arveson, D. W. Hadwin, T. B. Hoover and E. E. Kymala, Circular operators, Indiana Univ. Math.. 33(1984). 583—593. (MR 84b # 47050)

[AtN72] K. B. Athreya and P. E. Ney, Branching processes, Springer-Verlag, Berlin, 1972. (MR 51 # 9242)

[Att92] K. R. M. Attele, Multipliers of the range of composition operators, Tokyo . Math. 15(1992), 185—198. (MR93j # 47042)

[Ax88] S. Axler, Bergman spaces and their operators, Surveys of Some Recent Results in Operator Theory, Vol. I, edited by J. Conway and B. Morrel, Longman Scientific and Technical, Harlow, 1988, 1—50. (MR 89b # 47004)

[BaP79] I. N. Baker and C. H. Pommerenke, On the iteration of analytic functions in a half plane II, J. London Math. Soc. (2) 20(1979), 255—258. (MR83j # 30024)

[Beh73] D. F. Behan, Commuting analytic functions without fixed points, Proc. Amer. Math. Soc. 37(1973), 114—120. (MR 46 # 7492)

[Bel94] S. R. Bell, Complexity of the classical kernel functions of potential theory, preprint, 1994.

[Ber80] E. Berkson, One parameter semigroups of isometries into H^p, Pacific J. Math. 86(1980), 403—413. (MR 82e # 47051)

[Ber81] E. Berkson, Compositon operators isolated in the uniform operator topology, Proc. Amer. Math. Soc. 81 (1981), 230—232. (MR 82f # 47039)

[BKP74] E. Berkson, R. Kaufman and H. Porta, Möbius transformations of the disc and one-parameter groups of isometries on H^p, Trans.

Amer. Math. Soc. 199(1974), 223—239. (MR 50# 14365)

[BeP78] E. Berkson and H. Porta, Semigroups of analytic functions and composition operators, Michigan J. Math. 25(1978), 101 — 115. (MR 58#1112)

[BeP80] E. Berkson and H . Porta, The group of isometries on Hardy spaces of the n -ball and the polydisc , Glasgow Math. J. 21(1980), 199—204. (MR 81m#32006)

[Bern85] B. Berndtsson, Interpolating sequences for H^∞ in the ball, Math. Indag. 47(1985), 1—10. (also Proc. Kon. Nederl. Akad. Wetens. 88a(1985), 1—10. (MR87a #32007)

[Bl92] O. Blasco, Operators on weighted Bergman spaces ($0 < p \leqslant 1$) and applications, Duke Math. J. 66(1992), 443 — 467. (MR 93h # 47036)

[Bos87] R. P. Boas, Invitation to Complex Analysis, Random House, New York, 1987.

[BoH93] A Bottcher and H. Heidler, Algebraic composition operators, Integral Equations Operator Theory 15(1992), 389 — 411. (MR 93b#47057)

[Bou87] P. S. Bourdon, Density of polynomials in Bergman spaces , Pacific J. Math. 130(1987), 215—221. (MR 89a#46060)

[Bou90] P. S. Bourdon, Fredholm multiplication and composition operators on H^2 , Proc. Symposia Pure Math. 51(part2)(1990). 43 — 53. (MR 91h#47028)

[BoS90] P. S. Bourdon and J. H. Shapiro, Cyclic phenomena for composition operators, preprint, 1993.

[Boy74] D. M. Boyd, Composition operators on the Bergman space, Colloq. Math. 34(1975), 127—136. (MR 54#1002)

[Boy76] D. M. Boyd, Composition operators on $H^p(A)$, Pacific J. Math. 62 (1976), 55—60. (MR 54#1002)

[dBr85] L. DE. Branges, A proof of the Bieberbach conjecture, Acta Math. 154(1985), 137—152. (MR 86h#30026)

[Bu81] R. B. Burckel, Iterating self maps of the discs, Amer . Math. Monthly 88(1981), 396—407. (MR 82g# 30046)

[Cam72] M. Cambern and K. Jarosz, The isometries of H_k^∞ , Proc. Amer. Math. Soc. 107(1989), 205—214. (MR 90a#46083)

[CaJ89] M. Cambern and K. Jarosz, The isometries of H_k^1, Proc. Amer. Math. Soc. 107(1989), 205—214. (MR 90a#46083)

[Car89] R. K. Campbell-Wright, On the Equivalence of Composition Operators, Thesis, Purdue University , 1989.

[Car91] R. K. Campbell-Wright, Equivalent composition operators, Integral Equations Operator Theory 14(1991) ,775—786.

[Car93] R. K. Campbell-Wright, Similar compact composition operators, Acta Sci. Math. (Szeges) 58(1993), 473—495.

[Car94] R. K. Campbell-Wright, Unitarily equivalent compact composition operators, Houston J, Math. , to appear.

[Cac60] C. Caratheodory, Theory of Functions, Vol. II, Chelsea, New York, 1960. (MR 16#346c)

[Cal62] L. Carleson, Interpolations by bounded analytic functions and the corona problem, Annals Math. 76(1962), 547—559. (MR 31# 549)

[Caj85] J. W. Carlson, Weighted Composition Operators on l^2 , Thesis, Purdue University, 1985.

[Caj89] J. W. Carlson , Reducible weighted composition operators, preprint, 1989.

[Caj90a] J. W. Carlson, Hyponormal and quasinormal weighted composition operators on l^2 , Rocky Mountain J. Math. 20(1990), 399—407. (MR 91# 47033)

[Caj90b] J. W. Carlson, The spectra and commutants of some weighted composition operators, Trans. Amer. Math. Soc. 317(1990), 631—654. (MR 90e#47045)

[CaC91] T. Carroll and C. C. Cower, Compact composition operators not in the Schatten classes, J. Operator Theory 26(1991), 109—120. (MR 94c#47045)

[Cau71] J. G. Caughran, Polynomial approximation and spectral properties of composition operators on H^2 , Indiana Univ. Math. J. 21(1971),81—84. (MR 44#4213)

[CaS75] J. G. Caughran and H. Schwartz, Spectra of compact composition operators , Proc. Amer. Math. Soc. 51(1975), 127—130. (MR 51#13750)

[ChS91] K. C. Chan and. H. Shapiro, The cyclic behavior of translation operators on Hilbert spaces of entire functions ,Indiana Univ. Math. J. 40(1991), 1421—1449. (MR 92m#47060)

[Che96] L. Chen,On weak compactness of composition operators on Bergman spaces of several complex variables, J. Operator Theory 35(1996), No. 1,67—84. (MR97I#47056)

[Che84] G. S. Chen, Integration of holomorphic maps of the open unit ball and the generalized upper half plane of C^n, J. Math. Anal. Appl, 98(1984), 305—313. (MR 85e#32001)

[ChK89] J. S. Choa and H. O. Kim, Composition with a nonhomogeneous bounded holomorphic function on the ball, Canadian J. Math. 41 (1989), 870—881. (MR 91a# 32006)

[Cho89] B. R. Choe, Composition property of holomorphic functions on the ball, Michigan Math. 36(1989), 289—301. (MR 90g#32005)

[Cho92] B. R. Choe, The essential norms of composition operators, Glasgow Math. J. 34(1992),143—155. (MR 93h#47037)

[Cim77] J. A. Cima, A theorem on composition operators, Banach Spaces of Analytic Functions, Lecture Notes in Math. ,Vol. 604, Springer-Verlag,Berlin, 1977, 21—24. (MR 57#13562)

[CiH90] J. A. Cima and L. Hansen, Space-preserving composition operators, Michigan J. Math. 37(1990), 227—234. (MR 91m#47042)

[CiMA94] J. A. Cima and A. Matheson, Completely continuous composition operators, Trans. Amer. Math. Soc. 344(1994), 849—856.

[CiMe94] J. A. Cima and P. R. Mercer, Composition operators between Bergman spaces on convex domains in C^n,J. Operator Theory, to appear.

[CiSW84] J. A. Cima, C. S. Stanton, and W. R. Wogen, On boundedness of composition operators on $H^2(B^2)$, Proc. Amer. Math. Soc. 91 (1984), 217—222. (MR 85j#47030)

[CiTW74] J. A. Cima, J. Thomson and W. R. Wogen, On some properties of composition operators, Indiana Univ. Math. J. 24(1974), 215—220. (MR 50# 2979)

[CiW74] J. A. Cima and W. R. Wogen, On algebras generated by composition operators, Canadian J. Math. 26(1974), 1234—1241. (MR 50# 2978)

[CiW82] J. A. Cima and W. R. Wogen, A Carleson measure theorem for the Bergman space on the ball, J. Operator Theory 7(1982), 157—165. (MR 83# 46022)

[CiW87] J. A. Cima and W. R. Wogen, Unbounded composition operators on $H^2(B^2)$, Proc. Amer. Math. Soc. 99(1987), 477—483. (MR 88d# 32009)

[Cir73] E. M. Cirka, The Lindelöf and Fatou theorem in C^n, Math. USSR sb. 21(1973), 619—641. (MR 49# 3180)

[CK97] J. S. Choa, H. O. Kim, Compact composition operators on the Nevanlinna class, Proc. Amer. Math. Soc. 125(1997), No. 1, 145—151. (MR 97c# 47031)

[CoL66] E. F. Collingwood and A. J. Lohwater, The Theory of Cluster Sets, Cambridge Univ. Press, Cambridge, 1966. (MR 38# 325)

[Con90] J. B. Conway, A Course in Functional Analysis, second edition, Springer-Verlag, New York, 1990. (MR 86h# 46001)

[CON91] J. B. Conway, The Theory of Subnormal Operators, American Math. Soc., Providence, 1991. (MR 92h# 47026)

[Co78] C. C. Cowen, The commutant of an analytic Toeplitz operator, Trans. Amer. Math. Soc. 239 (1978), 1—31. (MR 58# 2420)

[Co80a] C. C. Cowen, The commutant of an analytic Toeplitz operator, II, Indiana Univ. Math. J. 29(1980), 1—12. (MR 82e# 47038)

[Co80b] C. C. Cowen, An analytic Toeplitz operator that commutes with a compact operator, J. Functional Analysis 36(1980), 169—184. (MR 81d# 47020)

[Co81] C. C. Cowen, Iteration and the solution of functional equations for functions analytic in the unit disk, Trans. Amer. Math. Soc. 265 (1981), 69—95. (MR 82I# 30036)

[Co82] C. C. Cowen, Analytic solutions of Bottcher's functional equation in the unit disk, Aequations Mathematicae 24(1982), 187—194. (MR 84h#30031)

[Co83] C. C. Cowen, Composition operators on H^2, J. Operator Theory 9 (1983), 77—106. (MR 84d#47038)

[Co84a] C. C. Cowen, Commuting analytic functions, Trans. Amer. Math. Soc. 283(1984),685—695. (MR85I # 30054)

[Co84b] C. C. Cowen, Subnormality of the Cesaro operator and a semigriup of composition operators, Indiana Univ. Math. J. 33(1984), 305—318. (MR 86g#47034)

[Co88] C. C. Cowen, Linear fractional composition operators on H^2, Integral Equations Operator Theory 11(1988), 151—160. (MR 89b #47044)

[Co90a] C. C. Cowen, Composition operators on Hilbert spaces of analytic functions: A status report, Proc. Symposia Pure Math. 51(part 1) (1990),131—145. (MR91m#47043)

[Co90b] C. C. Cowen, An application of Hadamard multiplication to operators on weighted Hardy spaces, Linear Alg. Appl. 133 (1990),21—32. (MR 92e#47046)

[Co92] C. C. Cowen, Transferring subnormality of adjoint composition operators on H^2,J. Functional Analysis 81(1988), 298—319. (MR 90c#47055)

[CoL88] C. C. Cowen and S. Li, Hilbert space operators that are subnormal in the Krein space sense, J. Operator Theory 20(1988), 165—181. (MR 90b# 47063)

[CoM94] C. C. Cowen and B. D. MacCluer , Spectra of some composition operators, J. Functional Analysis 125(1994), 223—251.

[CoP82] C. C. Cowen and CH. Pommerenke, Inequalities for the angular derivative of an analytic function in the unit disk, J. London Math. Soc. (2)26 (1982), 271—289. (MR 84a#30006)

[Ded72] J. A. Deddens, Analytic Toeplitz and composition operators, Canadian . Math. 24(1972), 859—865. (MR 46#9789)

[Den26] A. Denjoy, Sur l'iteration des fonctions analytiques C. R. Acad.

Sci. Paris Ser. A. 182(1926), 255—257.

[Di89] S. Dineen, The Schwarz Lemma, Oxford Mathema-tical Monogrpphs, Clarendon Press, Oxford, 1989. (MR 91f#46064)

[Do72] R. G. Douglas, Banach Algebra Techniques in Operator Theory, Academic Press, New York, 1972. (MR 50#14335)

[Dug66] J. Dugundji, Topology, Allyn and Bacon, Boston. 1966. (MR 57# 17581)

[Dus88] N. Dunford and J. Schwartz, Linear Operators, Part 1, Wiley, New York, 1988. (MR90g#47001a)

[DUR70] P. L. Duren, Theory of H^p Spaces, Academic Press, New York, 1970. (MR 42#3552)

[Dy72] E. Dynkin, Functions with given estimate for $\partial f/\partial\bar{z}$ and N. Levinson's theorem, Math. USSR Sbornik 18(1972), 181—189. (MR 48#4324)

[Em73] M. R. Embry, A generalization of the Halmos-Bram criterion for subnormality, Acta Sci. Math. (Szeged) 35(1973), 61—64. (MR 48#6994)

[Er53] A. Erdelyi, et. al., Higher Transcendental Functions, Vol. 1, McGraw-Hill, New York, 1953. (MR 15# 419I)

[Er54] A. Erdelyi, et. al., Tables of Integral Transforms, Vol. 1, McGraw-Hill, New York, 1954. (MR 15#868a)

[Es85] M. Essen, D. F. Shea, and C. S. Stanton, A value-distribution criterion for the class L logL and some related questions, Ann. Inst. Fourier (Grenoble) 35,4(1985), 127—150. (MR 87e#30041)

[Fig85a] B. D. Figura, Composition operators on Hardy space in several complex variables, J. Math. Anal. Appl. 109 (1985), 340—354. (MR 87c#47045)

[Fig85b] B. D. Figura, Spectra of compact composition operators on Hardy spaces in several complex variables, Bull. Polish Acad. Sci. 33 (1985), 299—304. (MR 87d#47042)

[Fig88] B. D. Figura, The spectra of a certain class of composition operators, Opuscula Math. 4(1988), 31—43. (MR 90j#47030)

[Fis83a] S. D. Fisher, Eigen-values and eigen-vectors of compact composition operators on $H^p(\Omega)$, Indiana Univ. Math. J. 32(1983), 843—847. (MR 84k#47028)

[Fis83b] S. D. Fisher, Function Theory on Planar Domains, John Wiley and Sons, New York, 1983. (MR 85d# 30001)

[Fo64] F. Forelli, The isometries of H^p , Canadian J. Math. 16(1964), 721—728. (MR29#6336)

[Ga81] J. Garnett, Bounded Analytic Functions, Academic Press, New York, 1981. (M 83g#30037)

[Ge77] R. Gellar, Circularly symmetric normal and subnormal operators, J. D'analyse Math. 32(1977), 93—117. (MR 58#12479)

[GLMR92] P. Gorkin, L. Laroco, M. Martini, and R. Rupp, Composition of inner functions , preprint , 1992.

[Gu89] J. Guyker, On reducing subspaces of composition operators, Acta Sci. Math. (Szeged) 53(1989),369—376. (MR 91a#47041)

[HaY91] K. T. Hahn and E. H. Youssfi, Möbius invariant Besov spaces and Hankel operators in the Bergman space on the ball in C_n, Complex Variables 17(1991) , 89—104. (MR 92m#47051)

[Haz67] G. Halasz, On Taylor series absolutely convergent on the circumference of the circle of convergence, I, Publ. Math. , Debrecen 14(1967), 63—68. (MR 36#3964)

[Hal50] P. R. Halmos, Normal dilations and extensions of operators, Summa Brasil . Math. 2(1950), 125—134. (MR 13#359b)

[Hal74] P. R. Halmos, Measure Theory , Springer-Verlag, New York , 1974. (c. 1950)

[Hal82] P. R. Halmos, A Hilbert Space Problem Book, Springer-Verlag, New York, 1982. (MR 84e#47001)

[Hay20] G. H. Hardy, Note on a theorem of Hilbert, Math. Zeit. 6(1920), 314—317.

[Has63] T. E. Harris, The Theory of Branching Processes , Springer-Verlag, Berlin, 1963. (MR 29#664)

[Hast75] W. W. Hastings, A Carleson measure theorem for Bergman spaces, Proc, Amer. Math. Soc. 52(1975), 237—241. (MR 51#11082)

[Hat94] O. Hatori, Fredholm composition operators on spaces of holomorphic

functions , Integral Equations Operator Theory 18(1994),202—210.
[HaS71] T. L. Hayden and T. J. Sufridge, Biholomorphic maps in Hilbert space have a fixed point, Pacific J. Math. 38(1971), 419—422. (MR 46#4288)
[He63] M. Herve, Quelques proprietes des applications analytiques d'une boule a m demensions dans ellememe, J. Math. Pures Appl. 42 (1963),117—147. (MR 28#3177)
[HiP57] E. Hille and R. S. Phillips, Functional Analysis and Semigroups, revised ed., American Math. Soc. Providence, 1957. (MR 54# 11077)
[HoY61] J. G. Hocking and G. S. Young, Topology, Addison Wesley, Reading, 1961.
[Hof62] K. Hoffman, Banach Spaces of Analytic Functions, Prentice Hall, Englewood cliffs, 1962. (MR 24#A2844)
[Hor67] L. Hormander, L^p estimates for (pluri-) subharmonic functions, Math. Scand. 20(1967), 65—78. (MR 38# 2323)
[Hr78] S. Hruscev, The problem of simultaneous approximation and removal of singularitied of Cauchy type integrals , Proc. Steklov Inst. Math. 130(1979), 133—202. (MR 80j#30055)
[Hu89] H. Hunziker, Kompoositionsoperatoren auf klassischen Hardy-raumen, Thesis, University of Zurich, 1995.
[HuJ91] H. Hunziker,and H. Jarchow, Composition operators which improve integrability, Math. Nachr. 152(1991),83—99. (mr 93D#47061)
[HuJM90] H. Hunziker, H. Jarchow, and V. Mascioni, Some topologies on the space of analytic self-maps of the unit disk, Geometry of Banach Spaces (Strobl, 1989), Combridge Univ. Pross, Cambridge, 1990, 133—148. (MR 92k#47059)
[Hur94] P. R. Hurst, A model for invertible composition operators on H^2, Proc. Amer. Math. Soc., to appear.
[Hur95] P. R. Hurst, Composition Operators on the Hardy and Bergman Spaces on the Disk, Thesis, Purdue University, 1995.
[Jaf90] F. Jafari, On bounded and compact composition operators in polydiscs, Canadian J. Math. 42(1990), 869—889. (MR 91#

47065)

[Jaf92] F. Jafari, Composition operators in Bergman spaces on bounded symmetric domains, Contemp. Math. 17(1992), 277—291. (MR 94c#47046)

[Jaf94] F. Jafari, Composition operators in Bergman spaces on bounded symmetric domains, preprint, 1994.

[Jar92] H. Jarchow, Some factorization properties of composition operators, Progress in Functional Analysis (Peniscola, 1990) North Holl and Math Studies, 170(1992), 405—413. (MR 93e#47037)

[Jar93] H. Jarchow, Some functional analytic properties of composition operators ,Proc. Conf. At Kruger Park, 1993. (MR 93e#47037)

[Jar94] H. Jarchow, Absolutely summing composition operators, Functional Analysis: Proceedings of the Essen Conference Marcel Dekker, 1994, 193—202.

[JaR93] H. Jarchow and R. Riedl, Factorization of composition operators through type spaces, Illinois J. Math. To appear.

[JeW97] J. S. Jeang and N. C. Wong ,Weighted composition operators of $C_0(X)s$, J. Math. Anal. Appl. 201 (1996), No. 3, 981—993. (MR 97f#47029)

[Jom95] H. Jovovic and B. D. Maccluer, Composition operators on Dirichlet spaces, Preprint, 1995.

[Ju20] G. Julia, Extension nouvelle d'une lemme de Schwarz, Acta Math. 42 (1920), 349—355.

[Kah85] J. P. Kahane, Some Random Series of Functions, second edition, Cambridge University Press, Cambridge, 1985. (MR 87m#60119)

[Kam73] H. Kamowitz, The spectra of endomorphisms of the disc algebra, Pacific J. Math. 46(1973), 433—440. (MR 49#5918)

[Kam75] H. Kamowitz, The spectra of composition operatirs on H^p , J. Functional Analysis 18(1975), 132—150. (MR53#11417)

[Kam76] H. Kamowitz, The spectra of endomorphisms of algebras of analytic functions, Pacific J. Math. 66(1976), 433—442. (MR 58#2426)

[Kam78] H. Kamowitz, The spectra of a class of operators on the disc algebra, Indiana Univ. Math. J. 27 (1978), 581—610. (MR 58

#2427)

[Kam79] H. kamowitz, Compact operators of the form uC_φ, Pacific J. Math. 80(1979), 205—211. (MR 80f#47027)

[Ki85] A. K. Kitover, Weighted composition operators in spaces of analytic functions, Zapiski Nauchnykh Seminarov Leningradskogo Otdeleniya Matematicheskogo Instituta imeni V. A. Steklova Akademii Nauk SSSR (LOMI), 41(1985), 154—161, 190—191. (MR 86#47047)

[Koe84] G. Koenigs, Recherches sur les integrales de certaines equations fonctionnelles, Ann. Sco. Ecole Norm. Sup. (Ser. 3), 1(1884), supplement, 3041.

[Kol81] C. J. Kolaski, Isometries of Bergman spaces over bounded runge domains, Canadian J. Math. 33(1981), 1157—1164. (MR 83b# 32028)

[Kol82] C. J. Kolaski, Isometries of weightes Bergman spaces, Canadian J. Math. 34(1982), 910—915. (MR 84#46054)

[Kon90] W. Konig, Semicocycles and weightes composition semigroups on H^p, Michigan J. Math. 37 (1990), 469—476. (MR 91m# 17057)

[Koo80] P. Koosis, Introduction to H_p Spaces, Cambridge University Press, Cambridge, 1980. (MR 81c# 30062)

[Koo80] P. Koosis, The Logarithmic Integral, Cambridge University Press, Cambridge, 1988. (MR 90#30097)

[Kra92] S. G. Krantz, Function Theory in Several Complex Cariables, 2nd ed., Wadsworth & Brooks/Cole, Pacific Grove, 1992. (MR 93c# 32001)

[Kri79] T. L. Kriete, On the structure of certain $H^2(\mu)$ spaces, Indiana Univ. Math. J. 28(1979), 757—773. (MR 80I#46015)

[Kri87] T. L. Kriete, Cosubnormal dilation semigroups on Bergman spaces, J. Operator Theory 17(1987), 191—200. (MR 88e#47041)

[Kri94] T. L. Kriete and B. D. MacCluer, Composition operators and weightes polynomial approximation, Proc. Symposia Pure Math. 51 (part 2) (1990), 175—182. (MR 91j#47034)

[KrM90b] T. L. Kriete and B. D. MacCluer, Mean square approximation by polynomials on the unit disk, Trans. Amer. Math. Soc. 322

(1990),1－34. (MR 91b# 30119)

[KrM92] T. L. Kriete and B. D. MacCluer, Composition operators on large weighted Bergman spaces, Indiana Univ. Math. J. 41(1992), 755－788. (MR 93I#47031)

[KrM94] T. L. Kriete and B. D. MacCluer, A rigidity theorem for composition operators on certain Berman spaces, Mich. Math. J. to appear.

[KrR87] T. L. Kriete and H. C. Rhaly, Translation semigroups on reproducion kernal Hilbert spaces , J. Operator Theory 17(1987), 33－83. (MR 88e#47080)

[KrT71] T. L. Kriete and D. Trutt, The Cesaro operator in l^2 is subnormal, American J. Math. 93(1971), 215－225. (MR 43#6744)

[KrT74] T. L. Kriete and D. Trutt, On the Cesaro operator, Indiana Univ. Math. J. 24(1974),197－214. (MR 50#2981)

[KS95] B. S. Komal, N. Sharama, Some characterizations of invertible Hilbert-Schmidt and Fredholm weighted composition operators, Bull Calcutta Math. Soc. 87(1995) No. 3, 315－220. (MR97g#47023)

[Kub83] Y. Kubota, Iteration of holomorphic maps of the unit ball into itself, Proc. Amer. Math. Soc. 88(1983),476－485. (MR 85c#32047b)

[Kuc63] M. Kuczma, On the Schroeder equation, Rozprawy Mat. 34 (1963). (MR 30#4082)

[La76] A. Lambert, Subnormality and weighted shifts, J. London Math. Soc. (2) 14(1976), 476－480. (MR 55# 8866)

[La76] E. Landau and G. Valiron, A deduction from Schwarz's lemma, J. London Math. Soc. 4(1929),162 －163.

[Le70] S. J. Leon,Composition operators on B^p , the containing Banach space of H^p , $0< p <1$, Noticed Amer. Nath. Soc. 17(1970), 784.

[Lik89] K. Y. Li, Inequalities for fixed points of holomorphic functions, Bull. London Math. Soc. 22(1994),446－452. (MR 92h#30002)

[Lis94] S Y. Li , Trace ideal criteria for composition operators on Bergman spaces, preprint,1994.

[LiR95] S. Y. Li and B. Russo, On compactness of composition operators in Hardy spaces of several variables, Proc. Amer. Math. Soc. 123

(1995), 161—171.

[Lin90] P. K. Lin, The isometries of $H^\infty(E)$, Pacific J. Math. 143(1990), 69—77. (MR 91F#46075)

[Lin91] P. K. Lin, The isometries of $H^p(K)$, J. Austral. Math. Soc. 50 (1991), 23—33. (MR 92d#46091)

[Lit25] J. E. Littlewwood, On inequalities in the theory of functions, Proc. London Math. Soc. (2)23(1925), 481—519.

[LM] B. A. Lotto and J. E. Mccarthy, Composition preserves rigidity, Bull. London Math. Soc. 25(1993), 573—576.

[Low82] E. Low, A construction of inner functions on the unit ball of C^p, Invent. Math. 67(1982), 223—229. (MR 84j#32008b)

[Lub75] A. Lubin, Isometries induces by composition operators and invariant subspaces, Illinois J. Math. 19(1975), 424—427. (MR 54#3477)

[Lue83] D. H. Luecking, Inequalities on Bergman spaces, Illinois J. Math. 25(1981), 1—11. (MR 82e#30072)

[Lue83] D. H. Luecking, A technique for characterizing Carleson measures on Bergman spaces, Proc. Amer. Math. Soc. 87(1983), 656—660. (MR 84e#32025)

[Lue87] D. H. Luecking, Trace ideal criteria for Toeplitz operators, J. Functional Analysis 73(1987), 345—368. (MR 88m#47046)

[LuZ92] D. H. Luecking and K. Zhu, Composition operators belonging to the Schatten ideals, American J. Math. 114(1992), 1127—1145. (MR 93I#47032)

[Ma95] T. Matsamoto, Compact weighted composition operators on the domain of a closed *-derivation in $C(K)$, Acta Sci. Math. (Szeged) 61(1995), 511—521. (MR 97g#47025)

[Mc83] B. D. MacCluer, Iterates of holomorphic self-maps of the unit ball in C^n, Michigan J. Math. 30(1983), 97—106. (MR 85c#32047a)

[Mc84a] B. D. MacCluer, Spectra of compact composition operators on $H^p(B_N)$, Analysis 4(1984), 87—103. (MR 86e#47038)

[Mc84b] B. D. MacCluer, Spectra of automorphism-induces composition operators on $H^p(B_N)$, J. London Math. Soc. (2) 30 (1984), 95—104. (MR 86g#47036)

[Mc97] B. D. MacCluer, Fredholm composition operators, Proc. Amer. Math. Soc. 125(1997),163—166. (MR 97c#47039)

[Mv85] B. D. MacCluer, Compact composition operators on $H^p(B_N)$, Michigan J. Math. 32(1985),237—248. (MR 86g#47037)

[Mc87] B. D. MacCluer, Composition operators on S^p, Houston J. Math. 13 (1987),245—254. (MR 88r#47044)

[Mc89] B. D. MacCluer, Components in the space of composition operators, Integral Equations Operator Theory 12(1989), 725—738. (MR 91b #47070)

[MCm93] B. D. MacCluer and P. R. Mercer, Composition operators between Hardy and weighted Bergman spaces on convex domains in C^N, Proc. Amer. Math. Soc., to appear.

[McS86] B. D. MacCluer and J. H. Shapiro, Angular derivatives and compact composition operators on the Hardy and Bergman spaces, Canadian J. Math. 38(1986), 878—906. (MR 87h#47048)

[Mad93a] K. M. Madigan, Composition operators into Lipschitz type spaces, Thesis, Suny Albany, 1993.

[Mad93b] K. M. Madigan, Composition operators on analytic Lipschitz spaces, Proc. Amer. Math. Soc. 119(1993),465—473. (MR 93k#47043)

[MaM93] K. M. Madigan and A. Matheson, Compact composition operators on the Bloch space, Proc. Amer. Math. Soc., to appear.

[Mad93a] K. M. Madigan, Composition operators into Lipschitz type space, Suny Albany, 1993.

[Mad93b] K. M. Madigan, Composition operators on analytic Lipschitz spaces, Proc. Amer. Math. Soc. 119(1993),465—473. (MR 93k#4043)

[MaM93] K. M. Madigan and A. Matheson, Compact composition operators on the Bloch space, Proc. Amer. Math. Soc., to appear.

[MaS82] D. E. Marshall and K. Stephenson, Inner divesors and composition operators, J. Functional Analysis 46(1982),131—148. (MR h# 46067)

[Mas85] M. Masri, Compact composition operators on the Nevanlinna and

Smirnov classes, Thesis, University of North Carolina, Chapel Hill, 1985.

[Mat89] V. Matache, Composition operators on H^p of the upper half- plane, An. Univ. Timisoara Ser. Stiint. Math. 119(1989), 63—66. (MR 92k#47063)

[Mat93] V. Matache, On the minimal invariant subspaces of the hyperbolic composition operator, Proc. Amer. Math. Soc. 27(1993), 837—841. (MR93m#47038)

[MaY94] Y. Matsugu and T. Yamada, On the isometries of $H_E^\infty(B)$, Proc. Amer. Math. Soc. 120(1994), 1107—1112. (MR 94f#46043)

[Mayd79] D. H. Mayer, Spectral properties of certain composition operators arising in statistical mechanics, Comm. Math. Phys. 68(1979), 1—8. (MR 80h#47040)

[Mayd80] D. H. Mayer, On composition operators on Banach spaces of holomorphic functions, J. Functional Analysis 35(1980), 191—206. (MR 81e#47025)

[Mayj79] J. Mayer, Isometries in Banach spaces of functions, holomorpic in the unit disc and smooth up to its boundary, Moskow Univ. Math. Bull. 34(1979), 38—43. (MR 80I#46023)

[Mer93] P. R. Mercer, Extremal disks and composition operators on convex domains in C^N, Rocky Mtn. J. Math., to appear.

[Moc89] N. Mochizuki, Algebras of holomorphic functions between H^p and N., Proc. Amer. Math. Soc. 105 (1989), 898—902. (MR 90a #46137)

[Mor88] F. Morgan, Geometric Measure Theory, Academic Press, Boston, 1988. (MR 89f#49036)

[Ne70] R.. Nevanlinna, Analytic functions, translated by P. Eming, Springer-Verlag, Berlin, 1970. (MR 43#5003)

[No68] E. A. Nordgren, Composition operators, Canadian J. Math. 20 (1968), 442—449. (MR 36#6961)

[No 78] E. A. Nordgren, Composition operators on Hilbert spaces, Hilbert Space Operators, Lecture Notes in Math., Vol. 693, Springer-Verlag, Berlin, 1978, 37—63. (MR 80d#47046)

[NoRR84] E. A. Nordgren, H. Radjavi and P. Rosenthal, Composition operators and the invariant subspace problem, C. R. Math. Rep. Acad. Sci. Canade 6(1984) , 279—282.

[NoRW87] E. A. Nordgren, P. Rosenthal and F. S. Wintrobe, Invertible composition operators on H^p ,J. Functional Analysis 73(1987), 324—344. (MR 89c#47044)

[Nos34] K. Noshiro, On the theory of schlicht functions, J. Fac. Sci. Hokaido U. (1) 2(1934—1934), 129—155.

[NoO85] W. P. Novinger and D. M. Oberlin, Linear isometries of some normed spaces of analytic functions, Canadian J. Math. 37(1985), 62— 74. (MR 86f#46022)

[Pa96] S. Panayappan, Non-hypomormal weighted composition operators , Indian J. Pure Appl. Math. 27 (1996),979—983. (MR 97I#47062)

[Pe90] M. M. Peloso, Möbius invariant spaces on the unit ball, Thesis, Washington University St. Louis. 1990.

[Pe92] M. M. Peloso, Möbius invariant spaces on the unit ball, Michigan J. Math. 39(1992), 509—536. (MR 93k#46018)

[Poi07] H. Poincaré, Les fonctions analytiques de deux variables et la representation conforme, Rend. Circ. Matem. Palermo 23(1907), 185—220.

[Pom92] CH. Pommerenke, Boundary Behaviour of Conformal Maps, Springer-Verlag, Berlin,1992.

[Pow85] S. C. Power, Hormander's Carleson theorem for the ball, Glasgow Math. J. 26(1985). 13—17. (MR 86e#32007)

[Ri69] W. C. Ridge, Composition Operators, Thesis, Indiana University, 1969.

[Ri73] W. C. Ridge, Spectrum of a composition operator, Proc. Amer. Math . Soc. 37(1973), 121—127. (MR 46#5583)

[Ri74] W. C. Ridge, Characterization of abstract composition operators, Proc. Amer. Math Soc. 45(1974), 393—396. (MR 49#11310)

[Rie94] R. Riedl, Composition operators and geometric properties of analytic functions, Inaugural-dissertation, University of Zurich, 1994.

[RiN] F. Riesz and B. Sz.-Nagy, Functional analysis, Dover, New York,

1990. (MR 17#175I and 91g#00002)

[Roa76] R. C. Roan, Generators and composition operators, Thesis, University of Michigan. 1976.

[Roa78a] R. C. Roan, Composition operators on H^p with dense range, Indiana Univ. Math. J. 27(1978),159—162. (MR 57#13564)

[Roa78b] R. C. Roan, Composition operators on the space of functions withH^p-derivative, Houston J. Math. 4(1978), 423—438. (MR 58#23735) (Error in Proposition 7. see [Mc87])

[Roa80a] R. C. Roan, Composition operators on a space of Lipschitz functions ,Rocky Mountain J. Math. 10 (1980), 371 — 379. (MR 81g#30046)

[Roa80b] R. C. Roan, Weak-star generators for a class of subalgebras of l^1 , J. Functional Analysis 39(1980), 67—74. (MR 82a#46057)

[Rob92] M. Robbins, Composition operators between Hilbert spaces of analytic functions, Thesis University of Virginia, 1992.

[RoS76a] J. W. Roberta and M. Stoll, Prime and principal ideals in the algebra N^+ ,Srch. Math. (Basel) 27(1976),387—393. (MR 54 #10625)

[RoS76b] J. W. Roberts and M. Stoll, Composition operators on F^+ ,Studia Math. 57(1976),217—228. (MR 55#8773)

[RoS78] J. W. Roberts and M. Stoll, Correction to the paper: "Prime and principal ideals in the algebra N^+ "(Arch. Math. (Basel)27(1976), 387—393),Arch. Math. (Basel) 30(1978),672. (MR 58#11454)

[Roc93] R. R. Rochberg, Projected composition operators on the Hardy space, preprint, 1993.

[RoR78] M. Rosenblum and J. Rovnyak, Change of variable formulas with Cayley inner functions, Topics in Functional Analysis , Adv. In Math. Suppl. Stud. , Vol. 3, Academic Press, New York, 1978, 283—320. (MR 81d#30053)

[Ru55] W. Rudin, Analytic functions of class H_p , Trans . Amer. Math. Soc. 78(1955), 46—66. (MR 16#810)

[Ru56] W. Rudin, Boundary values of continuous analytic functions, Proc. Amer. Math. Soc. 7(1956), 808—811. (MR 18#472c)

[Ru78] W. Rudin, The fixed point sets of some holomorphic mapss, Bull. Maylaysian Math. Soc. 1(1978),25—28. (MR 80d # 32002)

[Ru80] W. Rudin, Function Theory in the Unit Ball of C^n, Springer-Verlag, New York, 1980. (MR82I # 32002)

[Ru87] W. Rudin, Real and Complex Analysis, third edition, McGraw-Hill, New York, 1987 . (MR 88k # 00002)

[Ry66] J. V. Ryff, Subordinate H^p functions ,Duke Math. J. 33(1966), 347—354. (MR 33 # 289)

[Sad92] H. Sadraoui, Hyponormality of Toeplitz and composition operators, Thesis Purdue University,1992.

[Sar88] D Sarason, Angular derivatives via Hilbert space, Complex Variables 10(1988),1—10. (MR 89f # 30045)

[Sar90] D. Sarason, Composition operators as integral operators, Analysis and Partial Differential Equations, Marcel Dekker, New York, 1990. (MR 92a # 47040)

[Sar92] D. Sarason, Weak compactness of holomorphic composition operators on H^1 , Functional Analysis and Operator Theory (New Delhi, 1990), 75—79, Springer-Verlag, Berlin, 1992. (MR 93h # 47041)

[Scr71] E. Schroeder, Uber itierte Funktionen, Math. Ann. 3(1871), 196—322.

[Scz69] H. J. Schwartz, Composition Operators on H^p , Thesis, University of Toledo,1969.

[Shv86] A. I. Shakhbazov,Dimensions of the eigen-subspaces of operators of weighted holomorphic substitution , Akad. Nauk Azerbaidzhan. SSR Dokl. , 42(1986), 3—5. (MR 88h # 47046)

[Shv87] A. I. Shakhbazov, The spectrum of a compact weighted composition operator in some Banach spaces of holomorphic functions, Teoriya Funkstii,Funktsionalnyi Anliz I ihk Prilozheniya, 47(1987),105—112. (MR 88m # 47057)

[ShS61] H. S. Shapiro and A. L. Shields, On some interpolation problems for analytic functions, Amer. J. Math. 83(1961),513—532. (MR 24 # a3280)

[Sho87a] L. H. Shapiro, The essential norm of a composition operator,

Annals Math. 125(1987),375—404. (MR 88c#47058)

[Sho87b] J. H. Shapiro, Compact composition operators on spaces of boundary-regular holomorphic functions, Proc. Amer. Math. Soc. 100(1987),49—57. (MR 88c#47059)

[Sho93] J. H. Shapiro, Composition Operators and Classical Function Theory, Springer-Verlag, New York, 1993.

[ShSS92] J. H. Shapiro, W. Smith and D. A. Stegenga, Geometric models and compactnass of composition operators, preprint, 1992.

[ShS90a] J. H. Shapiro and C. Sundberg, Isolation amongst the composition operators, Pacific J. Math. 145(1990), 117—152. (MR 92g# 47041)

[ShS90b] J. H. Shapiro and C. Sundberg, Compact composition operators on L^1, Proc. Amer. Math. Soc. 108(1990),443—449. (MR 90d# 47035)

[ShT73] J. H. Shapiro and P. D. Taylor, Compact, nuclear, and Hilbert-Schmidt composition operators on H^2, Indiana Univ. Math. J. 3 (1973),471—496. (MR 48#4816)

[Sha90] S. D. Sharma, Idempotent composition operators and several complex variables, Bull. Calcutta Math. Soc. 82(1990), 203—205. (MR 92d#47047)

[Sha83] S. D. Sharma, Compact and Hilbert-Schmidt composition operators on Hardy spaces of the upper half-plane, Acta Sci. Math. (Szeged) 46(1983),197—202. (MR 85j#47032)

[ShaK91] S. D. Sharma and R. Kumar, Substitution operators on Hardy-Orlicz spaces, Proc. Nat. Acad. Sci. India Sect. A 61(1991), 535—541. (MR 93h# 47042)

[Shi64] A. L. Shields, On fixed points of commuting analytic functions, Proc. Amer. Math. Soc. 15(1964), 703—706. (MR 29#2790)

[Shi74] A. L. Shields, Weighted shift operators and analytic function theory, Topics in Operator Theory, Math. Surveys, Vol. 13, Amer. Math. Soc., Providence, 1974, 49—128j. (MR 50#14341)

[ShW70] A. L. Shields and L. J. Wallen, The commutants of certain Hilbert Space operators, Indiana Univ. Math. J. 20(1970/71),

777—788. (MR 44#4558)

[Sie42] C. L. Siegel, Iteration of analytic functions , Annals Math. 439 (1942), 607—612. (MR 4#76c)

[Sin74] R. K. Singh, A relation between composition operators on $H^2(D)$ and $H^2(p^+)$. Pure Appl. Math. Sci. 11(1974), 1—5. (MR 56# 12971)

[Sin80] R. K . Singh, Inner functions and composition operators on a Hardy space , Indian J. Pure Appl. Math. 11(1980), 1297—1300. (MR 83e#47023)

[SiK85] R. K. Singh and R. D. C. Kumar, Weighted composition operators on functional Hilbert spaces, Bull. Austral. Math . Soc. 31(1985), 117—126. (MR 86d#47034)

[SiM93] R. K. Singh and J. S. Manhas, Composition Operators on Function Spaces, North Holland, New York, 1993.

[SiS79] R. K. Singh and S. D. Sharma, Composition operators on a functional Hilbert space, Bull. Austral. Math. Soc. 20(1979), 377—384. (MR 81c#47034)

[SiS80] R. K. Singh and S. D. Sharma, Non-compact compositon operators, Bull. Austral. Math. Soc. 21 (1980). 125 — 130. (MR 81m # 47046)

[SiS 92] R. K. Singh and S. D. Sharma, Compact composition operators on $H^2(D^n)$, Indian J. Math. 34 (1992). 73—79. (MR 94b#47044)

[SiS81] R. K. Singh and S. D. Sharma, Composition operators and several complex variables, Bull. Austral. Math. Soc. 23(1981), 237—247. (MR 82g# 47023)

[SiS94] B. Singh and R. K. Singh, Weighted composition operators on weighted spaces of vector valued continuous functions, Ann. Univ. Timisoara Ser. Math-inform. 32(1994), 115 — 122. (MR 97I # 47064)

[Sis85] A. G. Siskakis, Semigroups of composition operators and the Cesaro operator on $H^p(D)$, thesis , University of Illinois, 1985.

[Sis86] A. G. Siskakis, Weighted composition semigroups on Hardy spaces, Linear Alg. Appl. 84(1986), 359—371. (MR 88b#47058)

[Sis87a] A. G. Siskakis , Composition and the Cesaro operator on H^p , J. London Math. Soc. (2)36(1987), 153—164. (MR 89a#47048)

[Sis87b] A. G. Siskakis, On a class of composition semigroups in Hardy spaces, J. Math. Anal. Appl . 127(1987), 122—129. (MR 89d# 47093)

[Sis87c] A. G. Sisjakis, Semigroups of composition operators in Bergman spaces, Bull. Austral. Math. Soc. 35(1987),397—406. (MR 88h #47047)

[Sis93] A. G. Siskakis, The Koebe semigroup and a class of averaging operators on $H^p(D)$,Trans. Amer. Math. Soc. 339(1993), 337—350. (MR 93k#47044)

[Sis94a] A. G. Siskakis, The Cesaro operator on Bergman spaces, preprint, 1994.

[Sis94b] A. G. Siskakis, Semigroups of composition operators on the Dirichlet space, preprint, 1994.

[Sis96] A. G. Siskakis, Semigroups of composition operators on the Dirichlet space, Results Math. 30 (1996) 165—173 . (MR 97I#47083)

[Sm96] R. C. Smith, Local spectral theory for invertible composition operators on H^p , Integral Equation Operator Theory 25(1996),329—335. (MR 97e#47049)

[Smr94] R. C. Smith, Local spectral theory for invertible composition operators on H^p , preprint, 1994.

[Smw94] W. Smith. Composition operators between Hardy and Bergman spaces, preprint, 1994.

[SoR95] D. Somasundaram, P. Ranganayaki,Composition operators on some matrix spaces. Bull. Calcutta Math. Soc. 87(1995), 363—370. (MR 97h#47029)

[Sta86] C. S. Stanton, Counting functions and majorization theorems for Jensen measures, Pacific J. Math. 125(1986),459—468. (MR 88c #32002)

[Sig80] D. A. Stegenga, Multipliers of the Dirichlet space, Illinois J. Math. 24(1980),113—139. (MR 81a#30027)

[Stp77] K. Stephenson, Isometries of the Nevanlinna class, Indiana Univ.

Math. J. 26(1977),307—324. (MR 55#5885)

[Stp79] K. Stephenson, Functions which follow inner functions, Illinois J. Math. 23(1979), 259—266. (MR 80h#30030)

[Sw76] D. W. Swanton, Compact composition operators on $B(D)$, Proc. Amer. Math. Soc. 56(1976), 152—156. (MR 53#1120)

[Su93] S. L. Sun, Composition operators and the reducing subspaces of analytic Toeplitz operators, Adv. In Math. (China) 22(1993), 422—434. (MR 94m#47064)

[Ta93] H. Tagaki, Composition operators on spaces of analytic functions, research on Hardy spaces related to rings functions, Surikaisekikenkyusho kokyuroju, 825(1993),95—100.

[Th91] J. E. Thomson, Approximation in the mean by polynomials, Annals Math. 133(1991),477—507. (MR 93g#47026)

[Tom84] B. Tomaszewski, Interpolation and inner maps that preserve measure,J. Functional Analysis 55 (1984), 63—67. (MR 85j#32007)

[Ton90] Y. S. Tong, Composition operators on Hardy space,J. Math. Res. Exposition 10(1990),59—64. (MR 91c#47058)

[Ts75] M. Tsi, Potential Theory in Modern Function Theory. Maruzen, Tokyo, 1975. (MR 54#2990)

[Tu58] P. Turan, A remark concerning the behaviour of a power-series on the periphery of its convergence circle, Acad. Serbe Sci. Publ. Inst. Math. 12 (1958),19—26. (MR 21#1381)

[Voa80] C. Voas, Toeplitz operators and univalent functions, Thesis, University of Virginia, 1980.

[Vo 82] A. L. Vol'berg, The logarithm of an almost analytic function is summable, Soviet Math. Dokl. 26(1982), 238—243. (MR 84g#30035)

[VoJ87] A. L. Vol'berg and B. Joricke, Summability of the logarithm of an almost analytic function and generalizations of the Levinson-Cartwright theorem. Math. USSR Sb. 58(1987),337—349. (MR 87k#30060)

[Wa35] S. E. Warshawski, On the higher derivatives at the boundary in conformal mapping, Trans. Amer. Math. Soc. 38(1935), 310—340.

[Wog88] W. R. Wogen, The smooth mappings which preserve the Hardy space $H^2_{B_n}$, Operator Theory: Advances Appl. 35(1988), 249—267. (MR 91a#32006)

[Wog90] W. R. Wogen, Composition operators acting on spaces of holomorphic functions on domains in C^n, Proc. Symposia Pure Math. 51(part2)(1991), 361—366. (MR 91k#47069)

[Wol26] J. Wolff, Sur l'iteraton des fonctions, c. r. Acad. Sci.. Paris Ser. A. 182(1926), 42—43. 200—201

[Wol34] J. Wolff, l'Integrale d'une fonction holomorphe et a partie positive dans un demi plan est univalente, C. R. Acad. Scol Paris Ser. A. 198(1934), 1209—1210.

[Xi94] H. Xian. Models of composition operators, Thesis, Washington University, St. Louis, 1994.

[Xu87] 徐宪民,稠值域的复合算子,浙江师大学报,青年教师专辑(1997).

[Xu88a] Xu Xianmin, Composition operaotrs on $H^p(\Omega)$, Chinese Ann.. Math. 9(1988), 630—633. (MR 90h#47057)

[Xu88b] 徐宪民,Bergman 空间上的复合算子,浙江师大学报(自然科学版),2(1988).

[Xu91] 徐宪民,稠值域的复合算子与 H^* 的 W^*-生成元,浙江师大学报,2(1991).

[Xu94] 徐宪民,加权 Dirichlet 空间上的复合算子,数学杂志,2(1994).

[Xu95] Xu Xianmin, Essentially Normal Composition Operators, Applied Functional Analysis, International Academic Publication, 1995.

[Xu96] Xu Xianmin, Composition operators on weighted Bergman spaces of bounded symmetric domains, Journal of Systems Science and Systems Engineering, 2(1996).

[Xu97] Xu Xianmin, Schatten class of composition operators on weighted Bergman spaces, Chinese Ann. Math. to appeal.

[YaN78] N. Yanagihara and Y. Makamura, Composition operators on N^+, TRU Math. 14(1978), 9—16. (MR 80f#30024)

[Zh90a] K. Zhu, On certain unitary operators and composition operators,

Proc. Symposia Pure Math. 51(1990), 371—385. (MR 91m # 47047)

[Zh90b] K. Zhu, Operator Theory in Function Spaces, Marcel Dekker, New York, 1990. (MR92c#47031)

[Zh 98] K. Zhu, Schatten class composition operators on weighted Bergman space, preprint.

[Zo87] N. Zorboska, Composition operators on weighted Hardy spaces, Thesis, University of Toronto, 1987.

[Zo89a] N. Zorboska, Composition operators induced by functions with supremum strictly smaller than 1, Proc. Amer. Math. Soc. 106 (1989), 679—684. (MR 89k#47050)

[Zo89b] N . Zorboska, Compact composition operators on some weighted Hardy spaces, J. Operator Theory 22 (1989), 233—241. (MR 91c #47062)

[Zo90a] N. Zorboska, Composition operators on S_a spaces, Indiana Univ. Math. J. 39(1990), 847—857. (MR 91k#47070)

[Zo 91] N. Zorboska, Hyponormal composition operators on weighted Hardy spaces , Acta Sci. Math. (Szeges)55(1991), 399—402. (MR 92m #47064)

[Zo94a] N. Zorboska, Angular derivative and compactness of composition operators on large weightes Hardy spaces, Canad. Math. Bull. , 37 (1994), 428—432.

[Zo94b] N. Zorboska, Composition operators with closed range, Trans. Amer. Math. Soc. 344(1994), 791—801.

《现代数学基础丛书》已出版书目

1 数理逻辑基础(上册) 1981.1 胡世华 陆钟万 著
2 数理逻辑基础(下册) 1982.8 胡世华 陆钟万 著
3 紧黎曼曲面引论 1981.3 伍鸿熙 吕以辇 陈志华 著
4 组合论(上册) 1981.10 柯 召 魏万迪 著
5 组合论(下册) 1987.12 魏万迪 著
6 数理统计引论 1981.11 陈希孺 著
7 多元统计分析引论 1982.6 张尧庭 方开泰 著
8 有限群构造(上册) 1982.11 张远达 著
9 有限群构造(下册) 1982.12 张远达 著
10 测度论基础 1983.9 朱成熹 著
11 分析概率论 1984.4 胡迪鹤 著
12 微分方程定性理论 1985.5 张芷芬 丁同仁 黄文灶 董镇喜 著
13 傅里叶积分算子理论及其应用 1985.9 仇庆久 陈恕行 是嘉鸿 刘景麟 蒋鲁敏 编
14 辛几何引论 1986.3 J.柯歇尔 邹异明 著
15 概率论基础和随机过程 1986.6 王寿仁 编著
16 算子代数 1986.6 李炳仁 著
17 线性偏微分算子引论(上册) 1986.8 齐民友 编著
18 线性偏微分算子引论(下册) 1992.1 齐民友 徐超江 编著
19 实用微分几何引论 1986.11 苏步青 华宣积 忻元龙 著
20 微分动力系统原理 1987.2 张筑生 著
21 线性代数群表示导论(上册) 1987.2 曹锡华 王建磐 著
22 模型论基础 1987.8 王世强 著
23 递归论 1987.11 莫绍揆 著
24 拟共形映射及其在黎曼曲面论中的应用 1988.1 李 忠 著
25 代数体函数与常微分方程 1988.2 何育赞 萧修治 著
26 同调代数 1988.2 周伯壎 著
27 近代调和分析方法及其应用 1988.6 韩永生 著
28 带有时滞的动力系统的稳定性 1989.10 秦元勋 刘永清 王 联 郑祖庥 著
29 代数拓扑与示性类 1989.11 ［丹麦］I.马德森 著
30 非线性发展方程 1989.12 李大潜 陈韵梅 著

31 仿微分算子引论 1990.2 陈恕行 仇庆久 李成章 编
32 公理集合论导引 1991.1 张锦文 著
33 解析数论基础 1991.2 潘承洞 潘承彪 著
34 二阶椭圆型方程与椭圆型方程组 1991.4 陈亚浙 吴兰成 著
35 黎曼曲面 1991.4 吕以辇 张学莲 著
36 复变函数逼近论 1992.3 沈燮昌 著
37 Banach 代数 1992.11 李炳仁 著
38 随机点过程及其应用 1992.12 邓永录 梁之舜 著
39 丢番图逼近引论 1993.4 朱尧辰 王连祥 著
40 线性整数规划的数学基础 1995.2 马仲蕃 著
41 单复变函数论中的几个论题 1995.8 庄圻泰 杨重骏 何育赞 闻国椿 著
42 复解析动力系统 1995.10 吕以辇 著
43 组合矩阵论(第二版) 2005.1 柳柏濂 著
44 Banach 空间中的非线性逼近理论 1997.5 徐士英 李 冲 杨文善 著
45 实分析导论 1998.2 丁传松 李秉彝 布 伦 著
46 对称性分岔理论基础 1998.3 唐 云 著
47 Gel'fond-Baker 方法在丢番图方程中的应用 1998.10 乐茂华 著
48 随机模型的密度演化方法 1999.6 史定华 著
49 非线性偏微分复方程 1999.6 闻国椿 著
50 复合算子理论 1999.8 徐宪民 著
51 离散鞅及其应用 1999.9 史及民 编著
52 惯性流形与近似惯性流形 2000.1 戴正德 郭柏灵 著
53 数学规划导论 2000.6 徐增堃 著
54 拓扑空间中的反例 2000.6 汪 林 杨富春 编著
55 序半群引论 2001.1 谢祥云 著
56 动力系统的定性与分支理论 2001.2 罗定军 张 祥 董梅芳 著
57 随机分析学基础(第二版) 2001.3 黄志远 著
58 非线性动力系统分析引论 2001.9 盛昭瀚 马军海 著
59 高斯过程的样本轨道性质 2001.11 林正炎 陆传荣 张立新 著
60 光滑映射的奇点理论 2002.1 李养成 著
61 动力系统的周期解与分支理论 2002.4 韩茂安 著
62 神经动力学模型方法和应用 2002.4 阮 炯 顾凡及 蔡志杰 编著
63 同调论——代数拓扑之一 2002.7 沈信耀 著
64 金兹堡-朗道方程 2002.8 郭柏灵 黄海洋 蒋慕容 著

65 排队论基础 2002.10 孙荣恒 李建平 著
66 算子代数上线性映射引论 2002.12 侯晋川 崔建莲 著
67 微分方法中的变分方法 2003.2 陆文端 著
68 周期小波及其应用 2003.3 彭思龙 李登峰 谌秋辉 著
69 集值分析 2003.8 李 雷 吴从炘 著
70 强偏差定理与分析方法 2003.8 刘 文 著
71 椭圆与抛物型方程引论 2003.9 伍卓群 尹景学 王春朋 著
72 有限典型群子空间轨道生成的格(第二版) 2003.10 万哲先 霍元极 著
73 调和分析及其在偏微分方程中的应用(第二版) 2004.3 苗长兴 著
74 稳定性和单纯性理论 2004.6 史念东 著
75 发展方程数值计算方法 2004.6 黄明游 编著
76 传染病动力学的数学建模与研究 2004.8 马知恩 周义仓 王稳地 靳 祯 著
77 模李超代数 2004.9 张永正 刘文德 著
78 巴拿赫空间中算子广义逆理论及其应用 2005.1 王玉文 著
79 巴拿赫空间结构和算子理想 2005.3 钟怀杰 著
80 脉冲微分系统引论 2005.3 傅希林 闫宝强 刘衍胜 著
81 代数学中的 Frobenius 结构 2005.7 汪明义 著
82 生存数据统计分析 2005.12 王启华 著
83 数理逻辑引论与归结原理(第二版) 2006.3 王国俊 著
84 数据包络分析 2006.3 魏权龄 著
85 代数群引论 2006.9 黎景辉 陈志杰 赵春来 著
86 矩阵结合方案 2006.9 王仰贤 霍元极 麻常利 著
87 椭圆曲线公钥密码导引 2006.10 祝跃飞 张亚娟 著
88 椭圆与超椭圆曲线公钥密码的理论与实现 2006.12 王学理 裴定一 著
89 散乱数据拟合的模型、方法和理论 2007.1 吴宗敏 著
90 非线性演化方程的稳定性与分歧 2007.4 马 天 汪宁宏 著
91 正规族理论及其应用 2007.4 顾永兴 庞学诚 方明亮 著
92 组合网络理论 2007.5 徐俊明 著
93 矩阵的半张量积:理论与应用 2007.5 程代展 齐洪胜 著
94 鞅与 Banach 空间几何学 2007.5 刘培德 著
95 非线性常微分方程边值问题 2007.6 葛渭高 著
96 戴维-斯特瓦尔松方程 2007.5 戴正德 蒋慕蓉 李栋龙 著
97 广义哈密顿系统理论及其应用 2007.7 李继彬 赵晓华 刘正荣 著
98 Adams 谱序列和球面稳定同伦群 2007.7 林金坤 著

99 矩阵理论及其应用 2007.8 陈公宁 编著
100 集值随机过程引论 2007.8 张文修 李寿梅 汪振鹏 高 勇 著
101 偏微分方程的调和分析方法 2008.1 苗长兴 张 波 著
102 拓扑动力系统概论 2008.1 叶向东 黄 文 邵 松 著
103 线性微分方程的非线性扰动(第二版) 2008.3 徐登洲 马如云 著
104 数组合地图论(第二版) 2008.3 刘彦佩 著
105 半群的 S-系理论(第二版) 2008.3 刘仲奎 乔虎生 著
106 巴拿赫空间引论(第二版) 2008.4 定光桂 著
107 拓扑空间论(第二版) 2008.4 高国士 著
108 非经典数理逻辑与近似推理(第二版) 2008.5 王国俊 著
109 非参数蒙特卡罗检验及其应用 2008.8 朱力行 许王莉 著
110 Camassa-Holm 方程 2008.8 郭柏灵 田立新 杨灵娥 殷朝阳 著
111 环与代数(第二版) 2009.1 刘绍学 郭晋云 朱 彬 韩 阳 著
112 泛函微分方程的相空间理论及应用 2009.4 王 克 范 猛 著
113 概率论基础(第二版) 2009.8 严士健 王隽骧 刘秀芳 著
114 自相似集的结构 2010.1 周作领 瞿成勤 朱智伟 著
115 现代统计研究基础 2010.3 王启华 史宁中 耿 直 主编
116 图的可嵌入性理论(第二版) 2010.3 刘彦佩 著
117 非线性波动方程的现代方法(第二版) 2010.4 苗长兴 著
118 算子代数与非交换 L_p 空间引论 2010.5 许全华 吐尔德别克 陈泽乾 著
119 非线性椭圆型方程 2010.7 王明新 著
120 流形拓扑学 2010.8 马 天 著
121 局部域上的调和分析与分形分析及其应用 2011.4 苏维宜 著
122 Zakharov 方程及其孤立波解 2011.6 郭柏灵 甘在会 张景军 著
123 反应扩散方程引论(第二版) 2011.9 叶其孝 李正元 王明新 吴雅萍 著
124 代数模型论引论 2011.10 史念东 著
125 拓扑动力系统——从拓扑方法到遍历理论方法 2011.12 周作领 尹建东 许绍元 著
126 Littlewood-Paley 理论及其在流体动力学方程中的应用 2012.3 苗长兴 吴家宏 章志飞 著
127 有约束条件的统计推断及其应用 2012.3 王金德 著
128 混沌、Mel'nikov 方法及新发展 2012.6 李继彬 陈凤娟 著
129 现代统计模型 2012.6 薛留根 著
130 金融数学引论 2012.7 严加安 著
131 零过多数据的统计分析及其应用 2013.1 解锋昌 韦博成 林金官 著

132　分形分析引论　2013.6　胡家信　著
133　索伯列夫空间导论　2013.8　陈国旺　编著
134　广义估计方程估计方程　2013.8　周　勇　著
135　统计质量控制图理论与方法　2013.8　王兆军　邹长亮　李忠华　著
136　有限群初步　2014.1　徐明曜　著
137　拓扑群引论(第二版)　2014.3　黎景辉　冯绪宁　著
138　现代非参数统计　2015.1　薛留根　著